Software Architecture in Practice

中文版 |第四版|

目錄

前言　xiii
誌謝　xvii

PART I　導論　1

CHAPTER 1　何謂軟體架構？　1

1.1　軟體架構是什麼？不是什麼？　2
1.2　架構性結構和觀點　6
1.3　何謂「好」架構？　21
1.4　總結　23
1.5　延伸讀物　23
1.6　問題研討　24

CHAPTER 2　為何軟體架構很重要？　27

2.1　抑制或實現系統的品質屬性　28
2.2　推理和管理修改　29
2.3　預測系統品質　30
2.4　在關係人之間進行溝通　30
2.5　早期的設計決策　33
2.6　對實作施加限制　34
2.7　對組織結構的影響　35
2.8　促進遞增開發　35
2.9　估計成本與進度　36

2.10 可轉移、可重複使用的模型 36
2.11 架構可納入獨立開發的元素 37
2.12 限制備選方案的詞彙 38
2.13 訓練的基礎 38
2.14 總結 39
2.15 延伸讀物 39
2.16 問題研討 40

PART II 品質屬性 41

CHAPTER 3 了解品質屬性 41

3.1 功能性 42
3.2 品質屬性的考慮因素 43
3.3 指明品質屬性需求：品質屬性劇情 45
3.4 透過架構模式和戰術來實現品質屬性 48
3.5 用戰術來設計 49
3.6 分析品質屬性設計決策：戰術問卷 50
3.7 總結 52
3.8 延伸讀物 52
3.9 問題研討 53

CHAPTER 4 妥善性 55

4.1 妥善性一般劇情 57
4.2 妥善性戰術 59
4.3 妥善性戰術問卷 67
4.4 妥善性模式 69
4.5 延伸讀物 72
4.6 問題研討 73

CHAPTER 5 易部署性 75

5.1 持續部署 76
5.2 易部署性 79
5.3 易部署性的一般劇情 80
5.4 易部署性戰術 82
5.5 易部署性戰術問卷 85
5.6 易部署性模式 85
5.7 延伸讀物 92
5.8 問題研討 92

CHAPTER 6 能源效率 93

6.1 能源效率一般劇情 94
6.2 能源效率戰術 96
6.3 能源效率戰術問卷 99
6.4 模式 101
6.5 延伸讀物 102
6.6 問題研討 103

CHAPTER 7 可整合性 105

7.1 評估架構的可整合性 106
7.2 可整合性的一般劇情 108
7.3 可整合性戰術 110
7.4 可整合性戰術問卷 115
7.5 模式 116
7.6 延伸讀物 119
7.7 問題研討 119

CHAPTER 8 可修改性 121

8.1 可修改性一般劇情 124
8.2 可修改性戰術 125
8.3 可修改性戰術問卷 129

8.4 模式 131
8.5 延伸讀物 135
8.6 問題研討 136

CHAPTER 9 性能 139
9.1 性能的一般劇情 140
9.2 性能戰術 144
9.3 性能戰術問卷 152
9.4 性能模式 153
9.5 延伸讀物 157
9.6 問題研討 157

CHAPTER 10 安全性 159
10.1 安全性一般劇情 162
10.2 安全性戰術 164
10.3 安全性戰術問卷 170
10.4 安全性模式 172
10.5 延伸讀物 174
10.6 問題研討 175

CHAPTER 11 資訊安全 177
11.1 資訊安全一般劇情 178
11.2 資訊安全戰術 181
11.3 資訊安全戰術問卷 185
11.4 資訊安全模式 187
11.5 延伸讀物 188
11.6 問題研討 189

CHAPTER 12 可測試性 191
12.1 可測試性一般劇情 194
12.2 可測試性戰術 196

12.3 可測試性戰術問卷 200

12.4 可測試性模式 201

12.5 延伸讀物 203

12.6 問題研討 204

CHAPTER 13 易用性 205

13.1 易用性一般劇情 206

13.2 易用性戰術 208

13.3 易用性戰術問卷 210

13.4 易用性模式 211

13.5 延伸讀物 213

13.6 問題研討 214

CHAPTER 14 處理其他品質屬性 215

14.1 其他類型的品質屬性 215

14.2 使用品質屬性的標準清單，或不使用 217

14.3 處理「X 性」：歡迎新 QA 的加入 220

14.4 延伸讀物 223

14.5 問題研討 223

PART III Architectural Solutions 225

CHAPTER 15 軟體介面 225

15.1 介面概念 226

15.2 設計介面 230

15.3 製作介面文件 237

15.4 總結 238

15.5 延伸讀物 239

15.6 問題研討 240

CHAPTER 16 虛擬化 241

16.1 共享的資源 242
16.2 虛擬機器 243
16.3 VM 映像 246
16.4 容器 247
16.5 容器與 VM 250
16.6 容器可移植性 251
16.7 Pod 251
16.8 無伺服器架構 252
16.9 總結 253
16.10 延伸讀物 254
16.11 問題研討 254

CHAPTER 17 雲端與分散式運算 255

17.1 雲端基本知識 256
17.2 雲端的故障 259
17.3 使用多個實例來改善性能與妥善性 261
17.4 總結 270
17.5 延伸讀物 270
17.6 問題研討 271

CHAPTER 18 行動系統 273

18.1 能源 274
18.2 網路連結 276
18.3 感測器與執行器 277
18.4 資源 279
18.5 生命週期 281
18.6 總結 284
18.7 延伸讀物 285
18.8 問題研討 286

PART IV Scalable Architecture Practices 287

CHAPTER 19 對架構有重大影響的需求 287

19.1 從需求文件收集 ASR 288
19.2 藉著訪談關係人來收集 ASR 290
19.3 藉著了解商業目標來收集 ASR 292
19.4 用 Utility Tree 來取得 ASR 295
19.5 當改變發生時 297
19.6 總結 297
19.7 延伸讀物 298
19.8 問題研討 298

CHAPTER 20 設計架構 301

20.1 屬性驅動設計 301
20.2 ADD 的步驟 304
20.3 補充「ADD 第 4 步：選擇一或多個設計概念」 307
20.4 補充「ADD 第 5 步：產生結構」 311
20.5 ADD 第 6 步的補充：在設計過程中建立初步文件 314
20.6 ADD 第 7 步的補充：對當前的設計進行分析，並審查迭代目標，以及設計目的的實現情況 316
20.7 總結 318
20.8 延伸讀物 318
20.9 問題研討 319

CHAPTER 21 評估架構 321

21.1 將評估當成降低風險的活動 321
21.2 關鍵的評估活動有哪些？ 322
21.3 誰可以執行評估？ 323
21.4 環境因素 324
21.5 架構權衡分析法 325

21.6 輕量架構評估法 338
21.7 總結 340
21.8 延伸讀物 341
21.9 問題研討 341

CHAPTER 22 記錄架構 343

22.1 架構文件的使用，及其讀者 344
22.2 標記法 345
22.3 視圖 346
22.4 組合視圖 354
22.5 記錄行為 355
22.6 除了視圖之外 360
22.7 記錄基本理由 361
22.8 架構關係人 362
22.9 實際的考慮因素 366
22.10 總結 368
22.11 延伸讀物 368
22.12 問題研討 369

CHAPTER 23 管理架構債務 371

23.1 判斷有沒有架構債務問題 372
23.2 發現熱點 375
23.3 範例 380
23.4 自動化 381
23.5 總結 382
23.6 延伸讀物 382
23.7 問題研討 383

PART V 架構與組織 385

CHAPTER 24 架構師在專案中扮演的角色 385

24.1 架構師與專案經理 385

24.2 遞增架構與關係人 387

24.3 架構與 Agile 開發 388

24.4 架構與分散開發 392

24.5 總結 394

24.6 延伸讀物 394

24.7 問題研討 395

CHAPTER 25 架構能力 397

25.1 個人的能力：架構師的職責、技能與知識 397

25.2 軟體架構組織的能力 404

25.3 成為更好的架構師 405

25.4 總結 406

25.5 延伸讀物 407

25.6 問題研討 407

PART VI 結論 409

CHAPTER 26 一瞥未來：量子計算 409

26.1 一個 qubit 410

26.2 量子瞬移 412

26.3 量子計算與加密 413

26.4 其他的演算法 413

26.5 潛在的應用領域 415

26.6 結語 415

26.7 延伸讀物 416

參考文獻 417

作者簡介 434

索引 435

前言

在開始撰寫《*Software Architecture in Practice*》第四版時，我們問了自己一個問題：軟體架構依然重要嗎？現在有很多參考架構是專為雲端基礎設施、微服務、框架和你可以想像的任何領域和品量屬性而設計的。如今，架構師只要從豐富的工具和基礎架構方案中做出選擇，然後實例化並設置它們，就可以做出一個架構了！這些工具的興起可能讓一些人以為不需要學習軟體架構知識了！

我們從以前到現在都非常確定事實並非如此。我們也許不太客觀，於是，我們訪問了一些同事，他們曾經在醫療保健、汽車、社交媒體、航空、金融、電子商務等領域擔任架構師，他們都是不被教條式偏見支配的族群，他們的意見證實了我們的想法——現在的架構與 20 多年前，當我們撰寫本書第一版時一樣重要。

讓我們來研究一下我們聽到的幾個原因。首先，新需求出現的速度多年來不斷加快，甚至現在仍在持續加速中。由於客戶和商業需求，以及競爭壓力的驅動，當今的架構師面臨不斷增加的功能請求以及需要修復的 bug。如果架構師不在意系統的模組化（而且，微服務不是萬能的），他的系統很快就會變成難以了解、變更、偵錯、修改的瓶頸，並延誤他的工作。

第二，雖然系統的抽象程度不斷提升（我們可以也經常使用許多複雜的服務，且不需要知道它們是如何製作的），但我們要設計的系統的複雜度至少也以同樣的速度不斷提升。這是一場軍備競賽，但架構師不是上風的一方！架構師一直致力於克服複雜性，這種情況在可見的未來還不會消失。

談到抽象程度的提升，model-based systems engineering（MBSE）在過去十年左右已經成為工程領域的一股強大力量。MBSE 正式地運用建模（modeling）來支援系統設計（和其他工作）。International Council on Systems Engineering（INCOSE）將 MBSE 視為整個系統工程學底下的「轉型推動因素（transformational enabler）」之一。所謂的模型

（model）是以圖形、數學或物理來表示可推理的概念或結構。INCOSE 正試著將工程領域從「基於文件」的思維方式移往「基於模型」的思維方式，後者一貫地使用結構模型、行為模型、性能模型和其他模型來建構更好、更快、更便宜的系統。MBSE 本身不在本書的討論範圍，但我們不得不注意到，建模的對象就是架構。那麼，這些模型的作者是誰？答案是：架構師。

第三，資訊系統的飛快發展（以及前所未有的員工流動率），意味著所有人能無法理解現實世界系統中的一切，僅依靠聰明才智和努力工作是不夠的。

第四，儘管現在有很多工具可以將過去需要親力親為的工作自動化（例如，Kubernetes 的協調、部署和管理功能），但我們依然要了解我們所依賴的系統的品質屬性，也要了解將多個系統組合起來產生的品質屬性。大多數的屬性（性能、資訊安全、妥善性…等）都很容易受到「最弱的環節」影響，那些最弱的環節只會在你組合多個系統時出現並反咬你一口。如果沒有人指引如何防禦災難，這個組合極有可能失敗，這個引導者就是架構師，儘管頭銜與工作內容不太一致。

考慮到這些因素，我們認為的確有需要出版這本書。

但真的需要出第四版嗎？（結果應該很明顯）我們同樣得出一個有力的結論，是的！自從上一版出版以來，計算機領域已經有很大的變化。在架構師的日常工作中，有一些以前沒有考慮過的品質屬性越來越重要。隨著軟體持續滲透社會的各個層面，**安全**已經變成許多系統的首要問題，你可以想一下現在的軟體怎麼控制著我們駕駛的車輛。**能源效率**也是十年前的架構師不太考慮、但現在必須關注的品質因素，從耗費大量能源的巨型資料中心，到我們身邊使用電池的小型（甚至微型）行動設備與 IoT（物聯網）設備。此外，因為我們比以往任何時候都更頻繁地利用既有的組件來建構系統，**可整合性**這個品質屬性也越來越吸引我們的注意力。

最後，我們建構系統的方式與十年前不同。如今的系統通常是用雲端的虛擬化資源來建立的，它們需要提供和依靠清楚的介面，而且，它們越來越行動化，這帶來各式各樣的機會和挑戰。所以，我們在這一版加入關於虛擬化、介面、行動性和雲端的章節。

正如你所看到的，我們說服了自己出版這本書，希望我們也說服了你，也希望你會認為這本第四版是值得放在書架上（實體的或電子的）的補充讀物。

請到 InformIT 網站註冊本書，以便取得最新的內容或勘誤。你可以前往 *informit.com/register* 並登入或建立帳號來開始進行註冊。請輸入產品 ISBN（9780136886099）並按下 Submit。按下 Registered Products 標籤，在本書旁邊找到 Access Bonus Content 連結，按下該連結來取得紅利內容。如果你想要收到關於新版和最新的獨家優惠通知，請將核選方塊打勾，以收取我們的 email。

誌謝

非常感謝與我們合作出版這本書的所有人。

首先感謝各章的合著者，他們提供的領域知識和見解非常寶貴。感謝 Lugano 大學資訊學系的 Cesare Pautasso、Siemens Mobile Systems 的 Yazid Hamdi、Google 的 Greg Hartman、Universidad Autonoma Metropolitana——Iztapalapa 的 Humberto Cervantes，以及 Drexel University 的 Yuanfang Cai。感謝卡內基美隆大學軟體研究所的 Eduardo Miranda 提供關於「資訊技術的價值」的專欄。

有優秀的校閱者才有好作品，我們很幸運 John Hudak、Mario Benitez、Grace Lewis、Robert Nord、Dan Justice 與 Krishna Guru 貢獻了時間和才華來改善本書的內容。感謝 James Ivers 與 Ipek Ozkaya 從軟體工程 SEI 系列書籍的角度指導本書。

多年來，我們與同事之間的討論，以及一起寫作的過程讓我們獲益匪淺，所以我們想公開感謝他們。除了已經感謝過的人之外，我們還要感謝 David Garlan、Reed Little、Paulo Merson、Judith Stafford、Mark Klein、James Scott、Carlos Paradis、Phil Bianco、Jungwoo Ryoo 與 Phil Laplante。特別感謝 John Klein，他以各種方式為本書的許多章節做出了貢獻。

此外，我們要感謝 Pearson 的每一位員工，感謝他們將文字轉化成成品的所有工作，以及對細節的關注。特別感謝 Haze Humbert 監督整個過程。

最後，感謝許多研究者、教師、作家和實踐者，感謝你們多年來一直努力將軟體架構從一個好想法轉化成一項工程方法。謹將本書獻給你們。

PART I　導論

1

何謂軟體架構？

我們被叫來擔任未來的架構師，而不是當它的受害者。

—R. Buckminster Fuller

我們之所以撰寫（就我們而言）或閱讀（對你而言）一本關於軟體架構（且濃縮了許多人的經驗）的書籍，正是因為我們認為

1. 一個可推理的軟體架構對成功地開發軟體系統而言非常重要，而且
2. 關於軟體架構的知識體系足以寫成一本書。

這兩個假設在以前是有待證明的。本書的早期版本曾經試著說服讀者，這兩個假設都是對的，並且在說服讀者之後，提供基本的知識，讓讀者可以自行運用架構的實踐法。如今，這兩個假設已經沒有什麼爭議了，所以這本書會將更多重心放在教導知識上，而不是在說服讀者上。

軟體架構的基本原則在於，每一個軟體系統都是為了滿足組織的商業目標而建構的，而且系統的架構是這些（通常是抽象的）商業目標與最終（具體）的系統之間的橋梁。雖然從抽象的目標到具體的系統之間的途徑有時很複雜，但好消息是，我們可以用「實現商業目標的技術」來設計、分析和記錄軟體架構，並馴服並駕馭複雜性。

所以，本書的目標正是設計、分析和記錄架構。我們也會討論推動這些活動的力量，主要是帶來品質屬性需求的商業目標。

在這 章，我們將從軟體工程的角度來關注軟體架構，也就是說，我們將探討軟體架構可為專案帶來什麼價值。稍後的章節將從商業和組織的角度進行討論。

1.1 軟體架構是什麼？不是什麼？

你可以在網路上查到許多軟體架構的定義，但我們喜歡這個：

> 系統的軟體架構（architecture）是推理（reason）系統所需的一組結構（structure）。這些結構是由軟體元素、它們之間的關係，以及兩者的屬性組成的。

這個定義和提到系統的「早期」、「主要」或「重要」決策的其他定義大異其趣。雖然許多架構決策的確都是在早期決定的，但並非全部如此，尤其是 Agile（敏捷）和螺旋式開發專案裡面的決策。更何況，許多早期的決策並非我們所認為的架構。此外，我們很難判斷一項決策是不是「主要」的，有時這需要時間來證明。因為決定架構是架構師的主要職責之一，我們必須知道架構是由哪些決策組成的。

相較之下，結構很容易識別，它們是協助進行系統設計和分析的強大工具。

所以，我們的結論是：架構是讓人們可以進行推理的結構。

讓我們來看一下這個定義的一些含義。

架構是一組軟體結構

這是我們的定義中的第一個且最明顯的意思。結構其實是一組藉由關係來互相連結的元素。軟體系統是由許多結構組成的，沒有任何一個結構可以聲稱它自己是架構。我們可以將結構分門別類，並且用這些類別來思考架構。架構性結構（architectural structure）可以分成三種實用的類別，它們在你設計、記錄和分析架構時將發揮重要的作用：

1. 組件和連結結構（component-and-connector structure）
2. 模組結構（module structure）
3. 分配結構（allocation structure）

我們將在下一節深入說明這些結構類型。

儘管軟體是由無數的結構組成的，但並非所有結構都是架構性的。例如，將包含「z」的一行原始碼從最短排到最長是一種軟體結構，但這種結構既無聊，也不是架構性的。能夠協助你推理系統和系統屬性的結構才是架構性的，這種推理與關係人重視的系統屬性有關，那些屬性包括系統實現的功能、系統遇到錯誤或別人試圖讓它停止運作時維持有效運行的能力、對系統進行特定更改的容易程度或困難程度、系統回應用戶請求的能力，以及許多其他屬性。我們將在本書花很多篇幅探討架構與這種*品質屬性*之間的關係。

因此，架構性結構既不是固定的，也不受限制。「架構性」取決於你的背景有哪些事情可幫助你推理系統。

架構是一種抽象

由於架構是由結構組成的，而結構是由元素[1]和關係組成的，因此架構是由軟體元素，以及那些元素彼此的關係組成的。這意味著，架構會明確地、刻意地忽略與元素有關的某些資訊，那些資訊對系統的推理而言並不重要。因此，架構是系統的*抽象*，該抽象選擇了某些細節，並掩蓋其他的細節。在現代系統中，元素是透過介面來互動的，且介面將元素的細節分成公用的和私用的部分，架構關注的是公用的部分，元素的私用細節（只和內部實作有關的細節）不是架構性的。這種抽象對駕馭架構的複雜性來說至關重要：我們根本沒辦法不斷處理所有的複雜性，也不想這樣做，我們想要（也需要）讓系統的架構比系統的每一個細節更容易理解許多。就算系統不大，你也不可能將每一個細節記起來，架構就是為了讓你不必記憶細節。

架構 vs. 設計

架構是一種設計，但設計不一定是架構，也就是說，許多設計決策不會被架構限制（畢竟架構是一種抽象），而是由下游設計者甚至實作者決定的。

1 本書不打算區分模組（module）和組件（component），因此用「元素（element）」來代表它們。

每一個軟體系統都有軟體架構

每一個系統都有架構，因為每一個系統都有元素和關係，但是，這不代表任何人都知道架構，也許設計系統的人都已經不在了、文件已經遺失了（或從未製作）、原始碼已經找不到了（或從未交付），我們手邊只有可執行的二進制碼。從這裡可以看出系統的架構和架構的**表象**（*representation*）之間的差異。因為架構可獨立於說明文件或規格存在，所以**架構文件**非常重要，我們將在第 22 章說明。

並非所有架構都是好架構

我們的定義無關一個系統的架構是好是壞。架構可能協助系統實現重要需求，也可能阻礙系統。如果你認為試誤法不是選擇系統架構的最佳手段（試誤法就是隨機選擇一個架構，用它來建構系統，然後進行表面性的修改，期望得到最佳成果），那麼**架構設計**（第 20 章）和**架構評估**（第 21 章）就非常重要了。

架構包含行為

每一個元素的行為都是架構的一部分，因為該行為可以協助你推理系統。元素的行為體現了它們如何彼此互動，以及如何和環境互動，這顯然是我們的架構定義的一部分，而且會影響系統的屬性，例如它的執行期性能。

行為有一些層面不是架構師關注的事項，儘管如此，如果元素的行為會影響整個系統的可接受度，那麼該行為就必須視為系統的架構設計的一部分，而且必須記錄在案。

系統與企業架構

系統架構與企業架構是與軟體架構有關的兩門學問，這兩門學問所關注的事情都比軟體更廣泛，而且可以透過建立限制條件來影響軟體架構，軟體系統和架構師必須遵守那些條件。

系統架構

系統的架構是系統的一種體現，它可以將功能對應到硬體與軟體組件上、將軟體架構對應到硬體架構上，以及描述人類如何與組件互動。也就是說，系統架構涉及硬體、軟體與人類。

例如，架構可影響不同的處理器所負責的功能，也會影響連接那些處理器的網路類型。軟體架構決定功能如何建構，以及在各個處理器裡面的軟體程式如何互動。

因為軟體架構對應到硬體和網路組件，所以你可以用軟體架構的文件來推理性能和可靠性等品質。你可以用系統架構的文件來推理其他的品質，例如電力消耗、重量和物理尺寸。

在設計特定的系統時，系統架構師和軟體架構師經常針對功能的分配進行協商，從而約束軟體架構。

企業架構

企業架構描述了組織流程、資訊流、個人和組織子單元的結構與行為。企業架構不一定包含計算機資訊系統（顯然，在計算機出現之前的組織就已經有符合上述定義的架構了），但如今，如果沒有資訊系統的支援，除非企業規模極小，否則很難想像企業架構如何運作。因此，現代的企業架構關注的是軟體系統如何支援企業的商業流程和目標，裡面通常有一個流程決定企業應支援具有哪些功能的哪些系統。

例如，企業架構會指定讓各種系統用來互動的資料模型。企業架構也會指定企業的系統與外界系統互動的規則。

軟體只是企業架構關注的事項之一。企業架構經常處理的另外兩個問題是決定人們如何使用軟體來執行商業流程，以及定義計算環境。

協助不同系統互相溝通的軟體基礎設施，以及和外部世界進行溝通的軟體基礎設施有時也被視為企業架構的一部分，有時它被視為企業內部的系統之一（無論如何，該基礎設施的架構都是一種**軟體**架構！），這兩種觀點會讓與基礎設施有關的人有不同的管理結構和影響範圍。

這些學科在本書的討論範圍之內嗎？是的！（嗯…其實是沒有）

系統與企業提供了製作軟體架構的環境，也對它施加限制。軟體架構必然位於系統與企業之內，是實現組織的商業目標的焦點。「企業與系統架構」和「軟體架構」有很多共同點，它們都可以設計、評估和記錄；它們都是為了回應需求，目的都是為了滿足關係人；它們都是由結構組成的，因此也是由元素和關係組成的；它們都有一系列的模式供各自的架構師使用…等。因此，在某種程度上，這些架構與軟體架構有許多共同點，它們都在本書的討論範圍之內。但是它們和所有的科技學科一樣，也有各自的專業術語和技術，我們將不介紹那些，坊間有大量的其他資源可供參考。

1.2 架構性結構和觀點

因為架構性結構是我們的定義的核心，也是看待軟體架構的核心，所以本節將更詳細地介紹這些概念。第 22 章還會更加深入地研究這些概念，我們將在那一章討論架構記錄。

架構性結構在自然界有對應的結構。例如，神經科醫生、骨科醫生、血液科醫生和皮膚科醫生對人體的結構有不同的觀點，如圖 1.1 所示。眼科醫生、心臟科醫生和足科醫生則專注於特定的子系統。運動治療師和精神科醫師專注於整體行為的不同層面。這些觀點可以用不同的圖片來表達，它們的屬性也大不相同，但它們有固有的關係並且互相連結：它們一起描述了人體的架構。

架構性結構在人類的工作中也有對應的結構。例如，水電工、冷暖氣機安裝工人、屋頂工人和鷹架工人分別關心建築物中的不同結構。你很容易就可以了解各種結構所關心的品質。

軟體也是如此。

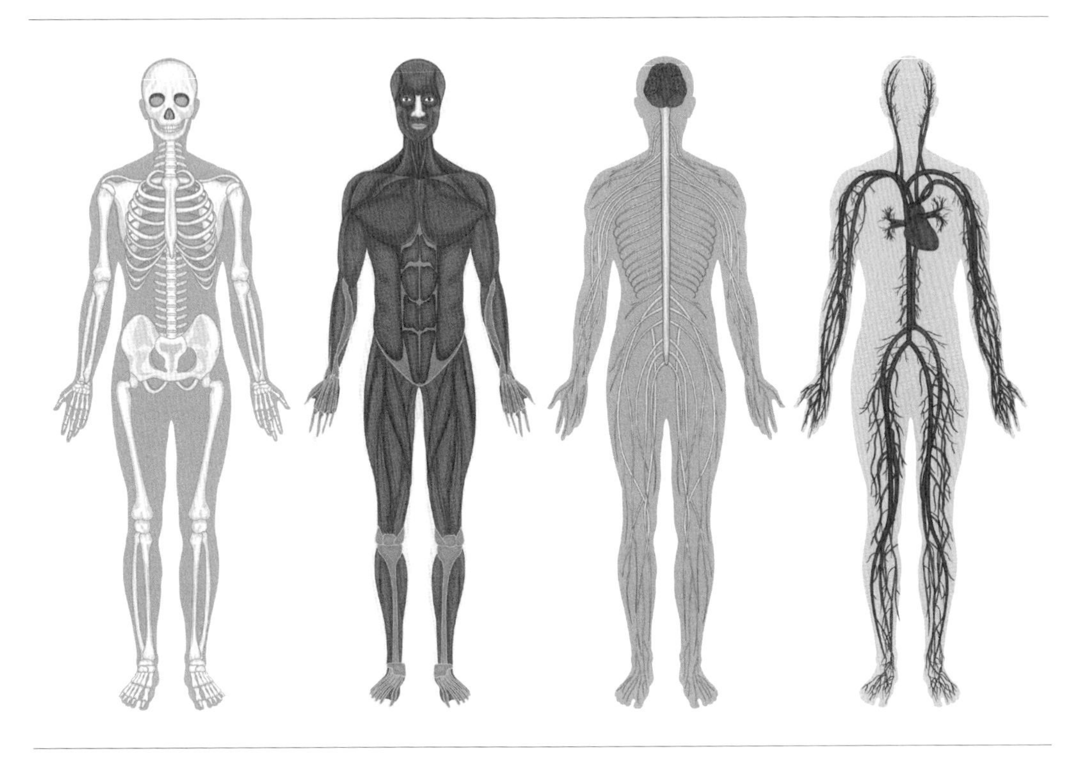

圖 1.1 生理結構圖

三種結構

架構性結構可分為三大類，取決於元素所展現的廣泛性質，以及它們支援的推理類型：

1. **組件與連結（*C&C*）結構**關注元素在執行期為了執行系統的功能而互動的方式。這種結構用一組具備執行期行為的元素（組件）與互動（連結）來描述系統的組成。這種結構中的組件是主要的計算單元，它可能是服務、對等體（peer）、用戶端、伺服器、過濾器，或其他類型的執行期元素。連結是組件之間的通訊媒介，例如 call-return、程序同步運算子（process synchronization operator）、管道（pipe）…等。C&C 結構可協助回答下列問題：

- 什麼是主要的執行組件？它們在執行期如何互動？
- 主要的共享資料儲存體有哪些？
- 系統有哪些部分是複製品？
- 資料如何在系統中傳遞？
- 系統的哪些部分可以平行運行？
- 系統的結構會不會在執行時改變？如果會，如何改變？

廣義而言，這些結構很適合回答與系統的執行期屬性有關的問題，例如性能、資訊安全、妥善性…等。

C&C 結構是最常見的一種結構，但其他兩種結構也很重要，不容忽視。

圖 1.2 以非正式的標記法來描繪一個系統的 C&C 結構，圖例是那些圖案的意思。這個系統有一個共享的儲存體可讓伺服器使用，它也有一個管理組件。操作用戶端的出納員可以和帳號伺服器互動，也可以透過發布 / 訂閱連結來互動。

2. 模組結構（*module structure*）將系統分為許多實作單位，本書將那些單位稱為模組。模組結構展示了系統如何以一組程式碼或資料單元組成，你必須建構或取得裡面的程式碼。模組都有特定的計算職責，程式設計團隊根據它們來分配工作。在任何模組結構中，元素都是某種類型（也許是類別、程式包、階層，或只是功能的劃分，全都是實作單元）的模組。模組就是系統的靜態觀點，模組都被指定了功能職責領域；這些結構不太強調軟體的執行期表現。模組的實件包括程式包（package）、類別與階層（layer）。在模組結構內，模組間的關係有 uses、generalization（或「is-a」），以及「is part of」。圖 1.3 與 1.4 分別為模組元素與關係的範例，它們使用 Unified Modeling Language（UML）標記法。

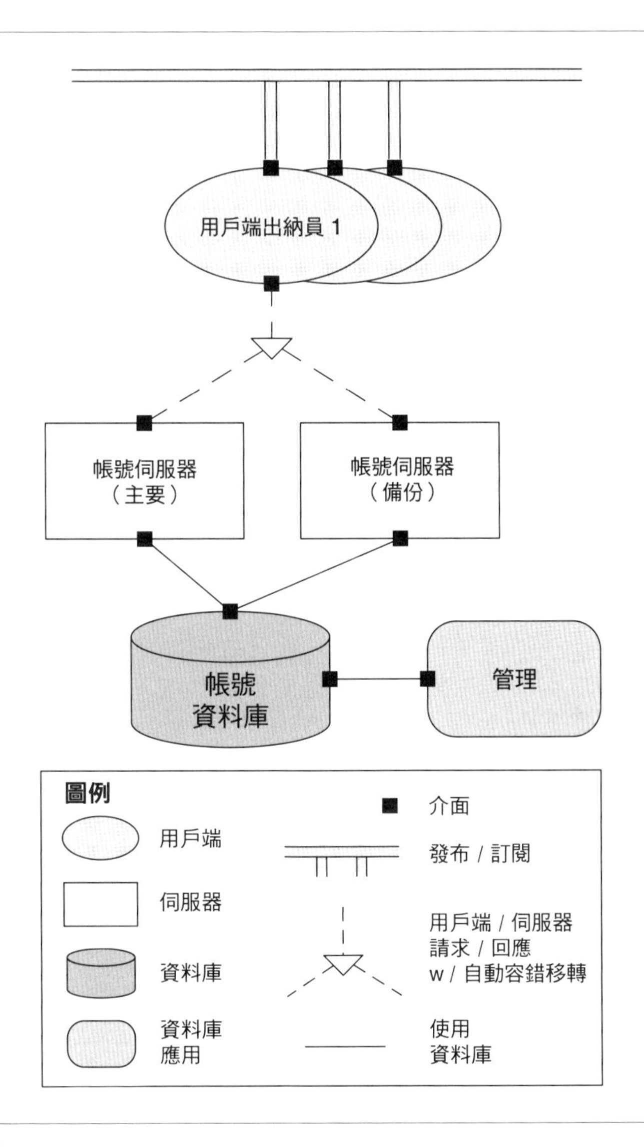
用戶端出納員 1
帳號伺服器
（主要）
帳號伺服器
（備份）
帳號
資料庫
管理
圖例
用戶端
伺服器
資料庫
資料庫
應用
介面
發布 / 訂閱
用戶端 / 伺服器
請求 / 回應
w / 自動容錯移轉
使用
資料庫

圖 1.2 C&C 結構

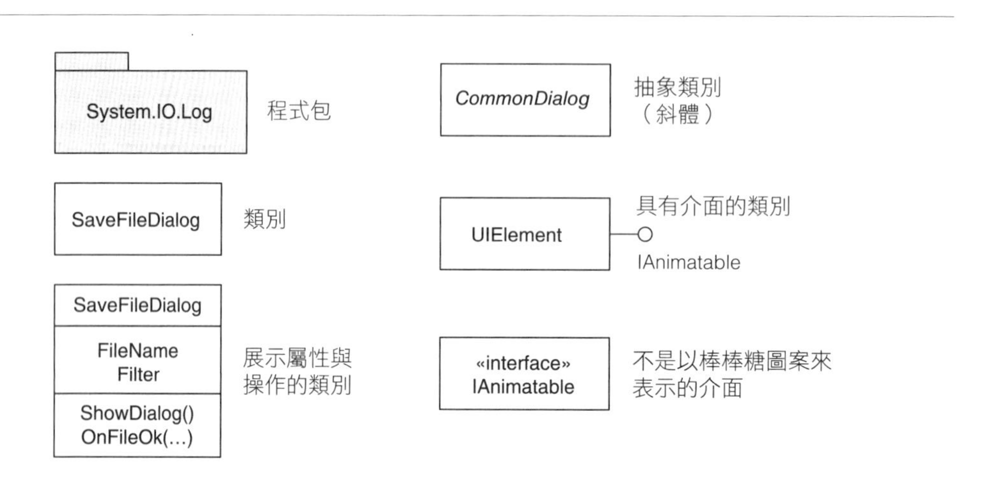

圖 1.3 以 UML 來描繪模組元素

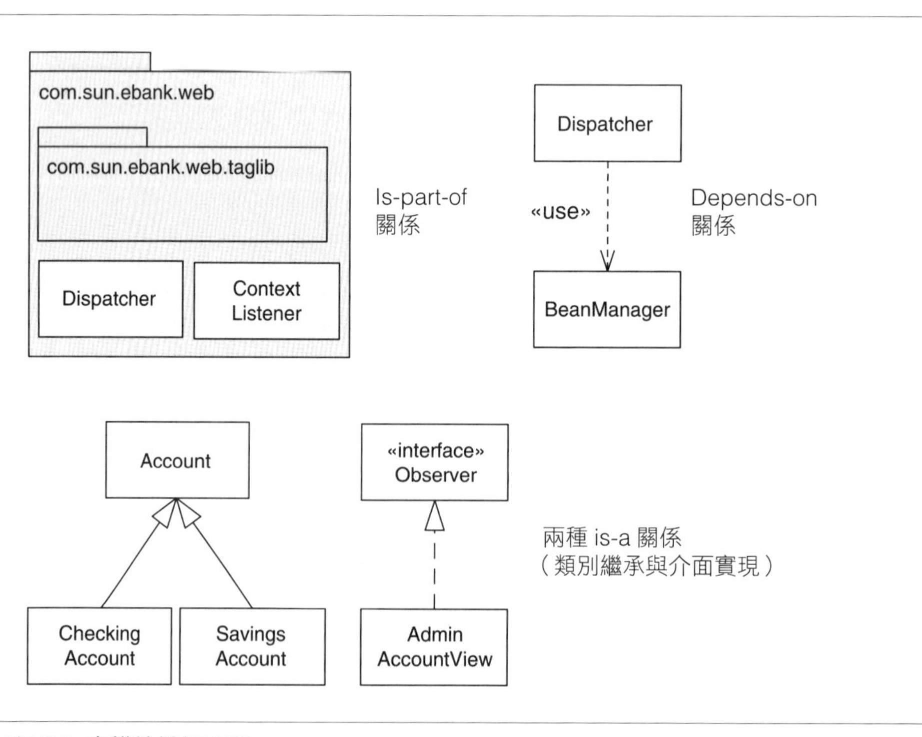

圖 1.4 以 UML 來描繪模組關係

模組結構可回答這類的問題：

- 每一種模組的主要功能是什麼？
- 模組可以使用哪些其他的軟體元素？
- 它使用和依靠哪些其他的軟體？
- 哪些模組與其他模組有 generalization 或 specialization（即繼承）關係？

模組結構可直接傳達此資訊，它們也可以用來回答關於「改變各個模組的職責對系統有何影響」的問題。因此，模組結構是推理系統可修改性的主要工具。

3. **分配結構**可將軟體結構對應至系統的非軟體結構，例如系統的組織，或開發、測試與執行環境。分配結構可回答這類問題：
   - 各個軟體元素是在哪個處理器上執行的？
   - 在開發、測試和系統建構期間，每個元素被存放在哪個目標或檔案內？
   - 各個軟體元素被分配給哪個開發團隊？

實用的模組結構

實用的模組結構有：

- **分解結構**（*decomposition structure*）。其單元是彼此間有「is-a-submodule-of」（…的子模組）關係的模組，這種結構展示了如何將模組反覆地分解成更小的模組，直到容易了解的規模為止。這個結構裡面的模組就是設計的起點，架構師必須列出每一個軟體單元將要做哪些事情，並將每一個項目指派給一個模組，以便進行後續（更詳細）的設計和最終的實作。模組通常有相關的產品（例如介面規格、程式碼和測試計畫）。分解結構在很大程度上決定了系統的可修改性，例如，你的修改是否在一些模組的範圍之內（模組最好很少）？開發專案的組織（organization）通常以這種結構為基礎，包括文件的結構、專案的整合，以及測試計畫。圖 1.5 是分解結構的範例。

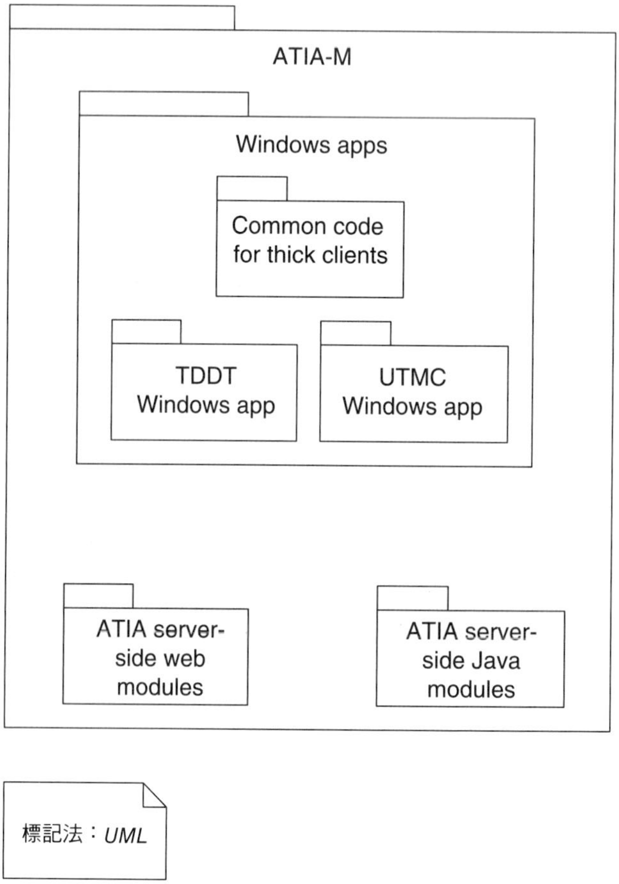

ATIA-M

Windows apps

Common code for thick clients

TDDT Windows app

UTMC Windows app

ATIA server-side web modules

ATIA server-side Java modules

標記法：*UML*

圖 1.5 分解結構

- *uses* 結構（*uses structure*）。在這種很重要但經常被忽略的結構中，單元可能是模組，也可能是類別。單元之間有 *uses* 關係，這是一種特殊的依賴關係。如果一個軟體單元在另一個單元的正確版本（而非 stub）存在的情況下才能正確運行，我們說第一個單元 uses 第二個單元。我們用 uses 結構來設計可以擴展並添加功能的系統，或可從中提取有用的功能子集合的系統。當你可以輕鬆地建立系統的子集合時，你就可以進行遞增開發（incremental development）。這個結構也是衡量社交債務（social debt，即團隊之間的實際溝通量，而不僅僅是應該進行的溝通量）的基礎，因為它定義了哪些團隊應互相溝通。圖 1.6 是 uses 結構，它展示為了讓 admin.client 模組存在而必須依序（increment）存在的模組。

- **階層結構**（*layer structure*）。在這個結構裡面的模組稱為階層。階層是抽象的「虛擬機器」，它們透過受管理的（managed）介面來提供一組內聚的服務。階層可讓你以受管理的方式來使用其他的階層，在嚴格分層的系統中，一個階層只能使用一個其他階層。這種結構可為系統帶來可移植性，也就是更換底下的虛擬機器。圖 1.7 是 UNIX System V 作業系統的階層結構。

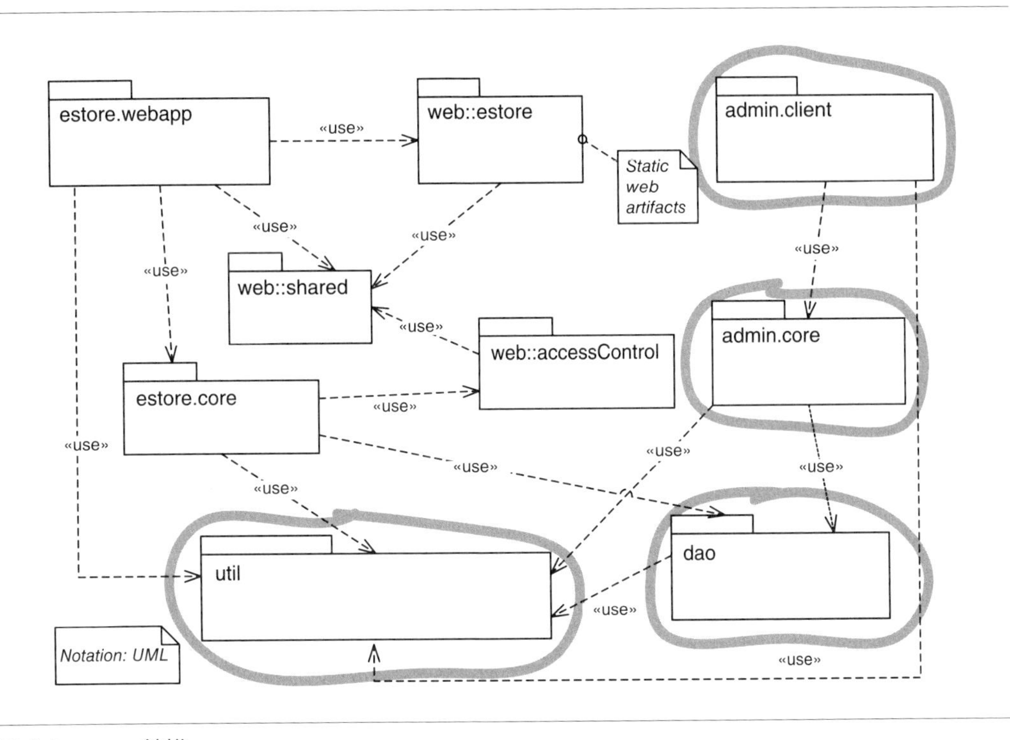

圖 1.6 uses 結構

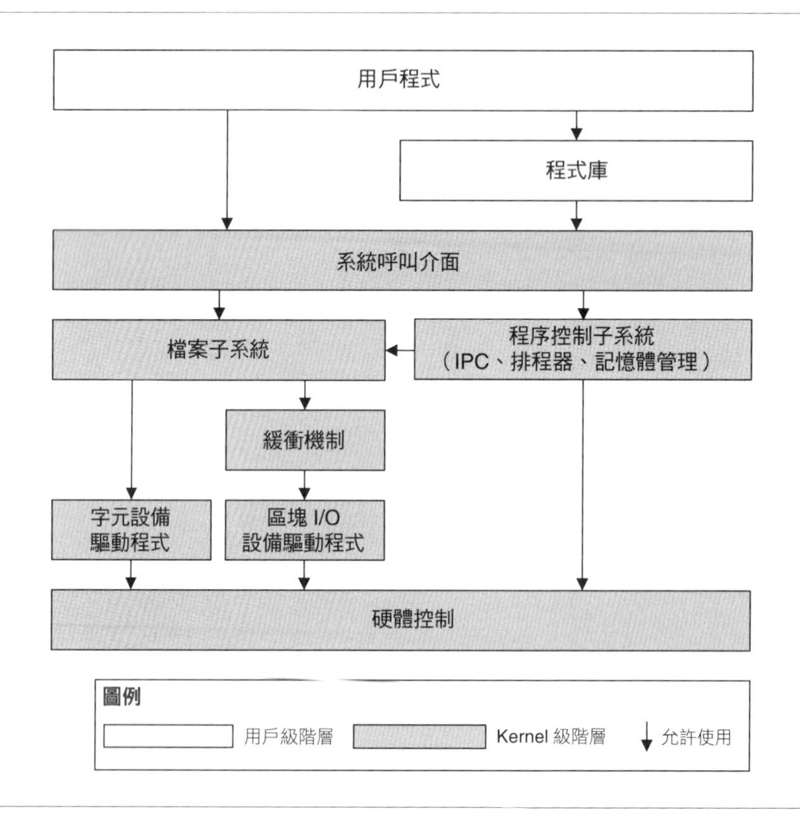

圖 1.7 階層結構

- 類別（抽象化，*generalization*）結構。在這個結構裡面的模組稱為類別，它們之間有「inherits-from（繼承）」或「is-an-instance-of（為…的實例）」的關係。這種觀點可協助推理一群相似的行為或能力，以及參數化差異（parameterized difference）。類別結構可讓你推理重複使用與遞增功能。如果專案有按照物件導向分析與設計程序來撰寫的文件，它通常就是這種結構。圖 1.8 是取自一個架構專家工具的抽象化結構。

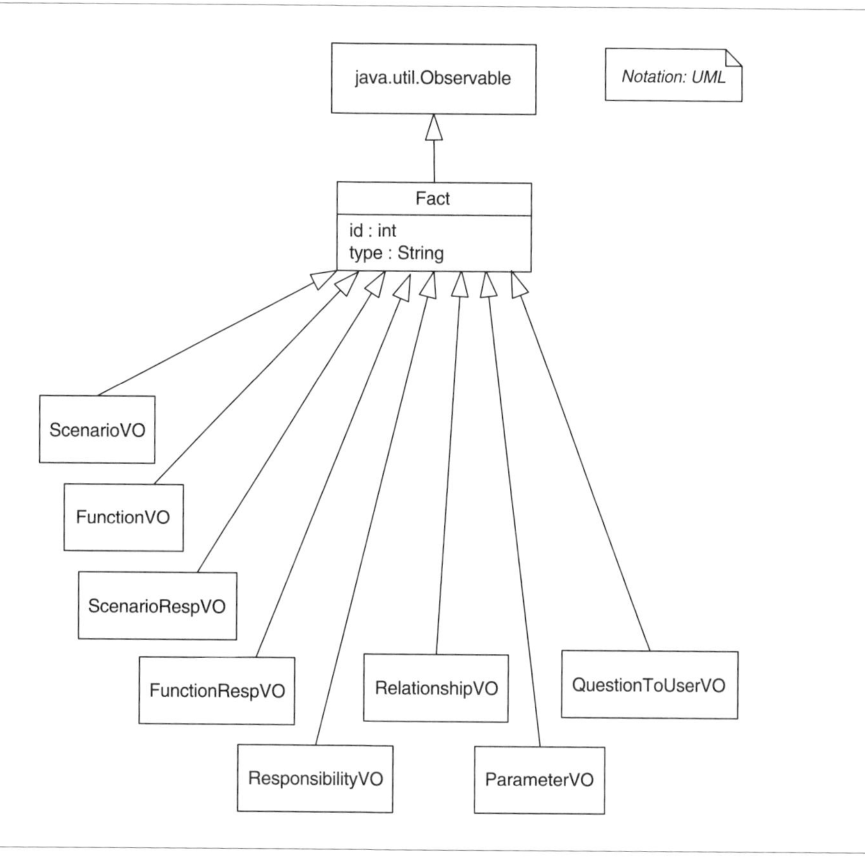

圖 1.8　抽象化結構

- 資料模型。資料模型描述了資料實體（data entity）和它們之間的關係的靜態資訊結構。例如，在銀行系統中，實體通常有 Account（帳戶）、Customer（客戶）與 Loan（貸款）。帳戶有許多屬性，例如帳號、類型（儲蓄或支票）、狀態和當前餘額。帳戶之間的關係可能說明一位客戶有一或多個帳戶，以及一個帳戶與一或多位客戶有關。圖 1.9 是資料模型範例。

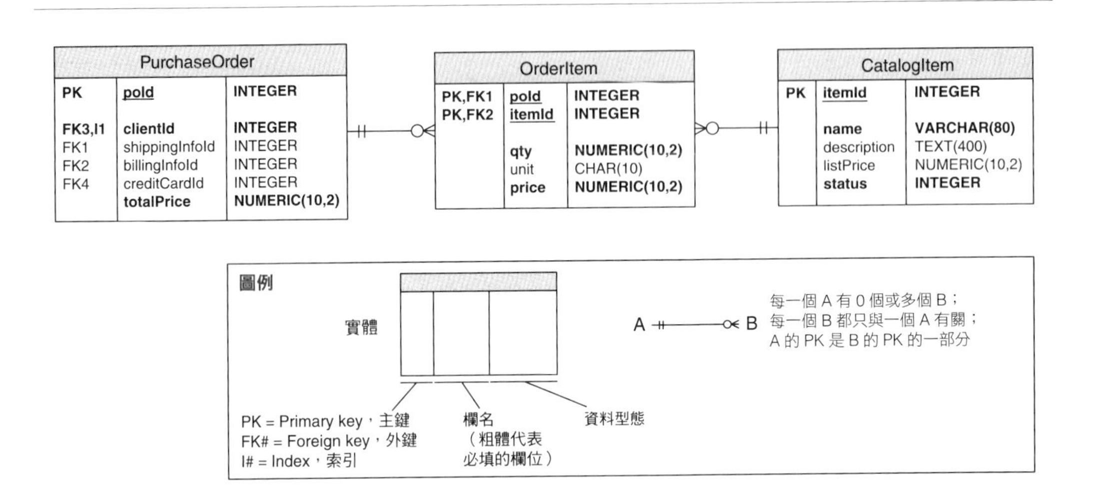

圖 1.9 資料模型

一些實用的 C&C 結構

C&C 結構展示系統的執行期觀點。在這些結構中，剛才介紹的模組都被編譯成可執行的形式。因此，所有的 C&C 結構都與模組結構正交（orthogonal），它們處理的是運行中的系統的動態層面。例如，一個程式碼單元（模組）可能被編譯成一個服務，且該服務在可執行環境中被複製上千次。或者，1,000 個模組可能被編譯和連結在一起，以產生一個執行期的可執行檔（組件）。

在所有的 C&C 結構中的關係都是**附著**，它們展示了組件與連結如何連接在一起（連結本身可能是你熟悉的結構，例如「invokes」）。實用的 C&C 結構有：

- **服務結構**。這裡面的單元是服務，它們透過服務協調機制（例如訊息）來進行交互操作。服務結構是一種重要的結構，可協助系統工程師將獨立開發的組件組合起來。
- **並行**（*concurrency*）**結構**。這種 C&C 結構可讓架構師釐清平行化的機會，以及可能發生資源爭奪的位置。這種結構的單元是組件，連結是它們的溝通機制。組件都會被放入「邏輯執行緒（logical thread）」。邏輯執行緒是一系列的計算，接下來的設計程序可能會將它們放入一個單獨的實體執行緒。我們會在設計流程的早期使用並行結構來發現與管理與並行執行有關的問題。

實用的分配結構

分配結構定義了 C&C 或模組結構的元素如何對應至非軟體事物，那些事物通常是硬體（可能虛擬化）、團隊和檔案系統。實用的分配結構有：

- **開發結構**。開發結構展示了如何將軟體分配給硬體處理元素和通訊元素。這裡的元素是軟體元素（通常是 C&C 結構中的程序）、硬體實體（處理器）和通訊路徑。在這個結構裡面的關係有「allocated-to」，展示軟體元素位於哪個物理單元，以及動態分配時的「migrates-to」。這個結構可以用來推理性能、資料一致性、資訊安全和妥善性。它在分散式系統中特別重要，是實現易部署性（見第 5 章）的關鍵結構。圖 1.10 是以 UML 繪製的部署結構。

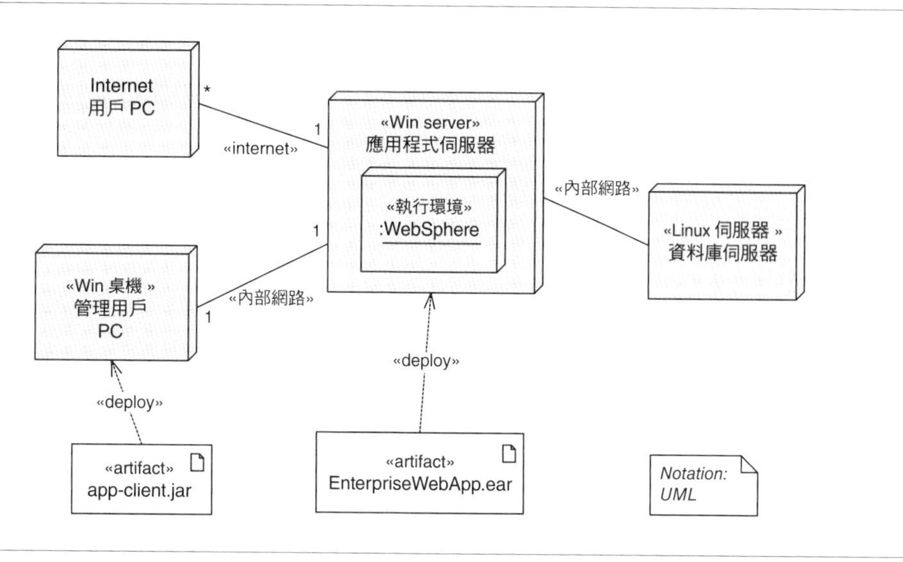

圖 1.10 部署結構

- **實作（*implementation*）結構**。這種結構告訴你如何將軟體元素（通常是模組）對應至系統的開發、整合、測試或組態控制環境中的檔案結構。這種結構在管理開發活動和組建程序時非常重要。

- **工作分配結構**。這種結構將實作模組和整合模組的職責分配給執行這些工作的團隊。在架構中加入工作分配結構可清楚地展示「讓某人進行某項工作」如何影響架構層面，以及如何影響管理層面。架構師可知道各個團隊需要哪種專業技能。例如，Amazon 讓一個團隊負責一項微服務就是一種工作分配結構的表徵。在大型的研發專案中，有一種很實用的做法是找出具有相同功能的單元，並將它們分配給一個團隊，而不是讓每一個需要那些單元的人實作。這種結構也決定了團隊之間的主要溝通途徑，例如使用定期網路會議、維基、email 名單…等。

表 1.1 是這些結構的摘要，它列出了元素的意義，以及在各個結構內的關係，並說明每一種結構的用途。

結構之間的關係

以上的每一種結構都提供不同的系統觀點與設計把手（design handle），每一種結構本身都有其效用。雖然不同的結構提供不同的系統觀點，但它們不是獨立的，一個結構的元素與另一個結構的元素有關，我們必須了解這些關係。例如，在分解結構裡面的模組可能是某種 C&C 結構的一個組件、一個組件的一部分，或多個組件，反映了它在執行期的另一面。一般來說，不同結構之間有多對多關係。

圖 1.11 簡單地展示兩個結構之間的關係。左圖是一個小型的用戶端 / 伺服器系統的模組分解視圖。這個系統有兩個必須實作的模組：用戶端軟體與伺服器軟體。右圖是同一個系統的 C&C 視圖。在執行期，這個系統會運行十個用戶端，它們會訪問伺服器。因此，這個小系統有兩個模組與十一個組件（與十個連結）。

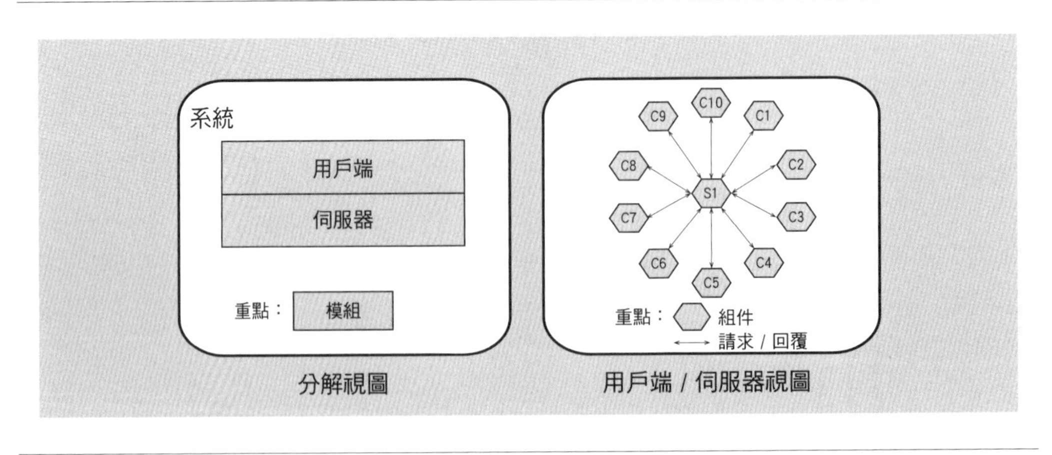

圖 1.11 用戶端 / 伺服器系統的兩個視圖

表 1.1 實用的架構性結構

	軟體結構	元素類型	關係	適用於	影響的品質問題
模組結構	分解	模組	…的子模組	資源分配與專案結構設計和規劃；封裝	可修改性
	uses	模組	uses（即，對象必須正確地存在）	設計子集合與擴展軟體	「可子集合性（subsetability）」、可擴展性
	階層	階層	允許使用…的服務；提供抽象給…	遞增開發；在「虛擬機器」上面實作系統	可移植性、可修改性
	類別	類別、物件	為…的實例；為…的廣義	在物件導向系統中歸納共同點；規劃擴展功能	可修改性、可擴展性
	資料模型	資料實體	{ 一 , 多 }- 對 -{ 一 , 多 }；抽象化；特殊化	為了取得一致性和提升性能，設計全域性的資料結構	可修改性、性能
C&C 結構	服務	服務、服務註冊	附著（透過訊息傳遞）	調度分析；性能分析；強固性分析	可互用性、妥善性、可修改性
	並行	程序、執行緒	附著（透過通訊和同步機制）	找出發生資源爭奪的位置、平行化的機會	性能
分配結構	部署	組件、硬體元素	分配給；遷移至	將軟體元素對應至系統元素	性能、資訊安全、能源、妥善性、易部署性
	實作	模組、檔案結構	儲存於	組態控制，整合，測試活動	部署效率
	工作分配	模組、組織單位	分配給	專案管理，善用專業技能和資源，管理共同點	部署效率

雖然分解結構與用戶端 / 伺服器結構的元素之間的對應關係很明顯，但是這兩種觀點有非常不同的用途。例如，右邊的觀點可以用來進行性能分析、瓶頸預測、網路流量管理，但是這些工作都很難或不可能用左邊的觀點來做（在第 9 章中，我們將學習 map-reduce 模式，它將簡單、相同的功能複本分散在數百個或數千個處理節點之間，也就是讓整個系統使用一個模組，但是讓每個節點使用一個組件）。

有的專案將一種結構當成主要結構，並在可行的情況下，用主要結構來製作其他的結構。它們的主要結構通常是模組分解結構，這是有原因的：它往往可以產生專案結構，因為它反映了開發團隊結構。有些專案的主要結構是一種 C&C 結構，展示了系統的功能或重要的品質屬性如何在執行期實現。

越少越好

並非所有系統都需要考慮許多架構性結構。系統越大，這些結構之間的差異就越明顯，但是小型的系統通常可以使用較少結構，例如只要使用一個 C&C 結構即可，不需要使用每一種 C&C 結構。如果程序只有一個，你可以將程序結構摺疊為一個節點，不需要在設計中明確地展示。如果系統沒有分散（distribution）（也就是說，如果系統是在單一處理器上實作的），它的部署結構就不重要，因此不需要考慮。一般來說，除非設計和記錄一種結構可以帶來正面的投資回報，否則就不需要做，正面的投資回報通常與減少開發或維護成本有關。

該選擇哪些結構？

我們已經簡單地介紹了一些實用的架構性結構了，此外當然還有其他結構。架構師該使用哪些結構？架構師該記錄哪些結構？答案當然不是所有結構。你應該考慮各種結構如何讓你發現和利用系統最重要的品質屬性，然後選擇最能夠幫你提供那些屬性的結構。

架構模式

有的架構元素是為了解決特定的問題而組成的，隨著時間的過去，人們發現這些組合在許多領域中非常有用，於是將它們記錄下來並流傳出去。這些架構元素組合提供了套裝策略來讓你解決某些系統問題，這種組合稱為模式。本書的第二部分將詳細討論架構模式。

1.3 何謂「好」架構？

世上沒有絕對好的架構或絕對不好的架構。架構或多或少適用於某些地方。三層的服務導向架構可能適合大型企業的 B2B 網路系統，但絕對不適合航空電子應用程式。為了方便修改而精心設計的架構完全不適合用來製作拋棄式雛型（反之亦然！）。其實你可以**評估**架構（這正是關心它們的一大好處），但是這種評估在你已經確定目標時才有意義。

然而，當你設計大多數的架構時，你應該遵守一些經驗法則。不遵守那些法則不代表架構必定有致命的缺陷，但至少，你要將它視為一種警訊，並且進行調查。你可以在進行全新的開發時主動採取這些規則，以建構「正確」的系統。它們也可以當成分析法則，以揭露既有系統的潛在問題，並提供系統的發展方向。

我們將建議分成兩組：流程建議和產品（或結構）建議。我們的流程建議為：

1. 軟體（或系統）架構應該由一位架構師或一小組架構師（而且有技術領導人）設計。為了讓架構具備概念一致性和技術一致性，這種做法非常重要。本建議也適用於 Agile 專案、開放原始碼專案，以及「傳統」的專案。架構師和研發團隊應該緊密地聯繫，以避免出現「象牙塔」，也就是不切實際的設計。

2. 架構師（或架構設計團隊）應持續不斷地根據明確的品質屬性需求順序清單來建立架構。它們可以提醒你不斷發生的權衡取捨。功能沒那麼重要。

3. 用**視圖**（*view*）來記錄架構（視圖就是一或多個架構性結構的表示法）。這些視圖應處理最重要的關係人所在乎的事情，並支援專案的時間表。這可能意味著，專案最初只需要少量的文件，稍後再製作詳細的文件。關係人在乎的事情通常與建構系統、分析系統、維護系統，以及教育新關係人有關。

4. 評估架構提供重要的品質屬性的能力。你應該在生命週期的初期做這件事，因為此時進行評估的效果最好，並且視情況重複執行，以確保架構的變動（或它的環境的變化）不會讓設計過時。

5. 讓架構可以遞增實作，以避免一下子整合所有的東西（這幾乎必定是行不通的做法），並提早發現問題。有一種做法是製作一個「骨架」系統，在裡面建立溝通路徑，但先為它建立最簡單的功能，然後用這個骨架系統來逐漸「栽培」系統，並視情況進行重構。

以下是我們的結構經驗法則：

1. 架構應具備定義良好的模組，並遵守「資訊隱藏」和「關注點分離」等原則來分配功能職責。隱藏資訊的模組應封裝可能改變的東西，從而使軟體免受那些變動影響。每一個模組都要有定義良好的介面，用介面來封裝或「隱藏」可改變的層面，不讓其他軟體看見。這些介面應該讓各個開發團隊在很大的程度上彼此獨立地工作。

2. 除非你的需求是前所未有的（但機率不大），否則你應該用各種品質屬性的著名架構模式和戰術（見第 4 章至第 13 章）來實現它們。

3. 架構絕不能依賴商業產品或工具的特定版本，如果你必須依賴它們，你就要好好設計它的結構，以便輕鬆地、低成本地改成不同的版本。

4. 製造資料的模組應該與使用資料的模組分開，這往往可以增加可修改性，因為更改往往只限於資料的生產端或使用端。雖然加入新資料時必須改變兩者，但將它們分開可讓你進行分階段（遞增）升級。

5. 不要以為模組與組件的關係都是一對一的，例如，採用並行的系統可能平行運行一個組件的多個實例，而且它的每一個組件都是用同一個模組來建構的。在使用多個並行執行緒的系統中，每一個執行緒可能使用多個組件提供的服務，而且每一個組件都是用不同的模組來建立的。

6. 在編寫每一個程序時，設法讓自己可以輕鬆地將它們指派給不同的處理器，甚至可在執行期這麼做。這是虛擬化和雲端部署等趨勢的驅動力，我們將在第 16 章與第 17 章討論。

7. 架構的組件互動模式應盡量減少與簡化。也就是說，整個系統應該以相同的方式做相同的事情，這種做法有助於理解，可減少開發時間，增加可靠性與可修改性。

8. 讓架構有一組特定的（且小規模的）資源爭奪區，並明確地制定調解方案並維護該方案。例如，如果網路的使用率是值得關注的領域，那麼架構師應該為每一個研發團隊編寫一套指導方針（並實施），以實現可接受的網路流量等級。如果性能是應關注的事項，那麼架構師應制定時間預算（並實施）。

1.4 總結

系統的軟體架構是推理系統所需的一組結構，這些結構是由軟體元素、它們之間的關係，以及兩者的屬性組成的。

結構有三大類：

- 模組結構以一組必須建構或產生的程式碼或資料單元來展示系統。
- C&C 結構以一組具備執行期行為（組件）和互動（連結）的元素來展示系統。
- 分配結構展示模組與 C&C 結構的元素與非軟體結構（例如 CPU、檔案系統、網路與研發團隊）之間的關係。

結構是架構的主要工程支點，每一個結構都會影響一或多個品質屬性。總之，結構是建立架構的強大工具，也可以在稍後用來分析架構並向關係人解釋它。你將在第 22 章看到，被架構師當成工程支點來使用的結構，也有可能是建立文件的基礎。

每一個系統都有軟體架構，那些架構也許可被記錄並傳播，也許不行。

世上沒有絕對好的架構或絕對不好的架構。架構都多少適用於某些地方。

1.5 延伸讀物

如果你對軟體架構這個研究領域很有興趣，你應該會喜歡一些開創性的作品。它們大部分都沒有提到「軟體架構」，因為這個術語是在 1990 年代中期才出現的，所以你必須從字裡行間理解。

Edsger Dijkstra 在 1968 年的一篇討論 T.H.E. 作業系統的論文中介紹了階層的概念 [Dijkstra 68]。David Parnas 的早期研究奠定了許多概念基礎，包括資訊隱藏 [Parnas 72]、程式家族 [Parnas 76]、軟體系統固有的結構 [Parnas 74]，以及建構系統的子集合及超集合的 uses 結構 [Parnas 79]。你可以在更容易取得的 Parnas 重要論文集 [Hoffman 00] 中找到他的所有論文。現代的分散式系統之所以存在，應歸功於協作循序程序（cooperating sequential processes），C. A. R. (Tony) Hoare 爵士在 [Hoare 85] 提出它的概念和定義。

Dijkstra、Hoare 與 Ole-Johan Dahl 在 1972 年認為程式應分解成獨立的組件，並為它們製作小型且簡單的介面。他們將這種做法稱為 structured programming，這可以視為軟體架構的初登場 [Dijkstra 72]。

Mary Shaw 與 David Garlan 一起和分別創作了一部主要作品，協助建立我們所謂的軟體架構領域。他們制定了軟體架構的一些基本原則，並且編列了一系列的架構風格（類似模式的概念），其中有些是本章介紹過的架構性結構。你可以從 [Garlan 95] 看起。

有一系列的**模式導向軟體架構** [Buschmann 96 及其他文獻] 已經廣泛地編列了軟體架構模式。我們將在本書的第二部分討論架構模式。

早期的論文 [Soni 95] 與 [Kruchten 95] 討論了業界的開發專案所使用的架構觀點。前者發展成一本書 [Hofmeister 00]，全面介紹了在開發和分析過程中使用視圖的情況。

坊間有許多書籍把重點放在與架構有關的實際實作問題上，例如 George Fairbanks 的《*Just Enough Software Architecture*》[Fairbanks 10]，Woods 與 Rozanski 的《*Software Systems Architecture*》[Woods 11]，以及 Martin 的《*Clean Architecture: A Craftsman's Guide to Software Structure and Design*》[Martin 17]。

1.6 問題研討

1. 你是否聽過不同的軟體架構定義？如果有，拿它與本章的定義進行比較和對照。許多定義都有「基本理由」（指出架構為何如此設計）或架構如何隨著時間而演變，你認同軟體架構的定義應納入這些考慮因素嗎？
2. 討論如何將架構當成分析的基礎，如何將它當成決策的基礎。架構可以支援哪些類型的決策？
3. 架構對降低專案風險方面有什麼幫助？
4. 找出被普遍接受的**系統架構**定義，並討論它與軟體架構的共同點。對**企業架構**做同樣的事情。
5. 找出一個已發表的軟體架構案例。它展示了哪些結構？根據它的目的，它**也應該**展示哪些結構？該架構支援哪種分析？挑戰它：有什麼問題是它沒有回答的？

6. 帆船有架構，這意味著它們有「結構」，可讓你推理出船的性能和其他品質屬性。查詢三桅帆船（*barque*）、雙桅橫帆船（*brig*）、單桅快速帆船（*cutter*）、驅逐艦（*frigate*）、雙桅縱帆船（*ketch*）、縱帆船（*schooner*）和單桅帆船（*sloop*）的技術定義。提出一套可用來區分和推理船舶結構的實用「結構」。

7. 飛機的架構可以用「它們如何解決一些主要的設計問題」來描述，例如引擎位置、機翼位置、起落架布局…等。幾十年來，為了載客而設計的噴射機大多有這些特點：

   - 將引擎裝在機翼下方的引擎機艙內（而不是將引擎裝在機翼內，或裝在機身後部）
   - 機翼底部（而不是頂部或中間）與機身連接

   先在網路上尋找下列製造商採取這種設計和不採取這種設計的案例：Boeing、Embraer、Tupolev 與 Bombardier。然後在網路上搜尋並回答這個問題：這種設計為飛機提供了哪些重要的品質？

2

為何軟體架構很重要？

噢，建構，建構！這是所有藝術中最崇高的藝術。

—Henry Wadsworth Longfellow

如果說架構是解方，那麼問題是什麼？

本章將從技術的角度來探討為何架構如此重要，我們將研究十三個最重要的原因，你可以將這些原因當成製造新架構的動機，或分析和演進既有架構的動機。

1. 架構可能讓驅動系統的品質屬性無法實現，也可以實現它。
2. 架構內的決策可讓你隨著系統的演進而推理系統的變更和管理它。
3. 對架構進行分析可讓你在早期預測系統的品質。
4. 有文件的架構可促進關係人之間的溝通。
5. 架構是最早期的載體（carrier），因此也承載了最基本的、最難改變的設計決策。
6. 架構定義了後續實作的限制。
7. 架構決定了組織的結構，反之亦然。
8. 架構可當成遞增開發的基礎。
9. 對架構師和專案經理而言，架構是評估成本和時間表的重要工件。
10. 架構可以做成可轉移、可重複使用的模型，並當成產品線的核心。

11. 根據架構來進行開發可讓開發者將注意力集中在組件的組裝上，而非僅僅是組件的創造上。

12. 架構可以藉著限制候選設計方案數量，引導開發者的創造力，降低設計和系統複雜性。

13. 架構可當成訓練團隊新成員的基礎。

即使你已經相信我們所說的：「架構很重要」，不需要我們重複強調 13 次了，但你可以將這 13 點（它們也是本章的大綱）當成在專案中使用架構的 13 種方法，或用它們來證明將資源投資在架構上是合理的做法。

2.1 抑制或實現系統的品質屬性

系統能否滿足你預期（或要求）的品質屬性，在很大程度上取決於它的架構。即使你忘了本書的其他內容，你也要記住這一點。

因為這個關係太重要了，所以我們用本書的整個第二部分來詳細說明這個訊息。但是在那之前，作為起點，請先記得這些範例：

- 如果你的系統需要高性能，那麼你就要仔細管理元素的時間方面的行為、它們使用共享資源的情況，以及元素之間溝通的頻率和數量。
- 如果可修改性很重要，你就要小心地將職責分配給元素，並限制這些元素間的互動（耦合），讓大幅度的系統規模變動只會影響少量的元素。在理想情況下，每一次修改只能影響一個元素。
- 如果你的系統必須具備高度的資訊安全，你就要管理並保護元素之間的通訊，並控制哪些元素可存取哪些資訊。也許你也要在架構中加入專門的元素（例如授權機制），以創造強大的「結界」，以防範入侵。
- 如果你想讓系統安全可靠，你要設計安全保護和恢復機制。
- 如果你認為性能的擴展性對系統的成功很重要，你就要將資源的使用本地化，以方便你加入能力更強的替代物，你也不能將假設資源或限制資源的程式碼寫死。
- 如果你的專案需要遞增（incremental）交付系統的子集合，你就必須管理組件間的使用（intercomponent usage）。

- 如果你想讓系統的元素可在其他的系統裡重複使用，你就要限制元素間的耦合，以免在你提取一個元素時，必須連帶提取其環境的許多元素才能發揮作用。

用來實現這些品質屬性的策略都具備超強的架構性。但是僅靠架構並不足以保證系統的功能或品質。糟糕的下游設計或實作決策總會破壞正確的架構設計。正如我們喜歡說的（*主要是*開玩笑）：實作可能奪走架構賦予的東西。在生命週期的所有階段（從架構設計，到程式編寫、實作與測試）中的決策都會影響系統的品質。因此，品質不完全是架構設計的功能，而是架構設計的起點。

2.2 推理和管理修改

這一點是從上一點推論出來的。

可修改性（對系統進行修改的容易程度）是一種品質屬性（因此上一節曾經談到它），但因為這種品質太重要了，因此它在十三個重要原因中占有一席之地。軟體開發社群正逐漸認識到這個事實：典型的軟體系統大約有 80% 的總成本發生在初次部署*之後*，人們所使用的系統大都處於這個階段。許多程式設計師和軟體設計師從*未*進行全新的開發工作，而是在既有的架構和既有的程式碼的限制之下工作。幾乎所有軟體系統在它的生命週期之間都會被修改，以加入新功能、適應新環境、修正 bug…等。但現實的情況是，這些修改往往充滿困難。

所有架構可能發生的修改都可分成三類，無論它是什麼架構：局部、非局部、架構性。

- 局部修改可藉由修改單一元素來完成，例如，在定價邏輯模組中加入新的商業規則。
- 非局部修改需要修改多個元素，但基本的架構方法保持不變，例如，在定價邏輯模組中加入新的商業規則，然後在那條新商業規則使用的資料庫中加入新欄位，然後在用戶介面中顯示套用規則的結果。
- 架構性修改會影響元素間的基本互動方式，可能需要修改整個系統，例如，將系統從單執行緒改為多執行緒。

顯然，局部修改是最簡單的，所以高效的架構可以讓大多數的修改都是局部的，因而容易進行修改。非局部修改雖然沒那麼受歡迎，但它們通常可以有序地進行。舉例來說，你可以先做一次修改，加入一條新的定價規則，再做一次修改，以部署新規則。

決定修改的時機非常重要。為了釐清哪些修改途徑的風險最低、評估修改的後果，以及決定修改的順序，你要廣泛地了解系統軟體元素的關係、性能和行為。這些任務都是架構師的工作。對架構進行推理和分析可以提供必要的見解，以便對預期的修改做出決定。如果你不採取這個步驟，而且不刻意維護架構的概念一致性，你幾乎一定會累積**架構債務**，我們將在第 23 章討論這個主題。

2.3 預測系統品質

這一點源自前兩點：架構不僅賦予系統品質，也要以可預測的方式賦予。

這一點看似必然，但事實不一定如此。例如，在設計架構時，你可能隨興做出一系列的設計決策、建構系統、測試品質屬性，期望得到最好的結果。速度不夠快？太容易被入侵了？那就開始做表面性的修改。

幸運的是，你**只要**對系統的架構進行評估，你就可以預測系統的品質。如果你知道某些類型的架構決策可實現某些系統品質屬性，你就可以做出那些決策，並正確地預期可以得到相關的品質屬性。當你在事後檢查架構時，你可以確定那些決策有沒有被做出來，並有信心地預測該架構將表現出相關的品質。

這一點和上一點加在一起，意味著架構在很大程度上決定了系統的品質，而且（更棒的是！）我們知道它是怎麼做到的，也知道如何讓它做到。

即使你偶爾不執行品質分析建模，以確保架構將提供預期的好處，至少根據決策將對品質屬性造成什麼影響來評估決策也可以幫助你及早發現潛在的問題。

2.4 在關係人之間進行溝通

第 1 章曾經說過架構是一種抽象，抽象很有用，因為它代表整個系統的簡化模型（而不是整個系統的無數細節），可讓你記在腦中，團隊的其他成員也是如此。架構代表系統的共同抽象，大多數的關係人都可以將它當成基礎，以互相了解、協商、形成共識，和互相溝通。架構（或者，至少它的一部分）具有足夠的抽象性，所以大多數的非技術人員可以在某種程度上理解它，尤其是在架構師的指導之下；但是這種抽象性也可以進一步精製，變成豐富的技術規範，以指導實作、整合、測試和部署。

軟體系統的每一位關係人（顧客、用戶、專案經理、程式設計師、測試員…等）都關心被架構影響的各種系統特性。例如：

- 用戶關心系統的高速、可靠，以及妥善性；
- 顧客（購買系統的人）關心架構可以按照時間和預算完成；
- 經理關心（除了成本和時間問題之外）架構可讓團隊在很大程度上獨立工作，並且以有紀律且受控的方式互動，以及
- 架構師關心用來實現以上所有目標的策略。

架構提供了一種共同的語言，讓人們可以用來表達、協商、解決不同的關注點，甚至處理大型且複雜的系統。如果沒有這種語言，你就很難充分理解大型的系統，以及做出影響品質和實用性的早期決定。我們將在第 21 章看到，架構分析既依賴這種溝通，也促進這種溝通。

介紹架構文件的第 22 章將更深入地討論關係人和他們的關切點。

「按下這顆按鈕會怎樣？」：將架構當成關係人的溝通媒介

專案審查反覆地進行。這個政府贊助的開發專案開始落後進度，並超出預算。由於這個專案的規模很大，所以這些失誤引起美國國會的注意。現在政府正藉著舉行馬拉松式的「來者不拒」審查會議來彌補過往的疏忽。第二天的會議想要了解軟體架構。有位年輕的架構師（它是系統首席架構師的學徒）勇敢地解釋這個大系統的軟體架構如何讓它滿足非常嚴格的即時、分散、高可靠性需求。他紮實地介紹一個紮實的架構。該架構既健全且合理。但是聽眾（大約有三十位政府代表，他們在這個棘手專案的管理和監督工作中扮演不同的角色）卻覺得很疲憊。有些人甚至在想，也許他們應該投入房地產業，而不是再次忍受這種「這次讓我們搞定一切」馬拉松審查會議。

在以半正式的框線標記法來繪製的投影片中，他以執行期觀點展示了系統的主要軟體元素。在投影片裡面的名稱都是英文縮寫，不解釋的話，沒人知道它的意義，所以那位年輕的架構師解釋了它們。圖表中的線條代表資料流、訊息傳遞，與程序同步。正如架構師所解釋的，那些元素在內部是備援的。「如果發生故障」他用簡報筆指向其中的一條線「重新啟動機置就會沿著這條路徑觸發…」。

「模式選擇按鈕被按下會怎樣？」有位聽眾打斷他的話，他是代表系統用戶社群的政府人員。

「能否再說一遍？」架構師問道。

「模式選擇按鈕」他說。「按下它會怎樣？」

「嗯，它會觸發一個設備驅動程式裡面的事件，在這裡」架構師用簡報筆指著投影片說道「然後它會讀取暫存器，並解讀事件碼，如果它是模式選擇，那麼，它會向黑板發出訊號，黑板又會向訂閱該事件的物件發出訊號…」

「不，我的意思是，系統會怎樣」提問者打斷他的解釋「它會重設畫面嗎？如果這是在系統重設的過程中發生的會怎樣？」

架構師看起來有點驚訝，他將簡報筆移開，這不是架構問題，但因為他是架構師，而且熟悉需求，所以他知道答案。「如果命令列處於設定模式，畫面會重設」他說「否則，控制台會顯示一條錯誤訊息，但是該訊息將被忽略。」他移回簡報筆「回到我剛才說的重設機制…」

「嗯，我想知道…」用戶代表說「在你的圖表裡面，畫面控制台傳送訊號給目標位置模組。」

「應該發生什麼事嗎？」另一位聽眾向第一位發問者問道「你真的希望用戶在重設期間看到模式資料嗎？」在接下來的 45 分鐘裡，架構師看著聽眾們占用他的時間，辯論系統在各種深奧的狀態下的正確行為，這些討論是絕對必要的，但它應該在制定需求時就進行，卻不知何故沒有進行。他們辯論的主題不是架構性的，但架構（以及它的圖表）引發這場辯論。架構是架構師和非開發關係人溝通的基礎，舉例來說，經理使用架構來建立團隊，以及將資源分配給他們。但用戶呢？畢竟，用戶看不到架構，他們何必將它當成理解系統的工具？

但他們確實如此。在這個案例中，提問者已經看了兩天投影片，內容都是關於功能、操作、用戶介面與測試。但是，看到第一張架構投影片之後（即使他累了，很想回家），他就知道他不了解某些事情了。參加許多架構審查會議讓我確信，以新的方式看待系統可以促使人們思考，讓新問題浮出表面。對用戶來說，架構通常扮演這種新的方式，而用戶提出來的問題將是行為性的。在幾年前的一次令人難忘的架構評估活動中，用戶代表感興趣的是系統將會做什麼，而不是它怎麼做那件事，這是很自然的事情。在那之前，他們只能透過行銷人員與供應商聯繫。架構師是他們接觸的第一位真正的系統專家，他們也充分把握這個機會。

詳細且周密的需求規格可以改善這種情況，但因為各種原因，需求規格不一定會被做出來，或不一定可以拿到，在沒有需求規格的情況下，架構的規格往往可以引出問題並改善清晰度。比較謹慎的做法應該是認識這種可能性，而不是抵抗它。

有時這種做法可以讓你揭露不合理的要求，進而重新審查那些要求的效用。這種審查強調需求和架構之間的協同作用，可讓年輕的架構師在整個審查會議中獲得空間處理這類資訊，協助他擺脱困境。而用戶代表也不會覺得自己像一條離水之魚，在顯然不合適的時刻提出問題。

—PCC

2.5 早期的設計決策

軟體架構體現了系統最早期的設計決策，這些早期的決定對接下來的開發、部署和維護造成巨大的影響。這也是仔細檢查將會影響系統的重要設計決策的最早時間點。

在任何學科中的任何設計都可以視為一系列的決策。畫家在開始繪畫之前就決定了畫布的材質，以及繪畫的媒介（油畫、水彩、蠟筆）。一旦他開始作畫，他就會立刻做出其他的決策：在哪裡畫第一條線？它的粗細？它的形狀？這些早期的設計決策對圖畫的最終外觀有很大的影響，每一個決策都限制了接下來的許多決策。每一個決策單獨看起來都無關緊要，但早期的決策具有不成比例的重要性，因為它們影響和限制了接下來的許多決策。

架構設計也是如此。架構設計可以視為一組決策。改變早期的決策將引發連鎖反應，因為此時必須改變更多的決策。的確，有時你必須重構或重新設計架構，但這個任務並不簡單，因為「連鎖」反應可能造成雪崩。

軟體架構體現了哪些早期的設計決策？考慮：

- 系統在一個處理器上運行，還是分散在多個處理器上運行？
- 軟體是分層的嗎？如果是，它有幾層？每一層做什麼事情？
- 組件是同步通訊還是非同步通訊？它們是藉著傳遞控制權、傳遞資料、還是傳遞兩者來互動？
- 在系統中傳遞的資訊有加密嗎？
- 將使用哪種作業系統？
- 將選擇哪種通訊協定？

想像一下，如果你必須改變其中一項或無數的其他相關決定，那將是一場惡夢。這種決策會開始發展出一些結構及其互動。

2.6 對實作施加限制

如果你想要讓實作順應架構，你就必須讓它符合架構所規定的設計決策。它必須具備架構規定的元素，那些元素必須按照架構規定的方式互動，而且每個元素都必須履行它對其他元素的職責，這些條件都限制了實作者。

元素的建構者一定對個別元素的規格瞭若指掌，但他們可能不知道架構面的取捨，架構（或架構師）只是用符合權衡取捨的條件來約束它們。例如，架構師可能將性能預算分配給大型功能的各個軟體單元，如果每一個軟體單元都沒有超出它的預算，那麼整個架構將滿足其性能需求。各個單元的實作者可能不知道整體的預算，只知道他們自己的單元的預算。

反之，架構師不需要精通演算法的所有設計層面或複雜的程式語言，雖然他們一定要掌握相當的知識，以免設計出難以建構的東西。然而，架構師是負責建立、分析和執行架構決策和取捨的人。

2.7 對組織結構的影響

架構規定了正在開發的系統的結構，這種結構也會影響開發專案的結構（有時是整個組織的結構）。大型的專案經常將系統的不同部分分配給不同的小組來建構。在架構中，這種所謂的工作分解結構是用第 1 章介紹的工作分配結構來描述的。因為架構包含廣泛的系統分解形式，所以它經常被當成工作分解結構的基礎。工作分解結構反過來決定計畫、調度和預算的單元、團隊間的溝通管道、組態控制和檔案系統組織、整合和測試計畫與程序，甚至專案的細節，例如專案的內部網路的組織，以及在公司舉辦野餐時，誰與誰坐在一起。團隊會根據元素的介面規格來互相溝通。當維護活動啟動之後，它也會反映軟體結構，公司可能組建團隊來維護架構的特定元素，包括資料庫、商業規則、用戶介面、設備驅動程式…等。

建立工作分解結構有一個副作用是它會凍結軟體架構的某些層面，負責其中的一個子系統的團隊可能會拒絕將他的職責分配給其他的小組。如果這些職責已經被列入契約關係，那麼改變職責可能會變得昂貴，甚至引發官司。

因此，一旦架構已成為共識，出於管理和商業原因，修改它的成本將會非常高。這也是先分析大型系統的軟體架構，再決定具體的選擇的諸多理由之一。

2.8 促進遞增開發

一旦你定義出架構，你就可以將它當成遞增開發的基礎。你的第一次遞增可能是一個骨架系統，裡面至少有一些基礎設施（元素如何初始化、溝通、共享資料、取得資源、回報錯誤、記錄活動…等），但還沒有大多數的應用功能。

你可以齊頭並進地建構基礎設施和應用功能，設計和建構少量的基礎設施來支援少量的完整功能，反覆進行，直到完成為止。

許多系統都做成骨架系統，可以用外掛程式、程式包或擴展程式來擴展，例如 R 語言、Visual Studio Code 和大多數的網路瀏覽器。加入擴展程式可在骨架的功能之外提供其他的功能。因為這種做法可以確保系統在產品生命週期的早期即可執行，所以可協助開發流程的進行。隨著擴展程式的加入，或軟體的早期版本被更完整的版本取代，系統將越來越準確。有時，那些軟體可能是低準確度的版本，或最終功能的雛型；有時，它們可能是替代品，只會以適當的速度使用和產生資料，幾乎不做其他事情。這種做法可讓你在產品生命週期的早期發現潛在的性能（和其他）問題。

這種做法因為 Alistair Cockburn 的想法和他的「walking skeleton」概念而受到關注。最近，使用 MVP（minimum viable product，最簡可行產品）來降低風險的人們也開始採取這種做法。

減少專案的潛在風險是遞增開發的好處之一。如果架構是為一系列相關的系統設計的，你可以在這一系列的系統中重複使用基礎設施，從而降低每一個系統的成本。

2.9 估計成本與進度

估計成本與進度對專案經理而言是很重要的工具，它們可以協助專案經理取得必要的資源，並監控專案的進度。架構師的職責之一是在產品生命週期的早期協助專案經理估計成本和時間表。雖然由上而下地估計對設定目標和分配預算很有幫助，但理解系統的各個部分並由下而上地估計成本，通常比單純根據由上而下的系統知識來估計更加準確。

正如我們所說的，專案的組織結構和工作分解結構幾乎都根據其架構來設計的。負責某個項目的團隊或個人對他們負責的部分做出來的估計會比專案經理更準確，而且在估計的過程中，他們可以感受更多自主權。但最好的成本和時間估計，通常來自「由上而下的估計」（由架構師和專案經理做出來的）和「由下而上的估計」（由開發者做出來的）之間的共識。在這個過程中進行的討論與協商可以得出比使用任何一種方法本身都要準確得多的估計。

對系統的需求進行審查和驗證很有幫助，你對範圍了解得越多，你估計的成本和進度就越準確。

第 24 章會討論如何在專案管理中使用架構。

2.10 可轉移、可重複使用的模型

在生命週期中越早進行重複使用，它帶來的好處越大。雖然重複使用程式碼有好處，但重複使用架構可讓你將這種好處擴大到具有類似需求的系統上。當你在多個系統中重複使用架構決策時，前面幾節介紹的早期決策帶來的結果也會轉移到那些系統中。

因此，產品線或系列產品都是用同一組共享的資產（軟體組件、需求文件、測試案例…等）來建構的系統，其中最主要的資產是為了處理整個系列的需求而設計的架構。產品線架構師會選擇一個架構（或一系列密切相關的架構）來讓產品線的成員使用。該架構定義了哪些部分對產品線的所有成員而言是固定的，哪些是可變的。

在開發多個系統時，產品線是一種很強大的方法，在上市時間、成本、生產力和產品品質等方面都可以帶來數十倍的回報。這種模式的核心就是架構帶來的威力，與其他資本投資類似的是，產品線的架構是組織的共享資產。

2.11 架構可納入獨立開發的元素

雖然早期的軟體模式將**程式編寫**當成主要活動，用程式的行數來衡量進度，但以架構為基礎的開發方法著重**組合**或**裝配**彼此間分別開發（甚至獨立開發）的**元素**。可以進行組合的原因是架構定義了可加入系統的元素。架構限制了可能的替代物（或添加物），根據元素如何與環境互動、如何接收和放棄控制權、如何使用和產生資料、如何讀取資料、用哪些協定來進行溝通與共享資源。我們將在第 15 章詳細說明這些概念。

商業的現成組件、開放原始碼的軟體、公開的 app，以及網路服務都是被獨立開發出來的元素。將許多獨立開發的元素整合至系統帶來的複雜性和普遍性催生了整個軟體工具產業，例如 Apache Ant、Apache Maven、MSBuild 與 Jenkins。

對軟體來說，加入它們帶來的回報可能有：

- 縮短上市的時間（使用現成的解決方案應該比自行建構更簡單）。
- 提高可靠性（已經廣泛使用的軟體應該已經解決了它的 bug）。
- 較低的成本（軟體供應商可以讓他的客戶群分攤開發成本）。
- 靈活性（如果你想購買的元素不是特殊用途的，你極可能可從多個來源取得它，進而增加你的購買籌碼）。

開放系統（*open system*）就是為軟體元素定義了一套標準的系統，包括它們的行為、它們如何與其他元素互動、它們如何共享資料…等。開放系統的目的是讓（甚至鼓勵）許多不同的供應商生產元素，可避免「供應商壟斷」的情況，也就是只有一家供應商可以提供某種元素，並收取高價。開放系統是用定義元素及其互動方式的架構來實現的。

2.12 限制備選方案的詞彙

隨著你收集越多實用的架構解決方案，你會知道，雖然軟體元素有無限種組合方式，但限制自己使用相對較少的元素與限制它們的互動是有好處的，因為如此一來，你可以將設計的複雜度降到最低。

軟體工程師不是崇尚創意和自由的**藝術家**，工程與紀律有關，紀律是藉著將備選方案的詞彙（vocabulary）**限制**為已被檢驗的解決方案來實現的。已被檢驗的設計方案包括戰術（tactic）和模式，我們將在第二部分討論它們。重複使用現成的元素是限制設計詞彙的另一種方法。

將設計詞彙限制成已被檢驗的解決方案有以下的好處：

- 促進重複使用
- 有規律且簡單的設計比較容易了解和溝通，也更容易可靠地預測結果
- 更容易進行分析且更有信心
- 更短的選擇時間
- 更大的互用性

前所未有的設計是有風險的。已經過檢驗的設計是⋯經過檢驗的。我的意思不是軟體設計永遠不能創新，或提供令人耳目一新的解決方案，而是你不應該為了創新而發明這些解決方案。你只應該在既有的解決方案無法解決問題時，才設法另尋出路。

軟體的屬性取決於你選擇的架構戰術或模式。比較適合處理某個特定問題的戰術和模式應可以改善該問題的最終設計解決方案，也許是藉著讓你更容易調解互相衝突的設計限制，或藉著讓你更能夠理解設計背景，或藉著揭露需求的不一致。我們將在第二部分討論架構戰術和模式。

2.13 訓練的基礎

架構可以當成專案新成員的第一堂課，因為它說明了元素如何彼此互動以產生所需的行為。這補充了我們的觀點：軟體架構的重要用途之一，就是支持和鼓勵各種關係人之間的溝通，架構是關係人的共同參考點。

模組視圖是展示專案結構的好工具：誰負責哪些元素、哪個團隊負責系統的哪個部分…等。C&C 視圖很適合用來解釋系統如何運作和完成工作。分配視圖可向新成員展示他們負責的部分位於開發或部署環境的哪裡。

2.14 總結

由於各種技術和非技術原因，軟體架構非常重要。我們提出十三項好處：

1. 架構可能抑制或促成系統的品質屬性。
2. 架構內的決策可讓你隨著系統的演進而推理和管理系統的變更。
3. 對架構進行分析可讓你在早期預測系統的品質。
4. 有記錄文件的架構可加強關係人之間的溝通。
5. 架構是最早期的載體（carrier），因此也承載了最基本的、最難改變的設計決策。
6. 架構定義了後續實作的限制。
7. 架構決定了組織的結構，反之亦然。
8. 架構可當成遞增開發的基礎。
9. 對架構師和專案經理而言，架構是評估成本和時間表的重要工件。
10. 架構可以做成可轉移、可重複使用的模型，可當成產品線的核心。
11. 根據架構來進行開發可讓開發者將注意力集中在組件的組裝上，而非僅僅是組件的創造上。
12. 藉著限制備選設計方案，架構可以引導開發者的創造力，降低設計和系統複雜性。
13. 架構可當成訓練團隊新成員的基礎。

2.15 延伸讀物

Gregor Hohpe 的《*The Software Architect Elevator: Redefining the Architect's Role in the Digital Enterprise*》敘述了架構師的獨特能力，包括與組織內外各階層人士互動，以及促進關係人的溝通 [Hohpe 20]。

[Conway 68] 是架構和組織相關論文的鼻祖。Conway 定律指出「組織⋯設計出來的系統，充其量只是它的溝通結構的複製品」。

Cockburn 的「walking skeleton」概念出自《*Agile Software Development: The Cooperative Game*》[Cockburn 06]。

汽車產業的 AUTOSAR 是一種很好的開放式系統架構標準（autosar.org）。

關於建構軟體產品線的全面性介紹，可參考 [Clements 16]。以功能為基礎的產品線工程法（Feature-based product line engineering）是一種現代的、以自動化為中心的產品線建構法，其範圍已從軟體擴展至系統工程，[INCOSE 19] 有很棒的介紹。

2.16 問題研討

1. 即使你忘了本書的其他內容，你也要記得哪件事？不偷看可以加分。
2. 反駁本章提出的「架構很重要的 13 個原因」，提出在哪些情況下，不需要使用架構就可以實現書中所說的結果。證明你的說法是正確的（試著為這 13 個理由的每一個想出不同的情況）。
3. 本章認為架構可以帶來許多實際的好處。如何在一個特定的專案中衡量這 13 點好處？
4. 假如你想要在組織中引入以架構為中心的做法，雖然管理層對你的想法抱持開放態度，但他們想知道這種做法的投資報酬率，你該如何回應？
5. 依照你的標準排序本章的 13 個原因，說明為何如此。或者，如果你只能選擇兩三個原因來說服專案使用架構，你會選擇哪幾個？為什麼？

3

了解品質屬性

品質絕非偶然，它一直都是高尚的意圖、真誠的努力、
明智的方向和熟練地執行所產生的結果。

—William A. Foster

許多因素決定了系統的架構必須提供的品質，這些品質比功能更重要，功能基本上只是系統的能力、服務和行為，雖然功能和其他的品質密切相關，但正如你將看到的，功能在開發計畫中通常占首要地位，然而，優先考慮功能是短視的做法。一個系統之所以經常重新設計，原因不是它缺少某些功能（替代它的方案往往有相同的功能）而是因為它們難以維護、移植、擴展、速度太慢，或它被駭客入侵了。我們曾經在第 2 章說過，架構是在建立軟體時，可以解決品質需求的第一個地方。系統功能如何對應至軟體結構決定了架構提供的品質。在第 4 章至第 14 章，我們將討論如何以架構設計決策來實現各種品質。在第 20 章，我們將展示如何將所有的驅動因素（包括品質屬性決策）整合成一個連貫的設計。

我們一直都不嚴謹地使用「品質屬性」這個詞，現在是時候更仔細地定義它了。品質屬性（QA）是一種系統指標，它是可測試的系統屬性，可指出系統除了提供基本功能之外，滿足關係人的需求的程度。你可以將品質屬性想成：用關係人感興趣的某個維度來衡量的「產品效用」（utility）。

本章將重點介紹這些主題：

- 如何表達你想展現的架構品質
- 如何透過架構工具來實現品質

- 如何確定與品質有關的設計決策？

本章將提供第 4 章至第 14 章所討論的品質屬性的背景。

3.1 功能性

功能性（functionality）是系統完成預期工作的能力。在所有需求中，功能性與架構的關係最特殊。

首先，功能性不會決定架構，也就是說，當你需要製作一組功能時，你可以用無數個架構來滿足那些功能，至少可以用無數種方式來劃分功能，並將部分功能分配給不同的架構元素。

事實上，如果功能性是唯一重要的事情，你根本不需要將系統劃分成幾個部分，你只要做出一個沒有內部結構的單體就可以了。但是我們會將系統設計成一組結構化且互相合作的架構元素（包括模組、階層、類別、服務、資料庫、app、執行緒、對等體…等），來讓它們容易理解與支援各種其他的用途。這些「其他的用途」是本章其餘的小節將討論的其他品質屬性，在第二部分的品質屬性章節中也會加以探討。

雖然功能性與任何特定的結構無關，但它是藉著將職責分配給架構元素來實現的。這個程序導致最基本的架構性結構——模組分解。

雖然你可以將職責分配給任何模組，但是如果其他的品質屬性很重要，架構會約束這種分配。例如，人們經常分割系統（或總是），以便讓人們合作建構它們。架構師對於功能性特別在意的地方在於它如何與其他品質互動，以及它如何限制其他品質。

功能需求

雖然我已經針對「功能需求和品質需求之間的區別」撰寫文章和探討 30 年了，但功能需求的定義對我來說仍然很模糊。品質屬性需求有明確的定義：性能與系統的時間行為有關、可修改性與系統被初次部署之後，人們改變其行為或其他品質的能力有關、妥善性與系統在故障後存活的能力有關…等。

但是，功能是難以捉摸的概念。有一種國際標準（ISO 25010）將功能的合適性定義成「軟體產品在特定的條件下運作時，提供符合規定和未言明的需求的能力」。也就是說，功能性就是提供功能的能力。有人這樣解釋這個定義：功能性描述系統所做的事情，品質描述系統把功能做得多好。也就是說，品質是系統的屬性，功能是系統的目的。

但是，當你考慮「功能」的一些性質時，這種區別就不成立了。如果軟體的功能是控制引擎的行為，你該怎麼在不考慮時間行為的情況下，正確地實作該功能？要求用戶輸入帳號與密碼來決定他們能否進入系統不是任何一個系統的目的，但難道它不是一種功能嗎？

我更喜歡使用「職責（responsibility）」來描述系統必須執行的計算，如此一來，諸如「那組職責有什麼時間限制？」、「我們預計對那組職責進行哪些修改？」與「哪一些用戶可以執行這組職責？」之類的問題就有意義了，也是可處理的。

品質的實現會誘發職責，例如剛才提到的帳號 / 密碼例子。此外，人們可以確認哪些職責與哪些需求有關。

那麼，這是否意味著，「功能需求」這個詞不應該使用？雖然人們了解這個名詞，但是當你需要精準地討論時，你就要改成討論具體的職責。

Paul Clements 一直都強烈反對漫不經心地使用「非功能性（nonfunctional）」這個詞，現在輪到我強烈反對漫不經心地使用「功能性」這個詞了，這兩個詞都是無益的。

—LB

3.2 品質屬性的考慮因素

系統的功能無法在不正確地考慮品質屬性的情況下獨立存在，品質屬性也不能獨立存在，它們與系統的功能有關。如果你的功能需求是「當用戶按下綠色按鈕時，顯示選項對話方塊」，性能 QA 註解可能會指出對話方塊多久要出現；妥善性 QA 註解可能會指出這個功能可以多久失敗一次，以及它的修復速度；易用性 QA 註解可能會指出學習這個功能有多容易。

品質屬性是獨特的主題，軟體界至少在 1970 年代就開始研究它了，已經發表了各種分類法和定義（我們將在第 14 章討論其中的一些），其中許多都有自己的研究和實踐者社群。然而，在討論系統品質屬性時，通常會出現三個問題：

1. 屬性的定義是無法檢測的。說一個系統將是「可修改的」根本沒有意義，每一個系統都可以為了進行某些變動而進行修改，同時無法為了另一些變動進行修改。其他的品質屬性也有類似的情況：系統可能對某種錯誤的抵抗能力很強，但對於其他錯誤的抵抗力很弱…等。

2. 人們討論事情時經常把注意力放在「特定的問題屬於哪一種品質」。系統遭受阻斷服務攻擊（denial-of-service attack，DoS 攻擊）屬於妥善性層面、性能層面、資訊安全層面，還是易用性層面？這四個屬性的社群都說 DoS 攻擊屬於他們的範疇，在某種程度上，他們都是對，但是爭論如何分類無法幫助架構師了解與建立架構方案來實際管理我們關注的屬性。

3. 每一個屬性社群都開發出自己的術語。性能社群有傳至系統的「事件」，資訊安全社群有抵達系統的「攻擊」，妥善性社群有「錯誤」抵達，易用性社群有「用戶輸入」，它們可能是指同樣的事件，卻用不同的術語來描述。

解決前兩個問題（定義無法檢測和重疊的問題）的方法是用**品質屬性劇情**來描述品質屬性（見第 3.3 節）。解決第三個問題的方法是以一種共同的形式來描述特定屬性群體的基本概念，我們會在第 4 ～ 14 章採取這些做法。

我們將關注兩種品質屬性。第一種是描述系統執行期特性的屬性，例如妥善性、性能，或易用性。第二種是描述系統開發特性的屬性，例如可修改性、可測試性，或易部署性。

品質屬性絕對不可能獨立實現。實現任何一種屬性都會影響其他屬性的實現，有時是正面的影響，有時是負面的。例如，幾乎每一種品質屬性都會對性能造成負面影響。以可移植性為例：實現可易移植性的主要技術是隔開系統的依賴關係，這會給系統帶來額外的執行負擔，進而降低性能。在設計一個滿足品質屬性需求的系統時，有一部分的工作是做出適當的取捨，我們將在第 21 章討論設計。

在接下來的三節裡，我們將重點討論如何指明品質屬性、哪些架構決策可讓你實現特定的品質屬性，以及哪些與品質屬性有關的問題可讓架構師做出正確的設計決策。

3.3 指明品質屬性需求：品質屬性劇情

我們使用一種共同的形式來解決之前提到的術語問題，也就是用劇情來描述所有的 QA 需求。這種共同的形式是可測試的、不含糊的，不容易被各種天馬行空的分類影響，可以讓我們以一致的方式看待所有的品質屬性。

品質屬性劇情有六個部分：

- **觸發事件**（*stimulus*）。我們用「觸發事件」來代表被傳到系統或專案的事件。觸發事件可能是性能社群的**事件**、易用性社群的**用戶操作**、資訊安全社群的**攻擊**…等。我們用同一個術語來代表品質的激勵行動，因此，可修改性的觸發事件是請求修改；可測試性的觸發事件是一個開發單元的完成。
- **觸發源**。觸發事件一定有來源，它必定來自某處，一定有某個實體產生了觸發事件，可能是一個人、一個計算機系統，或任何其他行為者。觸發事件的來源可能影響系統處理它的方式，例如系統會審查不受信任的用戶傳來的請求，但不會如此對待信任的用戶。
- **回應**。回應是觸發事件引發的活動。回應是架構師承諾滿足的東西，它包含系統（為了滿足執行期品質）或開發者（為了滿足開發期品質）為了回應觸發事件而應該執行的職責。例如，在性能劇情中，當（觸發）事件抵達時，系統應處理該事件，並產生回應。在修改劇情中，當修改的請求（觸發事件）抵達時，開發者應進行修改（不能有副作用），然後測試與部署修改。
- **回應數據**。當回應發生時，它必須能夠以某種方式來測量，以便檢測劇情，並確定架構師是否實現它。性能的回應可能是延遲數據或產出量數據，可修改性的回應可能是進行修改、測試修改和部署修改所需的工作量或時間。

上面的四個劇情特性是品質屬性規格的核心。但是我們還有兩個很重要卻往往被忽視的特徵：環境和工件。

- **環境**。環境是劇情發生時的情況，通常是指執行期狀態：系統可能處於超載狀態、正常運作狀態，或其他狀態。對許多系統而言，「正常」運作可能是許多種模式中的一種，此時，環境應說明系統是以哪一種模式來執行的。但環境也可能是系統完全停止運行的狀態，例如系統正在開發、正在測試、正在重新整理資料，或正在兩個運行回合之間充電。環境是劇情的其他部分的背景。舉例來說，如果有一個修改請求在程式碼為了發行而被凍結之後才送來，處理它的方式可能與程式碼凍結之前不同。組件連續失敗五次之後的處理方式可能與它第一次失敗時不同。

- **工件**（*artifact*）。觸發事件會到達某個目標，該目標通常是系統或專案本身，但可以的話，更精確地描述目標是有幫助的，工件可能是系統的集合、整個系統，或系統的一個部分或多個部分。故障或修改請求可能只影響系統的一小部分，處理資料庫故障的方法可能與處理詮釋資料（metadata）庫故障不一樣。修改用戶介面的反應時間可能比修改中間軟體（middleware）更快。

總之，我們用包含六個部分劇情來描述品質屬性需求，雖然我們經常省略這六個部分中的一個或多個部分，尤其是在考慮品質屬性的早期階段，但列出所有部分可迫使架構師思考各個部分是否重要。

我們將為第 4 章至第 13 章介紹的每一個品質屬性創造一個一般劇情，以方便進行腦力激盪，並啟發具體劇情。我們將一般品質屬性劇情（一般劇情，適用於任何系統）與具體品質屬性劇情（具體劇情，我們所考慮的特定系統專屬的劇情）分開。

為了將通用的屬性轉換成特定系統的需求，你必須將一般劇情寫成該系統專屬的劇情。但我們發現，對關係人來說，將一般劇情改成適合其系統的劇情，比憑空寫出一個劇情簡單得多。

圖 3.1 是我們剛才討論的品質屬性劇情的各個部分。圖 3.2 是一般劇情的範例，它描述的是妥善性。

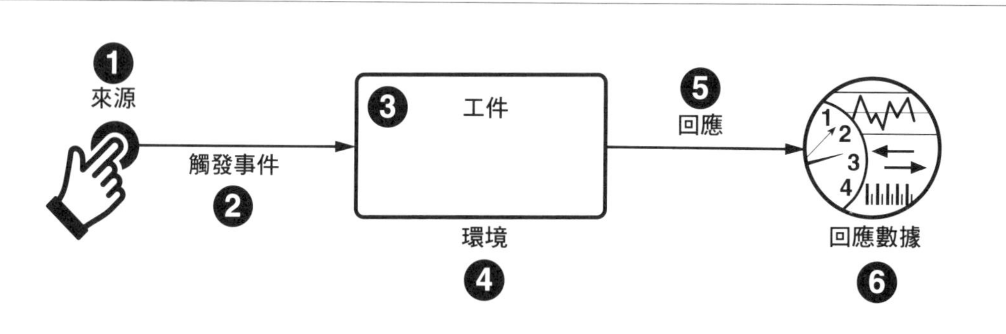

圖 3.1　品質屬性劇情的各個部分

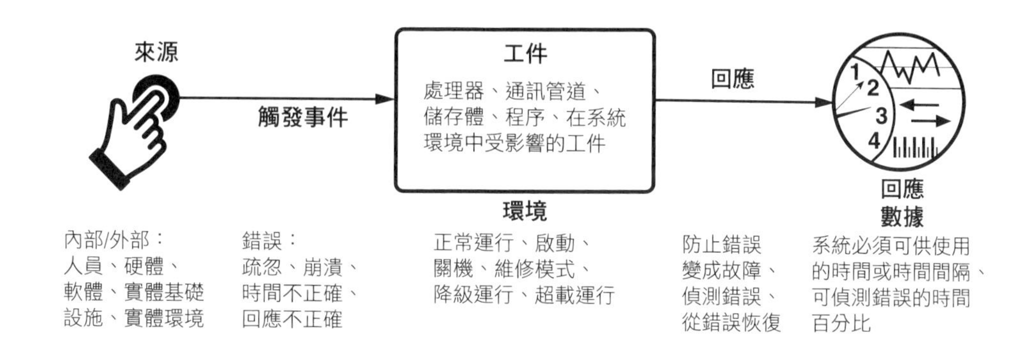

圖 3.2 妥善性的一般劇情

不關我的事

前段時間，我對 Lawrence Livermore 國家實驗室製作的系統進行架構分析。當你到該組織的網站（llnl.gov）了解 Livermore 實驗室的任務是什麼時，你會不斷看到「security（資訊安全）」這個字眼。這個實驗室的重點是核能安全、國際和國內安全，以及環境和能源安全。這真是個重要的工作…

了解組織強調的重點之後，我要求客戶說明系統關注的品質屬性。你可以想像，當我發現他們完全沒有提到資訊安全時，我有多麼驚訝！系統的關係人提到性能、可修改性、易進化性、互用性、可配置性、可移植性…等，但「資訊安全」從未從他們的口中說出。

身為一位優秀的分析師，我質疑這個令人震驚且明顯的疏忽。他們的答案很簡單，也很直接：「我們不在乎資訊安全，這個系統並未連接外部網路，而且我們有鐵絲網和機槍警衛。」

當然，Livermore 實驗室有人非常在乎資訊安全，但軟體架構師並不在乎。我學到的教訓是，軟體架構師可能不需要負責每一項 QA 要求。

—RK

3.4 透過架構模式和戰術來實現品質屬性

接下來要介紹架構師可用來實現品質屬性的技術：架構模式和戰術。

戰術是影響品質屬性回應的設計決策，它會直接影響系統對一些觸發事件的回應。戰術可能讓某個設計具備可移植性，讓另一個設計具備高性能，讓第三個設計具備可整合性。

架構模式描述在特定設計環境中反覆出現的特定設計問題，並為該問題提出有效的架構方案。該方案描述了元素的作用、它們的職責和關係，以及它們的合作方式。如同戰術的選擇，架構模式的選擇對品質屬性有深遠的影響，而且通常不止一個。

模式通常是由多個設計決策組成的，事實上，通常是由多個品質屬性戰術組成的。模式通常包含許多戰術，因此，模式經常在品質屬性之間進行權衡取捨。

你將在討論品質屬性的每一章裡面看到戰術和模式之間的關係。第 14 章將說明如何為任何品質屬性建構一套戰術，事實上，這些戰術就是我們用來製作本書各套戰術的步驟。

雖然我們在討論模式和戰術時彷彿將它們視為基本設計決策，但事實上，架構的出現和發展，往往是許多小決策和商業力量造成的結果。例如，一個原本可以承受修改的系統，可能因為開發者添加功能和修復 bug 等行為而逐漸惡化。系統的性能、妥善性、資訊安全，以及任何其他品質也可能會（而且通常會）逐漸惡化，同樣是因為程式設計師專注於眼前的任務，卻不維護系統的完整性。

「千刀萬剮」在軟體專案中很常見。由於對架構不夠了解、進度壓力，或架構從一開始就不夠明確，開發者可能會做出不太理想的決策。這種惡化是一種技術債務，稱為架構債務，我們將在第 23 章討論架構債務，這種債務通常必須透過重構來償還。

重構的原因有很多種，例如，你可能會重構系統以提高資訊安全性，根據不同模組的資訊安全屬性，將它們放入不同的子系統。或重構系統來改善它的性能、移除瓶頸，並改寫緩慢的部分。或為了改善系統的可修改性而重構它。例如，如果兩個模組因為彼此重複（至少部分重複）而一再被同樣的修改影響，你可以將共同的功能移至它自己的模組，從而改善內聚力，並在下一次（類似的）修改請求到來時，減少需要修改的地方。

程式重構是 Agile 開發專案的主流做法，它是一個清理步驟，確保團隊不會寫出重複的或過於複雜的程式碼。然而，這種概念也適用於架構元素。

為了成功地實現品質屬性，你除了要做出與架構有關的決策之外，通常也要做出與流程有關的決策。例如，如果員工容易遭受網路釣魚攻擊，或不懂得選擇高強度的密碼，那麼再優秀的資訊安全架構都毫無價值可言。本書不打算處理流程方面的問題，但它們非常重要。

3.5　用戰術來設計

系統設計是由一組決策構成的，其中有些決策可協助你控制品質屬性回應，有些則確保系統功能的實現。圖 3.3 展示這種關係。戰術與模式一樣，是架構師已經使用多年的設計技術。本書將對它們進行分類、編目和說明。本書不發明戰術，而是收錄優秀的架構師實際的做法。

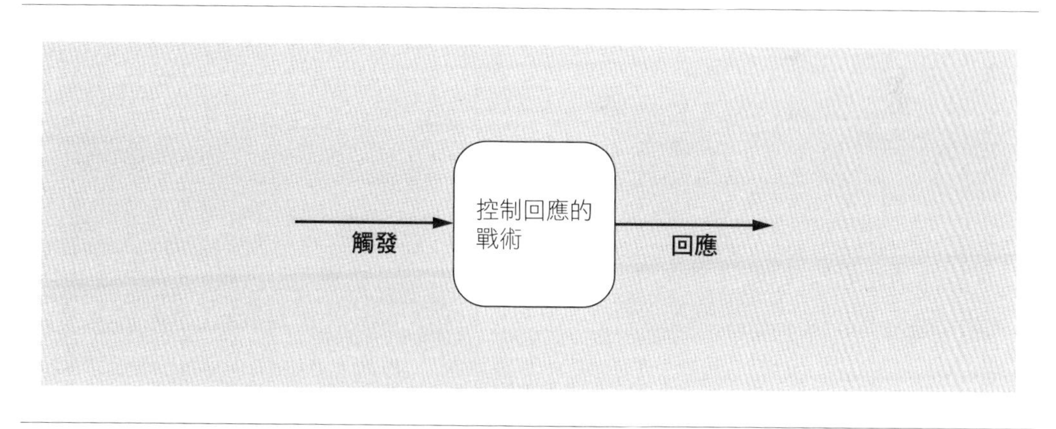

圖 3.3　戰術的目的是控制觸發事件帶來的回應

為什麼我們要了解戰術？理由有三個：

1. 模式是許多架構的基礎，但你的問題可能沒有模式可以完全解決。例如，你可能需要高妥善性、高資訊安全的掮客（broker）模式，而不是教科書的中間人模式。架構師經常根據背景來修改和調整模式，戰術是一種系統性的手段，可讓你擴展既有的模式，以填補空白。

2. 如果架構師找不到用來實現設計目標的模式，戰術可讓架構師從「第一原則」出發，建構部分的設計，戰術也可以讓架構師深入了解最終的部分設計的屬性。

3. 戰術在某個範圍內提供一個更系統性地設計和分析的方法，我們將在下一節討論這個概念。

如同任何設計概念，你可以改良我們的戰術來設計系統，你也應該如此。考慮性能：**調度資源**（*schedule resources*）是一種常見的性能戰術，但是這種戰術需要改良成特定的調度策略，例如最短工作優先、循環制（round-robin）…等，以達到特定的目的。**使用中間人**（*use an intermediary*）是一種可修改性戰術，但是中間人有很多種（階層（layer）、掮客（broker）、代理（proxy）、階級（tier）…等），它們分別以不同的方式實現，因此，設計師應進行改良，來將各個戰術具體化。

此外，戰術的應用取決於背景（context）。我們再次考慮性能：**管理抽樣率**（*manage sampling rate*）適合在一些即時系統中使用，但並非所有即時系統都適用，在資料庫系統或股票交易系統等遺失一個事件就會造成嚴重問題的系統中也不適宜。

我們有一些「超級戰術」，也就是很基本、很普遍，因此值得特別介紹的戰術。例如，你幾乎可以在每一個模式的實現中找到封裝、限制依賴關係、使用中間人、抽出共同的服務…等可修改性戰術！但是其他的戰術，例如性能的調度戰術，也可以在很多地方看到。例如，負載平衡器就是一種執行調度的中間人。我們可以在許多品質屬性中看到監視：我們會監視系統的許多層面，以實現能源效率、性能、妥善性和安全性。因此，不要以為一種戰術只會在一個地方出現，也不要以為一種戰術只是為了實現一項品質屬性而存在，戰術是設計的基本要素，因此，它會在設計的各種層面反覆出現。這就是為什麼戰術如此強大，且值得我們（還有你）注意。好好認識它們，它們將成為你的好友。

3.6 分析品質屬性設計決策：戰術問卷

本節將介紹一種工具，架構師可以在設計架構的各個階段用它來了解潛在的品質屬性行為：戰術問卷。

分析品質屬性的實現狀況在設計架構時很重要，而且不應該在設計完成之後才開始分析。你可能在軟體開發週期的許多時間點分析品質屬性，甚至在非常早期。

分析者（可能是架構師）必須隨時對任何可供分析的工件採取適當的動作。分析的準確性以及你對分析結果的信心程度將會隨著工件的成熟度而改變。但是，無論設計的狀態如何，我們發現，戰術問卷都可以讓你深入了解架構提供品質屬性的能力（或可能提供的能力，因為它正在被改良）。

我們將在第 4 章至第 13 章為該章介紹的品質屬性提供戰術問卷。分析者必須為問卷中的每一個問題記錄以下資訊：

- 系統架構支援每一種戰術嗎？
- 使用（或不使用）這種戰術有沒有明顯的風險？如果戰術已被使用，記錄它在系統中是如何實現的，或你打算如何實現它（例如，透過自寫程式、使用通用框架，或外界製造的組件）。
- 為了實現該戰術而做出的具體設計決策，以及該實作（實現）可在基礎程式（code base）的何處找到。這在審查架構和重構架構時很有用。
- 在實作戰術時做出的任何基本理由或假設。

在使用這些問卷時，你只要按照這四個步驟即可：

1. 在回答每一個戰術問題時，如果架構支援該戰術，在「支援」欄填入「Y」，否則填入「N」。
2. 如果「支援」欄的答案是「Y」，那麼在「設計決策和位置」欄中，說明你為了支援戰術做出什麼設計決策，並列舉那些決策在（或將在）架構的何處體現（位於何處）。例如指出哪些程式模組、框架或程式包實作了這個戰術。
3. 在「風險」欄指出實作戰術的風險程度，H = 高，M = 中，L = 低。
4. 在「基本理由」欄中，說明你做出設計決策的理由（包括不使用這種戰術的決定）。簡單地解釋這個決策的含義。例如，從你付出的成本、進度、演變…等角度來解釋決策的基本理由和影響。

雖然問卷看似簡單，但有時它可以讓你洞察很多事情。回答問卷可迫使架構師後退一步，考慮大局。這個過程有時也很有效率：典型的單一品質屬性問卷只需要 30 至 90 分鐘即可完成。

3.7 總結

功能需求是藉著為設計加入適當的職責來滿足的。**品質屬性**需求是透過架構的結構與行為來滿足的。

在架構設計中，有一項挑戰在於，這些需求通常沒有被妥善地描述，甚至完全沒有描述。我們建議你使用品質屬性劇情來描繪品質屬性需求。每一個劇情包括六個部分：

1. 觸發源
2. 觸發事件
3. 環境
4. 工件
5. 回應
6. 回應數據

架構戰術是影響品質屬性回應的設計決策。戰術的重點是單一品質屬性回應。架構模式描述了在特定設計背景中反復出現的設計問題，並為該問題提供經過驗證的架構方案。架構模式可視為戰術的「同捆包」。

分析者可以使用戰術問卷來了解架構做出來的決策，這種簡便的分析技術可以讓你在很短的時間內洞察架構的優劣。

3.8 延伸讀物

[Cervantes 16] 有廣泛的案例研究展示了如何在設計中使用戰術與模式。

Frank Buschmann 等人合著的五本《*Pattern-Oriented Software Architecture*》裡面有豐實的架構模式編目。

[Shaw 95] 提出「不同的架構可提供相同的功能」這個論點，也就是說，架構與功能在很大程度上是正交的。

3.9 問題研討

1. 用例（use case）與品質屬性劇情之間有何關係？如何在用例中加入品質屬性資訊？
2. 你認為品質屬性戰術的數量是有限的還是無限的？為什麼？
3. 列舉自動提款機應支援的職責，並提出滿足那些職責的設計。證明你的提案是合理的。
4. 選擇一種你熟悉的架構（或選擇你在第 3 題定義的 ATM 架構），並回答性能戰術問卷（第 9 章）。這些問題讓你了解哪些既定的設計決策（或尚未做出的決策）？

4

妥善性

科技不見得是完美且可靠的，
事實遠非如此！

—Jean-Michel Jarre

妥善性（availability）是一種軟體屬性，它是指軟體隨時做好準備，可在需要時立刻執行任務。妥善性是一種廣泛的觀點，包含很多人說的可靠性（reliability）（但它包含額外的考慮因素，例如定期維護造成的停機）。妥善性在可靠性的概念之上加入了恢復力（recovery）的概念，也就是它可以在系統故障時自行修復。我們將在本章看到，修復可藉由各種手段實現。

妥善性也包含系統掩蓋或修復錯誤，避免錯誤變成故障的能力，以確保服務在特定的一段時間之內累計的中斷時間不超過規定值。這個定義包括可靠性、穩健性，以及涉及令人無法接受的故障的其他品質屬性。

故障是指系統違反它的規格，而且違反的行為可以被外界看見。若要判斷故障的發生，環境中必須有外部觀察者。

故障（failure）的原因稱為**錯誤**（*fault*）。錯誤可能發生在系統的內部或外部。在發生錯誤和發生故障之間的狀態稱為差錯（error）。錯誤可以預防、容忍、消除或預測，這些行動可讓系統對錯誤具備「韌性」。我們關注的領域包括：如何檢測系統的錯誤、系統出現錯誤的頻率多高、當錯誤出現時會怎樣、你允許系統停止多久、錯誤或故障何時可能安全地發生、如何防止錯誤或故障，以及當故障發生時，需要發出哪種通知。

妥善性與資訊安全密切相關，但兩者有明顯的區別。DoS 攻擊是為了讓系統故障而設計的，也就是讓系統無法被使用。可靠性也與性能密切相關，因為有時你很難分辨一個系統究竟是故障了，或只是反應速度慢得離譜。最後，妥善性與安全性密切相關，安全性包含防止系統進入危險狀態，並在系統進入危險狀態時恢復原狀或控制損害。

在建立高妥善性且高容錯性的系統時，最困難的工作是了解在運行過程中可能出現的故障的性質，了解它之後，你就可以在系統中設計緩解故障的策略了。

因為系統故障可被用戶看到，所以修復它的時間，就是用戶看不到故障為止的時間。修復時間可能是在回應用戶時很難察覺的延遲，也可能是某人飛到偏遠的安第斯山脈修理一台採礦機的時間（有一位負責修理採礦機引擎軟體的人跟我們說過這件事）。在此，「可觀察性」的概念非常重要：如果故障**可以被觀察到**，它就是故障，無論它是不是真的被觀察到。

此外，我們經常關心系統在故障發生之後維持其功能的程度，也就是降級模式。

區分錯誤與故障可幫助我們討論修復策略。如果有錯誤的程式被執行了，但系統可以從錯誤中恢復，而且特定的行為沒有出現任何偏差，我們就可以說故障沒有發生。

系統的妥善性可以用這種方式來衡量：系統在指定的一段時間、在指定的範圍內提供服務的機率。我們有一個推導穩定狀態妥善性的著名公式（來自硬體領域）：

$$\boldsymbol{MTBF/(MTBF + MTTR)}$$

其中，*MTBF* 是平均每隔多久故障一次，*MTTR* 是平均修復時間。在軟體領域中，這個公式可解釋為，在考慮妥善性時，你要想一下哪些因素會導致系統失敗、這種事件發生的可能性多高，以及修復它需要多少時間。

你可以用這個公式計算出機率，然後宣稱「這個系統有 99.999% 的妥善性」或「這個系統有 0.001% 的機率在用戶需要時無法運行」。計算妥善性時不需要考慮計畫中的停機時間（你故意讓系統停止服務），因為此時系統被視為「不需要」。當然，這取決於系統的具體要求，這些要求通常被寫在服務級別協議（service level agreement，SLA）中。這可能會導致一些看似奇怪的情況，例如系統停機了，用戶等待它開機，但停機時間是預定的，所以這段時間不能算入任何妥善性需求。

當你檢測到錯誤之後，你可以在回報和修復它之前對它進行分類，分類的方法通常是按照錯誤的嚴重程度（嚴重、主要或次要），以及對服務造成的影響（影響服務或不影響服務）。分類可以提供及時和準確的系統狀態給系統操作者，可讓他們採取適當的修復策略，這種修復策略可能是自動化的，也可能需要人為干預。

正如剛才提到的，系統或服務的期望妥善性經常被寫成 SLA。SLA 規定保證提供的妥善性，通常也規定了供應商在違反 SLA 的情況下會有什麼懲罰。例如，Amazon 為其 EC2 雲端服務提供了以下的 SLA：

> AWS 將付出合理的商業勞力，在每一個月的帳單週期的每一個案例中，讓每一個 AWS 地區的 Included Services 的每月正常運行時間百分比在 99.99% 以上（「服務承諾」）。如果有任何 Included Services 不符合服務承諾，你將可以獲得下述的 Service Credit。

表 4.1 是一個系統妥善率需求案例，以及可接受的系統停機時間的相關閾值，它是在 90 天和一年的觀察期中進行測量的。高妥善率通常是指以 99.999%（5 個 9）以上的妥善性為目標所做的設計。如前所述，只有計畫外的停機才會被算成系統的停機時間。

表 4.1　系統妥善率需求

妥善率	每 90 天的停機時間	每年的停機時間
99.0%	21 小時 36 分	3 天 15.6 小時
99.9%	2 小時 10 分	8 小時 0 分 46 秒
99.99%	12 分 58 秒	52 分 34 秒
99.999%	1 分 18 秒	5 分 15 秒
99.9999%	8 秒	32 秒

4.1 妥善性一般劇情

現在我們可以描述妥善性的一般劇情的各個部分，如表 4.2 所示。

表 4.2　妥善性的一般劇情

部分劇情	說明	可能的值
來源	指出錯誤的來源。	內部 / 外部：人員、硬體、軟體、實體基礎設施、實體環境。
觸發事件	妥善性劇情的觸發事件是錯誤。	錯誤：疏忽、崩潰、時間不正確、回應不正確。
工件	系統的哪些部分要為錯誤負責，哪些部分被錯誤影響。	處理器、通訊管道、儲存體、程序、在系統環境中受影響的工件。
環境	我們可能不僅對一個系統在「正常」環境中的表現感興趣，也對它在「從故障恢復」等情況下的表現感興趣。	正常運行、啟動、關機、維修模式、降級運行、超載運行。
回應	最常見的期望回應是防止錯誤變成故障，但是可能也有重要的其他回應，例如通知人們，或記錄故障，以便日後分析。這個部分規定了系統應如何回應。	防止錯誤（fault）變成故障（failure）。 偵測錯誤： • 記錄（log）錯誤 • 通知相關個體（人員或系統） • 從錯誤中恢復 • 停止導致故障的事件來源 • 在進行維修時暫時停用 • 修正或掩蓋錯誤 / 故障，或控制它造成的損害 • 在維修過程中以降級模式運行
回應數據	我們可以根據服務的重要性，重點關注一些妥善性的數據。	• 系統必須可供使用的時間或時間間隔 • 妥善率（例如，99.999%） • 檢測錯誤的時間 • 修復錯誤的時間 • 系統可能處於降級模式的時間或時間間隔 • 系統防止某種錯誤，或是在不故障的情況下處理某種錯誤的比例（例如 99%）或速率（如每秒 100 次）

圖 4.1 是用表 4.2 的一般劇情來描述的具體妥善性劇情。這個劇情是：伺服器農場裡面的一台伺服器在一般運行狀態發生故障，系統通知操作員並繼續運行，沒有停機。

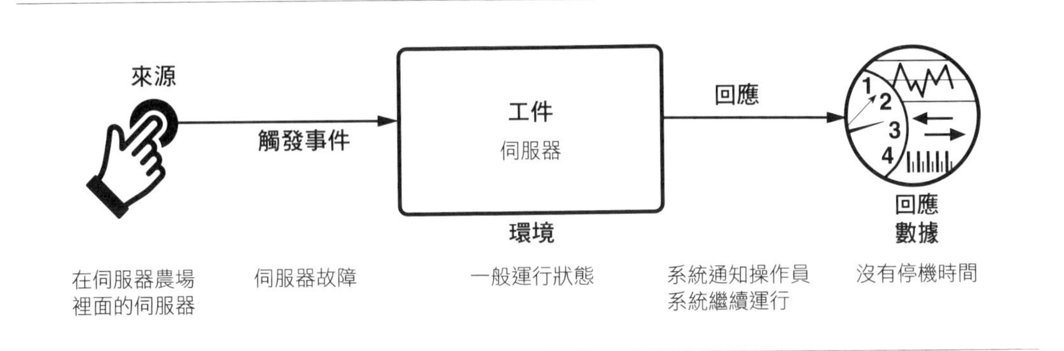

圖 4.1 具體的妥善性案例

4.2 妥善性戰術

當系統無法提供符合規格的服務，而且這種情況可被系統的行為者發現時，故障就發生了。錯誤（或許多錯誤的組合）可能導致故障。妥善性戰術的設計目的是為了讓系統能夠防止或忍受系統錯誤，從而讓系統仍然能夠提供符合規格的服務。如圖 4.2 所示，本節討論的戰術可防止錯誤變成故障，或至少控制錯誤的影響，讓你有修復它的機會。

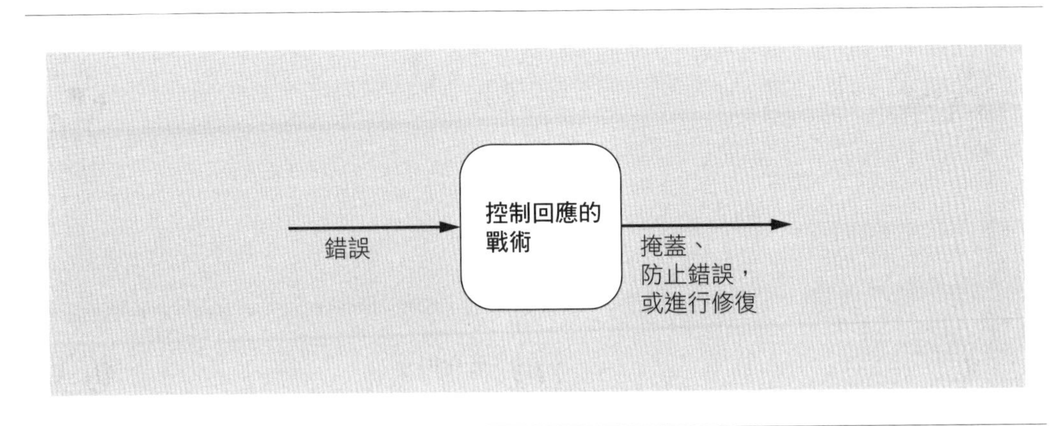

圖 4.2 妥善性戰術的目標

妥善性戰術的目的是以下三者之一：檢測錯誤、修復錯誤，或預防錯誤。圖 4.3 是妥善性戰術，這些戰術通常由軟體基礎設施提供，如中間軟體包，因此身為架構師，你的工作可能是選擇和評估（而不是實作）正確的妥善性戰術和正確的戰術組合。

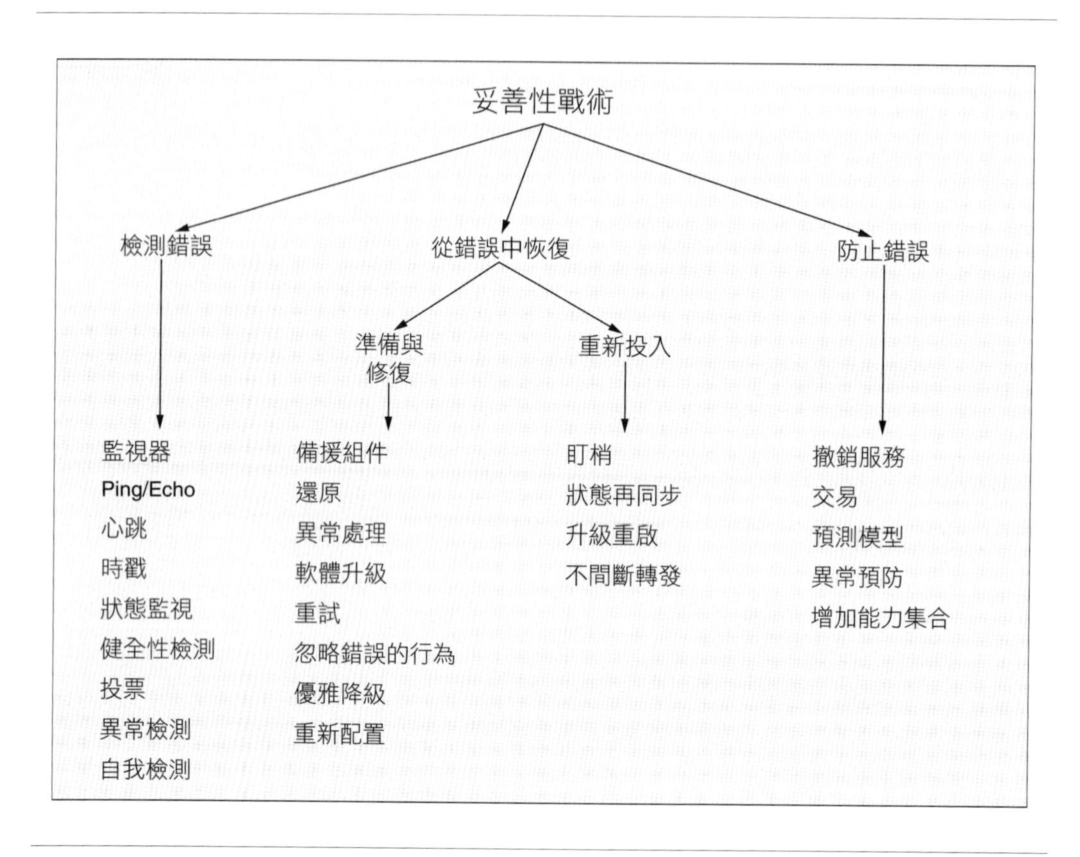

圖 4.3 妥善性戰術

檢測錯誤

系統必須檢測或預料錯誤的存在，才能對錯誤採取行動。這個類別的戰術包括：

- **監視器**。這個組件的用途是監控系統其他部分的健康狀態，包括處理器、程序、I/O、記憶體…等。系統監視器可以檢測網路或其他共享資源中的故障或擁塞，例如 DoS 攻擊造成的擁塞，它可協調軟體使用這個類別的其他戰術來檢測故障的組件。例如，系統監視器可以啟動**自我檢測**，或檢測有問題的**時戳**，或錯過的**心跳**[1]。
- *ping/echo*。這種戰術在不同的節點之間交換非同步的請求 / 回應訊息；其用途是確定可及性（reachability）以及在網路路徑上的來回延遲。此外，被 ping 的組件送出 echo 代表它是活躍的。ping 通常是用系統監視器發送的。ping/echo 需要設置一個時間閾值，這個閾值讓發送 ping 的組件知道被 ping 的對象多久沒有 echo 就要視為失敗（逾時）。以 Internet Protocol（IP）互相連接的節點可以使用 ping/echo 的標準實作。
- **心跳**（*heartbeat*）。這種錯誤檢測機制在系統監視器和被監視的程序之間定期地交換訊息。心跳有一種特例：被監視的程序定期重設監視器裡面的看門狗計時器，以免計時器逾時而發出錯誤（fault）訊號。如果系統需要考慮擴展性，你可以用其他的控制訊息來承載心跳訊息，以降低傳輸和處理額外負擔。心跳和 ping/echo 的區別在於誰負責啟動健康檢查，究竟是監視器，還是組件本身。
- **時戳**。這種戰術的用途是偵測一系列不正確的事件，主要在分散式訊息傳遞系統中使用。你可以在一個事件發生後，立即為那一個事件設定本地時鐘的狀態，來建立事件的時戳。因為在分散式系統裡面的處理器可能產生不一致的時戳，所以也可以使用序號（sequence number）。關於分散式系統的時間，請參考第 17 章的詳細討論。
- **狀態監視**。這個戰術包括檢查程序或設備中的狀態，或驗證設計過程的假設。這種戰術藉著監視狀態來防止系統產生錯誤的行為。計算 checksum 是這種戰術的常見案例。然而，監視器本身必須夠簡單（而且最好可證明是正確的），以免引入新的軟體錯誤。
- **健全性檢測**。檢查組件的特定操作或輸出的有效性或合理性，通常基於內部設計、系統狀態，或被檢查的資訊的性質。這種戰術通常在介面上使用，以檢查特定的資訊流。

---

1 使用定期重設的計數器或定時器來實作的系統監視器稱為看門狗（*watchdog*）。在正常運行期間，被監測的程序會定期重設看門狗計數器 / 計時器，以代表它還在正確運作，有人將這個動作稱為「安撫看門狗（petting the watchdog）」。

- **投票**。比較多個地方傳來的、應該一致的計算結果，如果它們不相同，就決定一個結果。這個戰術在很大程度上取決於投票邏輯，投票邏輯通常被寫成簡單的、經過嚴格審查和測試的單例（singleton），因此錯誤的機率很低。投票戰術依賴多個來源來進行評估。典型的方案包括以下幾種：
  - **複製品**是最簡單的投票形式，它的組件是完全相同的複製品。使用多個完全相同的組件副本可以有效地防止隨機性的硬體故障，但無法防止硬體或軟體的設計或實作錯誤，因為這種戰術沒有多樣性。
  - 相較之下，**功能性備援**用設計的多樣性來解決硬體或軟體組件中的共模故障（common-mode failure）問題（共模故障就是備援在同一時間發生同樣的故障，因為它們的製作方式是相同的）。這種戰術在備援中引入多樣性來處理設計有誤的系統性質。當功能性備援組件收到相同的輸入時會產生相同的輸出。功能性備援戰術一樣容易受到規格錯誤影響，而且，功能副本會提高開發和驗證的成本。
  - **分析性備援**（*analytic redundancy*）不僅讓組件的隱私面具有多樣性，也讓組件的輸入和輸出具有多樣性。這種戰術藉著使用不同的需求規格來容忍規格錯誤。分析性備援在嵌入式系統的輸入源有時無法提供輸入時很有幫助。例如，航空電子程式用多種方法來計算飛機的高度，例如使用氣壓、用雷達高度計，以及利用直線距離和俯視前方地面上的一點的角度來計算高度。分析性備援的投票機制比較複雜，不能簡單地採用多數裁定原則，或計算平均值，投票機制可能必須了解目前有哪些感測器是可靠的（或不可靠的），而且可能需要產生一個比任何單獨組件所能產生的都要保真（fidelity）的值，也是藉著混合個別的值，或將個別值隨著時間進行平滑化。
- **異常檢測**。這個戰術的重點是檢測會改變正常執行流程的狀況。它可以進一步細分如下：
  - **系統異常**因處理器硬體結構而異，這種異常包括除以零、匯流排和定址錯誤、不合法的程式指令…等錯誤。
  - **參數圍欄**戰術就是在物件的可變長度參數的後面放一個既定的資料樣式（例如 0xDEADBEEF），以便在執行期檢測該物件的可變長度參數的記憶體被覆寫的情況。

    - **參數定型**用一個基礎類別來定義一組函式，用那組函式來添加、尋找和迭代 TLV（type-length-value）訊息參數。繼承它的類別使用基礎類別的函式來製作建立訊息和解析訊息的函數。參數定型可以確保訊息發送者和接收者的訊息內容型態是一致的，也可以檢測訊息不一致的情況。
    - **逾時**戰術就是讓組件在檢測到它或另一個組件不滿足時間限制時發出異常。例如，當一個組件等待另一個組件的回應時，若等待時間超過某段時間，就引發異常。
- **自我檢測**。組件（更有可能是整個子系統）可以執行程序來檢測自己是否正確運作。自我檢測程序可能是由組件自己啟動的，也可能是由系統監視器呼叫。它可能使用某些狀態監視技術，例如 checksum。

從錯誤中恢復

從錯誤中恢復戰術可細分為準備與修復戰術，以及重新投入戰術。後者的重點是將失敗後的（但已修復的）組件重新置入正常運行程序。

準備與修復戰術則採用「重新嘗試計算」或「投入備援」的各種組合：

- **備援組件**。準備一個或多個重複的組件，當主要組件故障時，讓它們承接工作。這種戰術是熱備援、溫備援與冷備援模式的核心，這三種模式的主要區別在於備援承接工作時處於最新狀態（up-to-date）的程度。
- **還原**。還原就是在偵測到故障時，將系統還原至先前的良好狀態（稱為「rollback line」）並繼續執行。這種戰術通常與交易戰術（transactions tactic）和備援組件戰術（redundant spare tactic）一起使用，以便在還原之後，將故障組件的後備版本提升至活躍狀態。使用還原策略時必須保存上一次良好狀態的複本（檢查點，checkpoint）讓還原的組件使用。你可以將檢查點存放在固定的位置並定期更新，或在處理的過程中，找一個方便的時間或重要的時刻（例如在複雜的操作完成時）更新。
- **異常處理**。讓系統在發現異常時以某種方式處理它。最簡單的做法是直接崩潰，當然，從妥善性、易用性、可測試性，以及一般常識等觀點來看，直接崩潰都是很糟糕的做法。除了這種做法之外還有許多更有生產性的做法。異常處理機制與程式設計環境有很大的關係，包括使用簡單的函式來回傳代碼（錯誤碼），以及使用異常類別，並在裡面放入有助於找出錯誤的資訊，例如異常的名稱、異常的起源，以及異常的原因。軟體可以使用這項資訊來掩蓋或修復錯誤。

- **軟體升級**。這個戰術的目標是在不影響服務的情況下，對可執行的映像進行服務期升級（in-service upgrade）。它的策略包括：
  - **函式補丁**。它是程序式程式的補丁，使用遞增性連結 / 載入機制，將最新的軟體功能存入預先配置的記憶體區段內。新版的功能會使用被捨棄的功能的入口與出口。
  - **類別補丁**。這種升級適合物件導向程式，它的類別定義了後門機制，可讓你在執行期加入類別的資料與函式成員。
  - **無接觸服務期軟體升級**（*ISSU*）。利用「備援組件」戰術，以不影響服務的方式，對軟體和相關架構進行升級。

    在實務上，函式補丁和類別補丁的用途是提供 bug 修正程式，ISSU 的用途是傳遞新功能。
- **重試**。在使用重試戰術時，我們假設導致故障的錯誤是暫時的，因此試著重新執行可能會成功。這種戰術經常在網路與伺服器農場中使用，因為在那裡，故障是意料中的，也是常見的。你要設定一個重試次數上限，到了那個上限再報告出現永久性故障。
- **忽略錯誤的行為**。在特定來源送來的訊息不正確時，忽略那些訊息。例如，忽略故障的感測器送來的訊息。
- **優雅降級**。在組件故障的情況下，維持最重要的系統功能，同時放棄較不重要的功能。當個別組件的故障會讓系統的功能逐漸下降，而不是導致整個系統故障時，可採取這種策略。
- **重新配置**。發生故障時，重新分配職責給仍然可以正常運作的資源（可能是有限的）或組件，以試著恢復正常，同時盡量持續發揮功能。

當你修復故障的組件並將它放回系統時，就要進行**重新投入**（*reintroduction*）戰術，這種戰術包括：

- **盯梢**（*shadow*）。先以「盯梢模式」操作曾經故障的組件（或打算在服務期升級的組件）一段時間之後，再讓它恢復運作。在這段期間，你可以監視它的行為是否正確，並且逐漸重新填入它的狀態。

- 狀態再同步。這種再投入戰術是與「備援組件」戰術一起使用的。當你同時使用狀態再同步和主動備援（active redundancy，備援組件（redundant spare）戰術的一種）時，狀態再同步是自然進行的，因為活躍的組件與備用的組件會平行地接收與處理相同的輸入。在實務上，我們會定期比較活躍組件與備用組件的狀態，以確保它們是同步的，比較的方法可能使用循環冗餘校驗（checksum），或是在提供攸關安全的服務的系統中，使用訊息摘要計算（一種單向雜湊函數）。當你同時使用狀態再同步和備援組件（redundant spare）戰術的被動備援版本時，這個戰術將使用活躍組件定期傳到備用組件的狀態資訊，通常是透過檢查點（checkpointing）。
- 升級重啟。這種再投入戰術可讓系統藉著改變被重啟的組件的細緻度，來將服務影響的程度降到最低，並讓系統從錯誤中恢復。假設有個提供四個重啟等級（0 ～ 3 號）的系統，最低的重啟等級（第 0 級）對服務的影響最小，它採用被動備援（暖備援），它會將錯誤組件的子執行緒全部刪除與重建，如此一來，它只要釋出與子執行緒有關的資料並重新初始化它們即可。下一個重啟等級（第 1 級）會釋出所有未受保護的記憶體並重新初始化它們，不處理受保護的記憶體。下一個重啟等級（第 2 級）會釋出所有記憶體並重新初始化它們，無論是受保護的與未受保護的，迫使所有的應用程式重新載入與重新初始化。最後一個重啟等級（第 3 級）會完全重新載入可執行映像與相關的資料區段並重新初始化它們。升級重啟戰術對優雅降級特別有用，優雅降級就是將系統提供的服務降級，同時繼續支援對任務或安全而言很重要的服務。
- 不間斷轉發。這個概念源自路由器設計，它假定功能分成兩部分：監督或控制面（管理連線和路由資訊），以及資料面（將封包從傳送方送到接收方）。如果路由器遇到監督機制故障，路由器可以繼續使用已知的路徑來傳送封包（使用鄰近的路由器），同時恢復與驗證路由協定資訊。當控制面重新啟動之後，路由器將實施「優雅重啟」，逐漸重建它的路由協定資料庫，同時讓資料面持續運作。

防止錯誤

能不能讓系統在第一時間防止錯誤發生，而不是偵測錯誤，再從中恢復？雖然這聽起來需要某種程度的特異功能，但事實上，在很多情況下，這是可以做到的[2]。

2 這些戰術使用執行期手段來防止錯誤的發生。當然，防止錯誤的絕佳方法（至少在你正在建構的系統中）就是編寫高品質的程式，你可以透過程式檢查、結對設計（pair programming）、紮實的需求審查，以及一系列的優良工程實踐法來實現。

- **撤銷服務**。為了緩解潛在的系統故障，暫時將一個組件設為停用狀態。例如，你可以在錯誤累積到影響服務的程度並導致系統故障之前，先讓一個組件停止服務並將它重置，以清除潛在的錯誤（例如記憶體洩漏、碎片，或是在未受保護的快取中的軟錯誤（soft error））。這種戰術也稱為 *software rejuvenation* 與 *therapeutic reboot*。如果你每天晚上都會重新啟動你的電腦，你就是在執行這個戰術。

- **交易**（*transactions*）。提供高妥善性服務的系統會利用交易語義（transactional semantic）來確保分散的組件互相傳遞的非同步訊息具備原子性（atomic）、一致性（consistent）、隔離性（isolated）與持久性（durable），這些屬性統稱為「ACID 屬性」。最常用來實現交易戰術的技術是「二階段提交（2PC）」協定。這個戰術可以防止兩個程序同時嘗試更新同一筆資料造成的競爭條件。

- **預測模型**（*predictive model*）。預測模型可以和監視器一起用來監控系統程序的健康狀態，以確保系統在額定的運行參數之內運作，並在系統接近關鍵臨界值時，採取糾正措施。被監視到的運行性能可以用來預測錯誤的發生，例如對話成立率（在 HTTP 伺服器中）、閾值跨越（監視有限的共享資源的高低水位）、程序狀態的統計數據（例如服務中、停用、維護中、閒置），以及訊息佇列長度統計數據。

- **異常預防**（*exception prevention*）。使用一些技術來防止系統出現異常。前面說過，使用異常類別可讓系統透明地從異常中恢復。異常預防的其他例子包括糾錯碼（用於電信領域）、抽象資料型態，例如智慧指標（smart pointer），以及使用包裝來預防錯誤（例如懸置指標（dangling pointer）或違反旗號存取規定（semaphore access violation））。智慧指標會對指標進行邊界檢查（bounds checking）來預防異常，並且在沒有資料引用資源時，自動取消資源分配，以避免資源洩漏。

- **增加能力集合**（*increase competence set*）。程式的能力集合是它「有能力」操作的狀態集合。例如，除法程式的能力集合通常不含「分母為零」這個狀態。組件發出異常相當於告訴你：它的工作超出能力範圍了，它不知道該怎麼辦，於是舉白旗投降。增加組件的能力集合就是讓它在正常運作的情況下可以處理更多狀況（錯誤）。例如，可以使用某項共享資源的組件在發現它被阻止使用該資源時，可能會丟出異常，也可能會等待或立刻 return，並說明它將在下次可以使用該資源時自行完成操作，在這個例子中，第二個組件的能力集合比第一個組件還要大。

4.3 妥善性戰術問卷

根據第 4.2 節介紹的戰術，我們製作了一份妥善性戰術問卷，如圖 4.3 所示。為了了解支援妥善性的架構性選擇，分析者必須詢問各個問題，並在這張表中寫下答案。你可以將這些問題的答案當成後續行動的焦點：研究文件、分析程式碼或其他工件、對程式進行逆向工程…等。

表 4.3 妥善性戰術問卷

戰術組別	戰術問題	支援？（是 / 否）	風險	設計決策與位置	基本理由與假設
檢測錯誤	系統是否使用 ping/echo 來偵測組件故障、連線故障或網路擁塞？				
	系統是否使用組件來**監測**其他部分的健康狀態？系統監測機制可以檢測網路或其他共享資源中的故障或擁塞，例如 DoS 攻擊造成擁塞。				
	系統是否使用**心跳**（heartbeat）（在系統監視器與程序之間定期交換訊息）來偵測組件故障、連線故障或網路擁塞？				
	系統是否使用**時戳**在分散式系統中檢測一系列不正確的事件？				
	系統是否使用**投票**機制來確認重複的組件產生相同的結果？ 重複的組件可能是一模一樣的複本、功能性備援，或分析性備援。				
	系統是否使用**異常檢測**機制來檢測改變正常執行流程的條件（例如系統異常、參數圍欄、參數定型、逾時）？				
	系統能否**自我檢測**，檢測自己是否正確運作？				
從錯誤中恢復（準備與修復）	系統是否使用**備援組件**？				

戰術組別	戰術問題	支援？（是 / 否）	風險	設計決策與位置	基本理由與假設
從錯誤中恢復（準備與修復）（續）	組件固定扮演活躍角色與備援角色嗎？還是會在出現錯誤時改變角色？它的轉換機制是什麼？觸發轉換的條件是什麼？備援需要多久才能開始工作？				
	系統使用**異常處理機制**來處理錯誤嗎？				
	異常的處理通常涉及回報、糾正或掩蓋錯誤。				
	系統使用**還原**機制，以便在錯誤時，恢復成上一個已儲存的良好狀態嗎？				
	系統能不能以不影響服務的方式，對可執行映像執行服務期**軟體升級**？				
	系統能不能在組件或連線可能暫時故障的情況下，有系統地進行**重試**？				
	系統能否直接忽略錯誤行為（例如在確定訊息是虛假的時候，忽略那些訊息）？				
	當資料受損時，系統有沒有降級策略，在組件故障時，維持最重要的功能，並卸除較不重要的功能？				
	系統是否在故障之後，以一致的策略和機制來**重新配置**，將職責重新分配給仍在運行的資源，盡量維持功能性？				
從錯誤中恢復（重新投入）	系統能否在一段預定的時間內，以「**盯梢**模式」運行故障過的組件，或預備在服務期升級的組件，再讓該組件重新扮演活躍角色？				
	如果系統使用主動備援或被動備援，它是否也會執行**狀態再同步**，來將活躍組件的狀態資訊傳給後備組件？				

戰術組別	戰術問題	支援？（是 / 否）	風險	設計決策與位置	基本理由與假設
從錯誤中恢復（重新投入）（續）	系統是否採用**升級重啟**，藉著改變即將重啟的組件的細緻度，並將受影響的服務最小化，來從故障中恢復？				
	系統的訊息處理與路由部分是否採用**不間斷轉發**，將功能分成監督面與資料面？				
防止錯誤	系統能否**將組件移出服務**，讓組件暫時處於停止服務狀態，以預先阻止可能的系統故障？				
	系統是否採用**交易**，也就是將狀態更新綁在一起，讓分散的組件互相傳遞的非同步訊息具備原子性、一致性、隔離性與持久性？				
	系統是否使用**預測模型**來監測組件的健康狀態，以確保系統在額定的參數之內運作？ 當模型檢測到可能導致錯誤的條件時，它會啟動糾正措施。				

4.4 妥善性模式

本節將介紹一些最重要的妥善性架構模式。

前三個模式都以備援組件戰術為主，我將它們當成一組來介紹，它們之間的主要差異在於備援組件的狀態與活躍組件的狀態的相符程度（如果組件是無狀態的，前兩種模式將完全相同）。

- 主動備援（熱備援）。對有狀態的組件來說，這個模式是讓保護組（protection group）[3] 裡面的所有節點（活躍的或備援的組件）都平行地接收並處理一樣的輸入，讓備援組件與活躍節點的狀態保持同步。因為備援組件的狀態與活躍組件的狀

3 保護組是一組處理節點（processing node），裡面有一個或多個節點是「活躍的」，其餘的節點是備援組件。

態一樣，所以備援可以在幾毫秒內承接故障組件的工作。一個活躍節點與一個備援節點通常稱為一加一備援（one-plus-one redundancy）。主動備援也可以用來保護設施，用活躍與後備的網路連線來實現高妥善性的網路連線。

- **被動備援（暖備援）**。對有狀態的組件來說，這種模式只讓保護組的活躍成員處理輸入。這種模式會定期更新備援組件的狀態。因為備援組件的狀態與活躍節點只有鬆耦合的關係（耦合的鬆緊程度與狀態更新週期有關），所以備援節點稱為暖備援。被動備援在妥善性較高但計算量較高（而且較昂貴）的主動備援模式與妥善性較低但複雜度低很多的冷備援模式（也便宜許多）之間取得平衡。
- **備援（冷備援）**。冷備援就是在故障轉換出現之前，不讓備援組件參與服務，在故障轉換時，先對備援組件執行 power-on-reset[4] 程序，再將它投入服務。這種模式的復原表現不佳，平均修復時間較長，所以不太適合具有高妥善性需求的系統。

好處：

- 備援組件的好處在於，系統故障時，只要經歷短時間的延遲，即可繼續正常運作。另一種選擇是讓系統停止正確運作，或完全停止運作，直到故障的組件被修復為止，修復的時間可能是好幾個小時或好幾天。

取捨：

- 這些模式的代價是準備備援帶來的額外成本和複雜性。
- 當你從這三種方案之中做出選擇時，你要考慮從故障狀態恢復的時間，以及讓備援維持最新狀態的執行期成本。例如，熱備援的成本最高，但可產生最快的恢復時間。

以下是其他的妥善性模式。

- **三重模組備援**（*triple modular redundancy*，*TMR*）。這種常見的投票戰術使用三個組件來做同一項工作，讓每一個組件都接收相同的輸入，並將它們輸出傳給投票邏輯，由投票邏輯檢測三個輸出狀態是否一致，如果不一致，投票邏輯會回傳錯誤，並決定使用哪個輸出。這種模式的不同實例使用不同的決策規則，典型的規則包括多數決，或計算輸出的平均值。

4 power-on-reset 可確保設備從已知的狀態開始運作。

當然，這個模式也有採用 5 個或 19 個或 53 個備援組件的版本。但是，在多數情況下，3 個組件就足以確保可靠的結果了。

好處：

- TMR 很容易了解，也很容易製作，你不需要關心可能導致不同結果的因素，只需要關心如何做出合理的選擇，好讓系統能夠繼續運作。

取捨：

- 有一種選擇是增加複製品，雖然這會提高成本，但會增加妥善性。在採用 TMR 的系統裡面，兩個以上的組件發生故障的可能性極小，使用三個組件可在妥善性和成本之間取得平衡。

- **斷路器**。重試是常用的妥善性戰術。如果你在呼叫服務時發生逾時或錯誤，你只要再試一遍，然後再一遍、再一遍。斷路器可以避免呼叫者永無止盡地嘗試並等待永遠不會出現的回應。當斷路器認為系統遇到錯誤時，它會切斷永無止盡的重試迴圈。這代表系統該處理錯誤了。在斷路器「重設」之前，後續的呼叫會立刻 reutrn，而且不會傳遞服務請求。

好處：

- 使用這種模式時，每一個組件都不需要設定「等到重試多少次之後再宣告故障」。
- 在最壞的情況下，永無止盡的重試會讓呼叫方和故障的被呼叫方一樣毫無用處。這種問題在分散式系統中特別嚴重，因為這種系統可能有許多呼叫方呼叫一個無回應的組件，進而讓自己停止服務，導致整個系統接連發生故障。使用斷路器以及監聽它並啟動恢復程序的軟體可以避免這種問題。

取捨：

- 你要小心地選擇逾時的時間（或重試次數），太長的逾時時間會導致不必要的延遲，但如果逾時時間太短，斷路器就會在不需要跳電的時候跳電（這是一種「偽陽性」），可能會降低服務的妥善性和性能。

以下是其他常用的妥善性模式：

- **程序對**（*process pair*）。這種模式使用檢查點與還原（rollback）。在故障時，這種模式會備份檢查點，並且（在必要時）恢復成安全狀態。
- **前進式錯誤恢復**（*forward error recovery*）。這種模式會在不理想的狀態發生時，前進到理想狀態。它通常使用內建的糾錯機制，例如資料備份，因此不必恢復成之前的狀態或進行重試即可糾正錯誤。前進式錯誤恢復模式可以找到一個狀態，可能是降級的狀態，再從那個狀態繼續前進。

4.5 延伸讀物

妥善性的模式：

- 在 [Hanmer 13] 裡面有關於容錯的模式。

妥善性的一般戰術：

- [Scott 09] 詳細探討本章介紹的一些妥善性戰術，它是本章多數內容的來源。
- Internet Engineering Task Force 已經頒布了一些支援妥善性戰術的標準，包括 *Non-Stop Forwarding* [IETF 2004]、*Ping/Echo*（*ICMP* [*IETF* 1981] 或 *ICMPv6* [RFC 2006b] *Echo Request/Response*），以及 MPLS (LSP Ping) networks [IETF 2006a]。

妥善性戰術—錯誤檢測：

- 三重模組備援（TMR）是 Lyons 在 1960 年代初期開發出來的 [Lyons 62]。投票戰術的錯誤檢測來自 Von Neumann 的自動機理論，他展示了如何用不可靠的組件來建立可靠的系統 [Von Neumann 56]。

妥善性戰術—修復錯誤：

- 在七層的 OSI（Open Systems Interconnection）模型 [Bellcore 98, 99; Telcordia 00] 裡面的實體層與網路 / 連結層 [IETF 2005] 都使用主動備援來保護網路連結（即設施）。
- 在 [Nygard 18] 裡面有一些關於系統如何透過降級策略來降級的例子。

- 關於參數定型的論文多如牛毛，但 [Utas 05] 是在妥善性的背景下撰寫的（而不是常見的 bug 預防）。[Utas 05] 也寫了關於升級重啟的內容。
- 硬體工程師經常使用準備與修復戰術，例如錯誤檢測與糾正（EDAC）編碼、前向錯誤更正（FEC）與時間性備援。高妥善性的分散式即時嵌入系統經常用 EDAC 編碼來保護控制記憶體結構 [Hamming 80]。FEC 編碼通常用來恢復外部網路連結中的實體層錯誤 [Morelos-Zaragoza 06]。時間性備援就是對空間冗餘時脈（spatially redundant clock）或資料線（data line）進行採樣，採樣的間隔時間必須大於可容忍的瞬態脈衝的脈衝寬度，然後藉由投票，選出偵測到的缺陷 [Mavis 02]。

妥善性戰術—預防錯誤：

- Parnas 與 Madey 所著的有關於增加元素的能力集合的文章 [Parnas 95]。
- 在交易戰術中很重要的 ACID 屬性是 Gray 在 1970 年代提出的，在 [Gray 93] 裡有詳細的說明。

從災難中恢復：

- 災難是地震、水災或龍捲風等摧毀整個資料中心的事件。美國國家標準暨技術研究院（NIST）列出了在災難發生時應考慮的八種計劃，見 *Contingency Planning Guide for Federal Information Systems*，NIST Special Publication 800-34 的 2.2 節（https://nvlpubs.nist.gov/nistpubs/Legacy/SP/nistspecialpublication800-34r1.pdf）。

4.6 問題研討

1. 使用一般劇情的每一種回應來寫出一組具體的妥善性劇情。
2. 為（虛構的）無人車軟體寫一個具體的妥善性劇情。
3. 為 Microsoft Word 這類的程式寫一個具體的妥善性劇情。
4. 備援是實現高妥善性的重要策略，在本章介紹的模式與戰術裡，有多少個使用某種型式的備援，有多少個沒有使用備援？
5. 如何平衡「妥善性」與「可修改性及易部署性」？如何對一個必須具備 24/7 妥善性的系統進行更改（也就是絕對不能有預先安排的，或非預先安排的停機時間）？

6. 錯誤偵測戰術（ping/echo、心跳、系統監視器、投票、異常檢測）對性能有什麼影響？
7. 負載平衡器（見第 17 章）在偵測到實例故障時採取哪些戰術？
8. 查詢 recovery point objective（RPO）與 recovery time objective（RTO），解釋如何在還原戰術中使用它們來設定檢查點（checkpoint）的間隔時間。

5

易部署性

從我們到達地球那天起
眨著眼睛，朝著太陽前進
想看的美景永遠看不完
想做的事情永遠做不完
—獅子王

軟體和我們一樣，總有一天必須離開溫暖的家，到外面的世界冒險，體驗真實的生活。但與我們不同的是，軟體通常會往返好幾次，因為它需要進行更改和更新。本章將介紹如何讓過渡期有序、有效，以及最重要的，盡量**快速**。這是持續部署的領域，持續部署大都是由「易部署性」這個品質屬性推動的。

為什麼易部署性位於品質屬性領域的搖滾區？

在「刻苦的時代」，人們不會頻繁地發行軟體，他們將大量的修改放入將要發行的版本中，安排時間進行更新，一個版本裡面可能有新功能與 bug 修正。廠商通常每個月、每季，甚至每年發行一次版本。後來，由於許多領域的競爭壓力（以電子商務為首帶來的改變），發行週期變得短很多，在這種背景之下，版本的發行可能在任何時刻發生（可能每天有上百次發行），而且每一次發行可能是由同一個組織內的不同團隊發起的。頻繁地發行意味著，組織不需要等到既定的發行時間才能修復 bug，只要他們發現並修正 bug 之後，就可以立刻發行版本。頻繁地發行也意味著，你不需要把許多新功能綁成同一個版本，而是可以隨時將新功能投入生產環境。

但是，並非所有的領域都適合頻繁地發行，有的甚至做不到。如果你的軟體處於複雜的生態系統，而且有許多依賴項目，你可能無法在不與其他部分進行協調的情況下，單獨發行其中的一個部分。此外，嵌入式系統、位於難以到達的地點的系統，以及沒有網路的系統都不適合使用持續部署。

本章重點討論大型且不斷成長的系統，在這種系統裡，及時發行是非常重要的競爭優勢，為了維持安全、資訊安全或持續運作，及時修正 bug 也非常重要。這種系統通常是微服務，被放在雲端，但本章討論的技術不限於這些技術。

5.1 持續部署

部署是一個程序，它的起點是程式設計，終點是在生產環境中和系統互動的真實用戶。將這個程序完全自動化（也就是沒有人為干預）稱為**持續部署**。如果你的程序在系統（部分的）進入生產環境之前是自動化的，但是在最後一步需要人為干預（也許是因為法規或政策），那麼這種程序稱為**持續交付**。

為了加快發行速度，我們必須使用**部署管道**，部署管道是一系列的工具和活動，從你將程式碼簽入（check in）版本控制系統的時候開始，到你部署應用程式讓用戶對它傳送請求時結束。在這兩點之間，我們用一系列的工具來整合與自動測試新提交的程式碼，測試整合出來的功能，以及測試程式的負載性能、資訊安全和使用權合規性等問題。

在部署管道裡的每一個階段都在一個特定的環境裡面進行，那些環境是為了隔離各個階段，以及執行適合該階段的操作而設計的。主要的環境有：

- 程式是在單一模組的**開發環境**中開發的，並且在裡面進行獨立的單元測試。當它通過測試，並經過適當的審查之後，它會被提交至版本控制系統，該系統會觸發整合環境中的組建活動。
- **整合環境**負責組建服務的可執行版本。持續整合伺服器會編譯[1]新程式或修改後的程式，以及其他部分的最新相容版本，並建構一個可執行映像[2]。在整合環境裡面的測試包括針對各個模組的單元測試（針對組建系統執行），以及特別為整個系統設計的整合測試。通過各種測試之後，組建好的服務會被送到預備環境。

1 使用 Python 或 JavaScript 等直譯語言來開發軟體時，沒有編譯步驟。

2 這一章使用「服務」來代表可獨立部署的單元。

- **預備環境**會測試整個系統的各種品質，包括性能測試、資訊安全測試、使用權合規檢查，可能還有用戶測試。對嵌入式系統而言，這裡是實體環境的模擬器（將假的輸入傳給系統）發揮作用的地方。通過所有預備環境測試（可能包括現場測試）的應用程式會被部署至生產環境，並採用藍 / 綠模式，或滾動升級（見第 5.6 節）。有時會用部分部署來控制品質，或測試市場對修改或新功能的反應。
- 服務進入**生產環境**之後，它會被密切監測，直到各方對它的品質有一定程度的信心為止。此時，它被視為系統的正常部分，受關注的程度與系統的其他部分一樣。

你將在各個環境裡執行不同的測試，持續擴大測試範圍，先在開發環境中對單一模組進行單元測試，然後在整合環境對服務的所有組件進行功能測試，最後在預備境進行廣泛的品質測試，在生產環境進行監視。

但是，並非所有事情都一定按計畫進行，如果你在軟體進入生產環境之後才發現問題，通常你要在解決問題的同時，回到上一個版本。

架構會影響易部署性。例如，採取微服務架構模式（見第 5.6 節）時，負責每一個微服務的團隊都可以選擇他們的技術，這可以排除整合時的不相容問題（例如使用不相容的程式庫版本），因為微服務是獨立的服務，所以不相容的選擇不構成問題。

同樣的，持續部署的概念可強迫你在開發流程的早期開始思考測試設施，這種思考是必要的，因為持續部署需要持續自動測試。此外，恢復或停用功能會導致一些架構性決策，例如功能開關與介面回溯相容性。這些決策最好在早期決定。

虛擬化在不同環境中的影響

在虛擬化技術被普遍使用之前，這裡提到的「環境」都是指實體設施。在大部分的組織中，開發、整合與預備環境都是由不同的小組採購和運維的硬體與軟體組成的。開發環境可能是由幾台電腦組成的，開發團隊將它們當成伺服器來使用。整合環境可能是由測試或品保團隊運維的，裡面可能有一些機架，在機架上面有來自資料中心的前代設備。預備環境是由運維團隊操作的，它的硬體可能類似生產環境所使用的硬體。

人們經常花時間來釐清為何在某個環境中通過測試的項目在另一個環境卻失敗了，虛擬化的環境有一個好處是它具備**環境均等性**，亦即，雖然不同的環境有不同的規模，但它們的硬體類型或基本結構沒有什麼區別。坊間有各種支援環境均等性的工具，可讓每一個團隊輕鬆地建立公共環境，並確保這個公共環境盡可能地模仿生產環境。

以下是衡量管道品質的三個重要方法：

- **週期時間**是穿越管道的速度。許多組織每天都在生產環境中部署好幾次甚至上百次，需要人為干預的部署無法如此快速。必須與其他團隊協調才能將服務投入生產的團隊也無法快速部署。本章稍後將介紹一些架構技術，它們可讓團隊在不聯繫其他團隊的情況下持續部署。
- **可追溯性**是「將導致某個元素出問題的工件都恢復原狀」的能力，這些工件包括該元素中的所有程式碼與依賴項目、測試該元素的測試案例，以及用來製作該元素的工具。部署管道的工具的錯誤可能導致生產環境中的問題。可追溯性資訊通常被放在**工件資料庫**裡，這個資料庫裡面有程式版本編號、系統依賴的元素（例如程式庫）的版本編號、測試版本編號，以及工具的版本編號。
- **可重複性**就是用同一個工件來執行同一個動作會得到相同的結果，這不像聽起來那麼容易。例如，如果你的組建程序會自動抓取最後一版的程式庫，當你下次執行組建程序時，程式庫可能變成新版本了。再舉一個例子，假如有一項測試修改了資料庫內的某些值，如果你沒有將那個值復原，後續的測試可能不會產生相同的結果。

DevOps

DevOps（「development」與「operations」的縮寫）是與持續部署密切相關的概念。它是一項行動（很像 Agile 行動）、一組實踐法和工具（同樣很像 Agile 行動），它也是銷售這些工具的供應商吹捧的行銷配方。DevOps 的目標是縮短上市的時間（或發行的時間）。與傳統的軟體開發方法相比，其目標是大幅縮短開發人員修改既有系統（為了製作功能或修正 bug）的時間，以及讓系統到達最終用戶的時間。

DevOps 的正式定義描述了發行的頻率，以及按需求修復 bug 的能力：

> DevOps 是一組方法，其目的是在確保高品質的同時，縮短「修改系統」和「將修改投入生產環境」之間的時間。[Bass 15]

實施 DevOps 是一種程序改善工作。DevOps 除了包含任何一種程序改善工作的文化元素與組織元素之外，也強烈依賴工具和架構設計。環境各不相同，但我們介紹的工具和自動化方法都可以在支援 DevOps 的工具裡面看到。

在此介紹的持續部署策略是 DevOps 的核心概念。自動測試是持續部署非常重要的成分，自動測試工具往往是 DevOps 最高的技術門檻。有一些 DevOps 有記錄（logging）功能，也可以在部署之後監視這些 log，讓你在「家庭辦公室」自動檢測錯誤，甚至監視並了解用戶體驗。當然，為了做到這件事，系統必須能夠「打電話回家」或傳遞 log，有些系統無法做到這件事，或不允許這樣做。

DevSecOps 是 DevOps 的一種風格，它在整個程序中加入資訊安全方法（保護基礎設施與它產生的應用程式）。DevSecOps 在航太與國防應用程式中越來越流行，它也適合在可運用 DevOps 而且安全漏洞的代價很高的應用領域中使用，許多 IT 應用程式都屬於這一類。

5.2 易部署性

易部署性是軟體的一種屬性，代表軟體的部署時間與工作量是可預測、可接受的（部署就是將它放入執行環境）。如果新部署不符合規範，你也可以復原軟體，同樣以可預測和可接受的時間與工作量。隨著這個世界逐漸擁抱虛擬化和雲端基礎設施，以及軟體密集系統的規模持續擴大，架構師也必須負責以高效且可預測的方式來部署，並將整體的系統風險降到最低[3]。

3 可測試性（見第 12 章）在持續部署中扮演很重要的角色，架構師可以讓系統更容易測試來支持持續部署。但是，我們在此關注的品質屬性與持續部署有直接的關係，而且比可測試性更重要：易部署性。

為了實現這些目標，架構師必須考慮如何在主機平台上更新可執行檔，以及之後如何調用、測量、監測與控制它。行動系統的更新因為頻寬的限制，更是為易部署性帶來挑戰。以下是關於軟體部署的一些問題：

- 它如何被送到主機（用推送的，在未經請求的情況下部署更新；或用拉的，由用戶或管理員明確的要求更新）？
- 如何將它整合至既有的系統？可以在既有系統正在執行時整合嗎？
- 媒體是什麼？例如 DVD、USB 硬碟，還是用 Internet 傳遞？
- 怎麼包裝（例如可執行檔、app、外掛）？
- 與既有系統整合的結果是什麼？
- 執行流程的效率如何？
- 流程的可控制性如何？

架構師必須考慮這些問題並評估相關的風險。架構師關心的事情主要是架構在多大程度上支援部署，即：

- **細緻度**。部署整個系統，或系統的一些元素，進行較細緻的部署可減少某些風險。
- **可控制**。架構應能夠以不同的細緻度進行部署、監測被部署的單元的運作狀況，以及將不成功的部署復原。
- **高效率**。架構應支援快速部署（而且在必要時還原），而且用合理的工作量進行部署。

這些特性將反映在易部署性的一般劇情的回應數據中。

5.3 易部署性的一般劇情

表 5.1 是描述易部署性的一般劇情的元素。

表 5.1 易部署性的一般劇情

部分劇情	說明	可能的值
來源	觸發部署的人	最終用戶、開發者、系統管理員、作業人員、組件市集、產品負責人。
觸發事件	造成觸發的因素	有新元素可以部署。這通常是一個請求，要求將一個軟體元素換成新版本（例如修正錯誤、使用資訊安全補丁、將組件或框架升級為最新版、將內部製作的元素升級為最新版）。 有新元素被批准加入。有既有的元素（組）必須恢復。
工件	要改變什麼	特定的組件或模組、系統的平台、它的用戶介面、它的環境，或與它互相操作的另一個系統。因此，工件可能是一個軟體元素、多個軟體元素，或整個系統。
環境	預備、生產 （或它們的特定子集合）	全面部署。 為特定的部分用戶、VM、容器、伺服器、平台部署子集合。
回應	該發生什麼事	加入新組件。 部署新組件。 監測新組件。 恢復成上一次部署。
回應數據	進行一次部署或一系列部署的成本、時間或流程效率	這些成本： • 受影響的工件的數量、大小與複雜性 • 平均工作量 / 最差情況的工作量 • 經歷的時鐘時間或日曆時間 • 資金（直接支出或機會成本） • 引入的新缺陷 這次部署 / 還原影響其他功能或品質屬性的程度。 部署失敗的次數。 流程的可重複性。 流程的可追溯性。 流程的週期時間。

圖 5.1 描述了一個具體的易部署性劇情：「我們的產品使用的身分驗證 / 授權服務在組件市集裡面發行新版本了，產品負責人決定將那個新版本放入我們的版本中。我們在 40 個小時之內測試了新服務，並將它部署至生產環境，工作量少於 120 人時（person-hours）。這次部署沒有引入缺陷，也沒有違反 SLA。」

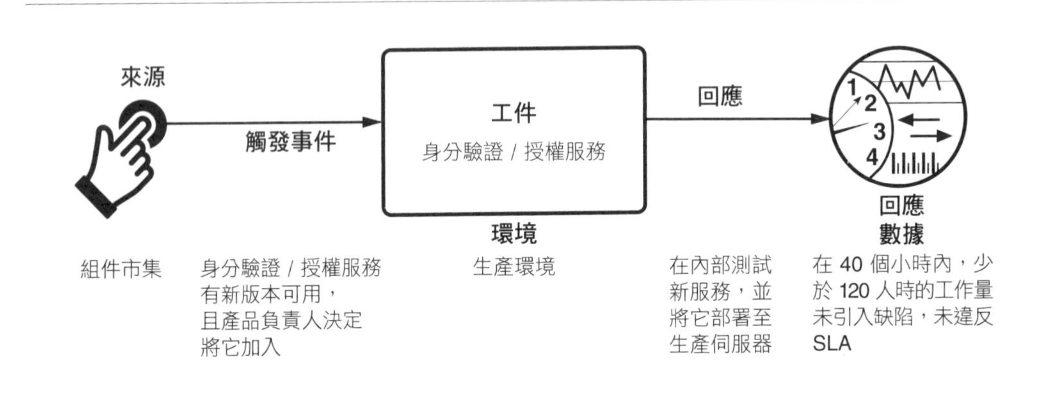

圖 5.1　具體的易部署性劇情

5.4 易部署性戰術

部署是為了發行新軟體或硬體元素而執行的，如果你可以在可接受的時間、成本和品質限制之內部署新元素，那次部署就是成功的。我們用圖 5.2 來說明這個關係，以及易部署性戰術的目標。

圖 5.3 是易部署性的戰術。在許多情況下，這些戰術是由你買來的 CI / CD 基礎設施提供的（至少有一部分是），而不是你製作的。CI / CD 是持續整合（continuous integration）與持續部署（continuous deployment）的縮寫。在這些情況下，身為架構師的你通常要選擇與評估正確的易部署性戰術與正確的戰術組合（而不是實作它們）。

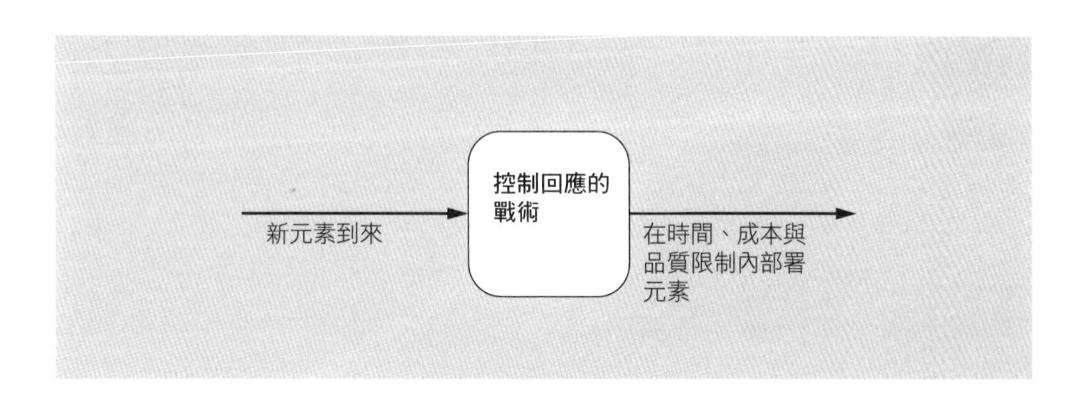

圖 5.2 易部署性戰術的目標

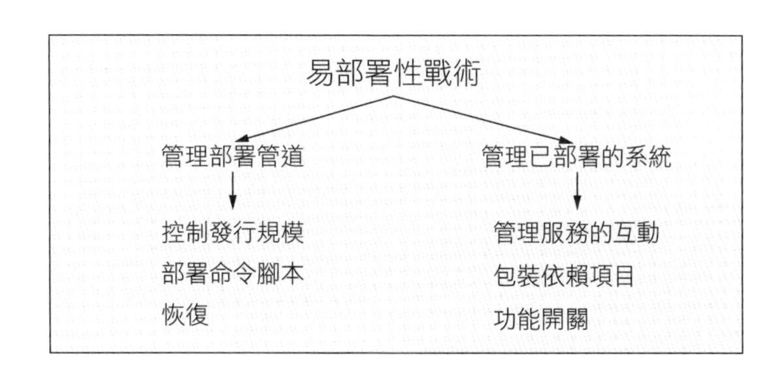

圖 5.3 易部署性戰術

我們接下來要詳細說明這六種易部署性戰術。第一種易部署性戰術的重點是管理部署管道，第二種則是在部署的過程中和部署之後管理系統。

管理部署管道

- 控制發行規模（*scale rollouts*）。scale rollouts 就是將新版本逐漸部署至部分的用戶，而不是部署至整個用戶群，並讓其餘的用戶繼續使用上一版的服務，通常不會明確地通知新版本的用戶。這個戰術藉著逐漸發行新版本來監視與測量新版本的影響，並且在必要時復原。這種戰術可將有問題的服務造成的負面影響降到最低。這種策略需要一種架構性的機制（不屬於被部署的服務）來根據用戶的身分，將用戶的請求傳給新的或舊的服務。

- 部署命令腳本（*script deployment commands*）。部署通常很複雜，且需要精確地執行和協調很多步驟，因此，部署通常用腳本來執行，你要像對待程式碼一樣，記錄、審查、測試這些部署腳本和控制它的版本。腳本引擎可自動執行部署腳本，為你節省時間，並減少人為錯誤的機會。
- 恢復（*roll back*）。如果你發現部署的版本有缺陷或不符合用戶期望，你可以將它「恢復」成之前的狀態。因為部署可能涉及多個服務及其資料的多個協調更新，所以還原機制必須記錄它們，或必須有能力扭轉任何更新造成的影響，最好是以完全自動化的方式。

管理已部署的系統

- 管理服務的互動。這項戰術可以讓你同時部署與執行多個服務的版本。它可以將來自用戶端的多個請求以任何順序傳給任何一個版本。但是，運行同一個服務的多個版本可能會導致版本不相容的問題。在這種情況下，你必須協調服務之間的互動，以主動避免版本不相容的情況。這個戰術是一種資源管理策略，不需要完全複製資源就可以分別部署舊版本與新版本。
- 包裝依賴項目（*package dependencies*）。這個戰術將元素與它的依賴項目包在一起，以便一起部署它們，可讓依賴項目的版本在開發環境與生產環境保持一致。此戰術包裝的依賴項目可能有程式庫、OS 版本、公用程式容器（例如邊車、服務網），我們將在第 9 章討論它們。包裝依賴項目有三種手段：使用容器、pod 或虛擬機器，第 16 章會詳細說明。
- 功能開關。既使程式經過充分的測試，在部署新功能之後也有可能出現問題，因此，為新功能整合一個「刪除開關」（或功能開關）非常方便。刪除開關可以讓你在執行期停用系統的功能，免得再做一次部署。它可以讓你控制已部署的功能，避免重新部署帶來的成本和風險。

5.5 易部署性戰術問卷

我們可以根據第 5.4 節介紹的戰術，列出一系列的易部署性戰術問題，如表 5.2 所示。為了了解支援易部署性的架構性選項，分析者必須詢問各個問題，並在這張表中寫下答案。這些問題的答案可以當成後續活動的焦點：文件調查、分析程式碼或其他工件、對程式碼進行逆向工程…等。

表 5.2 易部署性戰術問卷

戰術組別	戰術問題	支援？（是 / 否）	風險	設計決策與位置	基本理由與假設
管理部署管道	你是否**控制發行規模**、逐漸發行新版本（而不是以全有或全無的方式發行）?				
	如果已部署的服務無法令人滿意，你能不能將它**恢復**?				
	你是否使用**部署命令腳本**來自動執行一系列複雜的部署指令？				
管理已部署的系統	你是否**管理服務的互動**，以同時安全地部署多個版本的服務？				
	你是否**包裝依賴項目**，一起部署服務與它依賴的所有程式庫、OS 版本與公用程式容器？				
	如果新發行的功能是有問題的，你是否使用**功能開關**來自動停用它（而不是將新部署的服務復原）?				

5.6 易部署性模式

易部署性模式可分為兩類。第一類是服務的架構模式，第二類是服務的部署模式，這一類還可以分成兩大類：「全部部署或完全不部署」以及「部分部署」。易部署性的兩大類並非完全獨立，因為有些部署模式依賴一些服務架構屬性。

架構服務的模式

微服務架構

微服務架構模式將系統建構成一群可獨立部署的服務，讓它們只能透過服務介面來傳遞訊息，互相溝通。這種模式不允許程序之間以任何其他方式溝通：沒有直接的聯繫、不能直接讀取其他團隊的資料庫、沒有共享的記憶體模型、沒有任何後門。這些服務通常是無狀態的，而且規模相對小（因為它們是由一個相對小型的團隊開發的[4]），因此稱為微服務。服務的依賴關係是非環狀的。發現服務（discovery service）是這個模式的主要成分，用來將訊息傳到正確的地方。

好處：

- 降低上市時間。因為各個服務很小，而且可以獨立部署，所以不需要與其他服務的團隊協調就可以部署修改後的服務。因此，當團隊完成服務的新版本並對它進行測試之後就可以立刻部署它。
- 各個團隊可以自行為它的服務選擇技術，只要那些技術支援訊息傳遞即可，團隊間不需要進行關於程式庫版本或程式語言的協調。這可以降低在整合時因為不相容而造成的錯誤，不相容正是整合錯誤的主要來源。
- 這種服務比「沒這麼細緻的應用程式」更容易擴展。因為各個服務都是獨立的，所以很容易動態加入服務實例，進而按需求提供服務。

取捨：

- 與記憶體通訊相比，這種模式有額外的負擔，因為服務之間的通訊都是透過網路的訊息來進行的。服務網模式（見第 9 章）在某種程度上可以降低這種開銷，這種模式藉著限制在同一台主機上部署的服務來降低網路流量。此外，微服務部署的動態特性讓它重度依賴發現服務，進而增加額外負擔，這些發現服務最終可能變成性能瓶頸。
- 微服務比較不適合複雜的事務，因為在分散的系統之間同步各種活動很困難。
- 讓各個團隊選擇他們自己的技術是有代價的，組織必須設法維護這些技術以及經驗。

4 在 Amazon，服務團隊的規模是用「兩塊披薩規則」來控制的：團隊人數不能超過兩塊披薩餵得飽的人數。

- 大量的微服務令人難以對整個系統進行智慧控制（intellectual control），需要用介面目錄和資料庫來協助維持智慧控制。此外，結合許多服務的過程可能既複雜且繁瑣。
- 設計服務來讓它具有適當的職責與細膩度是一項艱巨的任務。
- 為了獨立部署版本，服務架構的設計必須支援這種部署策略。使用第 5.4 節介紹的「管理服務的互動」戰術可以協助你實現這個目標。

重度採用微服務架構模式的組織包括 Google、Netflix、PayPal、Twitter、Facebook 與 Amazon。許多其他的組織也採用微服務架構模式；坊間有許多書籍和研討會討論組織如何採用微服務架構模式來滿足需求。

完全替換服務的模式

假如服務 A 有 *N* 個實例，你想要將它們換成 *N* 個服務 A 的新版本，不保留任何原始版本的實例。你希望在不降低服務品質的情況之下完成這件事，因此必須讓 *N* 個服務實例持續運行。

完全替換策略有兩種不同的模式，兩者皆採用「控制發行規模」戰術。我們一起討論兩者：

1. 藍綠（*blue/green*）。藍綠部署就是建立 *N* 個新實例，並為每一個新實例填入新服務 A（我們稱它們為綠實例）。在安裝了 *N* 個新服務 A 之後，我們更改 DNS 伺服器或發現服務，讓它指向新版的服務 A。在確定新實例的功能令人滿意之後，也唯有如此，再移除 *N* 個原始服務 A。在這個分界點之前，如果你在新版本中發現問題，你可以輕鬆地切回原來的版本（藍服務），而且只會造成些許中斷，或完全不會中斷服務。
2. 滾動式升級（*rolling upgrade*）。滾動式升級就是一次將一個服務 A 的實例換成新版本（在實務上，你可以一次替換多個實例，但是在任何一個步驟都只能替換一小部分）。滾動式升級的步驟如下：

   a. 為服務 A 的新實例分配資源（例如虛擬機器）。

   b. 安裝並註冊服務 A 的新版本。

   c. 將請求引導至服務 A 的新版本。

d. 選擇一個舊的服務 A，讓它完成正在處理的工作，然後銷毀它。

e. 重複上一個步驟，直到替換所有舊版本為止。

圖 5.4 是 Netflix 的 Asgard 工具在 Amazon 的 EC2 雲端平台實作的滾動式升級程序。

好處：

- 這些模式的好處是它們可以完全替換已部署的服務版本，而不必停止服務，因此可以增加系統的妥善性。

取捨：

- 藍綠方法的資源利用量峰值是 2*N* 個實例，而滾動式升級的利用量峰值是 *N* + 1 個實例。無論採取哪一種做法，你都必須取得執行它們的資源。在雲端計算被廣泛採用之前，「取得」意味著「購買」，組織必須購買實體計算機來執行升級。升級不常發生，所以這些額外的計算機基本上處於閒置狀態，從財務面來看，滾動式升級顯然是標準的做法。現在計算資源可以按需求租用，不需要購買，所以財務考量已經沒那麼重要了，但仍然存在。
- 假如你在部署新服務 A 時發現一個錯誤，儘管你在開發、整合與預備環境中做了所有測試，當服務被部署到生產環境時，它仍然可能有潛在的錯誤。如果你採用藍綠部署，當你發現新服務 A 的錯誤時，原始的實例可能都被刪除了，可能需要很長的時間才能恢復成舊版本。相較之下，滾動式升級或許可以讓你在舊版本的實例仍然存在的情況下，發現新版本中的錯誤。
- 從用戶的角度來看，如果你使用藍綠部署模型，那麼在任何時間點，活躍的版本非新即舊，新舊版本不會同時活躍。但是如果你使用滾動式升級模式，兩個版本可能同時活躍，這帶來兩種問題：時間不一致，以及介面不相符。

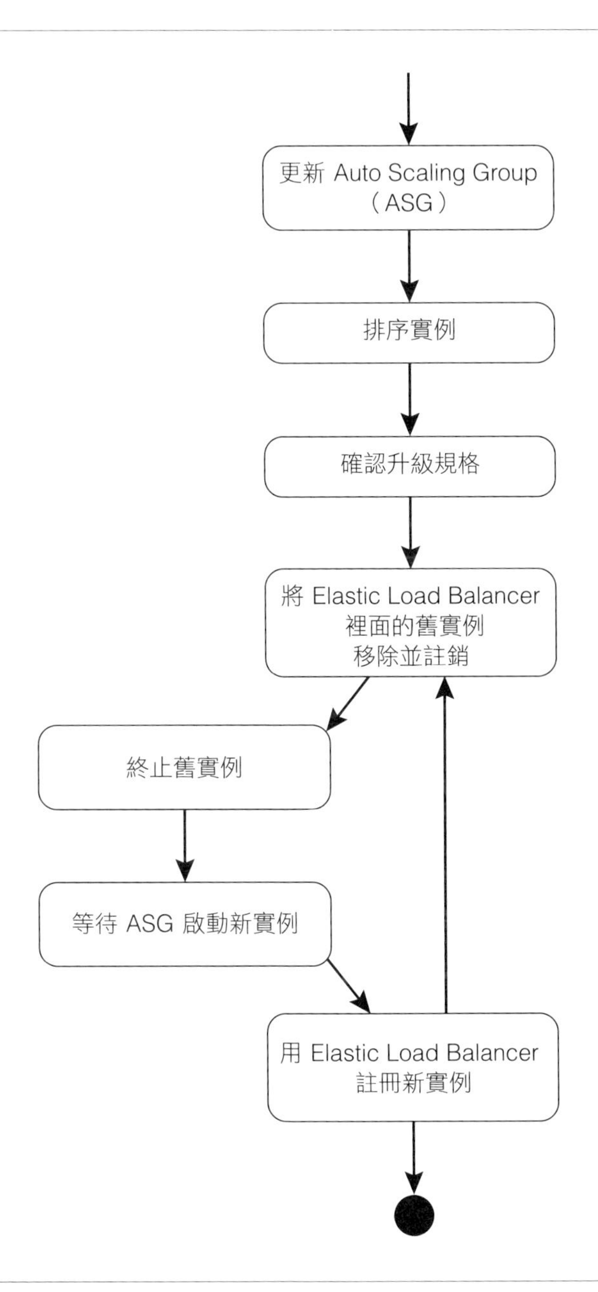

圖 5.4 Netflix 的 Asgard 工具所實作的滾動式升級模式

- **時間不一致**。在用戶端 C 傳給服務 A 的一系列請求中，有些請求可能是由舊版的服務處理的，有些可能是由新版處理的。如果兩個版本的行為不相同，可能導致用戶端 C 產生錯誤的結果，或者至少產生不一致的結果（這可以用「管理服務的互動」戰術來預防）。
- **介面不相符**。如果服務 A 的新版本的介面與舊版本的介面不同，當用戶端呼叫未更新為新介面的服務 A 時，將產生無法預測的結果。這種情況可以藉著擴展介面並使用仲介模式（見第 7 章）來將已擴展的介面轉換成可產生正確行為的內部介面來預防。更完整的說明請見第 15 章。

部分替換服務的模式

有時你無法改變所有的服務實例，部分部署模式的目的是同時讓不同的用戶群體使用各種版本，這種模式經常被用來控制品質（金絲雀測試）與進行行銷測試（A/B 測試）。

金絲雀測試

在推出新版本之前，比較謹慎的做法是在生產環境中測試它，讓一組有限的用戶來測試。**金絲雀測試**是類似 beta 測試的持續部署[5]。金絲雀測試就是讓一小組用戶測試新版本，這些測試員有時是所謂的超級用戶，或是不屬於你的組織的預覽串流用戶（preview-stream users），他們比較有機會執行典型用戶不常使用的程式路徑與邊緣案例。用戶可能知道他們被當成小白鼠（也就是金絲雀），也可能不知道。另一種方法是讓組織內正在開發軟體的人進行測試，例如，Google 的員工幾乎不使用外界用戶使用的版本，而是扮演測試員，測試即將發行的版本。當測試的重點是確定新功能被接受的程度時，你可以使用金絲雀測試的一種變體，稱為暗部署（dark launch）。

這兩種方法將用戶當成金絲雀，藉著設定 DNS 或發現服務，將他們引導至適當的版本。測試完成之後，將用戶全部引導至新版或舊版，並銷毀遺棄版本的實例。滾動式升級或藍綠部署可用來部署新版本。

---

5 金絲雀測試的名稱由來是 19 世紀的煤礦工將金絲雀帶入礦坑的行為，在開採煤礦時，礦坑會釋放爆炸性和毒性氣體，因為金絲雀對這種氣體比較敏感，所以煤礦工人會將金絲雀帶入礦坑，留意牠們對氣體的反應。礦工將金絲雀當成早期預警設備，用來提示環境不安全。

好處：

- 金絲雀測試可讓真正的用戶以模擬測試無法做到的方式「敲打」軟體，讓部署服務的組織可以收集「使用中」的資料，並以較低的風險來執行受到控制的實驗。
- 金絲雀測試的額外開發成本最低，因為被測試的系統位於通往生產環境的路徑上。
- 金絲雀測試可將曝露在新系統的嚴重缺陷之下的用戶降到最少。

取捨：

- 金絲雀測試需要額外的前期規劃與資源，也需要制定評估測試結果的策略。
- 如果金絲雀測試的對象是超級用戶，你必須找出那些用戶，並將新版本傳給它們。

A/B 測試

行銷人員可以透過 A/B 測試來用真實用戶進行實驗，以確定幾個備選方案中，哪一個可以產生最好的商業結果。在測試時，少量的用戶會獲得與其餘用戶不一樣的待遇，兩者的差異可能很小，例如字體大小或表單排版的改變，也可能差異較大。例如，HomeAway（現在的 Vrbo）曾經使用 A/B 測試來改變網站的格式、內容與外觀及感覺，並確認哪一個版本可以帶來最多租金。該公司會保留測試的「贏家」，捨棄「輸家」，並設計和部署另一個競爭者。另一個例子是銀行提供不同的促銷方案來鼓勵客人開立新帳戶。有一個經常被提起的故事是，Google 測試了 41 種不同的藍色色調，以決定該用哪一個色調來回報搜尋結果。

如同金絲雀測試，你要設定 DNS 伺服器與發現服務來將用戶請求送到不同的版本。在 A/B 測試中，你要監測不同的版本，從商業角度來觀察哪一個提供最佳的回應。

好處：

- A/B 測試可讓行銷與產品開發團隊用真實用戶執行實驗，並從他們那裡收集資料。
- A/B 測試可讓你根據任意的一組特徵來選擇特定的用戶。

取捨：

- A/B 測試必須製作另一個版本，且其中一個會被捨棄。
- 你要事先決定不同類別的用戶及其特性。

5.7 延伸讀物

本章大多數的內容都來自 Len Bass 與 John Klein 合著的《*Deployment and Operations for Software Engineers*》[Bass 19]，以及 [Kazman 20b]。

在 [Bass 15] 裡面有 DevOps 背景之下的易部署性與架構的一般性討論。

Martin Fowler 和他的同事貢獻了很多易部署性戰術，它們可在 [Fowler 10]、[Lewis 14] 與 [Sato 14] 裡面找到。

[Humble 10] 詳細討論了部署管道。

[Newman 15] 討論了微服務與遷移至微服務的程序。

5.8 問題研討

1. 使用一般劇情的每一種可能的回應來寫出一組易部署性的具體劇情。
2. 為汽車軟體（例如 Tesla）寫一個具體的易部署性劇情。
3. 為一款智慧型手機 app 寫一個具體的易部署性劇情，該 app 會與伺服器端基礎設施進行通訊，為它寫一個劇情。
4. 如果你要顯示搜尋的結果，你會執行 A/B 測試，還是直接使用 Google 選擇的顏色？為什麼？
5. 當你實施「包裝依賴項目」戰術時，你會使用第 1 章介紹的哪些結構？你會使用 uses 結構嗎？為什麼會，或為什麼不會？你需要考慮其他結構嗎？
6. 在實施「管理服務的互動」戰術時，你會使用第 1 章介紹的哪些結構？你會使用 uses 結構嗎？為什麼會，或為什麼不會？你需要考慮其他結構嗎？
7. 在哪些情況下，你會選擇前進（roll forward）至新版的服務，而不是後退（roll back）為之前的版本？何時不適合選擇 roll forward？

6

能源效率

> 能源有點像錢：如果你的存款是正數，你可以用各種方式使用它，
> 但是根據從本世紀初就被相信的傳統定律，你不能透支。
>
> —Stephen Hawking

計算機所使用的能源曾經是免費的且無限的——至少就人類的行為而言就是如此，以前的架構師不怎麼考慮軟體的能源消耗問題，但那段日子已經過去了。隨著行動設備成為大多數人的主要計算工具，也隨著業界與政府越來越廣泛地使用物聯網（IoT），隨著無處不在的雲端服務成為計算基礎設施的支柱，能源已經變成架構師不容忽視的問題，它再也不是「免費」且無限的了。行動設備的能源效率影響我們所有人，雲端供應商也越來越關心伺服器農場的能源效率。據報導，在 2016 年，全球的資料中心消耗的能源（40%）已超越英國，大約占全球能耗的 3%，最近的估計指出，這個比例高達 10%。運行和冷卻大型資料中心的能源成本使得人們開始評估將資料中心全部搬到外太空的成本，在那裡，冷卻是免費的，而且太陽可提供無限的電力。用現今的發射價格來算，這種做法帶來的經濟效益似乎已經超出成本。值得注意的是，現在已經有伺服器農場被蓋在水中與北極地帶了。

無論從低端或高端來看，計算設備的能源消耗已經變成我們應該考慮的問題了，這意味著，架構師在設計系統時，必須在品質競爭清單中加入**能源效率**。而且，如同其他品質屬性，我們要考慮一些重要的取捨：能源使用 vs. 性能或妥善性或可修改性或上市時間。因此，你必須將能源效率當成最重要的品質屬性，原因如下：

1. 控制任何重要的系統品質屬性都必須採取架構性的方法，能源效率也不例外。如果沒有現成的技術可用來監視和管理整個系統的能源，開發者就必須自行發明。在最好的情況下，他會做出一個臨時性的能源效率方案，產生一個難以維護、測量和發展的系統。在最壞的情況下，他會做出一種根本無法預測能否實現能源效率目標的設計。

2. 大多數的架構師和開發者都沒有意識到能源效率是必須關注的品質屬性，因此不知道如何為它編寫程式，執行工程。更根本的原因是，他們不了解能源效率需求，包括如何完整地收集需求，並分析它們。當今的教育界並未將能源效率當成程式設計師應關注的問題來教導，甚至連提都不提。因此，從工程學系或計算機科學學系畢業的學生可能從未接觸這些問題。

3. 大多數的架構師和開發者都缺乏合適的設計概念（模型、模式、戰術…等），無法針對能源效率進行設計，以及在執行期管理和監視它。但是因為能源效率是軟體工程界最近才開始關注的問題，所以這些設計概念才剛起步，還沒有人整理出來。

雲端平台通常不必擔心能源耗盡（除非發生災難），但行動設備與一些物聯網設備每天都要關心能源問題。在雲端環境中，擴展與縮小規模是核心競爭力，所以你必須定期做出最佳的資源分配決策。物聯網設備的大小、外形和熱量輸出都限制了它們的設計空間，所以沒有空間容納笨重的電池。此外，物聯網設備預計會在十年內大量部署，使得它們的能源使用變成一個問題。

在以上所有的情況下，能源效率必須與性能和妥善性互相平衡，所以工程師應該特別注意並考慮這種平衡。在雲端環境中，分配越多資源（越多伺服器、越多儲存空間…等）可提升性能、提升個別設備對抗故障的能力，但需要付出能源和資本代價。在行動與物聯網環境中，我們通常不會選擇分配更多資源（但或許可以將計算負擔從行動設備轉移到雲端），所以需要平衡的因素通常是能源效率 vs. 性能與易用性。最後，在所有環境中，我們也要平衡能源效率與可造性（buildability）和可修改性。

6.1 能源效率一般劇情

根據這些考慮因素之後，我們可以決定能源效率一般劇情的各個部分，如表 6.1 所示。

表 6.1 能源效率一般劇情

部分劇情	說明	可能的值
來源	指出誰或哪些請求發起了節約和管理能源的要求。	最終用戶、管理者、系統管理員、自動代理人。
觸發事件	節約能源的要求。	總用量、最大瞬間用量、平均用量…等。
工件	指出你要管理什麼。	特定設備、伺服器、VM、叢集…等。
環境	能源通常是在執行期管理的，但根據系統特性，也有很多有趣的特殊案例。	執行期、連接、電池供電、低電量模式、省電模式。
回應	系統採取哪些行動來節約或管理能源的使用。	以下的一項或多項回應： • 停用設備 • 卸載執行期服務 • 改變分配服務給伺服器的方式 • 以低耗電模式執行服務 • 分配 / 取消分配伺服器 • 改變服務的等級 • 改變時間安排
回應數據	這些數據圍繞著節省下來的能源量或消耗的能源量，以及對其他功能或品質屬性的影響。	以這些數據來管理或節省能源： • 系統最大 / 平均的千瓦負載 • 節省下來的平均 / 總能源量 • 使用的總千瓦•時 • 系統必須保持通電的時間 …同時讓功能維持正常，並且讓其他品質屬性維持可接受的水準。

圖 6.1 是具體能源效率劇情：*管理者為了節省執行期的能源，於是在非高峰期卸除未使用的資源。系統卸除資源，同時讓查詢資料庫的最高延遲時間維持在 2 秒，平均節省 50% 的總能源需求。*

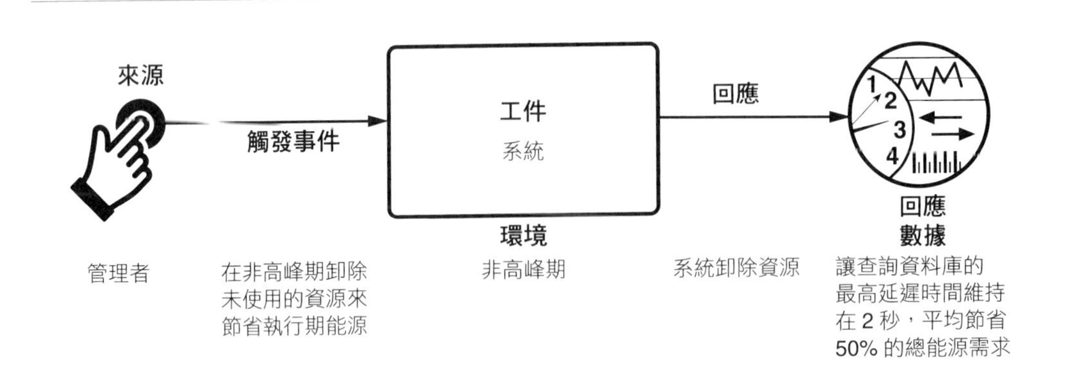

圖 6.1 能源效率劇情範例

6.2 能源效率戰術

能源效率劇情是由這個願望推動的：節約或管理能源，同時提供所需的功能（儘管不一定是完整的功能）。如果你在可接受的時間、成本與品質限制之內實現能源回應，那麼這個劇情就是成功的。我們用圖 6.2 來說明這個簡單的關係（同時說明能源效率戰術的目標）。

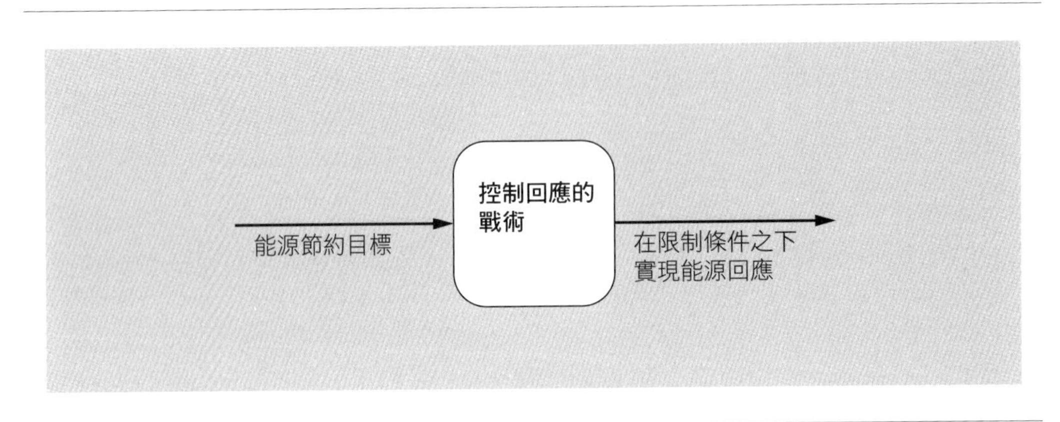

圖 6.2 能源效率戰術的目標

能源效率的核心是有效地利用資源。我們將戰術分成三大類：資源監視、資源分配，以及資源調整（圖 6.3）。這裡的「資源」是會消耗能源並提供功能的計算設備，這個定義類似第 9 章的**硬體資源**的定義，該定義包含 CPU、資料儲存體、網路通訊，以及記憶體。

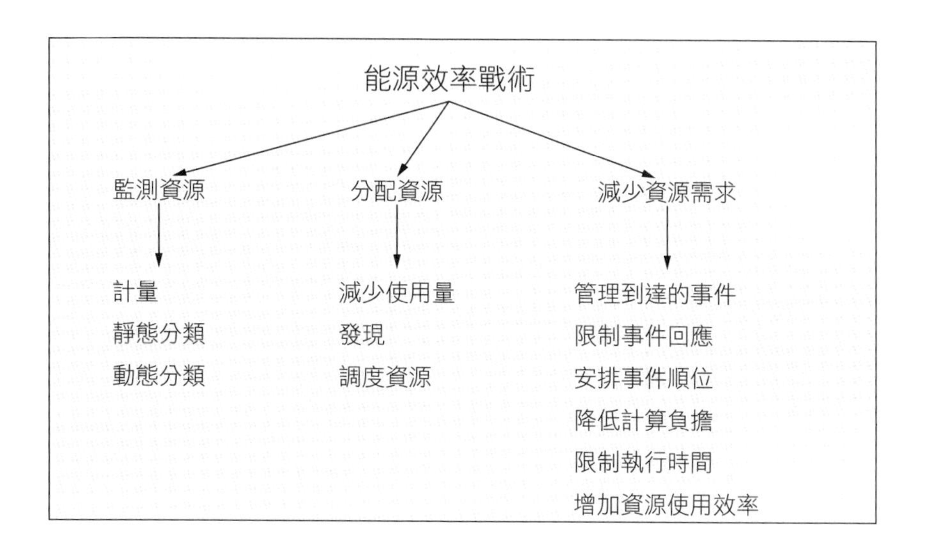

圖 6.3 能源效率戰術

監測資源

無法測量的東西是沒辦法管理的，所以我們從資源監視談起。資源監視戰術有計量、靜態分類，與動態分類。

- **計量**。計量戰術包括透過感測器近乎即時地收集計算資源的能源消耗資料。在最粗略的層面上，整個資料中心的能源消耗量可以用電表測量出來。個別的伺服器或硬碟可以用外界工具來測量，例如安培計或瓦時計，或使用內建的工具，例如配備電表的機架 PDU（配電單元）、ASIC（特殊應用積體電路）…等。在使用電池的系統中，電池剩餘的電量可以用電池管理系統來取得，電池管理系統是現代電池的組件。

- **靜態分類**。有時資料無法即時收集，例如，如果組織使用辦公室外的雲端（off-premises cloud），他們可能無法直接取得即時的能源資料。靜態分類藉著記錄所使用的計算資源以及已知的能源特性（例如，每一次的抓取會讓記憶體設備使用多少能源）來估計能源消耗。這些特性可透過效能評定或是從製造商的規格裡面取得。
- **動態分類**。當計算資源的靜態模型不充分時，你可能要使用動態模型。與靜態模型不同的是，動態模型用工作負載等瞬時條件來估計能源消耗。這種模型可能是簡單的表格查詢、使用以前的執行過程收集的資料來建立的回歸模型，或是模擬。

分配資源

資源分配的意思是：在注意能源消耗的情況下分配工作資源。資源分配戰術包括減少使用量、發現與安排時程。

- **減少使用量**（*reduce usage*）。你可以對設備做一些事情，在設備層面上減少使用量，例如減少螢幕的更新率（refresh rate）或將背景調暗。在用不到資源時，移除或停用它們也是降低能源消耗量的方法，這種策略可能包括關閉硬碟、關閉 CPU 或伺服器、以較慢的時脈來運行 CPU，或切斷未使用的處理器區塊的電流。這種策略也可能是將 VM 移到最少量的實體伺服器上（整併），同時關閉閒置的計算資源。在行動應用程式中，你可以將部分的計算移到雲端進行來節省能源，前提是通訊消耗的能源必須少於計算消耗的能源。
- **發現**（*discovery*）。第 7 章會介紹，發現服務可以幫一個請求（來自用戶端）找到服務供應者，並且可以協助識別與遠端呼叫那些服務。傳統上，發現服務是根據服務請求（通常是 API）的敘述來進行配對的。在能源效率的背景下，這個請求可能會加上能源資訊注釋，讓請求者根據它的能源特性（可能是動態的）來選擇服務供應者（資源）。在雲端上，這些能源資訊可能儲存在一個「綠色服務目錄」中，在這個目錄裡面有來自計量、靜態分類或動態分類（資源監視戰術）的資訊。在智慧型手機上，這種資訊可能來自 app 商店。目前這種資訊充其量只是臨時性的，在服務 API 中通常不存在。
- **調度資源**（*schedule resources*）。調度（schedule）就是將工作分配給計算資源。第 9 章會介紹，調度資源戰術可以提升性能。在能源背景下，調度資源可以在指定的任務限制之下，遵守任務優先順序，有效地管理能源的使用。你可以根據一或多個資源監視戰術收集的資料來進行調度。你可以在雲端背景之下使用能源發現服務，或是在多核心背景之下使用控制器，在多個計算資源之間動態調度計算工作，例如，服務供應方可以選擇具有較佳能源效率或較低能源成本的資源。舉例來說，一個供應方的工作負荷可能比另一個還要低，所以它可以調整能源的使用，也許是藉著使用前面介紹過的一些戰術，來讓每個工作單位平均使用更少能源。

減少資源需求

第 9 章會詳細介紹這個戰術種類。這類戰術都是透過降低工作量來直接增加能源效率，包括管理到達的事件、限制事件回應、安排事件順位（也許不處理低順位的事件）、降低計算負擔、限制執行時間、增加資源使用效率。這是減少使用量（reduce usage）的互補戰術，因為減少使用量戰術假設需求會維持不變，而減少資源需求戰術是明確地管理（與減少）需求的手段。

6.3 能源效率戰術問卷

第 3 章說過，這份戰術問卷的目的是讓你快速地了解架構在多大程度上採用戰術來管理能源效率。

我們可以根據第 6.2 節介紹的戰術，寫出一組戰術問題，如表 6.2 所示。為了了解支援能源效率的架構性選項，分析者必須詢問各個問題，並在這張表中寫下答案。你可以將這些問題的答案當成後續行動的焦點：研究文件、分析程式碼或其他工件、對程式進行逆向工程…等。

表 6.2 能源效率戰術問卷

戰術組別	戰術問題	支援？（是 / 否）	風險	設計決策與位置	基本理由與假設
資源監視	你的系統是否對能源的使用進行**計量**？ 也就是說，系統是否使用感測器來收集計算設備的能源消耗量，以近乎即時的方式？				

戰術組別	戰術問題	支援？（是 / 否）	風險	設計決策與位置	基本理由與假設
資源監視（續）	系統是否對設備或計算資源進行**靜態分類**？也就是說，系統有沒有參考值，可以用來估計設備或資源的能耗（在無法即時測量，或計算成本太高的情況下）？				
	系統是否**動態分類**設備與計算資源？當靜態分類因為負載或環境條件的變化而變得不準確時，系統是否根據之前收集的資料，在執行期使用動態模型來估計設備或資源不斷變化的能源消耗？				
資源分配	系統是否**減少使用量**來減少資源的使用？也就是說，當系統不再需要資源時，系統能否停用那些資源，以節省能源？這可能包含關閉硬碟、將顯示器調暗、關閉 CPU 或伺服器、讓 CPU 以更慢的時脈速率運行、或關閉未使用的處理器的記憶體區塊。				
	系統是否在指定的任務限制之下，以及在遵守任務順位的情況下**調度資源**，藉著將計算資源（例如服務供應方）切換到能源效率更好或能源成本較低的資源，以更有效地利用能源？系統是否使用一或多個資源監視戰術來收集關於系統狀態的資料，並且根據那些資料來進行調度？				
	系統是否使用**發現服務**來為服務請求分配服務供應方？在能源效率的背景下，服務請求可以加入能源需求資訊，讓請求者根據它的（可能是動態的）能源特性來選擇服務供應方。				
減少資源需求	你是否一直試圖**減少資源需求**？				
	你可以在這裡插入第 9 章的性能戰術問卷的這類問題。				

6.4 模式

能源效率模式包括感測器融合、移除異常任務，與電力監控。

感測器融合

行動 app 與物聯網系統通常使用多個感測器從環境收集資料。這個模式可以用低功率感測器收集的資料來推斷是否使用高功率感測器來收集資料。在行動電話的背景下，有一個常見的例子是使用加速度計的資料來評估用戶是否移動，若是，則更新 GPS 位置。這個模式假設低功率感測器的能源消耗成本比高功率感測器還要低。

好處：

- 這種模式有一個明顯的好處是，它用一種聰明的方式，來將耗能設備的使用量降到最低，而不是（舉例）僅僅降低查詢感測器的頻率。

取捨：

- 查詢與比較多個感測器會增加前期的複雜性。
- 高耗能感測器可提供高品質的資料，儘管會增加電力消耗。它也可以快速地提供資料，因為比起先查詢輔助感測器，單獨使用較耗能的感測器花費的時間較短。
- 如果推斷的結果導致系統經常查詢較耗能的感測器，這種模式帶來的整體耗能可能更高。

移除異常任務

行動系統經常執行來歷不明的 app，所以可能在不知不覺中，運行一些特別耗電的 app。這種模式可讓你監測這種 app 的能源使用情況，並中斷或移除特別耗能的操作。例如，當 app 發出聲音警報並震動手機，而且用戶沒有對這些警報做出反應時，讓系統經過一段預先設定的時間之後將該任務刪除。

好處：

- 這個模式提供「失效安全（fail-safe）」選項，讓你管理能源屬性不明的 app 的耗能。

取捨：

- 任何監視程序都會對系統的運作增加少量的負擔，這可能會影響性能，並稍微影響能源的使用。
- 你必須考慮這個模式的可用性，刪除高耗能任務可能與用戶的意願相悖。

電力監控

電力監控模式就是監控與管理設備，盡量減少它們的活動時間。這個模式會試圖自動停用未被應用程式積極使用的設備與介面。積體電路一直以來都使用這種模式，在不使用一個電路區塊時關閉它，以盡力節省能源。

好處：

- 這種模式可以在不影響或稍微影響最終用戶的情況下，聰明地節省電力，前提是被關閉的設備真的是用不到的。

取捨：

- 一旦設備被關閉，打開它並讓它回應之前有一段延遲時間。而且，在某些情況下，啟動設備所消耗的能源可能比讓它靜態運行一段時間更多。
- 使用電力監控模式時，你必須了解每一種設備及其能源消耗特性，這會增加設計的前期複雜性。

6.5 延伸讀物

[Procaccianti 14] 發表了第一套能源戰術，它們的部分內容是本章介紹的戰術的靈感來源。這篇 2014 年發表的論文繼續啟發了 [Paradis 21]。這兩篇論文貢獻了本章的許多戰術。

[Pang 16] 介紹了如何在開發軟體時管理能源的使用，以及開發人員不知道的事情，你應該閱讀它。

有一些研究論文調查了關於耗能的設計造成的後果，例如 [Kazman 18] 與 [Chowdhury 19]。

[Fonseca 19] 討論了建立「具備能源意識」的軟體的重要性。

[Cruz 19] 與 [Schaarschmidt 20] 整理了行動設備的能源模式。

6.6 問題研討

1. 使用一般劇情的每一種可能的回應來寫出一套具體的能源效率劇情。
2. 為智慧型手機 app（例如健康監視 app）建立具體的能源效率劇情。
3. 為資料中心內的資料伺服器叢集建立一個具體的能源效率劇情。這個劇情與第 2 題的劇情有什麼重要的區別？
4. 列出你的桌機或智慧型手機採用的能源效率技術。
5. 在智慧型手機中使用 Wi-Fi 與行動網路需要考慮哪些關於能源的取捨？
6. 計算你一生（平均壽命）排放多少二氧化碳到溫室氣體中，這相當於執行幾次 Google 搜尋所排放的數量？
7. 如果 Google 將每次搜尋消耗的能源減少 1%，它每年可以節省多少能源？
8. 為了回答第 7 題，你消耗了多少能源？

7

可整合性

融合是生命的基本法則，抵制它必然導致瓦解，在我們的內在或外在皆然。
因此，我們有了藉由融合來實現和諧的概念。

—Norman Cousins

根據 Merriam-Webster 詞典，形容詞 *integrable* 的意思是「可整合」。先讓你調整一下呼吸，吸收這個深刻的見解。但是在實際的軟體系統中，軟體架構師不但要讓分別開發出來的組件互相合作，也要關注預期的和（各種程度的）非預期的整合工作的**成本**和**技術風險**。這些風險可能與進度、性能或技術有關。

整合問題有種廣義、抽象的表示法，如果一個專案要將軟體 C 的一系列單元 $C_1, C_2, \ldots C_n$ 整合至系統 S。S 可能是一個平台，我們要將 $\{C_i\}$ 整合進去，S 也可能是一個既有系統，裡面已經有 $\{C_1, C_2, \ldots, C_n\}$，我們的工作是設計並整合 $\{C_{n+1}, \ldots C_m\}$，以及分析整合成本與技術風險。

假設我們可以控制 S，但無法控制 $\{C_i\}$，因為它是外界供應商提供的，因此我們對各個 C_i 的了解程度可能不一樣；我們對 C_i 了解得越透徹，我們就設計得越好、分析得越準確。

當然，S 不是靜態的，它會演變，在演變時，我們可能要重新分析。可整合性是有挑戰性的屬性（如同可修改性等其他品質屬性），因為我們要在資訊不完整的情況下，對未來進行規劃。簡單地說，有些整合比其他的簡單，因為整合是預料中的事情，而且架構已經考慮整合了，有些整合比較複雜，因為它們沒有被預料到。

考慮一個簡單的比喻：將北美插頭（一個 C_i 的例子）插入北美插座（電力系統 S 提供的介面）這種「整合」是輕而易舉的，但是，將北美插頭插入英國插座需要轉接頭才能辦到。而且配備北美插頭的設備可能只能吃 110 伏特的電，所以必須進一步轉換才可以使用英國的 220 伏特插座。此外，如果零件是用 60 Hz 來運行的，但系統提供 70 Hz，零件可能無法按預期運行，即使插頭可以插入。S 與 C_i 的製作者做出來的架構決策（例如提供轉接頭或電壓轉換器，或是讓組件在不同的頻率下以相同的方式運作）將影響整合的成本與風險。

7.1 評估架構的可整合性

整合的難易度（成本與技術風險）可以想成介於 $\{C_i\}$ 的介面與 S 之間的數量與「距離」：

數量是 $\{C_i\}$ 與 S 之間的潛在依賴關係數量。

距離是在每一個依賴關係之中解決差異的難易度。

依賴關係通常是以句法（syntactical）來衡量的。例如，如果模組 A 呼叫組件 B、A 繼承 B，或 A 使用 B，我們說 A 依賴 B。雖然句法依賴關係很重要，而且將來也會如此，但有些依賴關係無法用任何句法關係來檢測。兩個組件可能在**時間**上耦合，或透過資**源**耦合，因為它們在執行期共享、競爭有限的資源（例如記憶體、頻寬、CPU）、一起控制外界設備，或具有時間上的依賴關係。或者，它們可能在**語義**上耦合，因為它們使用相同的協定、檔案格式、測量單位、詮釋資料，或某些其他方面的知識。區分這些耦合很重要，因為人們通常不會充分理解、明確承認，或妥善記錄時間性依賴關係和語義依賴關係。對大型、長期的專案來說，缺少知識或不把知識說清楚絕對是一種風險，這種知識落差一定會增加整合與整合測試的成本與風險。

考慮當今計算領域的服務趨勢與微服務，這種方法基本上是將組件解耦合，以減少它們的依賴關係的數量與距離。服務只透過公開的介面來彼此「認識」，如果介面有適當的抽象，那麼一個服務的改變將難以波及系統中的其他服務。將組件解耦合是已經持續了幾十年的產業趨勢。服務導向本身只解決（即減少）依賴關係的句法層面，並未解決時間和語義層面。假如解耦的組件知道彼此詳細的資訊，而且彼此是緊密耦合的，那麼將來改變它們可能要付出高昂的代價。

為了實現可整合性，你不能只將「介面」看成 API，它們必須描述元素間的所有依賴關係。「距離」的概念可以幫助你了解組件之間的依賴關係，也就是當組件互動時，它們對於如何合作並成功地進行互動有多大的共識？距離可能意味著：

- *句法距離*。互相合作的元素必須對共享的資料元素的數量與類型取得共識。如果一個元素傳送整數，但其他的元素期望收到浮點數，或者，不同的元素以不同的方式來解讀資料欄位裡面的位元，這種差異就是必須彌合的句法距離。資料型態的差異通常容易發現與預測，例如，編譯器可以抓到這種型態不相符的情況，但是位元遮罩的差異往往更難以偵測，分析人員必須閱讀文件或仔細檢查程式碼，才可以找到它們。
- *資料語義距離*。互相合作的元素必須對資料語義取得共識，也就是說，即使兩個元素使用相同的資料型態，它們也有可能以不同的方式來解釋值。例如，如果有一種資料值是以公尺為單位的高度，另一種是以英尺為單位的高度，這就產生一個必須彌合的資料語義距離。這種不相符通常難以發現與預測，但是如果相關元素使用詮釋資料，分析人員將會更輕鬆。資料語義的不相符可以藉著比較介面文件或詮釋資料的說明（如果有的話）來發現，或藉著檢查程式碼（如果有的話）來發現。
- *行為語義距離*。互相合作的元素必須對行為取得共識，尤其是系統的狀態和模式。例如，同一個資料元素在系統啟動、關閉或復原模式中可能被解讀成不同的東西。在某些情況下，這種狀態與模式可以從協定中明確地看出。舉另一個例子，C_i 與 C_j 可能對於控制做出不同的假設，例如它們都預期另一方會發起互動。
- *時間距離*。互相合作的元素必須對「關於時間的假設」取得共識。時間距離的例子包括以不同的速率來進行操作（例如一個元素以 10 Hz 的頻率送出值，另一個元素以 60 Hz 的頻率接收值），或做出不同的時間假設（例如，一個元素認為事件 A 會在事件 B 之後發生，另一個元素認為事件 A 會在事件 B 之後發生，而且延遲不超過 50 ms），雖然這種情況可以視為行為語義的案例，但它太重要了（而且通常很瑣碎），所以我們在此明確地指出它。
- *資源距離*。互相合作的元素必須對於共享的資源做出一致的假設。資源距離的範例包括設備（例如，一個元素需要獨自操作一個設備，但其他的元素認為將會共同操作）或計算資源（例如，一個元素需要 12 GB 的記憶體才能以最佳的狀態運行，但目標 CPU 只有 16 GB 的實體記憶體；或三個元素同時以 3 Mbps 的速率產生資料，但通訊通道的最高速率只有 5 Mbps）。這種距離同樣可以視為一種行為距離，但你應該有警覺性地分析它。

程式語言介面的說明通常不會提到這些細節，但是，在組織背景下，這些未言明的、隱性的介面往往會讓整合工作（以及修改和偵錯工作）更耗時和更複雜。這就是為什麼介面是架構性問題，我們將在第 15 章進一步討論。

本質上，可整合性就是辨別每一個潛在依賴的元素之間的距離，並彌合它們。這是規劃可修改性的一種形式。我們將在第 8 章回來討論這個主題。

7.2 可整合性的一般劇情

表 7.1 是可整合性的一般劇情。

表 7.1 可整合性的一般劇情

部分劇情	說明	可能的值
來源	觸發來自何方？	以下的一項或多項回應： • 任務 / 系統的關係人 • 組件市集 • 組件供應商
觸發事件	觸發事件是什麼？它就是「所描述的整合是哪一種？」。	以下之一： • 加入新組件 • 整合既有組件的新版本 • 以新方法將既有的組件整合在一起
工件	系統的哪些部分參與整合？	以下之一： • 整個系統 • 特定的組件集合 • 組件詮釋資料 • 組件組態
環境	當觸發發生時，系統處於什麼狀態？	以下之一： • 開發 • 整合 • 部署 • 執行期

部分劇情	說明	可能的值
回應	「易整合」的系統如何回應觸發事件？	以下的一項或多項回應： • 系統的改變被 { 完成，整合，測試，部署 } • 在新配置裡面的組件成功且正確地交換資訊（在句法和語義上） • 在新配置裡面的組件成功地合作 • 在新配置裡面的組件沒有違反任何資源限制

回應數據	回應是怎麼測量的？	以下的一項或多項回應：
		• 以下的一或多項成本：
		  • 修改多少組件
		  • 修改多少百分比的程式碼
		  • 修改多少行程式碼
		  • 工作量
		  • 經費
		  • 日曆時間
		• 對其他品質屬性回應措施的影響（為了掌握可允許的取捨）

圖 7.1 是用一般劇情建構出來的可整合性劇情範例：*有一個新的資料過濾組件在組件市集裡上市了，這個新組件在 1 個月內被整合到系統並部署，以不超過 1 個人月（person-month）的工作量。*

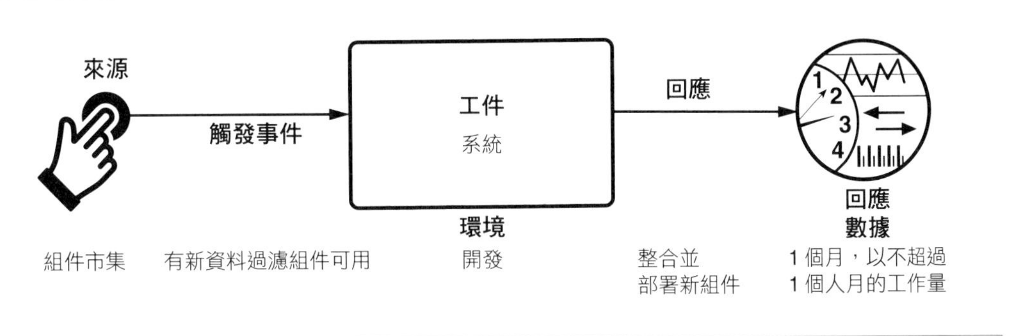

圖 7.1 可整合性劇情範例

7.3 可整合性戰術

可整合性戰術的目標是減少加入新組件的成本和風險、重新整合已修改的組件，以及將多組組件整合在一起，以滿足演進需求，如圖 7.2 所示。

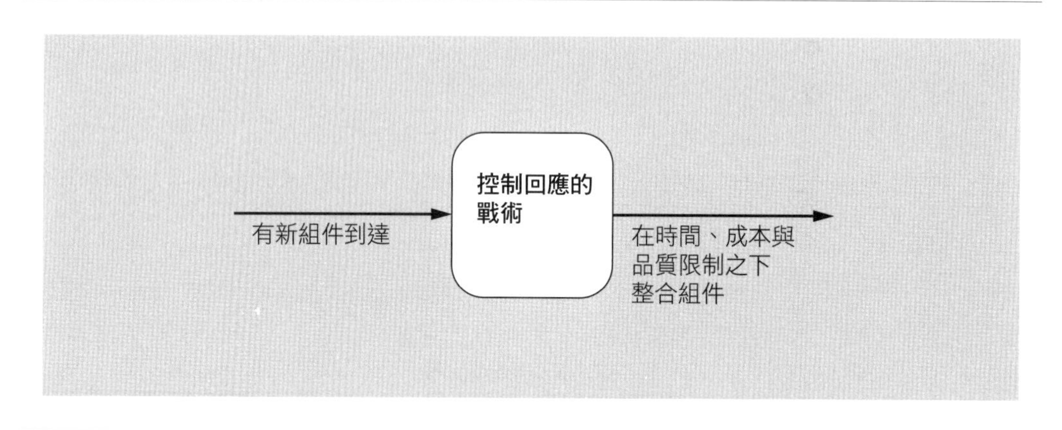

圖 7.2 可整合性戰術的目標

實現這些目標的戰術，就是減少組件之間的潛在依賴關係，或減少組件之間的預期距離。圖 7.3 是可整合性戰術的概要。

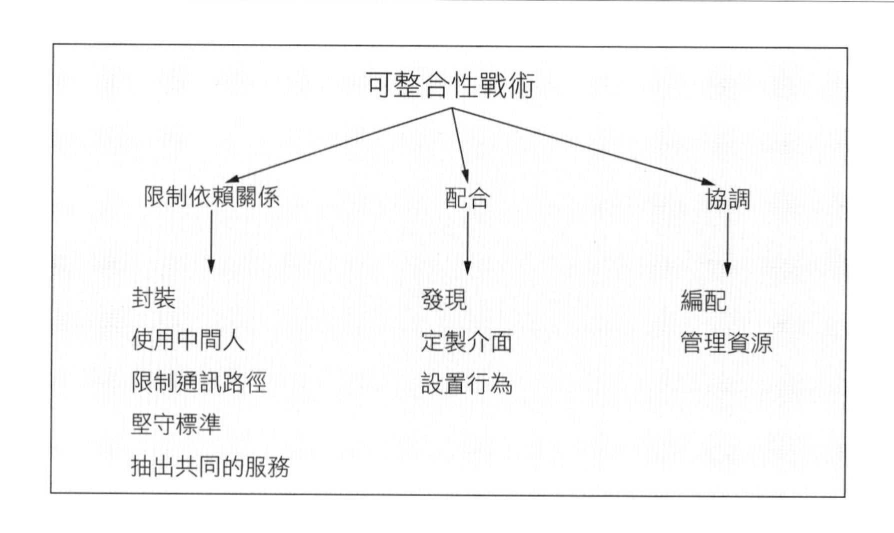

圖 7.3 可整合性戰術

限制依賴關係

封裝

封裝戰術是其他的可整合性戰術的基礎。因此，它很少單獨出現，但本章介紹的其他戰術都暗中使用它。

封裝為元素加上一個明確的介面，並確保操作該元素的所有動作都經過該介面。它可以消除外界對於元素內部的所有依賴關係，因為所有依賴關係都一定會穿越介面。封裝可藉著減少依賴關係的數量及其距離，來降低一個元素的變動波及其他元素的可能性。但是這些優點可能因為介面限制外部職責與元素互動的方式（可能是透過包裝（wrapper））而被削弱。因此，外部職責只能透過公開的介面來與元素直接互動（間接的互動可能維持不變，例如依靠服務的品質）。

封裝也可以隱藏與特定的整合工作無關的介面。例如，服務使用的程式庫對使用方來說是完全隱藏的，而且程式庫的變動不會被傳播給使用方。

因此，封裝可以減少依賴項目的數量，以及 *C* 與 *S* 之間的句法、資料與行為語義距離。

使用中間人

中間人的用途是切斷一堆組件 C_i 之間的依賴關係，或是 C_i 與系統 *S* 之間的依賴關係。中間人可以解決不同類型的依賴關係，例如，發布 / 訂閱匯流排（publish-subscribe bus）、共享資料存放區，或動態服務發現等中間人都可以讓任何一方不需知道另一方的身分，進而減少資料的製造者與用戶之間的依賴關係。其他的中間人則可以處理句法和資料語義距離，例如資料轉換器與協定轉換器。

你必須知道中間人的實際工作，才能知道中間人帶來的具體利益。分析者必須知道中間人是否減少組件與系統間的依賴關係，以及處理哪些距離維度（如果有的話）。

中間人經常在整合的過程中用來解決特定的依賴關係，但它們也可以放入架構內，以提升與預期的劇情有關的可整合性。舉一個使用中間人來提升感測器的可整合性的例子：在架構內加入發布 / 訂閱匯流排等通訊中間人並限制通訊路徑，讓感測器只能使用這個匯流排來接收與傳出訊息。

限制通訊路徑

這個戰術限制特定的元素可以溝通的元素群。在實務上，這個戰術的做法是限制元素的能見度（當開發者無法看到介面時，他就無法使用它）與授權（也就是只允許對方接觸他有權使用的元素）。「限制通訊路徑」戰術可在服務導向架構（SOA）中看到，它不鼓勵點對點請求，而是強迫所有請求都通過企業服務匯流排，以便一致地進行路由與前置作業。

堅守標準

系統履行的標準是可整合性和互操作性（橫跨平台與供應商）的主要促成因素。標準規定的範圍有很大的差異，有些標準專門定義語法和資料語義，有些標準加入更豐富的說明，例如說明「包含行為和時間語義的協定」。

不同標準的適用範圍和採用範圍也各不相同。例如，由公認的標準組織發布的標準比較可能被廣泛採用，例如 Institute of Electrical and Electronics Engineers（IEEE）、International Organization for Standardization（ISO）與 Object Management Group（OMG）。組織內部的常規，尤其是被詳細地記錄和實施的，也可以當成「內部標準」來提供類似的好處，但是當你整合不採用內部標準的外界組件時，這種好處可能會降低。

採用標準可能是有效的整合戰術，但是它帶來的效益只限於標準解決的差異，以及組件供應商未來符合標準的可能性。限制與系統 *S* 進行溝通所使用標準通常可以減少潛在的依賴關係。根據標準的定義，它或許也可以處理句法、資料語義、行為語義與時間的距離。

抽出共同的服務

如果兩個元素提供相似但不完全相同的服務，將這兩個元素放在一個共同的抽象後面以提供較廣義的服務可能有好處。你可以將這個抽象做一個共同的介面來讓那兩個元素實作，或使用中間人來將抽象服務收到的請求轉換成比較具體的請求，並傳給隱藏在抽象後面的元素。這種封裝可以隱藏元素的細節，避免讓系統的其他組件看到。在可整合性方面，這意味著，將來你可以用單一抽象來整合組件，而不是分別整合各個具體的元素。

結合「抽出共同的服務」戰術與「中間人」(例如使用包裝(wrapper)與轉接器(adapter))也可以將特定元素之間的句法和語義變化正規化。例如,如果系統使用許多同一個類型、但來自不同製造商的感測器時,每一個感測器都有它自己的驅動程式、準確度,或時間屬性,架構可以提供一個共同的介面給它們。舉另一個例子,瀏覽器可能安裝各種攔截廣告的外掛,但因為瀏覽器提供外掛介面,所以它不需要知道你選擇哪一種外掛。

抽出共同的服務可讓你在處理共同的基礎設施問題時(例如翻譯、資訊安全機制與記錄(logging))保持一致。當這些功能改變,或新版的組件改變功能時,你需要修改的地方比較少。抽出來的服務通常搭配一個中間人,以中間人來隱藏特定元素之間的句法和資料語意差異。

配合

發現

發現服務是一個儲存了相關位址的目錄,當你要將一種位址形式轉換成另一種形式時、當目標位址可能被動態綁定時,或是當目標有多個時,發現服務很方便。它是應用程式與服務用來找到彼此的機制。發現服務可能被用來列舉某個元素在不同的產品中的變體。

發現服務內的項目之所以在那裡是因為它們都被註冊過,這種註冊可能是靜態發生的,也可能是在服務被實例化時動態發生的。當發現服務裡面的項目失去作用時,它們就會被註銷,這同樣可能是靜態進行的,例如使用 DNS 伺服器,也可能是動態進行的。動態註銷可能是發現服務本身對它的項目進行健康檢查時處理的,也可能是外界軟體執行的,該軟體知道目錄中的特定項目已失去作用。

發現服務裡面的項目也可能是發現服務。在發現服務裡面的項目可能有額外的屬性供查詢(query)參考。例如,天氣發現服務可能有一個「預測成本」屬性,你可以要求天氣發現服務提供免費的天氣預報服務。

發現戰術的做法是減少互相合作的服務之間的依賴關係,互相合作的服務在撰寫時不應該知道彼此的資訊。這可讓服務之間的繫結,以及繫結發生的時間具有彈性。

定製介面

定製介面戰術就是在不改變 API 或實作的情況下，為既有介面加入功能，或隱藏既有介面的功能。你可以將轉換（translation）、緩衝（buffering）與資料平滑化（data smoothing）等功能加入介面且不改變它。移除功能的例子包括隱藏特定的功能或參數，避免被不信任的用戶看到。這個戰術有一個常見的動態應用是攔截添加資料驗證等功能的過濾器（filter），以協助預防 SQL 注入或其他攻擊，或在不同的資料格式之間進行轉換。另一個例子是使用剖面導向（aspect-oriented）程式設計的技術，在編譯期加入預先處理與後期處理功能。

定製介面戰術可讓你根據背景加入或隱藏許多服務需要的功能，並獨立管理它們。它也可以讓具有句法差異的服務互相操作，而不需要修改任何一個服務。

這個戰術通常是在整合期間採用的，但是設計架構來促進介面的製作也可以支援可整合性。「定製介面」經常被用來處理在整合過程中出現的句法和資料語義距離，它也可以處理某些行為語義距離，儘管做起來可能比較複雜（例如，維持複雜狀態，以配合協定的差異），或許將它歸類為「使用中間人」戰術比較合適。

設置行為

有些軟體組件可讓你用預定的方式來設置，好讓它可以和各種組件互動，這種組件使用的戰術就是「設置行為」。組件的行為可以在組建階段設置（用不同的旗標來編譯）、在系統初始化期間（讀取設定檔，或從資料庫抓取資料），或是在執行期（在請求中指定協定版本）。例如，用組件的介面來設置它，讓它支援不同的標準（standard）版本。提供多個選項可以增加 *S* 能夠和未來的 *C* 搭配的機會。

為 *S* 的某些部分建立「設置行為」是一種可整合性戰術，可讓 *S* 支援更廣泛的 *C*。這個戰術可以處理句法、資料語義、行為語義和時間的距離大小。

協調

編配

編配（orchestrate）戰術使用控制機制來協調和管理特定服務的呼叫，讓它們保持互不相識。

編配可協助整合一組鬆耦合且可重複使用的服務，以建立符合新需求的系統。在架構中使用編配戰術並讓它支援將來可能被整合進來的服務可以降低整合成本。這個戰術可讓未來的整合工作把注意力放在整合編配機制上，而不是與多個組件進行點對點整合。

工作流程引擎經常使用編配戰術。工作流程是一組有組織的活動，可排序和協調軟體組件，以完成一個商業流程，它可能包含其他工作流程，其中的每一個流程本身可能包含匯總的服務。工作流程模型鼓勵重複使用與敏捷性，從而使商業流程式靈活。商業流程可以用業務流程管理（BPM）理念來管理，將流程視為一組需要管理的競爭資產。你可以用 BPEL（Business Process Execution Language）之類的語言來指定複雜的編配。

編配藉著將依賴關係都集中到編配機制中，來減少系統 S 與新組件 $\{C_i\}$ 之間的依賴關係，並且完全消除組件 $\{C_i\}$ 之間的明確依賴關係。在使用編配機制時，同時採取「堅守標準」之類的戰術也可以減少句法和資料語義距離。

管理資源

資源管理器是一種特別的中間人，其功能是管理外界對於計算資源的使用，它類似「限制通訊路徑」戰術。使用這種戰術時，軟體組件不能直接使用一些計算資源（例如執行緒或記憶體區塊），而是要透過資源管理器來請求這些資源。資源管理器通常負責為多個組件分配資源，它會保留一些不變性（例如避免資源耗盡，或是被同時使用）、實施一些公平的使用政策，或同時採用兩個方式。資源管理的例子包括作業系統、資料庫的交易機制、在企業系統中使用執行緒池，以及在攸關安全的系統中，使用 ARINC 653 標準來劃分空間與時間。

管理資源戰術藉著明確地公開資源需求與管理共同用途，來減少系統 S 與組件 C 之間的資源距離。

7.4 可整合性戰術問卷

根據第 7.3 節介紹的戰術，我們可以設計一組可整合性戰術問題，如表 7.2 所示。為了了解支援可整合性的架構選項，分析者必須詢問各個問題，並在這張表中寫下答案。你可以將這些問題的答案當成後續行動的焦點：研究文件、分析程式碼或其他工件、對程式進行逆向工程⋯等。

表 7.2 可整合性戰術問卷

戰術組別	戰術問題	支援？（是 / 否）	風險	設計決策與位置	基本理由與假設
限制依賴關係	系統是否**封裝**各個元素的**功能**，也就是使用明確的介面，並要求外界必須透過那些介面來接觸元素？				
	系統是否廣泛地**使用中間人**來打破組件之間的依賴關係？例如，讓資料製造者不需要了解資料用戶？				
	系統是否**將共同的服務抽象化**，為相似的服務提供一般的、抽象的介面？				
	系統是否提供**限制**組件之間的**通訊路徑**的手段？				
	系統是否**堅守**組件之間的互動與資訊共享的**標準**？				
配合	系統是否提供靜態（也就是在編譯期）**定製介面**的功能，也就是加入或隱藏組件的功能，而不需要改變組件的 API 或實作？				
	系統是否提供**發現服務**，可記錄和傳播服務資訊？				
	系統是否提供在組建、初始化或執行期**設置**組件**行為**的手段？				
協調	系統是否具備**編配機制**，可協調和管理組件的調用，讓它們不需要認識彼此？				
	系統是否用**資源管理器**來管理外界對計算資源的接觸？				

7.5 模式

前三種模式的重心都是定製介面戰術，在此將它們視為一組來說明：

- **包裝**（*wrapper*）。包裝是一種封裝，它將一些組件封裝在另一種抽象中。只有包裝可以使用那個組件，軟體的其他部分都必須透過包裝來使用該組件的服務。包裝會幫它裡面的組件轉換資料或控制資訊。例如，組件接收的是英制單位的輸入，但系統的其他組件都產生公制單位。包裝可以：
  - 將組件介面的一個元素轉換成另一個元素
  - 隱藏組件介面的元素
  - 保留組件基本介面的元素，不做任何改變
- **橋接**。橋接可以將任意組件的「需求」假設轉換成另一個組件的「提供」假設。橋接與包裝的主要區別在於橋接獨立於任何特定組件之外。此外，橋接必須被外界代理直接呼叫，呼叫它的可能是橋的兩端的組件之一。最後，橋接是暫時的，而且具體轉換是在建立橋接時定義的（例如橋接編譯期）。我們將在討論仲介時，說明這兩種差異的含義。

與包裝相比，橋接通常關注範圍更窄的介面轉換，因為橋接解決的是特定的假設。橋接嘗試解決的假設越多，它可以搭配的組件越少。

- **仲介**（*mediators*）。仲介同時具有橋接與包裝的特性。橋接與仲介的主要差異在於，仲介包含規劃功能，可以在執行期決定轉換的結果，而橋接是在建立橋接時進行這種轉換。

當中間人是系統架構的明確組件時，它的作用也類似包裝。也就是說，你可以將具備原始語義、通常是暫時性的橋接當成一種偶然的修復機制，在設計中，它的角色可以維持隱性，相較之下，中間人有足夠的語義複雜度與執行期自主性（持久性），可在軟體架構中擔任主角。

好處：

- 這三種模式都可以讓你接觸一個元素而不強制改變該元素或它的介面。

取捨：

- 建立任何模式都需要前期的開發工作。
- 這三種模式都在接觸元素時引入一些額外的性能負擔，儘管這些負擔通常很小。

服務導向架構模式

服務導向架構（SOA）模式就是用一群分散的組件來提供服務與（或）使用服務。在 SOA 裡，**提供服務的**組件與**使用服務的**組件可以使用不同的程式語言和平台來製作。服務基本上是獨立的實體：提供服務的組件與使用服務的組件通常被分別部署，也通常屬於不同的系統，甚至不同的組織。組件有介面，並且用介面來描述它們從其他組件請求的服務，以及它們提供的服務。你可以用服務級別協議（SLA）來指定和保證服務的品質屬性，這個協定有時具有法律效力。組件藉著從另一個組件請求服務來執行它的計算。在服務之間的通訊通常是用網路服務標準來執行的，例如 WSDL（Web Services Description Language）或 SOAP（Simple Object Access Protocol）。

SOA 模式與微服務架構模式（見第 5 章）有關。微服務架構通常組成一個系統，並且由一個組織管理，但是 SOA 提供可重複使用的組件，通常具有異質性，而且是由不同的組織管理的。

好處：

- 服務在設計上是為了讓各式各樣的用戶端使用的，所以比較具有通用性。許多商業組織都為了讓他們的服務被廣泛採用而提供和行銷他們的服務。
- 服務是獨立的。接觸服務的唯一方法是透過介面，以及透過網路訊息。因此，除了透過介面之外，服務不會和系統的其餘部分互動。
- 服務可以用不同的方法製作，可使用任何一種最適合的語言和技術。

取捨：

- SOA 因為其異質性和獨特的所有權，所以具有許多互操作標準，例如 WSDL 與 SOAP。這會增加複雜度和額外負擔。

動態發現

動態發現在執行期使用發現戰術來發現服務供應方，因此，服務的用戶和具體服務之間可能有執行期連結。

在使用動態發現時，我們期望系統明確地公布可以和未來的組件整合的服務，以及各個服務可用的最少資訊。可用的特定資訊各有不同，但通常包含可在發現期間和執行期整合期間機械性地搜尋的資料（例如藉著比對字串來識別介面標準版本）。

好處：

- 這個模式可讓你靈活地將服務連結成一個合作的整體。例如，你可以根據服務的價格或可用性，在啟動或執行期選擇它們。

取捨：

- 你必須將動態發現的註冊與註銷自動化，而且必須取得或製造自動化工具。

7.6 延伸讀物

本章許多內容的靈感都來自 [Kazman 20a]。

你可以在 [Hentonnen 07] 找到許多關於可整合性的品質屬性的探討。

[MacCormack 06] 與 [Mo 16] 定義並提供了架構性耦合指標的經驗證據，它們可以用來衡量可整合性設計。

《*Design Patterns: Elements of Reusable Object-Oriented Software*》[Gamma 94] 這本書定義並區分了橋接（bridge）、包裝（wrapper）和轉接器（adapter）模式。

7.7 問題研討

1. 回想你曾經做過的整合，也許是將程式庫或框架整合到程式裡面。找出你曾經處理過的各種「距離」，我們曾經在第 7.1 節討論過它。哪一個距離花費你最多精力來解決？
2. 為你正在處理的系統寫下具體的可整合性劇情（也許是考慮整合某些組件的探索性劇情）。
3. 你認為哪一個可整合性戰術是最容易實作的？為什麼？哪一個最難？為什麼？

4. 許多可整合性戰術都類似可修改性戰術。讓一個系統非常容易修改是否意味著讓它很容易被整合到另一個環境裡面？
5. SOA 有一個標準用法是在電子商務網站加入購物車功能。市面上有哪些 SOA 平台提供不同的購物車服務？那些購物車有哪些屬性？那些屬性能否在執行期發現？
6. 寫一個透過 Google Play Store 的 API 來訪問它的程式，然後回傳一份氣象預報 app 及其屬性的清單。
7. 畫出動態發現服務的設計，這個服務可以協助減少哪些距離種類？

8

可修改性

> 存活下來的物種不是最強的，也不是最聰明的，
> 而是最能夠適應變化的。
>
> —Charles Darwin

變化總是不斷發生。

一項又一項的研究表明，軟體系統的成本大都是在它初次發行之後浮現的。如果「變」是宇宙唯一不變的事情，那麼軟體的變不僅是不變的，也是隨處可見的。改變是為了加入新功能或修改既有功能甚至淘汰它；改變是為了修正缺陷、加強資訊安全，或改善性能；改變是為了改善用戶體驗；改變是為了擁抱新技術、新平台、新協定、新標準；改變是為了讓系統合作，即使它們的設計從來沒有考慮如此。

可修改性與改變有關，在可修改性中，我們感興趣的是降低進行改變的成本和風險。在規劃可修改性時，架構師必須考慮四個問題：

- **哪些可以改變？**系統的任何層面都可以改變：系統運算功能、平台（硬體、作業系統、中間軟體）、執行系統的環境（與系統互相操作的系統、系統為了和世界溝通而使用的協定）、系統展現的品質（其性能、可靠性，甚至未來的修改），以及它的能力（可支援的用戶數量、可同時進行的操作數量）。
- **改變的可能性多高？**你無法針對所有可能的改變設計一個系統，這種系統不可能完成，即使完成了，它的成本也會過於昂貴，而且極可能出現其他的品質屬性問題。雖然任何事情都**可能**改變，但架構師必須做出艱難的快定，尋找可能有哪些改變，因而將來應支援哪些改變，不支持哪些改變。

- **何時做出改變，以及由誰改變？**在過去，最常見的改變是修改原始碼，也就是說，開發者必須進行修改，而且那些修改會被測試並且部署在新版本中。然而，現在「何時做出改變」與「誰做出改變」這兩個問題已糾纏不清了，用戶改變螢幕保護程式顯然是對系統的一個層面做出改變，這種改變顯然也與「改變系統來讓它使用不一樣的資料庫管理系統」不同。改變可能針對實作進行（藉著修改原始碼）、在編譯期間進行（使用編譯期開關）、在組建期間進行（藉著選擇程式庫）、在組態設定期進行（藉由一系列的技術，包括設定參數），或是在執行期間進行（透過設定參數、使用外掛、分配工作給硬體…等）。改變也可能是開發者、最終用戶或系統管理員做出來的。關於「何時做出改變」與「誰做出改變」這兩個問題，能夠自行學習和調整的系統提供了完全不同的答案——這種系統本身就是進行改變的代理人。

- **改變需要什麼成本？**讓系統更容易改變涉及兩種成本：
  - 加入機制來讓系統更容易修改的成本
  - 使用機制來進行修改的成本

例如，若要進行修改，最簡單的機制就是等待修改請求到來，然後修改原始碼來迎合請求。在這種情況下，使用機制的成本是零（因為沒有特殊機制），執行這項工作的成本是修改原始碼和重新驗證系統的成本。

在光譜的另一端是應用程式產生器，例如用戶介面建構程式。這種產生器會接收 UI 設計敘述，並直接使用一些技術來產生 UI，那些技術可能會產生原始碼。引入該機制的成本就是取得 UI 建構程式的成本，這可能是一筆可觀的費用。使用這項機制的成本是製造輸入並傳給建構程式的成本（這項成本可能很大，也可能微不足道）、執行建構程式的成本（接近零），以及對結構進行測試的成本（通常比人工設計程式要少得多）。

在光譜更遠的那一端是能夠自行發現環境、學習和修改自己來迎合任何改變的軟體系統。對這些系統而言，進行修改的成本是零，但那種能力是在實作和測試學習機制的同時購買的，可能非常昂貴。

簡單來說，如果你有 N 個相似的改變，可使用改變機制的情況是

$$N * \text{不使用機制來進行改變的成本} \leq \text{建立機制的成本} + (N * \text{使用機制來進行改變的成本})$$

在這裡，*N* 是將會使用改變輔助機制的改變數量，但它也是預測值。如果改變的數量比預測的少，那就沒必要使用昂貴的修改機制了。此外，建立改變輔助機制的成本可以用在其他地方（機會成本），例如加入新功能、改善性能，甚至進行非軟體投資，例如聘請或訓練人員。而且，這個公式沒有將時間算進去。長期來看，建立精密的機制來處理改變可能更便宜，但也許你無法等到它完成的那一天。但是，如果程式經常改變，而且你沒有採用架構性機制，只是反覆修改，你通常會產生大量的技術債務。我們將在第 23 章討論架構債務的主題。

改變在軟體系統的生命週期中如此普遍，以致於人們為特定的可修改性種類取了特殊的名稱。在此重點介紹一些常見的名稱：

- **擴展性**（*scalability*）是指容納更多事物的能力，就性能而言，擴展性代表加入更多資源。性能擴展性有水平擴展性與垂直擴展性兩種。水平擴展性（往外擴展）是將更多資源加入邏輯單元，例如將伺服器加入伺服器叢集，垂直擴展性（往上擴展）是將更多資源加入實體單元，例如將更多記憶體加入一台計算機。這兩種擴展的問題在於如何有效地利用額外的資源，**有效**的意思是用額外的資源來為一些系統品質帶來可衡量的改善，而且不會增加不適當的工作，也不會過度干擾操作。在雲端環境中，水平擴展性稱為**彈性**（*elasticity*），彈性這種屬性可讓顧客在資源池中加入或移除虛擬機器（關於這種環境的討論，請見第 17 章）。
- **可變性**就是系統和支援它的工件（例如程式碼、需求、測試計畫、文件）協助你用預先規劃的方式產生一組彼此不同的變體的能力。可變性是產品線（product line）的重要品質屬性，產品線是一系列相似但特性和功能不同的系統。如果系列成員可以共享它們的工程資產，那麼產品線的整體成本將直線下降。共享的方法是引入一些機制來選擇與調整工件，以便在產品線的不同產品背景中使用。在軟體產品線中，可變性的目標是在一段時間內，讓人們容易建構和維護該家族的產品。
- **可移植性**是讓一個在某平台上運行的軟體在不同的平台上運行的容易程度。實現可移植性的方法是盡量減少軟體的平台依賴關係、將依賴關係隔離到明確的位置、以及讓軟體在「虛擬機器」（例如 Java Virtual Machine）上運行，以封裝所有的平台依賴關係。描述可移植性的劇情會提到「人們只要進行某種程度以下的工作量即可將軟體移到新的平台」，或「軟體必須改變多少地方」。處理可移植性的架構性方法與**易部署性**（這是第 5 章的主題）的架構性方法有密切的關係。

- **位置獨立性**是指，在執行期之前，兩個分散且互動的軟體之一或兩者的位置是不明的，或可能在執行期改變。在分散式系統中，服務通常不會被部署在固定的位置，那些服務的用戶端必須動態發現它們的位置。此外，當分散式系統中的服務被部署到一個位置時，它必須立刻讓該位置可被發現。具位置獨立性的系統代表位置很容易修改，而且修改位置對系統的其他部分幾乎不會造成什麼影響。

8.1 可修改性一般劇情

根據這些考慮，我們可以為可修改性建構一般的劇情。表 8.1 是這個劇情的摘要。

表 8.1 可修改性的一般劇情

部分劇情	說明	可能的值
來源	導致改變的發起人。通常是人類，但有的系統能夠自行學習或自我修改，此時來源是系統本身。	最終用戶、系統管理員、產品線負責人、系統本身。
觸發事件	系統必須迎合的改變（在這個類別中，我們將修復缺陷視為一種改變，修復的目標是無法正確運作的東西）。	要求加入 / 刪除 / 修改功能，或改變品質屬性、能力、平台或技術；要求在產品線中加入新產品；要求將一項服務改到另一個位置。
工件	被修改的工件。特定的組件或模組、系統的平台、它的用戶介面、它的環境，或與它互相操作的另一個系統。	程式碼、資料、介面、組件、資源、測試案例、組態、文件。
環境	進行改變的時間或階段。	執行期、編譯期、組建期、起始期、設計期。
回應	進行改變，並將它併入系統。	以下的一項或多項回應： • 進行修改 • 測試修改 • 部署修改 • 自我修改

部分劇情	說明	可能的值
回應數據	進行改變所花費的資源。	以下幾個方面的成本： • 受影響的工件數量、大小、複雜度 • 工作量 • 耗用的時間 • 資金（直接支出或機會成本） • 這次修改影響其他功能或品質屬性的程度 • 引入的新缺陷 • 系統花多少時間來適應

圖 8.1 是完整的可修改性劇情：有一位開發者想要改變用戶介面，他在設計期修改程式碼，進行改變與測試改變的時間不到三小時，而且沒有任何副作用。

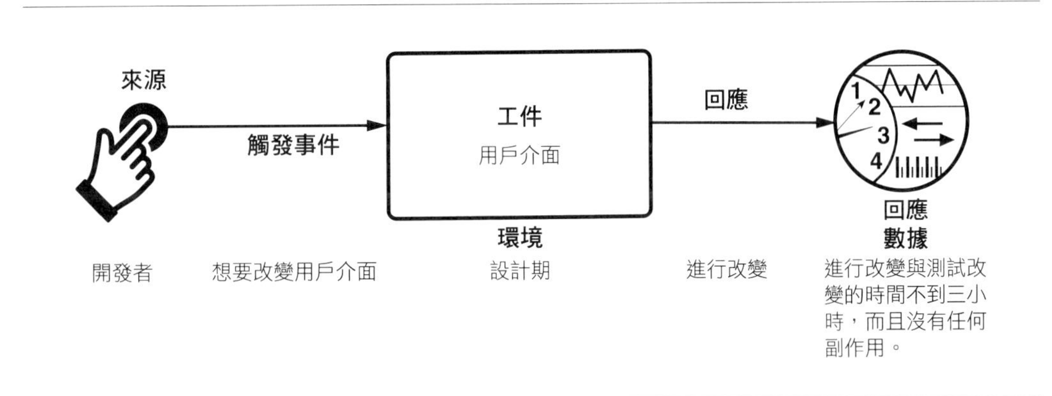

圖 8.1　具體可修改性劇情範例

8.2　可修改性戰術

用來控制可修改性的戰術，其目標是控制進行改變的複雜度，以及控制進行改變的時間與成本。圖 8.2 展示這種關係。

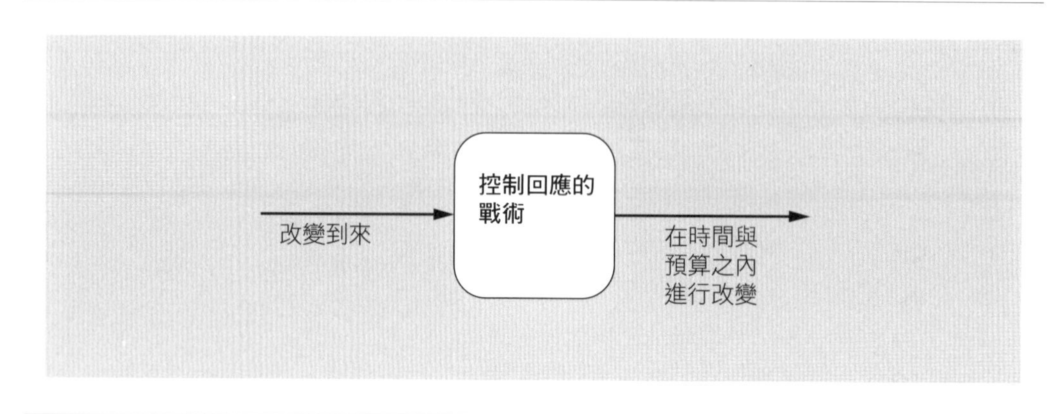

圖 8.2 可修改性戰術的目標

為了說明可修改性，我們從軟體設計早期的基本複雜度衡量標準看起，也就是在 1960 年代被初次提出的耦合及內聚。

一般來說，「只會影響一個模組的修改」比「會影響多個模組的修改」更容易進行，且成本更低。但是，如果兩個組件的職責在某種程度上重疊，那麼一次改變很可能影響兩者。我們可以衡量「改變一個模組會影響另一個模組的可能性」來將這個重疊的情況量化，這個關係稱為**耦合**，高耦合是可修改性的死對頭。減少兩個模組之間的耦合程度可以減少影響任何一個模組的修改成本。減少耦合的戰術是在兩個原本高度耦合的模組之間放入各種中間人。

內聚衡量的是一個模組的各種職責有多大的相關性，非正式地說，它衡量模組的「目的一致性」。你可以用「會影響模組的改變劇情」來衡量目的一致性。模組的內聚性就是影響某一個職責的變動也會影響其他職責的可能性。內聚性越高，一次改變影響多個模組的可能性越低。高內聚性對可修改性是好事，低內聚性對它是壞事。如果模組 A 的內聚性很低，你可以移除不會被預期中的改變影響的職責來提高內聚性。

影響改變的成本與複雜度的第三種特性是**模組的大小**，在其他條件都相同的情況下，越大的模組越難改變且改變成本越高，而且越容易出現 bug。

最後，我們要關注軟體開發週期中發生改變的時間點。如果我們忽視準備架構以協助改變的成本，我們往往會盡量延遲改變。除非你為了將來的改變而預先準備架構，否則你無法在生命週期的晚期成功地進行改變（成功的意思是快速且低成本地改變）。因此，可修改性模型的第四種，也是最後一種參數，就是**修改的繫結時間**（*binding time* *of modification*）。平均而言，如果一個架構可讓你在生命週期後期進行修改，其成本將低於強迫你在早期進行相同修改的架構。系統的整備性（preparedness）就是在生命週期後期發生的修改的成本將是零，或非常低。

現在我們可以理解戰術及其後果會影響以下的一個或多個參數：縮小規模、增加內聚、減少耦合，以及延遲繫結時間。圖 8.3 是這些戰術。

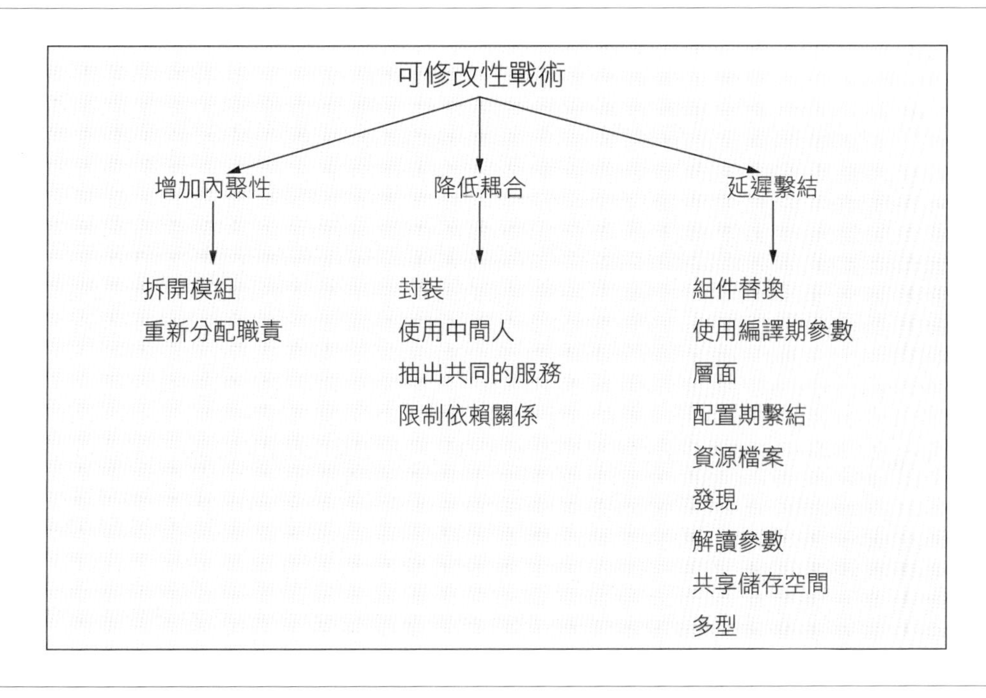

圖 8.3　可修改性戰術

增加內聚性

有一些戰術會將職責重新分配給各個模組，這個步驟的目的是降低單一改變影響多個模組的可能性。

- 拆開模組（*split module*）。如果被修改的模組有不內聚的職責，修改成本可能很高。將模組重構成幾個高內聚的模組有機會降低將來的平均變更成本。拆開模組必須合理地製作一系列具內聚性的子模組，而不是僅將部分的程式碼放入各個子模組。

- **重新分配職責**（*redistribute responsibilities*）。如果職責 A、A' 與 A"（相似的職責）被放在幾個不同的模組內，你要將它們放在一起。這種重構可能需要建立新模組，或將職責移到既有的模組。在尋找需要移動的職責時，你可以將一組可能的改變當成劇情，如果那些劇情只會影響模組的一個部分，那就代表其他的部分可能有不同的職責，所以應該移出。或者，如果劇情需要修改多個模組，也許你要將受影響的職責全部放入一個新模組。

降低耦合

現在我們可以開始討論降低耦合的戰術了。這些戰術與第 7 章的可整合性戰術重疊，因為減少獨立組件之間的依賴關係（為了提升可整合性）類似減少模組之間的耦合（為了提升可修改性）。

- **封裝**。見第 7 章的討論。
- **使用中間人**。見第 7 章的討論。
- **抽出共同的服務**。見第 7 章的討論。
- **限制依賴關係**。這個戰術限制特定的模組可以和哪些模組互動，或依賴哪些模組。在實務上，這個戰術是透過限制模組的可見性來實現的（當開發者無法看到一個介面時，他就無法使用它），以及透過授權（只能使用有權使用的模組）。限制依賴關係戰術可以在階層式架構中看到，這種架構裡面的階層只能使用比它低的階層（有時只能使用它的下一層）。你也可以在包裝（wrapper）看到這種戰術，此時，外界的實體只能看到包裝（因此只能依賴它），無法看到被它包在裡面的內部功能。

延遲繫結

人力通常比計算機昂貴、且容易出錯，所以盡量用計算機來處理改變通常可以降低改變的成本。如果你設計的工件內建彈性，運用那個彈性通常比人工編寫特定的改變還要便宜。

參數應該是最著名的引入彈性機制，它們讓人想起「抽出共同的服務」戰術。使用參數的函式 $f(a, b)$ 比假設 $b = 0$ 的類似函式 $f(a)$ 更通用。延遲繫結就是在定義參數之外的階段繫結參數的值。

一般來說，值越晚繫結越好。但是，後期繫結機制通常比較昂貴，這也是著名的取捨。因此，本章稍早展示的公式可以派上用場，只要延遲繫結機制有成本效益，那就越晚繫結越好。

下面的戰術可以讓你在編譯期或組建期繫結值：

- 組件替換（例如在組建腳本或 makefile 裡面）
- 使用編譯期參數
- 層面（aspect）

下面的戰值可以讓你在部署、啟動期或初始化時繫結值：

- 配置期繫結
- 資源檔案

在執行期繫結值的戰術有：

- 發現（見第 7 章）
- 解讀參數
- 共享儲存空間
- 多型

將「建立修改機制」與「使用機制來修改」分開可以讓不同的關係人更有機會參與，你可以讓一位關係人（通常是開發者）提供機制，在稍後讓另一位關係人（管理員或安裝者）使用它，也許在完全不同的階段中。設置機制來讓人們不需要改變任何程式碼即可對系統進行改變有時稱為將改變外化（*externalizing*）。

8.3 可修改性戰術問卷

根據第 8.2 節討論的戰術，我們可以寫出一組戰術問題，如表 8.2 所示。為了了解支援可修改性的架構選項，分析者必須詢問各個問題，並在這張表中寫下答案。你可以將這些問題的答案當成後續行動的焦點：研究文件、分析程式碼或其他工件、對程式進行逆向工程⋯等。

表 8.2 可修改性戰術問卷

戰術組別	戰術問題	支援？（是 / 否）	風險	設計決策與位置	基本理由與假設
增加內聚性	你是否藉著**拆開模組**，來讓模組更有內聚性？例如，如果你有一個大型、複雜的模組，你可以將它拆成兩個（或更多）比較內聚的模組嗎？				
	你是否藉著**重新分配職責**來讓模組更內聚？例如，如果一個模組有多個職責不同目的的職責，那就將它們放在其他的模組內。				
降低耦合	你是否始終如一地**封裝**功能？這通常會隔離正在檢查的功能，以及讓它使用明確的介面。				
	你是否始終如一地**使用中間人**來避免模組太緊密地耦合？例如，如果 A 呼叫具體功能 C，你可以在 A 與 C 之問加入抽象 B。				
	你是否用系統化的方式，**限制**模組間的**依賴關係**？還是任何系統模組都可以自由地和任何其他模組互動？				
	如果你提供多個類似的服務，你是否**抽出共同的服務**？例如，為了讓系統可以移植到不同的作業系統、硬體或其他環境而使用這項技術。				
延遲繫結	系統是否經常**延遲**重要功能的**繫結**，以便在生命週期的後期進行替換？例如，有沒有可以擴展功能的外掛、附加元件、資源檔案或設定檔？				

8.4 模式

可修改性的模式將系統劃分成多個模組，讓那些模組可以在極少互動的情況下分別開發和演進，從而支援可移植性、可修改性和重複使用。支援可修改性的模式比支援其他品質屬性的模式還要多。我們在此介紹最常用的幾個。

用戶端 / 伺服器模式

用戶端 / 伺服器模式使用一個同時對多個分散的用戶端提供服務的伺服器。最常見的例子是 web 伺服器同時提供資訊給網站的多位用戶。

伺服器與用戶端之間的互動遵循這個順序：

- 發現：
  - 用戶端發起通訊，使用發現服務來找出伺服器的位置。
  - 伺服器使用事先約定的協定來回應用戶端。
- 互動：
  - 用戶端傳送請求給伺服器。
  - 伺服器處理請求與回應。

關於這個順序，有幾點值得注意：

- 如果用戶端的數量超出一個伺服器實例能夠處理的範圍，伺服器可能有多個實例。
- 如果伺服器對用戶端而言是無狀態的，來自用戶端的每一個請求將被獨立對待。
- 如果伺服器會保留關於用戶端的狀態，那麼：
  - 每一個請求都必須以某種方式標記用戶端。
  - 用戶端要傳送一個「對話結束」的訊息，讓伺服器可以移除與特定用戶端有關的資源。
  - 如果用戶端沒有在指定的時間送出請求，伺服器可能會逾時，進而將用戶端的相關資源移除。

好處：

- 伺服器與它的用戶端之間的連結是動態建立的。伺服器不需要事前認識它的用戶端，也就是說，伺服器和它的用戶端之間的耦合程度很低。
- 用戶端之間沒有耦合。
- 用戶端的數量很容易擴展，唯一的限制是伺服器的能力，如果伺服器無法應付太多用戶端，它的能力也可以擴展。
- 用戶端與伺服器可以分別演進。
- 用戶端可以共享共同的服務。
- 與用戶的互動被隔離在用戶端，這個因素導致人們開發專門的語言和工具來管理用戶介面。

取捨：

- 這個模式透過網路來進行通訊，甚至透過 Internet，因此訊息可能因為網路擁塞而延遲，導致性能下降（或至少無法預測）。
- 如果用戶端與伺服器用來進行溝通的網路也被其他的應用程式使用，為了實現資訊安全（尤其是機密性）與保持一致性，你必須採取特殊的舉措。

外掛（微核心）模式

外掛模式有兩種元素：提供核心功能的元素，和專用的變體（稱為外掛），該變體透過一組固定的介面來將功能加入核心。這兩種元素通常在組建期之後的階段繫結。

這種模式的使用範例有：

- 核心功能是一個簡單的作業系統（微核心），提供實作作業系統服務所需的機制，例如低階的位址空間管理、執行緒管理、處理序間通訊（IPC）。外掛提供實際的作業系統功能，例如設備驅動程式、工作管理，和 I/O 請求管理。
- 將核心功能當成提供服務給用戶的產品，用外掛來支援可移植性，例如作業系統相容性，或支援程式庫相容性。外掛也可以提供核心產品未提供的額外功能。此外，它們可以當成轉接器，用來和外界系統整合（見第 7 章）。

好處：

- 外掛提供可控的機制來擴展核心產品，讓它可以在各種背景之下使用。
- 微核心開發者之外的團隊或組織可以開發外掛。所以可以發展兩種不同的市場：核心產品市場，以及外掛市場。
- 外掛可以和微核心分別演進。因為它們透過固定的介面互動，只要介面不變，這兩種元素就沒有其他的耦合。

取捨：

- 因為外掛可能是不同的組織開發的，所以它們更容易引入資訊安全漏洞和隱私威脅。

階層模式

用階層模式來劃分系統可讓你在系統的各個部分之間幾乎沒有互動的情況下分別開發和演進模組，進而支援可易植性、可修改性和重複使用。為了實現這種關注點分離，階層模式將軟體分為稱為「階層」的單位。每一個階層都是一組模組，提供了一組內聚的服務。在階層之間的 *allowed-to-use*（**允許使用**）關係有一個關鍵的限制：這個關係必須是單向的。

階層對一組軟體進行徹底地分割，其中的每一個分區都是用公用介面來公開的。階層根據嚴格的排序關係進行互動。如果這個關係裡面有 (A, B)，那麼被分配給 A 層的軟體可以使用 B 層提供的任何公開功能（在垂直排列的階層圖中（幾乎都是這樣畫的），A 被畫在 B 的上面）。有時，在一個階層裡面的模組需要直接使用不相鄰的下層裡面的模組，儘管它們通常只能使用下一層。這種高層的軟體使用不相鄰的低層內的模組稱為**階層橋接**（*layer bridging*）。在這種模式中，階層不能使用它上面的階層。

好處：

- 因為每一個階層都只能使用低層，所以改變低層裡面的軟體不會影響高層（只要介面不變）。
- 低層可以在不同的應用程式中重複使用。如果某個階層可以移植到不同的作業系統，那麼這個階層在「必須在多個不同的作業系統上運行的系統」裡面都很有用。最低層通常是由商業軟體提供的，例如作業系統，或網路通訊軟體。

- 因為 *allowed-to-use* 關係受到約束，所以團隊必須了解的介面更少。

取捨：

- 如果階層未被正確地設計，無法提供高層的程式設計師需要的低層抽象，它反而是礙事的結構。
- 分層通常會降低系統的性能。當最高層的函式發出呼叫時，它可能會經歷許多低層，才被硬體執行。
- 如果階層橋接的數量很多，系統可能無法滿足可移植性和可修改性目標，但嚴格的分層可以協助實現它們。

發布 / 訂閱模式

在發布 / 訂閱這種架構模式中，組件主要透過非同步訊息來溝通，有時它們稱為「事件」或「主題」。發布者完全不認識訂閱者，訂閱者只知道訊息類型。使用發布 / 訂閱模式的系統依賴隱性調用（implicit invocation），也就是說，發布訊息的組件不會直接調用任何其他組件。組件會發布一或多個事件或主題的訊息，其他組件必須進行註冊，申明它們對那種訊息感興趣。在執行期，當訊息被發布時，發布 / 訂閱（或事件）匯流排會通知已註冊的所有元素，如此一來，訊息的發布將隱性調用其他組件（裡的方法），所以發布者與訂閱者之間有鬆耦合的關係。

發布 / 訂閱模式有三種元素：

- **發布組件**。傳送（發布）訊息。
- **訂閱組件**。訂閱與接收訊息。
- **事件匯流排**。屬於 runtime 基設，負責管理訂閱和訊息分發。

好處：

- 發布者與訂閱者是互相獨立的，因此是鬆耦合的。若要加入或改變訂閱者，你只要訂閱事件即可，不必改變發布者。
- 可以輕鬆地改變系統的行為，只要改變事件或訊息的主題，進而改變接收訊息和根據訊息採取行動的訂閱者即可。這種看似很小的改變可能導致不容輕忽的後果，因為功能可能會因為加入或移除訊息而被打開或關閉。

- 可以輕鬆地 log 事件，讓你可以進行記錄和重播，進而重現錯誤條件，它們是很難手動重建的。

取捨：

- 有些發布 / 訂閱模式的實作對性能有負面影響（延遲）。使用分散協調機制可改善性能降低的情況。
- 在某些情況下，組件無法確定多久才能收到訊息。在發布 / 訂閱系統中，系統性能和資源管理通常比較難以理解。
- 這種模式可能對同步系統的決定性（determinism）造成負面的影響，在一些實作中，事件導致的方法呼叫可能有不同的順序。
- 使用發布 / 訂閱模式可能會對可測試性造成負面影響。在事件匯流排中看似微小的改變（例如改變哪些組件會影響哪些事件）可能對系統的行為和服務的品質造成廣泛的影響。
- 有些發布 / 訂閱做法會限制靈活地實作資訊安全（一致性）的機制。由於發布者不知道訂閱者的身分，反之亦然，所以端對端加密是有限的。雖然發布者送到事件匯流排的訊息可以獨一無二地加密，事件匯流排送到訂閱者的訊息也可以獨一無二地加密，但是任何端對端加密通訊都必須讓牽涉其中的所有發布者和訂閱者共享同一個密鑰。

8.5 延伸讀物

想認真研究軟體工程及其歷史的讀者應閱讀兩篇關於可修改性設計的早期論文。第一篇是 Edsger Dijkstra 在 1968 年發表的論文，裡面提到 T.H.E. 作業系統，這是第一篇探討使用階層來設計系統，以及這種做法對可修改性的幫助的論文 [Dijkstra 68]。第二篇是 David Parnas 在 1972 年發表的論文，裡面提到資訊隱藏的概念。[Parnas 72] 建議不要按照功能來定義模組，而是按照它們「將改變造成的影響控制在內部」的能力來定義。

《*Software Systems Architecture: Working With Stakeholders Using Viewpoints and Perspectives*》[Woods 11] 有更多可修改性模式。

Decoupling Level 指標 [Mo 16] 是架構級耦合指標，可讓你了解一個架構的全域耦合程度，這項資訊可以用來追蹤耦合的變化，以預先警告技術債務的存在。

[Mo 19] 介紹一種檢測違反模組化原則（與其他的設計缺陷）的自動化方法，它檢測到的衝突可以當成重構的指引，協助你增加內聚性和減少耦合。

打算在軟體產品線裡面使用的軟體模組通常有很多變化機制，讓人們可以快速地修改它們，以滿足各種不同的應用領域，也就是產品線的不同成員。你可以在 Bachmann 與 Clements 的 [Bachmann 05]、Jacobson 與 colleagues 的 [Jacobson 97]，以及 Anastasopoulos 和他的同事的 [Anastasopoulos 00] 找到產品線組件的變動機制。

階層模式有許多形式和變化，例如「有邊車的階層」。[DSA2] 的第 2.4 節整理所有的形式，並討論為什麼你看過的軟體階層圖大都非常模糊（對一個在半個世紀之前就已經發明出來的架構模式來說，這是令人驚訝的事情）。如果你不想買這本書，那麼 [Bachmann 00a] 是很好的替代品。

8.6 問題研討

1. 可修改性有很多種，也有很多名稱，我們在本章的開頭討論了其中的一些，但只觸及皮毛。找出一種處理品質屬性的 IEEE 或 ISO 標準，並將提到某種形式的可修改性的品質屬性列出來。討論其差異。
2. 在第 1 題整理出來的清單中，哪些戰術與模式對各個品質屬性特別有用？
3. 為你在第 2 題列出來的品質屬性寫一個可修改性劇情來表達它。
4. 在許多自助洗衣店裡，洗衣機與烘乾機是不找零的，它們會擺一台獨立的機器來讓客人兌換零錢。在一般的自助洗衣店裡，每六到八台洗衣機和烘乾機有一台換零錢的機器。這種安排是否使用可修改性戰術？你認為它和妥善性有什麼關係？
5. 針對第 4 題的自助洗衣店，使用可修改性劇情來說明這種機器的安排方式，是希望實現哪一種可修改性形式。
6. 第 7 章介紹的包裝（*wrapper*）是促進可修改性的常見架構模式。包裝體現了哪些可修改性戰術？

7. 能夠提升系統可修改性的架構模式還有 blackboard、broker、peer-to-peer、model-view-controller 與 reflection。從可修改性戰術的角度來討論每一種模式。
8. 一旦你在架構中放入中間人，有些模組就會試著繞過它，無論是無意的（因為它們沒有意識到中間人的存在）還是有意的（為了性能、方便，或因為習慣）。討論如何運用架構性的手段，來阻止不受歡迎的繞過中間人行為。也討論非架構性手段。
9. 「抽出共同的服務」戰術的目的是減少耦合，但它可能也會降低內聚性，討論這種情形。
10. 討論「用戶端 / 伺服器模式是進行執行期繫結的微核心模式」這個觀點。

9

性能

一盎司的性能勝過好幾磅的承諾。

—Mae West

性能與時間有關。

性能與時間有關，它也是軟體符合時間要求的能力。令人沮喪的事實是，在計算機上的操作需要時間，進行計算需要幾奈秒的時間，存取磁碟（無論是固態的，或旋轉式的）需要幾十毫秒的時間，使用網路的時間從同一個資料中心內的幾百微秒，到洲際傳訊的 100 毫秒不等。設計高性能的系統也必須考慮時間。

當事件（中斷、訊息、來自用戶或其他系統的請求，或標誌著時間流逝的時鐘事件）抵達時，系統或系統的某個元素必須即時作出反應。討論性能實質上就是描述可能發生的事件（以及它們何時抵達），以及系統或元素對這些事件的時間性回應。

web 系統的事件是用戶（數萬名到數千萬名）透過瀏覽器等用戶端以請求的形式傳來的。服務會從其他的服務收到事件。在內燃機的控制系統中，事件來自操作員的控制，以及時間的流逝，系統必須在氣缸位於正確位置時點火，並混合燃料，以充分提高功率和效率，並盡量減少汙染。

對 web 系統、使用資料庫的系統，或是處理環境訊號的系統而言，回應可能是「可在一個時間單位內處理的請求數量」。對引擎控制系統而言，回應可能是點火時間的容許誤差。無論是哪一種系統，我們都可以描繪事件抵達的模式和回應的模式，並用它來建構性能劇情。

當軟體工程剛起步時，計算成本很高，計算的速度很緩慢，計算機執行任務的能力不足，在軟體工程的大多數歷史中，性能都是驅動架構的因素，因此，它經常導致其他品質無法實現。隨著硬體的性價比不斷下降，軟體開發成本不斷上升，其他品質已經成為性能的重要競爭對手了。

但是性能仍然非常重要，目前還是有一些重要的問題，雖然人們知道如何用計算機來處理它們，但因為處理的速度不夠快，所以無法創造有用的成果（這種問題應該不會消失）。

所有系統都有性能需求，即使它們沒有被表達出來。例如，文字處理工具可能沒有明確地指出性能需求，但你絕對無法接受你輸入的文字在一個小時之後才出現在螢幕上（或一分鐘，或一秒鐘）。性能仍然是所有軟體的重要根本品質屬性。

性能通常與擴展性（scalability）有關，在增加系統的工作能力的同時，也要保持良好的性能。儘管從技術上講，擴展性是讓系統更容易用特定的方式來改變，所以也是一種可修改性，如同我們在第 8 章討論過的。此外，第 17 章會明確討論雲端服務的擴展性。

改善性能的需求，通常會在人們建構了系統版本並發現它性能不足之後出現。你可以在建立系統架構時就開始預先考慮性能問題。例如，你可以先用可擴展的資源池來設計系統，等到將來你認為資源池是瓶頸時（根據儀器提供的數據），你就可以輕鬆地擴大資源池。如果沒有預先考慮，你的選擇就很有限，而且大部分的選擇都不太好，可能需要進行大量的重做。

如果系統的一個部分所負責的時間只占總時間的很小比率，花大量的時間來優化那個部分是事倍功半的。藉著記錄（log）時間資訊來檢測系統可以幫助你確認時間究竟花在哪裡，協助你專心改善重要部分的性能。

9.1 性能的一般劇情

性能劇情從事件抵達系統開始。系統必須使用資源（包括時間）來正確地回應事件。在回應事件時，系統可能同時服務其他的事件。

並行

並行是架構師必須了解的重要概念之一，它也是計算機科學課程比較少教的主題。並行是指平行發生的操作，例如，假如有一個執行緒執行這兩個陳述式

```
x = 1;
x++;
```

而且有另一個執行緒執行同一組陳述式。當這兩個執行緒都執行這些陳述式之後，x 的值是什麼？它可能是 2 或 3。你自己想一下為什麼可能是 3（或者說，你自己交錯執行一下）。

並行可能在系統建立新執行緒的任何時刻發生，因為根據定義，執行緒是獨立的控制順序。系統的多工是用獨立的執行緒來做的，它藉著使用執行緒來同時支援多位用戶。當系統在多個處理器上執行時，並行也會發生，無論那些處理器被分開包裝，還是被放在多核心處理器裡面。此外，當你使用平行演算法、map-reduce 等平行化基礎設施、NoSQL 資料庫，或各種並行調度演算法時，你也必須考慮並行，換句話說，並行是一種可用在很多方面的工具。

當你有多個 CPU 或等待狀態可以使用時，並行是好東西。並行可以改善性能，因為當一個緒行緒發生延遲時，處理器可以繼續處理其他執行緒。但是因為剛才提到的交錯現象（稱為**競爭條件**），你也必須仔細地管理並行。

正如範例所展示的，如果你有兩個執行緒，而且它們有共享的狀態，你就會遇到競爭條件。說到底，管理並行就是管理狀態如何共享。為了防止競爭條件，有一種技術是使用鎖（lock）來強迫執行緒依序存取狀態。另一種技術是根據「執行部分程式碼的執行緒」來劃分狀態。也就是說，如果 x 實例有兩個，那麼兩個執行緒就不會共用 x，所以就不會出現競爭條件。

競爭條件是最難發現的 bug 種類之一，這種 bug 不是每次都會出現，而且與時間差有關（可能很短）。我曾經在一個作業系統裡面遇到一個無法追蹤的競爭條件，於是我加入測試程式，以便在競爭條件發生時，觸發偵錯程序，這個 bug 經過一年多的時間才出現，所以我等了那麼久才找出原因。

不要因為並行帶來的困難而不敢使用這個非常重要的技術，你只要在使用它時，仔細辨認程式的關鍵部分，並確保（或採取行動確保）競爭條件不會在那些部分裡發生就可以了。

—LB

表 9.1 是性能的一般劇情摘要。

表 9.1 性能一般劇情

部分劇情	說明	可能的值
來源	觸發事件可能來自一位用戶（或多位用戶）、來自外界系統，或來自你所考慮的系統的某個部分	外界： • 用戶請求 • 來自外界系統的請求 • 從感測器或其他系統送來的資料 內部： • 一個組件可以向另一個組件發出請求 • 計時器可能產生通知
觸發事件	觸發事件就是有事件抵達，該事件可能是請求服務，或是通知某個狀態，該狀態可能是你考慮的系統的狀態，也可能是外界系統的狀態。	定期的、零星的或隨機的事件抵達： • 定期事件是以可預測的間隔時間到達的 • 隨機事件是按照某個機率分布到達的 • 零星事件是以非週期性也非隨機性的模式到達的
工件	被觸發的工件可能是整個系統，或只是系統的一部分。例如，一個開機事件可能觸發整個系統，用戶請求可能到達（觸發）用戶介面。	• 整個系統 • 系統內的組件
環境	當觸發事件到達時，系統或組件的狀態。異常模式（錯誤模式、超載模式）會影響回應，例如，在鎖定設備之前，可以有三次不成功的登入。	執行期。系統或組件可能在這些模式運作： • 一般模式 • 緊急模式 • 糾錯模式 • 峰值負載 • 超載模式 • 降級的作業模式 • 系統定義的其他模式

部分劇情	說明	可能的值
回應	系統會處理觸發事件。處理觸發事件需要時間，可能是進行計算所需的時間，也可能是因為程序爭奪共享資源造成的堵塞。請求可能無法被滿足，原因是系統超載，或處理鏈的某個地方故障。	• 系統回傳回應 • 系統回傳錯誤 • 系統不產生回應 • 系統在超載時忽視請求 • 系統改變模式或服務等級 • 系統服務更高順位的事件 • 系統消耗資源
回應數據	時間數據可能包含延遲或產出量（throughput）。具有截止時間的系統也可能測量回應的抖動（jitter），和在截止時間之前滿足需求的能力。你也可以測量有多少請求沒有被滿足，以及有多少資源被使用（例如 CPU、記憶體、執行緒池、緩衝區）。	• 回應使用的（最大、最小、平均、中位數）時間（延遲） • 在某段時間內滿足的請求數量或百分比（產出量），或收到的事件 • 未滿足的請求數量或百分比 • 回應時間的變化（抖動） • 計算資源的使用程度

圖 9.1 是具體性能劇情的範例：*在正常操作下，有 500 位用戶在 30 秒之內發起 2,000 個請求，系統處理了所有請求，其平均延遲時間是 2 秒。*

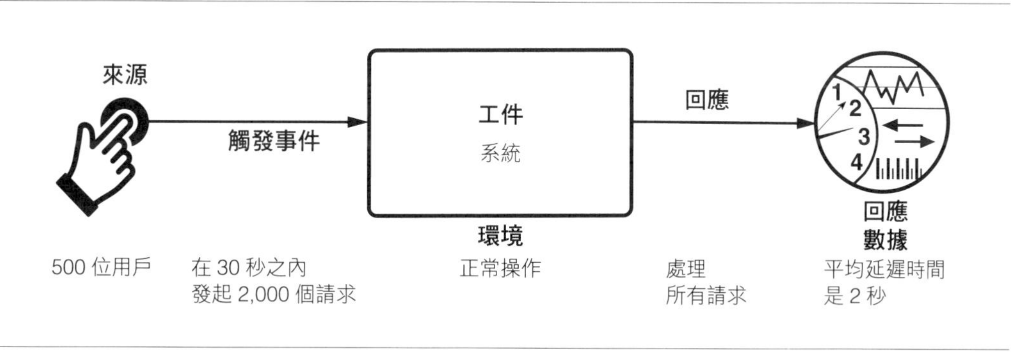

圖 9.1 性能劇情範例

9.2 性能戰術

性能戰術的目標是在時間或資源限制之下，回應到達系統的事件。那些事件可能是單一事件或串流（stream），它們是觸發計算的因素。性能戰術控制的是用來產生回應的時間或資源，如圖 9.2 所示。

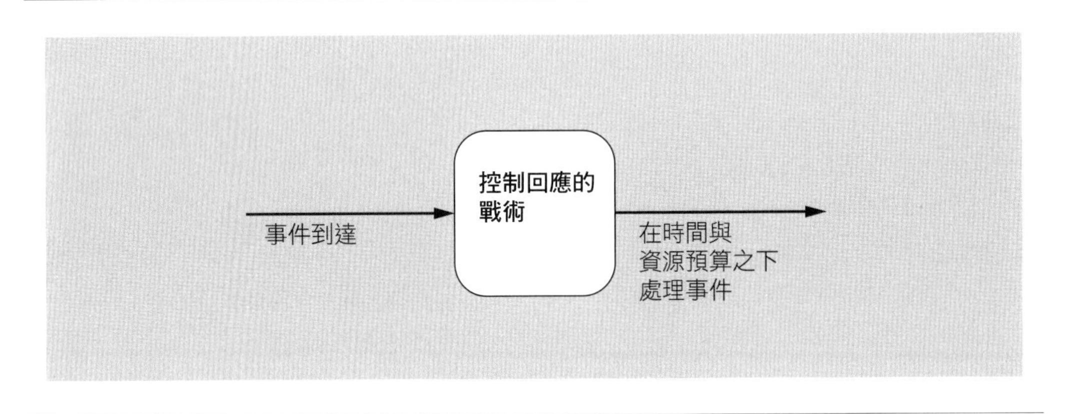

圖 9.2 性能戰術的目標

事件到達之後，在系統完成回應之前的任何時刻，系統不是在進行工作來做出回應，就是因為某種原因造成工作堵塞，所以資源的使用與回應時間有兩個基本因素：處理時間（當系統進行工作以做出回應並積極地使用資源時）與堵塞時間（當系統無法回應時）。

- **處理時間與資源使用**。進行處理會消耗資源，也需要時間。事件是藉著執行一或多個組件來處理的，消耗的時間是一種資源。硬體資源包括 CPU、資料存放區、網路通訊頻寬，與記憶體。軟體資源包括系統定義的實體。例如，你必須管理執行緒池與緩衝區，並且讓重要的部分被依序存取。

  例如，有一個組件產生一個訊息，該訊息被傳到網路，送到另一個組件，然後放入緩衝區，用某種方式轉換，以某種演算法進行處理，轉換成輸出，放入輸出緩衝區，然後送到某個組件、另一個系統，或某個行為者。這些步驟都對處理該事件的整體延遲和資源耗用產生影響。

不同的資源在使用率接近上限時（也就是飽和時）有不同的行為。例如，當 CPU 的負擔越來越重時，它的性能通常會穩步下降，相較之下，當記憶體即將耗盡時，在某個時刻，頁面的切換會變得非常卡頓，而且性能會突然崩潰。

- *堵塞時間與資源爭奪*。造成堵塞的原因有資源的爭奪、無資源可用，或那次計算依賴其他計算的結果，但尚未取得：
    - *爭奪資源*。許多資源一次只能被一個對象使用，其他的對象必須等待。圖 9.2 是事件到達系統的情況。這些事件可能在一個串流裡面，或是在多個串流裡面。多個串流爭用同一個資源，或同一個串流裡面的多個事件爭用同一個資源都會導致延遲。爭奪資源的程度越嚴重，延遲就越久。
    - *資源可否使用*。即使在沒有發生爭奪的情況下，如果無資源可用，計算也無法進行。無資源可用可能是因為資源離線，或是組件因為任何原因發生故障。
    - *依賴其他計算*。計算可能被迫等待，因為它必須與另一個計算結果同步，或等待它發起的計算產生結果。如果一個組件在調用另一個組件時必須等待那個組件的回應，當被調用的組件在網路的另一端，或被調用的組件處於高負荷狀態時，等待的時間可能非常漫長。

無論原因是什麼，你必須在架構中找出可能對整體延遲造成重大影響的資源限制。

知道這些背景之後，讓我們來了解戰術的種類。我們可以減少對資源的需求（控制資源需求），也可以讓現有的資源更有效率地處理需求（管理資源）。

控制資源需求

仔細地管理資源需求是提高性能的方法之一。你可以藉著減少系統處理的事件數量，或限制系統回應事件的速率來控制需求。此外，你可以使用一些技術來確保資源被合理地使用：

- *管理工作請求*。減少進入系統的工作請求數量是減少工作量的方法之一。做法包括：
    - *管理到達的事件*。若要管理外界系統傳來的事件，有一種常用的方法是制定服務級別協議（SLA）來規定你願意支援的事件到達速率。SLA 是一種協議，它的形式是「系統或組件將在每個單位時間內處理 X 個到達的事件，且回應時間為 Y」。這個協議限制了系統（必須提供回應）與用戶端（如果每個單位時間發出的請求超過 X 個，系統就不保證回應）。因此，如果用戶端想要讓系統在每個單位時間處理超過 X 個請求，它就必須使用多個處理請求的實例。SLA 是管理 Internet 系統的擴展性的方法之一。

  - **管理抽樣率**。如果系統無法維持足夠的回應水準，你可以降低觸發事件的抽樣率，例如從感測器接收資料的速率，或是系統處理的每秒畫面格數。當然，這種做法會降低影片串流的逼真度，或感測器資料的真實度。儘管如此，如果結果「夠好」，這仍然是一種可行的策略。訊號處理系統經常使用這種做法，例如，選擇各種不同的編碼，它們分別有不同的抽樣率和資料格式。這種設計的目的是保持可預測的延遲水準，你必須決定「逼真度較低但是可以穩定傳送的資料串流」是否比不穩定的延遲更好。有些系統會根據延遲情況或準確度需求來動態管理抽樣率。

- **限制事件回應**（*limit event response*）。當分散的事件到達系統（或組件）的速度太快，因而無法處理時，你必須幫事件排隊，直到它們可被處理為止，或是直接捨棄它們。你可以用最大的速率來處理事件，以確保事件的確是用可預測的方式來處理的。這個戰術可以用隊伍的大小來觸發，或是用處理器使用率超過某個警告水準來觸發，或是用違反 SLA 的事件的機率來觸發。如果你決定採用這種戰術，而且遺失任何事件都是不可接受的，你必須確保隊伍的大小足以處理最壞的情況。反之，如果你選擇丟棄事件，你就必須做出選擇：你會 log 被丟棄的事件，還是直接忽視它們？你會通知其他的系統、用戶或管理員嗎？

- **安排事件順位**。如果事件的重要性各不相同，你可以安排一個順位方案，根據事件的重要性來服務它們。如果你沒有足夠的資源可以在事件出現時服務它們，你可以忽略低順位的事件。「忽略事件」消耗的資源最少（包括時間），與服務所有事件的系統相比，這種做法可以提升性能。例如，建築物管理系統會發出各種警報，你應該讓威脅生命的警報（例如火災警報）優先於資訊性警報（例如房間太冷）。

- **降低計算負擔**。對於進入系統的事件，你可以用以下的方法來減少處理各個事件所需的工作量：

  - **減少間接性**。使用中間人（第 8 章說過，這對可修改性很重要）會增加處理事件串流的工作負擔，因此移除它們可以改善延遲。這是典型的可修改性 / 性能平衡。分離關注點（實現可修改性的另一種關鍵）也會增加處理事件的工作負擔，如果這個戰術用一連串的組件來服務一個事件，而不是用一個組件來服務的話。也許你可以兼顧兩者：巧妙地優化程式來讓**程式**使用支援封裝的中間人和介面（因而保留可修改性），並減少在執行期代價高昂的間接性（或是在某種情況下排除它）。同樣的，有一些掮客可讓用戶端和伺服器直接溝通（在最初透過掮客來建立關係之後），從而消除後續請求的間接步驟。

- **將通訊資源放在一起**。環境切換與組件通訊會增加成本，尤其是組件位於網路的不同節點時。將資源放在一起是降低計算負擔的策略之一。「放在一起」可能意味著用同一個處理器來執行互相合作的組件，以避免網路通訊延遲；也可能代表將資源放在同一個執行期軟體組件上，以免除呼叫子程序的成本；也可能是將多層架構中的各層放在資料中心的同一個機架上。
- **定期清理**。在降低計算負擔時，有一種特殊做法是定期清除效率低下的資源。例如，雜湊表與虛擬記憶體映像可能需要重新計算與重新初始化。許多系統管理員，甚至普通的電腦用戶，都會因為這個原因而定期重新開機。

- **限制執行時間**。你可以限制為了回應事件而執行工作的時間。針對迭代演算法，你可以藉著限制迭代次數來限制執行時間，但是，你可能會付出計算結果比較不準確的代價。如果你採用這個戰術，你要評估它對準確度的影響，並檢查結果是不是「夠好」。這個資源管理戰術經常與管理抽樣率戰術一起使用。
- **增加資源使用效率**。改善重要區域的演算法效率可以降低延遲與改善產出量與資源消耗。對一些程式設計師來說，這是**主要**的性能戰術。如果系統的表現不夠好，他們會試圖「調整」處理邏輯。如你所見，這種方法其實只是眾多戰術的一種。

管理資源

雖然外界對資源的需求是無法控制的，但管理資源的方法是可以控制的。有時你可以用一種資源換取另一種資源。例如，你可以將中間資料保存在快取中，也可以重新產生它，取決於哪些資源比較重要，究竟是時間、空間，還是網路頻寬。以下是一些資源管理戰術：

- **增加資源**。使用更快的處理器、加入額外的處理器、額外的記憶體、更快的網路都有機會改善性能。在選擇資源時，成本通常是一種考慮因素，但是在許多情況下，增加資源往往是最便宜的改善方法。

- **使用並行**。如果請求可以平行處理，堵塞的時間就可以減少。你可以引入並行，在不同的執行緒處理不同的事件串流，或是建立額外的執行緒來處理不同的活動組合（當你引入並行之後，你可以使用調度資源戰術，選擇調速策略來實現理想的目標）。
- **維護多個計算複本**。這個戰術可以減少將所有服務請求都指派給單一實例時可能發生的資源爭奪。在一個微服務架構裡複製服務，或是在一個伺服器池裡複製伺服器，都是複製計算的一種。**負載平衡器**可將新工作分配給有空的伺服器，分配工作的標準各不相同，可能只採取循環制，也可能將下一個請求分配給最不忙碌的伺服器。第 9.4 節會詳細討論負載平衡器。
- **維護多個資料複本**。資料複製和快取是維護多個資料複本的常見案例。**資料複製**包括保存獨立的資料複本，以減少多個同時發生的存取之間的競爭。因為被複製的資料通常是既有資料的複本，所以系統必須維持複本的一致性和同步性。**快取**也是保存資料複本（一組資料可能是另一組的子集合），但它被放在存取速度不一樣的儲存體上，存取速度的不同可能是因為記憶體速度 vs. 二次存放區速度，或本地的速度 vs. 遠端通訊的速度。使用快取時，系統的另一個職責是選擇將要快取的資料，有些快取只保留上一次被請求的東西的複本，但你也可以根據行為模式來預測用戶的請求，並且在用戶發出請求之前就開始進行計算或預先抓取，以滿足那些請求。
- **限制隊伍大小**。這個戰術藉著控制隊伍的最大數量，來控制處理事件所需的資源。如果你採用這個戰術，你必須制定一個策略來處理隊伍已滿的情況，並決定不回應一些事件是不是可接受的做法。這個戰術經常與限制事件回應戰術一起使用。
- **調度資源**。當資源爭奪的情況發生時，你必須調度資源。你必須調度處理器、緩衝區、網路，身為架構師的你必須了解每個資源的使用特性，並選擇適合它的調度策略（見「調度策略」專欄）。

圖 9.3 是性能戰術的摘要。

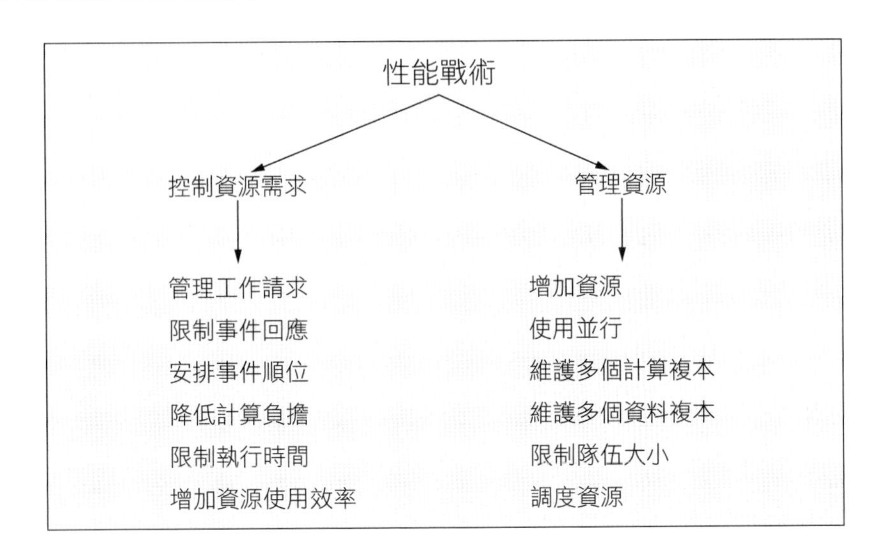

圖 9.3　性能戰術

調度策略

調度策略在概念上有兩個部分：指定順序和分配工作。所有的調度策略都會指定順序，有的只是使用簡單的先進先出（FIFO），有的根據請求的最後期限和語義重要性來指定。進行調度的標準包括讓資源的使用最佳化、根據請求的重要性、將使用的資源最小化、將延遲最小化、將產出量最大化、防止饑餓（starvation）以確保公平性…等。你必須注意這些可能互相衝突的標準，以及調度策略對系統滿足這些標準的能力有什麼影響。

高順位的事件流只能在有資源可用的情況下安排。有時這需要搶占使用中的資源，搶占（preemption）選項可能有：隨時可以、只能在特定的搶占點發生、或正在執行的程序不能被搶占。常見的調度策略有：

- *先進先出*。FIFO 佇列對所有的資源請求一視同仁，並依序滿足它們。在 FIFO 佇列中，可能會有一個請求花很久的時間產生回應，因而卡住後面的請求，只要所有的請求都是真正平等的，這就不是個問題，但如果有請求的順位高於其他請求，這會帶來挑戰。

- **固定順位調度**。固定順位調度就是為每一個請求的來源指定一個順位，並按照那個順位來分配資源。這個策略可以確保較高順位的請求有較好的服務，不過順位較低但也很重要的請求可能不知道多久才會被服務，因為它被卡在一系列高順位的請求後面。以下是三個常用的排序策略：
    - **語義重要性**。根據產生請求的任務的某個領域特徵來靜態指定順位。
    - **單調時限**（*deadline monotonic*）。單調時限是一種靜態順位分配法，它會讓時限較短的串流有較高的順位。這是在調度有實時截止時間的串流時使用的策略。
    - **單調速率**（*rate monotonic*）。單調速率是一種處理週期性串流的靜態順位分配法，它讓週期較短的串流具有較高順位。這種調度策略是單調時限的特例，但比較有名，也比較有可能被作業系統支援。
- **動態順位調度**。其策略包括：
    - **循環制**（*round-robin*）。循環制會先對請求進行排序，然後將資源指定給下一個請求。循環執行（cyclic executive）是循環制的特殊形式，它以固定的時間間隔進行指定。
    - **最早截止期限優先**（*earliest-deadline-first*）。這種策略根據截止時間來排序。
    - **最不寬裕優先**（*least-slack-first*）。這種策略讓「寬裕時間（slack time）」最短的工作有最高順位，寬裕時間是剩餘的執行時間與工作的截止時間的時間差。

對單一處理器與可搶占的程序來說，最早截止時間優先與最不寬裕優先是最好的調度策略。也就是說，如果一組程序經過調度之後可以滿足所有的截止時間，這兩個策略可以成功地調度那一組程序。

- **靜態調度**。在循環執行（cyclic executive）策略中，搶占點與資源分配順位都是離線決定的。因此可以排除調度程式在執行期的額外負擔。

在馬路上的性能戰術

戰術是廣義的設計原則。你可以想像一下你家附近的馬路與高速公路系統的設計。交通工程師採用一系列的設計「技巧」來優化這些複雜系統的性能，這些性能有很多衡量標準，例如流量（每小時有多少車從郊區開到足球場）、平均案例延遲（從你家到郊區平均要多久），以及最壞情況延遲（救護車多久才能將你送到醫院）。這些技巧是什麼？不是別的東西，正是我們的好朋友——戰術。

讓我們考慮一些案例：

- *管理事件速率*。在高速公路匝道上的紅綠燈按照預設的間隔時間讓汽車進入高速公路，汽車必須在匝道上排隊等待進入。
- *安排事件順位*。閃燈、鳴笛的救護車和警車的順位高於一般市民；有些高速公路有高乘載車道，可讓載著兩人以上的汽車優先通行。
- *維護多個複本*。在既有的馬路上加入車道或建構平行道路。

此外，系統的用戶也可以採用他們自己的技巧：

- *增加資源*。例如買一輛法拉利。在所有其他條件相同的情況下，在開放的道路上，只要有能力，開更快的車子可以讓你更快到達目的地。
- *增加效率*。找出更快或更短的路線。
- *降低計算負擔*。貼近前面的車，或在同一台車載更多人（即共乘）。

這場討論的意義何在？套用 Gertrude Stein 的話，就是：性能就是性能就是性能（Performance is performance is performance）。幾個世紀以來，工程師不斷嘗試分析和優化複雜的系統以提高它們的性能，而且一直採用相同的設計策略。所以，當你試著改善計算機系統的性能時，你應該感到一絲安慰，因為你的戰術已經被徹底「試車」過了。

—RK

9.3 性能戰術問卷

根據第 9.2 節介紹的戰術，我們製作一組戰術問題，如表 9.2 所示。為了了解支援性能的架構選項，分析者必須詢問各個問題，並在這張表中寫下答案。你可以將這些問題的答案當成後續行動的焦點：研究文件、分析程式碼或其他工件、對程式進行逆向工程…等。

表 9.2 性能戰術問卷

戰術組別	戰術問題	支援？（是 / 否）	風險	設計決策與位置	基本理由與假設
控制資源需求	你是否制定了**服務級別協議**（SLA），規定你願意支援的最大事件到達率？				
	對於到達系統的事件，你能**管理**它們的**抽樣速率**嗎？				
	系統如何**限制**事件的**回應**（處理量）？				
	你是否為請求定義各種類別，並且為各種類別定義**順位**？				
	你可以**降低計算負擔**嗎？例如藉著將資源放在一起、清理資源或減少間接性。				
	你可以**限制**演算法的**執行時間**嗎？				
	你可以藉著選擇演算法來**增加計算效率**嗎？				
管理資源	你可以為系統或它的組件**分配更多資源**嗎？				
	你是否採用**並行**？如果請求可以平行處理，堵塞的時間就可以減少。				
	你可以**將計算複製**到不同的處理器嗎？				
	資料可以**快取**（為了有個可以快速使用的本地複本）或複製（為了減少爭奪）嗎？				

戰術組別	戰術問題	支援？（是 / 否）	風險	設計決策與位置	基本理由與假設
管理資源（續）	你能否**限制隊伍大小**，以設定處理觸發事件所需的資源上限？				
	你是否確定你所使用的**調度策略**適合你的性能問題？				

9.4 性能模式

幾十年以來，性能問題一直困擾著軟體工程師，所以他們為了管理性能的各個層面而開發一套豐富的模式也就不足為奇了。在這一節，我們只介紹其中幾種模式。請注意，有一些模式有多種用途，例如，我們曾經在第 4 章看過斷路器模式，當時將它視為一種妥善性模式，但它也可以用來提升性能，因為它可以減少等待不會回應的服務的時間。

我們在此介紹的模式包括服務網、負載平衡器、節流和 map-reduce。

服務網（service mesh）

服務網模式是在微服務架構中使用的。這種網路的主要特徵是它有一個邊車（sidecar）。邊車是伴隨著每一個微服務的代理（proxy），它提供廣泛的功能來處理應用程式專屬的問題，例如服務之間的通訊、監視與資訊安全。邊車會與每一個微服務一起執行，並處理服務之間的所有通訊與協調（我們將在第 16 章介紹，這些元素通常會被包成 *pod*）。它們會被部署在一起，這可以減少網路延遲，進而提高性能。

這種做法可讓開發者將微服務的功能（與核心商業邏輯）和實作、管理與橫切關注點（cross-cutting concern）的維護工作分開，例如身分驗證與授權、服務發現、負載平衡、加密和可觀察性。

好處：

- 你可以購買管理橫切關注點的現成軟體，你也可以指派一個沒有其他工作的專案團隊來實作它與維護它，讓商業邏輯的開發者專心處理他們的問題。

- 服務網將公用程式的功能部署在使用那些功能的服務的處理器上，這可以減少服務與它的公用程式之間的通訊時間，因為這種通訊不需要透過網路訊號來進行。
- 你可以設置服務網，來根據背景進行通訊，從而簡化第 3 章介紹的金絲雀與 A/B 測試等功能。

取捨：

- 邊車會帶來更多執行程序，每一個程序都會消耗一些處理能力，增加系統的額外負擔。
- 邊車通常包含多個功能，但並非每一個服務或調用每一個服務時都需要使用所有功能。

負載平衡器

負載平衡器是一種中間人，它可以處理源自同一組用戶端的訊息，並指定一個服務實例回應那些訊息。負載平衡器模式的關鍵在於，負載平衡器是訊息的單一聯繫點，例如，單一 IP 位址，但是它會將請求散發給能夠回應請求的供應方池（伺服器或服務），以便將負載均勻地分配到供應方池中。負載平衡器會實作某種形式的調度資源戰術，它的調度演算法可能非常簡單，例如循環制，也可能考慮每一個供應方的負擔，或是在每一個供應方裡面等待服務的請求數量。

好處：

- 用戶端看不到任何一種伺服器故障（如果還有伺服器正在處理資源的話）。
- 藉著將負載交給幾個供應方來分擔，我們可以保持較低的延遲，對用戶端來說更容易預測。
- 在負載平衡器可用的池中加入更多資源（更多伺服器、更快伺服器）相對簡單，而且用戶端不需要知道這件事。

取捨：

- 負載平衡演算法必須非常快，否則，它本身可能會帶來性能問題。
- 負載平衡器是潛在的瓶頸或單一失敗點，所以它經常被複製（甚至被平衡負載）。

第 17 章會更深入討論負載平衡器。

節流

節流模式的內在就是「管理工作請求」戰術。它的用途是限制外界接觸一些重要資源或服務。這個模式通常有一個中間人（節流器），用來監測服務（送給服務的請求），並決定它能不能處理請求。

好處：

- 藉著對請求進行節流，你可以優雅地按需求處理變化，如此一來，服務永遠不會過載，它們可以維持在性能的「甜蜜點」，有效地處請求。

取捨：

- 節流邏輯必須非常快速，否則，它本身可能帶來性能問題。
- 如果用戶端的需求經常超出上限，你必須使用非常大的緩衝區，否則有丟失請求的風險。
- 如果既有系統的用戶端與伺服器有緊密的耦合，你可能很難在它們裡面加入這種模式。

Map-Reduce

map-reduce 模式可以對大型資料組進行分散且平行的排序，讓程式設計師可以輕鬆地指定想要進行的分析。其他的性能模式都不是為任何應用領域專門設計的，但 map-reduce 模式是專門為了高效地處理一種反覆出現的問題而設計的：排序與分析大型的資料組。任何處理大量資料的組織都需要處理這種問題（試想 Google、Facebook、Yahoo 與 Netflix），而這些組織實際上都使用 map-reduce。

map-reduce 模式有三個部分：

- 第一部分是專門的基礎設施，它負責為大型平行計算環境中的硬體節點分配軟體，並視需要處理資料的排序。節點可能是虛擬機器、獨立的處理器，或多核心晶片內的一顆核心。
- 第二部分與第三部分是兩個由程式設計師編寫的函式，稱為 *map* 與 *reduce*。

- *map* 函式接收一個索引鍵與一個資料組。它使用索引鍵來將資料 hash（雜湊化）至一組貯體（bucket）中。例如，如果資料是由撲克牌組成的，索引鍵可能是花色。map 函式也可以用來過濾資料，也就是讓一筆資料紀錄參與後續的處理過程，或捨棄它。延續撲克牌案例，我們可能捨棄鬼牌或字母牌（A、K、Q、J），只留下數字牌，然後根據花色，將每一張牌 map 至一個貯體。使用多個 map 實例來處理資料組的不同部分可以提高 map-reduce 模式中的 map 階段的性能。這種模式會將輸入欄位分成若干部分，並且建立若干 map 實例來處理各個部分。延續這個例子，假如我們有 10 億張撲克牌，而不是只有一副牌，因為每一張牌都可以單獨檢查，所以你可以用數萬個實例或數十萬個實例平行執行 map 程序，而且實例與實例之間不需要進行溝通。在 map 所有的輸入資料之後，map-reduce 基礎設施會將這些貯體洗亂，然後分配給新的處理節點，進行 reduce 階段（可能重複使用 map 階段的節點）。例如，你可以將所有的梅花分配給一個實例叢集，將所有鑽石分配給另一個叢集，以此類推。
- 所有重度分析都發生在 *reduce* 函式內。reduce 實例的數量與 map 函式輸出的貯體數量有關。reduce 階段會進行一些程式設計師指定的分析，然後輸出分析結果。例如，你可以計算梅花、鑽石、紅心、黑桃的數量，或將每個貯體裡面的所有撲克牌的數字值相加。輸出的資料集合通常比輸入集合小很多，這就是 reduce 這個字的由來。

map 實例是無狀態的，它們不會彼此溝通。在 map 實例與 reduce 實例之間，唯一的溝通媒介就是從 map 實例送出來的資料，它是成對的 < 索引鍵，值 >。

好處：

- 利用平行化來高效率地分析非常大型、未整理的資料組。
- 任何實例的故障只會稍微影響處理過程，因為 map-reduce 通常會將大型的輸入資料分成許多更小的資料組合，並為每一個組合分配它自己的實例。

取捨：

- 如果你的資料組不大，map-reduce 帶來的額外負擔可能不划算。
- 如果你無法將資料組分成大小相似的子集合，你將無法獲得平行化的好處。
- 需要使用多個 reduce 的操作編配起來很麻煩。

9.5 延伸讀物

性能是一個具有豐富文獻的主題。以下是我們推薦的性能概論書籍：

- 《*Foundations of Software and System Performance Engineering: Process, Performance Modeling, Requirements, Testing, Scalability, and Practice*》[Bondi 14]。本書全面概述性能工程，從技術實踐法到組織實踐法。
- 《*Software Performance and Scalability: A Quantitative Approach*》[Liu 09]。本書介紹企業應用程式的性能，重點討論排隊理論與測量。
- 《*Performance Solutions: A Practical Guide to Creating Responsive, Scalable Software*》[Smith 01]。本書介紹性能導向設計，重點介紹如何建構（並使用真實的資料）實用的性能預測模型。

若要了解性能模式的概要，可參考《*Real-Time Design Patterns: Robust Scalable Architecture for Real-Time Systems*》[Douglass 99] 與《*Pattern-Oriented Software Architecture Volume 3: Patterns for Resource Management*》[Kircher 03]。此外，Microsoft 為雲端應用發表一系列的性能和擴展性模式：https://docs.microsoft.com/en-us/azure/architecture/patterns/category/performance-scalability。

9.6 問題研討

1. 討論「每一個系統都有實時的性能限制。」你可以舉出反例嗎？
2. 寫一個具體的性能劇情，描述航空公司航班的平均準點表現。
3. 為線上拍賣網站寫幾個性能劇情。想一下你關心的事情是不是在最壞情況下的延遲、平均延遲、流量，或某個其他的回應數據。你會用哪些戰術來滿足你的劇情？
4. web 系統通常使用**代理伺服器**，它是第一個從用戶端（例如瀏覽器）接收請求的系統元素。代理伺服器可提供經常被請求的網頁（例如公司的首頁），避免真正的應用伺服器執行工作。系統可能有許多代理伺服器，為了降低例行請求的回應時間，它們的地理位置通常在大規模的用戶群附近。你看到哪些性能戰術？

5. 在不同的互動機制之間，有一個根本的差異在於互動是同步的，還是非同步的。根據兩者的性能回應來討論它們的優缺點，性能回應包括：延遲、最終期限、產出量、抖動、錯誤率、資料丟失，以及你需要的其他性能相關回應。
6. 在物理領域中（非軟體領域）找出使用各種管理資源戰術的案例。例如，假如你要管理一家實體零售店，你如何使用這些戰術來讓人們更快速地通過結帳線？
7. 用戶介面框架通常是單執行緒的，為何如此？這對性能有什麼影響？（提示：競爭條件。）

10

安全性

Giles：好吧，看在上帝的份上，小心點…萬一你們受傷或被殺了，那就不妙了。

Willow：好吧，我們試著不被殺。它是使命宣言的一部分：不能被殺。

Giles：很好。

—魔法奇兵第 3 季，「Anne」一集

每位軟體架構師的使命宣言都應該加入「不殺害任何人」。

科幻小說經常描述在被計算機控制的世界中，軟體會殺人或造成傷害或損害，想想在 *2001: A Space Odyssey* 這部過時但依然經典的電影中，HAL 禮貌地拒絕打開艙門，將 Dave 留在太空中的場景。

可悲的是，這種情況不是只在小說裡發生，軟體控制的日常生活設備越來越多，軟體安全已經變成一個重大問題。

軟體（0 與 1 構成的字串）會殺人或造成傷害或破壞的想法仍然是一個怪異觀念。公平地說，造成破壞的不是 0 與 1，至少不是它們直接造成的，而是它們透過與它相連的某個東西造成的，軟體和運行它的電腦必須以某種方式連接外界才能以某種方式造成傷害，這是好消息。壞消息是，這個好消息沒那麼好，軟體總會連接外界，如果軟體無法產生可被外界觀察的效果，它應該沒有任何用處。

在 2009 年，有一位 Shushenskaya 水電站的員工只因為按錯幾個按鍵，就透過網路在遠端意外地啟動一個未使用的渦輪機。離線的渦輪機產生「水錘」，淹沒並摧毀廠房，導致數十位工人罹難。

此外還有許多惡名昭彰的案例。Therac 25 事件造成致命的輻射量、Ariane 5 號爆炸、以及上百多起較不為人知的事故，都是因為計算機和環境的連結造成的傷害，在上述的例子中，所謂的「連結」是渦輪機、X 光發射器、火箭的轉向控制組件。臭名昭著的 Stuxnet 病毒是為了造成損害和破壞而製作的。在這些案例中，軟體命令一些硬體採取災難性的動作，而硬體服從了。致動器（actuator）是連接硬體和軟體的設備，它是「0 與 1 的領域」和「運動和控制的領域」之間的橋梁，將一個數字值送給致動器（或將一個位元字串寫入致動器的硬體暫存器）之後，那個值會被轉換成某個機械動作，無論該動作是好是壞。

但是與外界連結不一定意味著機器手臂、鈾離心機或飛彈發射器，光是連接簡單的螢幕就足以造成傷害了，有時計算機只要向操作員發出錯誤的訊息就夠了。在 1983 年 9 月，有一顆蘇聯衛星向地面計算機傳送資料，該資料被解讀成美國向莫斯科發射了飛彈，幾秒之後，計算機回報有第二顆飛彈被射出，不久之後，出現第三顆、第四顆，然後第五顆。蘇聯戰略火箭中校 Stanislav Yevgrafovich Petrov 做出一個令人吃驚的決定，他認為那些訊息是錯誤的，要求部下忽視計算機的訊息，他認為美國不可能在不考慮大規模報復性破壞的情況下發射少量飛彈。他決定等一下，看看飛彈是不是真的，也就是他等著看他的首都會不會變成一片火海。現在的我們知道，這件事沒有發生。蘇聯的系統把一種罕見的陽光現象當成飛行中的飛彈。你或你的父母可能要感謝 Petrov 中校的決定讓你們今天還活著。

當然，並非所有人都可以在計算機出錯的時候做出正確的決定。在 2009 年 6 月 1 日的暴風雨之夜，由里約熱內盧飛往巴黎的法航 447 班機墜入大西洋，機上 228 人全部罹難，儘管飛機的引擎和飛行控制設備都正確地運作。Airbus A-330 的飛行記錄器（直到 2011 年 5 月才被還原）顯示，機師當時根本不知道飛機已進入高空失速狀態。測量航速的感測器被冰封而變得不可靠，導致飛機跳出自動駕駛模式，當時機師以為航速太快（因而有結構性故障的風險），其實航速太慢了（因此正在墜落）。機師在飛機從 35,000 英尺高空開始墜落的 3 分多鐘期間，一直試著將機頭拉起，並拉回油門，以降低航速，但他們其實只要壓下機頭以提高速度即可恢復正常飛行。A-330 的失速警報系統的運作方式極可能讓這個混亂的情況火上加油。當系統檢測到失速時會發出一個響亮的警報。當軟體「認為」攻角數據無法取得時，它會停用失速警報，這可能在空速讀數非常低時發生。當時，AF447 正是發生這種情況：它的前進速度降到 60 節以下，而且攻角非常高，飛行控制軟體的規則導致失速警報停止再啟動好幾次。更糟糕的是，每當機師將操縱桿往前推時（增加空速，並將讀數帶入「有效」範圍，但仍處於失速狀態），它就會啟動，當他拉回操縱桿又會停止。也就是說，他們做了正確的事情，卻導致完全錯誤的回饋，反之亦然。這個事件是不安全的系統造成的，還是機師以不安全的方式操作安全的系統造成的？最終的答案只能交給法院判定了。

在本書付梓時，波音公司的 737 MAX 飛機在兩次空難之後仍處於停飛狀態，那兩次墜機似乎至少有部分的原因是一個名為 MCAS 的軟體造成的，該軟體會在錯誤的時刻將機頭往下推。故障的感測器和一項令人困惑的設計決策似乎也和墜機有關，該決策導致軟體只依賴一個感測器來決定其行為，而不是飛機上的兩個感測器。另外，波音公司似乎從未測試「感測器故障」的情況。這家公司的確有一種方法可以在飛行時停用系統，但是要求機師在飛機用盡全力殺害他們時記得如何停用它也許太過嚴苛——尤其是他們根本就不知道有 MCAS 的存在。兩次 737 MAX 墜機事件總共造成 346 人罹難。

好了，恐怖的故事到此為止。我們來討論它們背後的原則，因為它們影響了軟體與架構。

安全性就是系統避免進入某種狀態，進而對環境中的參與者造成傷害、導致損害或失去生命的能力。這些不安全的狀態可能是由各種因素造成的：

- *omissions*（該發生的事件未發生）。
- *commission*（不該發生的事件發生了）。該事件可能是可接受的，也可能是不可接受的，依系統狀態而定。
- *時機*。太早（事件在該發生的時間之前發生）或太晚（事件在該發生的時間之後發生）可能都有問題。
- *系統值的問題*。這分成兩類：雖然不正確但偵測得到的粗略不正確值（coarse incorrect value），以及通常無法偵測到的細微不正確值（subtle incorrect value）。
- *一系列的 omission 與 commission*。在一系列的事件中，要嘛缺少一個事件（omission），要嘛插入一個意外的事件（commission）。
- *順序不對*。有一系列的事件出現，但沒有按照規定的順序。

安全性也和偵測這些不安全狀態並從中恢復，以防止傷害，或至少將傷害降到最低有關。

系統的任何部分都可能導致不安全狀態：軟體、硬體部分，或環境可能出現意想不到的、不安全的行為。當系統檢測到不安全的狀態時，它的回應類似妥善性列舉的那些回應（見第 4 章）。你必須辨識不安全的狀態，並讓系統：

- 從不安全狀態恢復，或讓系統進入安全模式，然後繼續運作，或
- 關機（fail safe，失效安全），或
- 轉換成需要手動操作的狀態（例如，當汽車的動力方向盤故障時，改成手動轉向）。

此外，你要立刻回報或 log 不安全狀態。

在設計安全的架構時，你要先使用故障模式和影響分析（FMEA，也稱為危害分析（hazard analysis））與故障樹分析（FTA）等技術，找出系統中攸關安全的功能（可能造成上述傷害的功能）。FTA 是一種自上而下的演繹（deductive）法，可找出可能讓系統進入不安全狀態的故障。找出故障之後，架構師要設計機制來偵測與緩解故障（以及最終的危害）。

本章介紹的技術旨在發現運行時發生的危險，並協助你制定應對危險的策略。

10.1 安全性一般劇情

在這個背景之下，我們可以建構安全性的一般劇情了，如表 10.1 所示。

表 10.1 安全性一般劇情

部分劇情	說明	可能的值
來源	資料來源（感測器、計算一個值的軟體組件、通訊通道）、時間來源（時鐘），或用戶動作。	以下的特定實例： • 感測器 • 軟體組件 • 通訊通道 • 設備（例如時鐘）
觸發事件	omission、commission 或不正確的資料或時機。	omission 的特定實例： • 有一個值從未到達 • 有一個函式從未執行

部分劇情	說明	可能的值
觸發事件（續）		commission 的特定實例： • 有一個功能不正確地執行 • 有一個設備產生假事件 • 有一個設備產生不正確的資料 不正確資料的特定實例： • 感測器回報不正確的資料 • 軟體組件產生不正確的結果 不正確的時機： • 資料太早或太晚到達 • 生成的事件發生得太晚或太早，或是以錯誤的速度發生 • 事件以錯誤的順序發生
環境	系統操作模式。	• 一般操作 • 降級操作 • 手動操作 • 恢復模式
工件	工件是系統的某個部分。	在系統中攸關安全的部分。
回應	讓系統不離開安全狀態空間，或是讓系統回到安全狀態空間，或是讓系統以降級模式繼續運作，以防止（進一步）傷害或損傷，或盡量減少傷害或損傷。告知用戶不安全的狀態，或防止他們進入不安全的狀態。log 事件。	辨識不安全狀態，並且做以下的一或多件事： • 避免不安全狀態 • 恢復 • 繼續處於降級或安全模式 • 關機 • 切到手動操作 • 切到備份系統 • 通知適當的個體（人或系統） • log 不安全狀態（以及針對它的回應）
回應數據	回到安全狀態空間的時間；造成的損傷或損害。	以下的一項或多項回應： • 避免進入不安全狀態的次數或百分比 • 系統可以從不安全狀態（自動）恢復的次數或百分比 • 風險暴露的變化：大小（損失）* 機率（損失）

部分劇情	說明	可能的值
回應數據（續）		• 系統可以恢復的百分比 • 系統降級或進入安全模式的時間 • 系統關機的時間或百分比 • 進入和恢復（從手動操作、從安全或降級模式）的時間

以下是安全性劇情範例：病人監視系統的一個感測器未能在 *100 ms* 之後回報攸關性命的數值，故障被 *log*，控制台的警示燈被點亮，備用（還原度較低）感測器被啟動。系統在不超過 *300 ms* 之後，使用備用感測器來監測病人。圖 10.1 描述這個劇情。

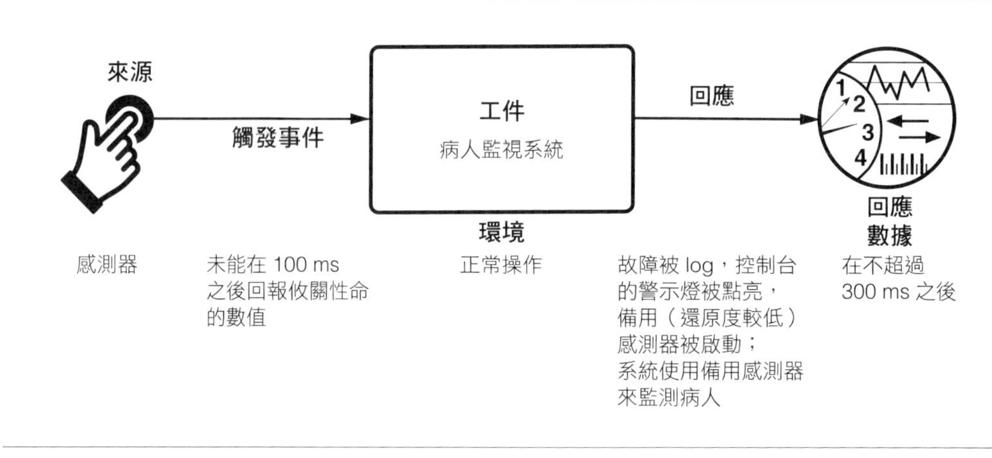

圖 10.1　具體安全性劇情範例

10.2　安全性戰術

安全性戰術可以廣泛地分成避免不安全狀態、檢測不安全狀態，與不安全狀態補救。圖 10.2 是安全性戰術的目標。

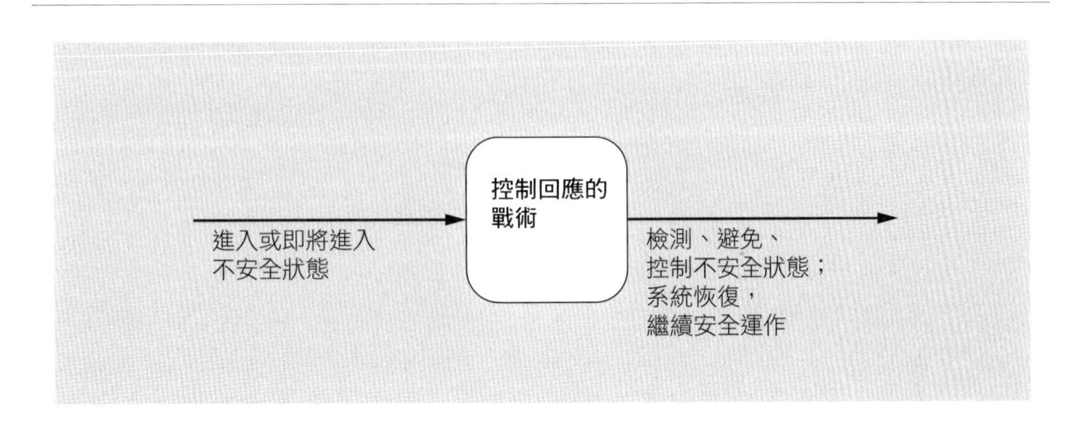

圖 10.2 安全性戰術的目標

為了避免進入不安全狀態或檢測這種情況，有一個邏輯前提是，你必須有能力辨識構成不安全狀態的因素。以下的戰術假設你具備那個能力，也就是說，一旦你有了一個架構，你要自行執行危害分析或 FTA。你的設計決策本身可能已經引入新的安全漏洞，但沒有在需求分析中發現它。

你可以發現，這裡介紹的戰術與第 4 章的妥善性戰術有許多重疊的地方。之所以重疊是因為妥善性問題經常導致安全性問題，也因為修復那些問題的許多設計方案都是各個品質共享的。

圖 10.3 實現安全性的架構戰術摘要。

避免不安全狀態

替代品

這個戰術使用檢測機制（通常是硬體）來檢測可能有危險的軟體功能。例如，使用看門狗、監視器與互鎖（interlock）等硬體保護設備來取代它們的軟體版本。這些機制的軟體版本可能缺乏資源，但獨立的硬體設備可配備它自己的資源與控制那些資源。替代品戰術通常在你想要替換的功能相對簡單時才能帶來好處。

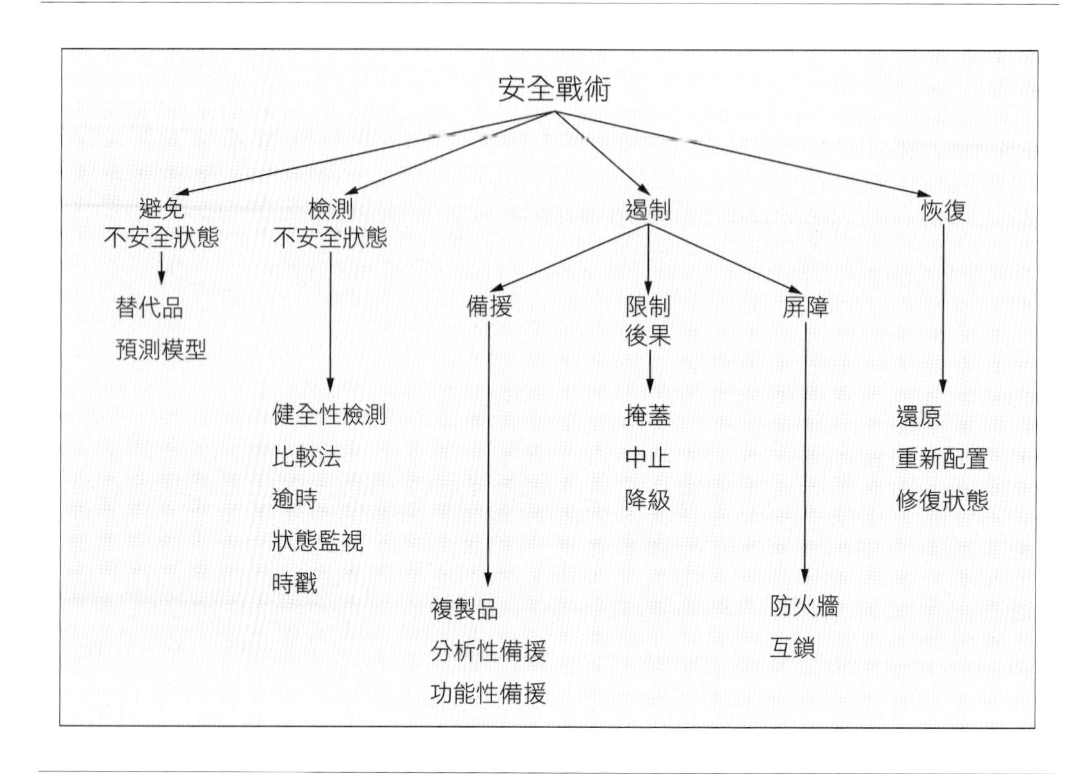

圖 10.3 安全性戰術

預測模型

第 4 章介紹過的預測模型戰術可預測系統程序、資源或其他屬性的健康狀態（根據監視狀態），它不但可以確保系統在其額定的運行參數之內運行，也可以早期預警潛在問題。例如，有些自動導航控制系統可計算汽車與前方的障礙物（或其他車輛）的接近速率，並且在距離太小和時間太緊迫之前警告駕駛員。預測模型通常與狀態監視結合，我們稍後介紹。

檢測不安全狀態

逾時

逾時戰術的用途是確定一個組件的操件是否符合它的時間限制。實踐這種戰術的方法可能是在時間限制未滿足的情況下引發異常來提示組件故障。因此，這個戰術可以檢測延時和 omission 故障。逾時在即時或嵌入式系統與分散式系統中特別常見。它與系統監視器、心跳（heartbeat）和 ping-echo 等妥善性戰術有關。

時戳

如第 4 章所述，時戳戰術可用來檢測一系列不正確的事件，主要用於分散式訊息傳遞系統。你可以在一個事件發生後，立即將本地時鐘的狀態指派給那一個事件來建立事件的時戳。你也可以用序號來做這件事，因為分散式系統的不同處理器的時戳可能是不一致的。

狀態監視

這種戰術包括檢測程序或設備中的狀態，或驗證在設計時做出來的假設，可能藉著使用斷言（assertion）。狀態監視可識別可能導致危險行為的系統狀態。但是，這種監測應該是簡單的（而且最好是可證明的），以確保它不會引入新的軟體錯誤，或大幅增加整體工作負擔。狀態監視可提供輸入給預測模型，以及提供輸入給健全性檢測。

健全性檢測

健全性檢測戰術會檢查特定作業結果的有效性或合理性，或組件的輸入或輸出。採取這種戰術時，你通常必須知道內部的設計、系統的狀態，或被檢驗的資訊的性質。人們經常在介面用它來檢查特定的資訊流。

比較法

比較法戰術可讓系統藉著比較一些同步的，或重複的元素產生的輸出，來檢測不安全的狀態。因此，比較法戰術會與備援戰術一起運作，那個備援戰術通常是我們在討論妥善性時介紹的主動備援戰術。如果複製品的數量是三個以上，比較法戰術不僅可以檢測不安全的狀態，也可以指出導致該狀態的組件。比較法與妥善性的投票戰術有關。但是，比較法不一定使用投票，另一種做法是在輸出不一致時直接關機。

遏制

遏制戰術的目的是限制進入不安全狀態的相關傷害。這種類別包含三個子類別：備援、限制後果，與屏障。

備援

乍看之下，備援戰術似乎與妥善性的各種備援戰術相似，這些戰術顯然是重疊的，但因為安全性和妥善性的目標不同，所以後備組件的用法也不同。在安全領域，備援可讓系統在無法完全關閉或進一步降級的情況下繼續運作。

複製品是最簡單的備援戰術，因為它只要複製一個組件即可。建立多個相同的組件複本可以有效地防止隨機的硬體故障，但無法防止硬體或軟體的設計錯誤或實作錯誤，因為這種戰術的設計沒有任何形式的多樣性。

相較之下，功能性備援的目的是利用多樣性來處理硬體或軟體組件內的共模故障（也就是複製品在同一時間出現相同的故障，因為它們的實作方式一樣）問題。這種戰術試著在備援中引入多樣性來處理系統性的設計錯誤。相同的輸入會讓功能性備援組件產生相同的輸出。但是功能性備援戰術仍然無法防止規格錯誤，當然，功能複製品有較高的開發和驗證成本。

最後，分析性備援戰術不僅提供組件的多樣性，也在輸入和輸出層面提供可見且更高層次的多樣性。因此，它可以藉著使用獨立的需求規格來容忍規格錯誤。分析性備援通常會將系統分割成高保證和高性能（低保證）的部分。高保證部分被設計成簡單且可靠，而高性能部分通常被設計成比較複雜且比較準確，但比較不穩定：它的改變速度較快，而且可能不像高準確部分那麼可靠（因此，這裡的高性能不是延遲或產出量方面的高性能，而是指這個部分的工作「執行得」比高準確部分還要好）。

限制後果

遏制戰術的第二個子類別稱為限制後果。這些戰術的目的都是為了限制系統進入不安全狀態可能產生的不良影響。

終止戰術在概念上是最簡單的。如果系統認為一項操作是不安全的，那就在它造成損害之前終止它。這種技術被廣泛採用，以確保系統安全地故障。

降級戰術則是在組件故障時維持最重要的系統功能，以可控的方式卸除功能或將它撤換。這種方法可讓個別的組件以有計畫的、審慎的、安全的方式故障，優雅地減少系統功能，而不是導致整個系統故障。例如，汽車導航系統可以在失去 GPS 衛星訊號的長隧道中，繼續使用（準確度較低的）航位推算演算法來運行。

掩蓋戰術藉著比較幾個備援組件的結果，並在一或多個組件不同的情況下使用投票程序來掩蓋故障。為了讓這個戰術如願以償地發揮作用，投票者必須簡單且高度可靠。

屏障

屏障戰術藉著阻止問題的傳播來遏制它們。

防火牆戰術是限制接觸戰術的具體實踐法，如第 11 章所述。防火牆可限制外界對特定資源的接觸，通常是處理器、記憶體，與網路連結。

互鎖戰術可以防止事件的順序不正確造成的故障。這種戰術藉著控制外界對受保護的組件的所有訪問，包括控制影響那些組件的事件的順序，來提供週到的保護。

恢復

最後一種安全性戰術是恢復，它的作用是讓系統處於安全狀態。它包含三個戰術：還原、修復狀態，以及重新配置。

還原戰術可讓系統在檢測到故障時，用預先保存的副本來將系統恢復成上一次的良好狀態（還原線）。這種戰術通常與檢查點和交易一起使用，以確保還原的完整性和一致性。進入良好狀態之後，系統可以繼續執行，也可以採取其他戰術，例如重試或降級，以確保故障不會再次發生。

修復狀態戰術會修復一個錯誤的狀態再繼續執行，可有效地增加組件可稱職地處理的狀態數量（也就是不會造成故障的狀態）。例如，汽車的車道維持輔助系統會監測駕駛員是否保持在車道內，如果偏離車道，就主動讓車輛回到兩條線之間的位置（安全狀態）。這種戰術不適合用來恢復非預期的錯誤。

重新配置藉著將邏輯架構重新對應至還在運行的資源上（可能是有限的），來嘗試從組件故障中恢復。在理想情況下，這種重新對應可以維持全部的功能。如果無法做到，系統可能會用降級戰術來維持部分功能運轉。

10.3 安全性戰術問卷

根據第 10.2 節介紹的戰術，我們可以製作一組戰術問題，如表 10.2 所示。為了了解支援安全性的架構選項，分析者必須詢問各個問題，並在這張表中寫下答案。你可以將這些問題的答案當成後續行動的焦點：研究文件、分析程式碼或其他工件、對程式進行逆向工程…等。

在開始回答安全戰術問卷之前，你要評估你審查的專案是否執行了危害分析或 FTA，以釐清何謂系統的不安全狀態（要檢測、避免、控制或從中恢復的對象）。如果你沒有做這種分析，針對安全性設計的功能可能不太有效。

表 10.2 安全性戰術問卷

戰術組別	戰術問題	支援？（是 / 否）	風險	設計決策與位置	基本理由與假設
避免不安全狀態	你是否採用**替代品**，也就是用更安全的、通常以硬體為基礎的保護機制，來取代可能有危險的軟體設計功能？				
	你是否使用**預測模型**與監測到的資訊來預測系統程序、資源或其他屬性的健康狀態，不僅是為了確保系統在額定運作參數內運作，也為了提供潛在問題的早期預警？				
檢測不安全狀態	你是否使用**逾時**來確定組件的動作是否符合其時間限制？				
	你是否使用**時戳**來檢測不正確的事件順序？				
	你是否使用**狀態監視**來檢查程序或設備裡的狀態，特別是用來驗證設計期間的假設？				
	你是否使用**健全性檢測**來檢查特定動作的結果，或組件的輸入或輸出的有效性或合理性？				
	系統是否採用**比較法**來檢測不安全狀態，也就是比較同步的或重複的元素產生的輸出？				

戰術組別	戰術問題	支援？（是 / 否）	風險	設計決策與位置	基本理由與假設
遏制：備援	你是否使用組件的**複製品**來防止硬體的隨機故障？ 你是否使用**功能性備援**，藉著設計並製作多樣化的組件來處理共模故障？ 你是否使用**分析性備援**（功能性「複製品」，包含高保證 / 高性能和低保證 / 低性能的替代品）來容忍規格錯誤？				
遏制：限制後果	當系統確定一個動作不安全時，它能否在該動作造成損害之前**中止**它？ 系統是否提供可控的**降級**，也就是在組件故障時保持最重要的功能，並將較不重要的功能卸除或降級？ 系統是否藉著比較幾個重複組件的結果來**掩蓋**錯誤，並在一或多個組件不同的情況下，採取**投票**程序？				
遏制：屏障	系統是否透過**防火牆**來限制外界對重要資源的接觸（例如處理器、記憶體與網路連結）？ 系統是否控制外界對受保護的組件的訪問，並透過**互鎖**來防止因為事件順序不正確而產生的故障？				
恢復	系統可以在檢測到故障時**還原**嗎？也就是恢復成上一個已知的良好狀態。 系統能否在不發生故障的情況下，**修復**錯誤的**狀態**，然後繼續執行？ 系統能否在發生故障的情況下**重新配置**資源，也就是將邏輯架構重新對應到仍然可以運作的資源上？				

10.4 安全性模式

如果系統意外地停止運作，或開始不正確地運作，或陷入降級的運行模式，即使那不是災難性的，也可能對安全造成負面影響。因此，你可以先在妥善性模式中尋找安全模式，例如第 4 章介紹的那些，它們也適用於此。

- 備援感測器。如果感測器產生的資料對決定狀態是否安全而言非常重要，你就要複製那個感測器，以防止任何單一感測器的故障。此外，你要用獨立的軟體來監測各個感測器，第 4 章介紹的備援組件戰術可用於攸關安全的硬體。

  好處：

  - 這種感測器備援可以防範單一感測器的故障。

  取捨：

  - 備援感測器會增加系統的成本，而且處理多個感測器傳來的輸入比處理一個感測器的輸入更麻煩。

- 監視器 / 致動器。這種模式有兩個軟體元素：監視器與控制器，系統會在發送命令給實體致動器之前，先用控制器來執行必要的計算，以決定將送給實體致動器的數值。在發送值之前，先用監視器檢查它的合理性，將值的計算與值的測試分開。

  好處：

  - 在使用這種備援來控制致動器時，監視器扮演備援檢查的角色，檢查控制器的計算結果。

  取捨：

  - 監視器的開發與維護需要花費時間與資源。
  - 因為這種模式分開致動器的控制與監視，所以你可以視需要將監視器做得簡單一點（容易製作但可能無法發現一些錯誤）或精密一點（比較複雜，但可以抓到更多錯誤）。

- 劃分安全性。攸關安全的系統必須經常讓一些權威機構認證安全性。認證大型系統非常昂貴，但將一個系統分成攸關安全的部分與非攸關安全的部分可以降低成本。攸關安全的部分仍然必須認證。劃分兩個部分的方式也必須驗證，以確保非攸關安全的部分不會影響攸關安全的部分。

好處：

- 降低認證系統的成本，因為你只要認證整個系統的一個部分（通常很小）。
- 因為這些工作集中在與安全有關的部分，所以可提升成本效益和安全效益。

取捨：

- 進行劃分的成本可能很高，例如在系統中安裝兩個不同的網路來劃分安全攸關與非安全攸關的訊息。但是，這種做法可以限制非攸關安全的部分之中的 bug 影響攸關安全的部分帶來的風險和後果。
- 劃分系統，並讓認證機構相信劃分的正確性，以及確認非攸關安全的部分不會影響攸關安全的部分並不容易，但仍然比另一種做法容易得多，另一種做法就是讓認證機構以同一種嚴格的標準對所有東西進行認證。

設計保證級別

劃分安全性模式強調將軟體系統分成安全攸關部分和非安全攸關部分。在航空電子學中，這種區別很細膩。DO-178C，「在認證機載系統與設備時應考慮的軟體因素」是聯邦航空管理局（FAA）、歐盟航空安全局（EASA）與加拿大交通部等認證機構核准商業航太軟體系統的主要文件。它為各個軟體函式定義了一個稱為設計保證級別（DAL）的等級。DAL 是透過安全評估過程和危害分析，藉著檢查系統中的故障狀況造成的影響來決定的。DAL 根據故障狀況對飛機、機組人員和乘客的影響來進行分類：

- *A*：災難性的（*Catastrophic*）。故障可能導致死亡，通常會失去整架飛機。
- *B*：有害的（*Hazardous*）。故障對安全或性能有很大的負面影響，可能造成身體不便，或帶來更大的工作量，因而降低機組人員操作飛機的能力，或對乘客造成嚴重或致命的傷害。
- *C*：重大的（*Major*）。故障會大大降低安全程度，或大大增加機組人員工作量，而且可能導致乘客不適（甚至輕傷）。
- *D*：輕微的（*Minor*）。故障會稍微降低安全程度，或稍微增加機組人員工作量。例如造成乘客不便，改變常規飛機計畫。

- *E*：無影響（*No effect*）。故障不影響安全性、飛機動作，或機組人員工作量。

軟體驗證與測試是一項非常昂貴的工作，而且是在非常有限的預算之下執行的。DAL 可協助你決定如何運用有限的資源，下次當你乘坐商業航空公司的航班時，如果你的娛樂系統故障了，或閱讀燈不斷閃爍，試著想一下他們用了多少驗證資金來確保飛行控制系統的正常運作也許可以讓你好受一些。

—PC

10.5 延伸讀物

為了了解軟體安全的重要性，我們建議你閱讀一些軟體故障導致的災難故事。ACM Risks Forum 是值得讚揚的來源，它位於 risks.org。Peter Neumann 從 1985 年以來一直主持這個論壇，它至今仍然健全運作。

在 ARP-4761 裡面有兩個突出的標準安全程序，SAE International 制定的「Guidelines and Methods for Conducting the Safety Assessment Process on Civil Airborne Systems and Equipment」，以及美國國防部制定的 MIL STD 882E，「Standard Practice: System Safety」。

Wu 與 Kelly [Wu 04] 在 2004 年調查現有的架構方法並發表了一套安全策略，這篇文章啟發了本章的大部分想法。

Nancy Leveson 是軟體與安全性領域的思想領袖。如果你正在製作安全攸關系統，你應該要熟悉她的作品。你可以從 [Leveson 04] 這篇論文開始，它討論了一些導致太空船事故而且與軟體有關的因素。你也可以從 [Leveson 11] 開始，這本書在當今複雜的、社會技術的、軟體密集系統的背景下處理安全問題。

Federal Aviation Administration 是負責監督美國空域系統的政府機構，它極其關注安全問題。它的 2019 *System Safety Handbook* 是很實用的主題概述。這本手冊的第 10 章處理軟體安全性，你可以在 faa.gov/regulations_policies/handbooks_manuals/aviation/risk_management/ss_handbook/ 下載它。

Phil Koopman 在汽車安全領域很出名，他在網路上有幾個討論安全攸關模式的課程，例如 youtube.com/watch?v=JA5wdyOjoXg 與 youtube.com/watch?v=4Tdh3jq6W4Y。Koopman 的書籍《*Better Embedded System Software*》更詳細地討論安全性模式 [Koopman 10]。

故障樹分析可以追溯至 1960 年代初期，但其資源鼻組是美國核能管理委員會在 1981 年發表的《*Fault Tree Handbook*》。NASA 的 2002《*Fault Tree Handbook with Aerospace Applications*》是 NRC 手冊的最新綜合入門讀物。它們都可以從網路，以 PDF 檔案的形式下載。

Safety Integrity Levels (SILs) 類似 Design Assurance Levels，定義了各種功能的安全攸關性。這些定義可讓設計系統的架構師之間取得共識，也可以幫助評估安全性。IEC 61508 Standard 的標題是「Functional Safety of Electrical/Electronic/Programmable Electronic Safety-related Systems」，它定義了四個 SIL，其中 SIL 4 是最可靠的，SIL 1 是最不可靠的。這個標準是透過領域專用標準來體現的，例如鐵路業的 IEC 62279，其標題是「Railway Applications: Communication, Signaling and Processing Systems: Software for Railway Control and Protection Systems」。

在廣泛研究和開發半自動駕駛和全自動駕駛的領域裡，功能安全性已經變得越來越突出。長期以來，ISO 26026 一直是道路車輛功能安全性的標準。此外還有 ANSI/UL 4600，「Standard for Safety for the Evaluation of Autonomous Vehicles and Other Products」等新一波的規範，它們處理的是方向盤被軟體掌控所帶來的挑戰，無論「掌控」是象徵性，還是實際如此。

10.6 問題研討

1. 列出 10 個在你的日常生活中被計算機控制的設備，並想像惡意或故障的系統可能如何透過它們來傷害你。

2. 設計一個安全性劇情，其設計是為了防止固定的機器人設備（例如生產線的組裝臂）傷害人們，並討論實現它的戰術。

3. 美國海軍的 F/A-18 大黃蜂戰鬥機是線控飛行技術的早期應用對象之一，它的機載計算機可以根據飛行員用控制桿和方向舵踏板輸入的訊號，向控制面（副翼、方向舵…等）發送數位指令。飛行控制軟體可以防止飛行員進行某些可能導致飛機進入危險的飛行狀態的暴力操作。早期的飛行測試常常將飛機推到極限（也會超過極限），這種測試會讓飛機進入不安全狀態，飛機必須透過「暴力操作」來挽救，但計算機會盡職地阻止暴力操作，所以為了保證安全而設計的軟體可能反而讓飛機墜入海中。寫一個安全性劇情來處理這種情況，並討論防止這種結果的戰術。

4. 根據 slate.com 與其他資訊來源，有一位德國少女「躲了起來，因為她忘記將 Facebook 的生日邀請功能設成隱私，因而不小心邀請了整個 Internet。在 15,000 個人確認他們會來參加派對之後，女孩的父母取消生日派對，通知警方，並雇用私人保全來保護他們家」。最終仍然有 1,500 個人到場，造成幾個人輕傷和難以形容的混亂。Facebook 是否不安全？討論這個事件。

5. 寫一個安全劇情來保護不幸的德國女孩免受 Facebook 的傷害。

6. 在 1991 年 2 月 25 日波灣戰爭期間，美國愛國者飛彈連無法攔截一顆來襲的飛毛腿飛彈，讓那顆飛彈擊中一個營房，造成 28 位士兵死亡，數十人受傷。失敗的原因是軟體算出不準確的「啟動後經過的時間（the time since boot）」，而且那個錯誤會隨著時間而不斷累積。寫一個安全劇情來處理愛國者的失敗，並討論預防它的戰術。

7. 作者 James Gleick（在「Bug and a Crash」，around.com/ariane.html）寫道：「歐洲太空總署花了 10 年和 70 億美元來製造 Ariane 5，每次發射這顆巨型的火箭都可以將一對 3 噸重的衛星送入軌道…這顆火箭在初次發射的一分鐘之內就爆炸了…因為有一個小型的計算機程式試著將一個 64 位元的數字塞入 16 位元的空間。一個 bug 導致一次墜機。在計算機科學有史以來記錄在案的粗心程式中，這一行程式可能是破壞效率最高的一行。」寫一個處理 Ariane 5 災難的安全劇情，並討論避免災難的戰術。

8. 討論你如何看待「安全性通常要用性能、妥善性和互操作性等品質屬性來『交換』」這句話。

9. 討論安全性與可測試性之間的關係。

10. 安全性與可修改性之間有什麼關係？

11. 根據法航 447 航班的故事，討論安全性與易用性之間的關係。

12. 為自動提款機製作錯誤清單和故障樹，包括關於硬體組件故障、通訊故障、軟體故障、金額不足、用戶錯誤和資安攻擊等錯誤。如何使用戰術來處理這些錯誤？

11

資訊安全

如果你向風透露秘密，那就別怪風把你的秘密透露給樹。

—Kahlil Gibran

資訊安全是系統保護資料與資訊免受未獲授權的對象接觸，同時讓獲得授權的對象使用它們的能力。攻擊（也就是對計算機系統造成破壞的行動）有多種形式，可能是未獲授權的對象試圖存取資料、使用服務，或修改資料，也可能是攻擊者試圖讓合法用戶無法使用服務。

定義資訊安全最簡單的方法是使用三個特徵：機密性、一致性和易用性（CIA）：

- **機密性**（*Confidentiality*）就是資料或服務受到保護，不被未獲授權的對象接觸的屬性。例如，駭客無法在政府的電腦中讀取你的所得稅申報書。
- **一致性**（*Integrity*）就是讓資料或服務不被未獲授權的操作影響的屬性。例如，一旦你的老師決定你的成績之後，它就不會改變了。
- **易用性**（*Availability*）就是系統可供合法使用的屬性。例如，DoS 攻擊無法阻止你在網路書店購買這本書。

我們將在資訊安全一般劇情中使用這些屬性。

資訊安全領域有一種稱為威脅模型的技術，資訊安全工程師會使用「攻擊樹」來確定可能的威脅，它很像第 4 章介紹的故障樹。樹的根部是一次成功的攻擊，節點是可能導致那次成功攻擊的直接原因，該節點的子節點是直接原因的因素，以此類推。那次攻擊可能是企圖破壞 CIA 的行動，攻擊樹的葉節點就是劇情中的觸發事件。針對攻擊的回應就是維持 CIA，或藉著監測攻擊者的行動來阻止他們。

隱私

隱私的品質與資訊安全密切相關。近年來，隱私問題已經變得更加重要，歐盟已經在一般資料保護規範（GDPR）中將它寫成法律了，其他的司法管轄區也有類似的規定。

實現隱私與限制資訊的接觸有關，也與哪些資訊應限制接觸，以及哪些人可以接觸有關。個人識別資訊（PII）是必須保持隱私的資訊的總稱。美國國家標準暨技術研究院（NIST）如此定義 PII：「PII 是由特定機構維護的，而且與個人有關的任何資訊，包括 (1) 可用來區分或追蹤個人身分的任何資訊，例如姓名、社會安全碼、出生日期和地點、母親的婚前姓名，或生物辨識記錄；以及 (2) 連結某人或可連結某人的任何資訊，例如醫療、教育、財務和就業資訊。」

「哪些人可以接觸資料」這個問題比較複雜。組織經常要求用戶閱讀並同意他們的隱私協議，這些隱私協議詳細說明了除了收集資訊的組織之外，誰有權利看到 PII。收集資訊的組織應該制定政策，規定組織內部誰可以取得那些資料。例如軟體系統的測試員，為了執行測試，他該使用包含 PII 的真實資料嗎？一般來說，在測試時，PII 會被遮蓋起來。

組織通常會要求架構師（可能代表專案經理）確認 PII 不會被不需要使用 PII 的開發團隊成員接觸。

11.1 資訊安全一般劇情

根據這些考慮因素，我們可以描述資訊安全一般劇情的各個部分，見表 11.1 的摘要。

表 11.1 資訊安全一般劇情

部分劇情	說明	可能的值
來源	攻擊可能來自組織外部，或組織內部。攻擊的來源可能是一個人，或另一個系統。它可能曾經被識別（正確或不正確），也可能不明。	• 人 • 另一個系統 他： • 在組織內 • 在組織外 • 曾經被識別 • 不明
觸發事件	觸發事件就是一次攻擊。	在未經授權的情況下，試圖： • 顯示資料 • 擷取資料 • 修改或刪除資料 • 接觸系統服務 • 改變系統的行為 • 降低妥善性
工件	被攻擊的目標為何？	• 系統服務 • 系統內的資料 • 系統的組件或資源 • 系統產生的資料或使用的資料
環境	當攻擊發生時，系統的狀態為何？	系統是： • 上線或離線 • 連接網路或未連接網路 • 在防火牆後面，還是向網路開放 • 全面運行 • 部分運行 • 未運行
回應	系統確保機密性、一致性和易用性獲得維護。	執行事務的方式讓 • 資料或服務受到保護，不會被未經授權的對象取用 • 未經授權的對象無法操作資料或服務

部分劇情	說明	可能的值
回應（續）		• 交易的各方都會收到確認 • 交易的各方不能否認曾經參與 • 資料、資源與系統服務將可用於合法用途 系統藉著以下方法來記錄行動 • 記錄存取或修改 • 記錄試圖接觸資料、資源或服務的行為 • 明顯的攻擊發生時，通知合適的個體（人或系統）
回應數據	系統的回應數據與成功攻擊的頻率、抵禦攻擊和恢復的時間與成本，以及攻擊造成的損害有關。	它是以下的一或多個： • 一種資源被破壞或被保護的程度 • 偵測攻擊的準確度 • 攻擊了多久之後才被偵測到 • 抵禦了多少次攻擊 • 被成功攻擊之後，恢復的時間多久 • 有多少資料容易遭受某一種攻擊

圖 11.1 是從一般劇情衍生的具體劇情範例：有一位在遠方的不滿員工試圖在正常操作期間非法修改工資率表，這次未經授權的接觸被偵測到，系統保留數據軌跡，在一天之內恢復正確的資料。

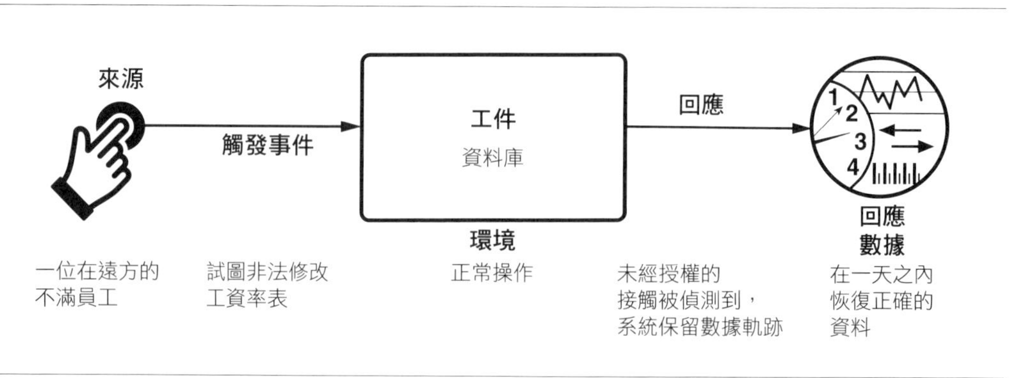

圖 11.1 資訊安全範例劇情

11.2 資訊安全戰術

在考慮如何實現系統的資訊安全時，你可以想想實體保全。實體的保全措施只允許有限的人進入（例如使用圍欄或安全檢查站）、有偵測入侵者的手段（例如要求合法訪客配帶徽章）、有威懾機制（例如安排武裝警衛）、有反應機制（例如自動鎖門），有恢復機制（例如異地備份）。所以我們有四種戰術：偵測、抵制、反應和恢復。圖 11.2 是資訊安全戰術的目標，圖 11.3 是這些類別的戰術。

偵測攻擊

偵測攻擊類別包含四種戰術：偵測入侵、偵測服務拒絕、驗證訊息一致性，和檢測訊息延遲。

- **偵測入侵**。這種戰術會比較「系統內的網路流量或服務請求模式」與「資料庫內的一組特徵或已知的惡意行為模式」。特徵可能包含協定特徵、請求特徵、有效負荷大小、應用程式、來源或目的位址，或連接埠號碼。
- **偵測服務拒絕**。這種戰術會比較「進入系統的資訊流模式或特徵」與「DoS 攻擊的歷史資料」。

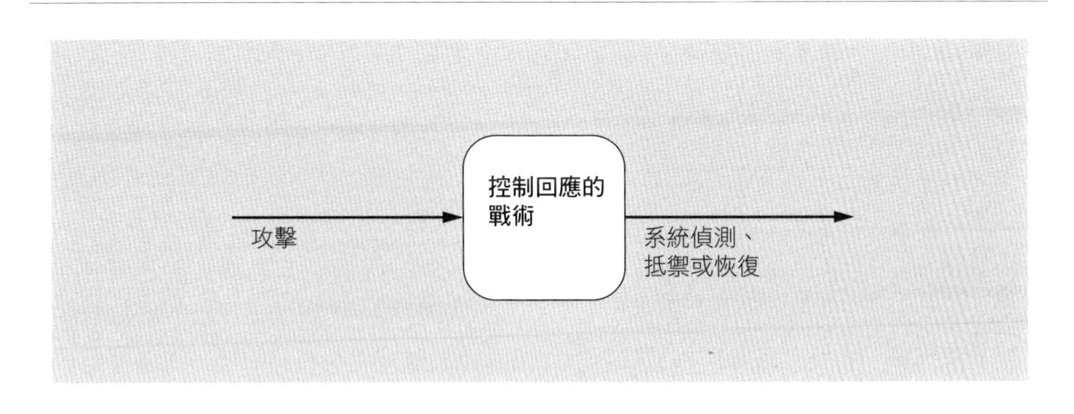

圖 11.2 資訊安全戰術的目標

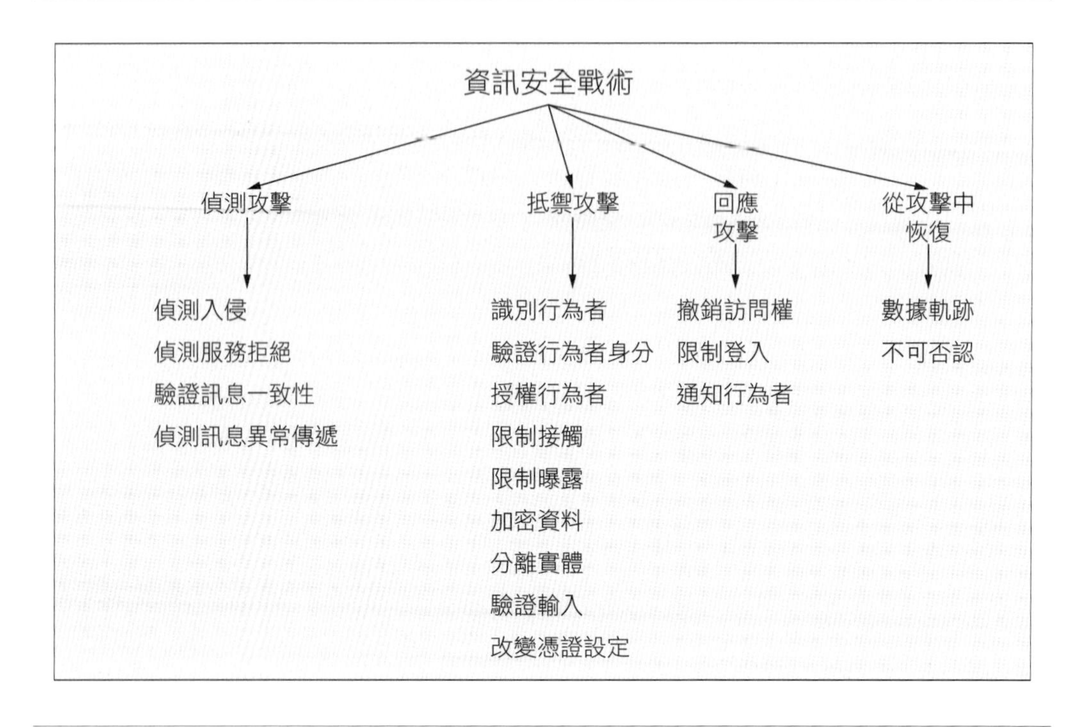

圖 11.3 資訊安全戰術

- **驗證訊息一致性**。這個戰術採用 checksum 或雜湊值來檢查訊息、資源檔、部署檔、設定檔的一致性。checksum 是一種檢查機制，系統會在裡面個別維護檔案與訊息的冗餘資訊（redundant information），並使用這個冗餘資訊來檢驗檔案或訊息。雜湊值是用雜湊函式產生的字串，它是獨一無二的，雜湊函式的輸入可能是檔案或訊息。即使原始檔案或訊息只被稍微修改也會產生明顯不同的雜湊值。

- **偵測訊息異常傳遞**。這種戰術旨在檢測中間人攻擊，也就是有惡意的人正在攔截訊息（而且可能會修改它）。如果訊息的傳遞時間通常是穩定的，你可以藉著檢查一則訊息的傳遞或接收時間來檢測可疑的時間性行為，異常的連線與斷線次數也可能代表發生這種攻擊。

抵禦攻擊

我們可以用一些著名的手段來抵禦攻擊：

- **識別行為者**。識別行為者（用戶或遠端計算機）的重點是識別進入系統的外界輸入的來源，通常用用戶 ID 來識別用戶。其他的系統可能透過存取碼、IP 位址、協定、連接埠，或其他的方法來進行「識別」。
- **驗證行為者身分**。驗證身分的意思是確定行為者確實是他自稱的人或事物。密碼、一次性密碼、數位憑證、雙因素驗證，以及生物識別都可以用來進行身分驗證。另一種案例是 CAPTCHA（Completely Automated Public Turing test to tell Computers and Humans Apart），這是一種問答式測試法，目的是確定用戶是不是人類。系統可能需要定期重新驗證身分，例如智慧手機處於非使用狀態一段時間之後會自動上鎖。
- **授權行為者**。授權的意思是確保已驗證身分的行為者有權接觸或修改資料或服務。這種機制通常會在系統中提供某種存取（訪問）控制機制。你可以為每位行為者、每一個行為者種類，或每一個角色指定存取控制。
- **限制接觸**。這種戰術就是限制行為者對計算機資源的接觸。限制接觸可能代表限制資源接觸點的數量，或限制可經過接觸點的資訊流類型，這兩種限制都會縮小系統的被攻擊面。例如，當組織想要讓外部用戶使用某些服務，但不能使用其他服務時，他們可以使用非軍事區（demilitarized zone，DMZ）。DMZ 位於 Internet 和內部網路之間，用一對防火牆來保護，該區域的兩邊各一個防火牆。內部防火牆是進入內部網路的唯一入口，它的功能是限制接觸點數量，以及控制進入內部網路的資訊流類型。
- **限制曝露**。這種戰術的重點是盡量減少敵對行動的損害造成的影響，這是一種被動防禦，因為它不會主動阻止攻擊者造成傷害。限制曝露的做法通常是減少可以透過單一接觸點接觸的資料或服務，以免一次攻擊就可以破解它們全部。
- **加密資料**。實現機密性的方法通常是對資料和通訊進行某種形式的加密。加密也可以為持續維護的資料提供授權之外的保護，相較之下，通訊連結可能沒有授權機制，若要保護在公開的線路上傳遞的資料，加密是唯一手段。加密可能是對稱的（讀取方與寫入方使用相同的密鑰）或不對稱的（讀取方與寫入方使用配對的公鑰與私鑰）。

- **分離實體**。將不同的實體分開，以限制攻擊的範圍。在系統裡進行分離的方法包括：將不同的伺服器接到不同的網路、使用虛擬機器，或使用「air gap」，也就是讓系統的各個部分之間沒有電子連結。最後，敏感資料經常和非敏感資料分開，以減少能夠接觸非敏感資料的用戶進行攻擊的可能性。
- **驗證輸入**。在系統或系統的一部分收到輸入時，對它進行清理與檢查，這是抵禦攻擊的重要早期防禦手段。這個戰術的做法通常是使用資訊安全框架或驗證類別來對輸入執行過濾、標準化與淨化等動作。資料驗證是防禦 SQL 注入和跨站腳本攻擊（XSS）的主要手段，SQL 注入就是將惡意的程式植入 SQL 陳述式，跨站腳本攻擊就是在用戶端執行來自伺服器的惡意程式。
- **改變憑證設定**。很多系統都會在發行時使用預設的安全設定。強迫用戶改變這些設定可防止攻擊者利用公開的設定來入侵系統。許多系統也要求用戶在超過一段時間之後選擇新密碼。

回應攻擊

有些戰術的目的是回應潛在的攻擊。

- **撤銷訪問權**。如果系統或系統管理員相信有攻擊正在進行，他可以嚴格限制對方接觸敏感資源，即使那是正常且合法的用戶和用法。例如，如果你的桌機中毒了，你可以限制針對某些資源的接觸，直到病毒被移除為止。
- **限制登入**。反覆的失敗登入可能意味著攻擊。許多系統會在一台電腦反覆登入一個帳號並失敗時，限制來自那台電腦的訪問權限。當然，合法的用戶可能在登入時犯錯，所以限制訪問權限可能只維持一段時間。有的系統會在每次登入失敗時，將鎖定時間翻倍。
- **通知行為者**。攻擊可能需要操作員、其他人員或合作系統採取行動，當系統檢測到攻擊時，必須通知那些人或系統（相關行為者）。

從攻擊中恢復

當系統檢測到攻擊並試圖抵禦攻擊之後，它必須恢復，包括恢復服務。例如，你可以保留額外的伺服器或網路連線在這種情況下使用。因為成功的攻擊可視為一種故障，所以從故障恢復的妥善性戰術（第 4 章）也可以用來處理這個資安層面。

除了用來恢復系統的妥善性戰術之外，你也可以使用數據軌跡和不可否認戰術：

- **數據軌跡**。記錄系統的數據軌跡（也就是記錄用戶和系統的動作及其影響），以協助追蹤攻擊者的動作和識別他的身分。你可能會分析數據軌跡，以試圖起訴攻擊者，或在將來建立更好的防線。
- **不可否認**。這種戰術保證訊息的發送者不能否認他發送過訊息，接收者也不能否認他接收過訊息。例如，你不能否認你曾經在 Internet 上訂購商品，商家也不能否認他已經收到你的訂單。這個戰術可以藉著結合數位簽章和可信任的第三方提供的身分驗證來實現。

11.3 資訊安全戰術問卷

根據第 11.2 節介紹的戰術，我們可以製作一組資訊安全戰術問題，如表 11.2 所示。為了了解支援資訊安全的架構選項，分析者必須詢問各個問題，並在這張表中寫下答案。你可以將這些問題的答案當成後續行動的焦點：研究文件、分析程式碼或其他工件、對程式進行逆向工程…等。

表 11.2　資訊安全戰術問卷

戰術組別	戰術問題	支援？（是 / 否）	風險	設計決策與位置	基本理由與假設
偵測攻擊	系統能不能**偵測入侵**行為，例如，藉著比較「網路流量或服務請求模式」與「資料庫中的惡意行為特徵或模式？」				
	系統能不能**偵測拒絕服務攻擊**，例如，藉著比較「進入系統的資訊流模式或特徵」與「DoS 攻擊的歷史資料」？				
	系統能不能透過 checksum 或雜湊值等技術來**驗證訊息一致性**？				
	系統能不能**檢測訊息延遲**，例如藉著檢查傳遞訊息所需的時間？				

戰術組別	戰術問題	支援？（是 / 否）	風險	設計決策與位置	基本理由與假設
抵禦攻擊	系統能不能透過用戶 ID、存取碼、IP 位址、協定、連接埠…等，來**識別行為者**？				
	系統能不能**驗證行為者的身分**，例如透過密碼、數位簽章、雙因素驗證，或生物特徵？				
	系統能不能**授權行為者**，確保已驗證身分的行為者有權接觸或修改資料或服務？				
	系統能不能藉著限制資源的接觸點數量，或限制可以通過接觸點的資訊流類型，來**限制**行為者對計算機資源的**接觸**？				
	系統能不能藉著減少可透過單一接觸點接觸的資料或服務數量來**限制曝露**？				
	系統是否支援**資料加密**，可為傳輸中或靜止的資料加密？				
	系統的設計是否考慮**分離實體**，將不同的伺服器接到不同的網路、使用虛擬機器，或使用「air gap」？				
	系統是否支援**改變憑證設定**，強迫用戶定期改變設定或出現嚴重事件時改變設定？				
	系統是否以一致的、系統範圍的方式**驗證輸入**，例如使用安全框架或驗證類別來對外部輸入執行過濾、標準化，與淨化等動作？				
回應攻擊	如果攻擊正在進行，系統是否支援**撤銷訪問權**，限制行為者接觸敏感資源，甚至限制合法用戶或合法用法？				
	系統是否在多次登入失敗的情況下支援**限制登入**？				
	系統是否在偵測到攻擊時，支援**通知行為者**，例如操作員、其他人員或合作系統？				

戰術組別	戰術問題	支援？（是 / 否）	風險	設計決策與位置	基本理由與假設
從攻擊中恢復	系統是否維護**數據軌跡**，以協助追蹤攻擊者的動作，並且識別他？ 系統是否確保**不可否認**性，保證訊息的發送者不能否認他發送過訊息，接收者也不能否認他接收過訊息？ 你是否查閱第 4 章的「從錯誤中恢復」的戰術？				

11.4 資訊安全模式

攔截驗證器與入侵預防系統是兩種比較著名的資訊安全模式。

攔截驗證器

這種模式會在訊息的來源和訊息的目的地之間插入一個軟體元素（一個包裝）。這種做法假設來自外界的訊息有較高的重要性。這種模式最常見的用途是實作「驗證訊息一致性」戰術，但它也可以加入「偵測入侵」與「偵測服務拒絕」（藉著比較訊息與已知的入侵模式）或「偵測訊息異常傳遞」等戰術。

好處：

- 取決於你建立與部署的驗證器，這種模式可以在一個包裝裡執行大部分的「偵測攻擊」戰術。

取捨：

- 一如往常，引入中間人需要付出性能代價。
- 入侵模式會隨著時間而變化和發展，因此這個組件必須持續更新，以維持有效性。所以負責該系統的組織必須承擔維護義務。

入侵預防系統

入侵預防系統（Intrusion Prevention System，IPS）是一種獨立的元素，其目的是識別和分析任何可疑的活動。如果 IPS 認為一個活動是可接受的，該活動就會被允許，如果它認為一個活動是可疑的，IPS 阻止並回報該活動。這個系統會注意整體使用情況的可疑模式，而不僅僅是異常訊息。

好處：

- 這些系統可以涵蓋大部分的「偵測攻擊」與「回應攻擊」戰術。

取捨：

- IPS 尋找的活動模式會隨著時間而改變與發展，因此模式資料庫必須不斷更新。
- 採用 IPS 的系統需付出性能成本。
- IPS 有現成的商業組件，所以不需要開發，但可能不太適合特定的應用領域。

值得注意的安全模式還有劃分（compartmentalization）與分散責任（distributed responsibility），它們都結合「限制接觸」與「限制曝露」戰術，前者針對資訊，後者針對活動。

正如我們曾經在資訊安全戰術清單中加入妥善性戰術（以參考的方式），妥善性模式也適合在資訊安全中使用，因為它可以對抗試圖阻止系統運行的攻擊。你也要考慮第 4 章介紹的妥善性模式。

11.5 延伸讀物

本章介紹的架構戰術只是讓系統更安全的一個層面而已。其他層面包括：

- 程式編寫。《*Secure Coding in C and C++*》[Seacord 13] 介紹如何寫出安全的程式碼。
- 組織流程。組織必須制定維護資安的各個層面的流程，包括在系統升級時落實最新的保護措施。NIST 800-53 提供了一些組織流程 [NIST 09]。組織流程必須考慮內部威脅，內部威脅占了攻擊的 15% ～ 20%。[Cappelli 12] 討論內部威脅。

- 技術流程。Microsoft 的 Security Development Lifecycle 包含威脅模型的建立：microsoft.com/download/en/details.aspx?id=16420。

Common Weakness Enumeration 是一份常見的系統漏洞類別清單，包括 SQL 注入與 XSS：https://cwe.mitre.org/。

NIST 出版了幾本書來定義資訊安全術語 [NIST 04]、資訊安全控制類別 [NIST 06]，以及組織可使用的資訊安全控制清單 [NIST 09]。資訊安全控制可視為一種戰術，但它也具備組織、程式設計，與技術性質。

討論系統資安工程的好書包括 Ross Anderson 的《*Security Engineering: A Guide to Building Dependable Distributed Systems*》第 3 版 [Anderson 20]，以及 Bruce Schneier 著作的系列書籍。

不同的領域有不同的資安實踐法。例如，Payment Card Industry（PCI）為涉及信用卡處理的人們建立了一套標準（pcisecuritystandards.org）。

Wikipedia 的「Security Patterns」網頁簡單地定義大量的資訊安全模式。

訪問控制通常使用 OAuth 這種標準來進行。你可以到 https://en.wikipedia.org/wiki/OAuth 閱讀 OAuth 的相關知識。

11.6 問題研討

1. 為汽車寫一套具體的資訊安全劇情。特別考慮如何寫出關於車輛控制的劇情。
2. 有史以來，最複雜的攻擊是由一種名為 Stuxnet 的病毒進行的。Stuxnet 在 2009 年出現，但在 2011 年廣為人知，因為據披露，它嚴重破壞伊朗鈾濃縮計畫的高速離心機，或導致它無法運轉。閱讀 Stuxnet 的相關報導，看看能否基於本章介紹的戰術，想出一個防禦它的策略。
3. 資訊安全與易用性經常被視為互相矛盾的屬性，資訊安全通常施加一些程序與流程，但是對普通用戶來說，它們看起來是沒必要的額外負擔。儘管如此，有人說資訊安全和易用性是相輔相成的（或應該如此），並認為，讓系統更容易安全地使用是向用戶推銷資訊安全的最佳方法。討論它。

4. 列出一些對資訊安全非常重要的資源，DoS 攻擊可能針對它們，並試圖耗盡它們。你可以用哪些架構機制來防止這種攻擊？
5. 本章介紹的哪些戰術可防禦內部威脅？你有沒有想到可以加入的戰術？
6. 在美國，Netflix 通常占了所有 Internet 流量的 10%。如何識別針對 Netflix.com 發動的 DoS 攻擊？你能不能寫出一個劇情來描述這種情況？
7. 公開揭露組織的生產系統之中的漏洞是一個有爭議的問題，討論為何如此，並指出公開揭露漏洞的利弊。這個問題如何影響你這位架構師？
8. 公開揭露一個組織的安全措施和實現那些措施的軟體（例如透過開放原始碼軟體）是一個有爭議的問題。討論為何如此，指出公開揭露安全措施的利弊，並說明這可能如何影響你這位架構師。

12

可測試性

測試帶來失敗，失敗帶來理解。

—Burt Rutan

精心打造的系統經常付出相當程度的成本來進行設計，仔細設計軟體架構來降低這種成本可帶來很大的回報。

軟體可測試性就是用測試（通常是直接執行）來讓軟體浮現錯誤的難易程度。具體來說，可測試性就是當軟體至少有一個錯誤時，它會在下次執行測試時出錯的機率。直觀地說，如果一個系統很容易「坦誠」它的錯誤，該系統就是可測試的。如果系統有錯誤，我們希望它在測試期盡快出錯。當然，這種機率不容易計算，而且我們也會使用其他的數據（你將在討論可測試性的回應數據時看到）。此外，你可以讓架構更容易重現 bug，或減少 bug 可能的根源來提高可測試性，但我們不認為這些活動是可測試性的一部分。說到底，光是揭露 bug 還不夠，你也要找到並修正 bug！

圖 12.1 是測試的簡單模型，裡面有一個程式處理輸入並產生輸出。oracle 是決定輸入是否正確的代理程式（人類或計算機），決定的方法是比較輸出與期望的結果。輸出不僅僅是功能性的數據，也可能包括品質屬性的衍生值，例如產生輸出所需的時間。圖 12.1 也指出，程式的內部狀態可被 oracle 看到，且 oracle 可以確定該狀態是否正確，也就是說，它可以檢測程式是否進入錯誤狀態，並判斷程式的正確性。設定和檢查程式的內部狀態是測試的層面之一，在可測試性戰術中占有重要地位。

可被正確測試的系統必須能夠控制各個組件的輸入（可能也要操作它的內部狀態），然後觀察它的輸出（可能也要觀察它的內部狀態，包括在計算輸出之前，以及在計算過程中)。我們通常使用測試載入器(*test harness*)來進行控制與觀察,它是專門用來測試軟體的一套軟體(有時是硬體)。測試載入器有各種形式,可能包含幾項功能,例如記錄經過介面的資料和重播它們、模擬軟體的外部環境,甚至可在生產過程中運行的獨特軟體(見「Netflix 的 Simian Army」專欄)。測試載入器可以協助執行測試程序,以及記錄輸出。測試載入器和配套的基礎設施本身就可能是大型的軟體,有它們自己的架構、關係人,以及品質屬性要求。

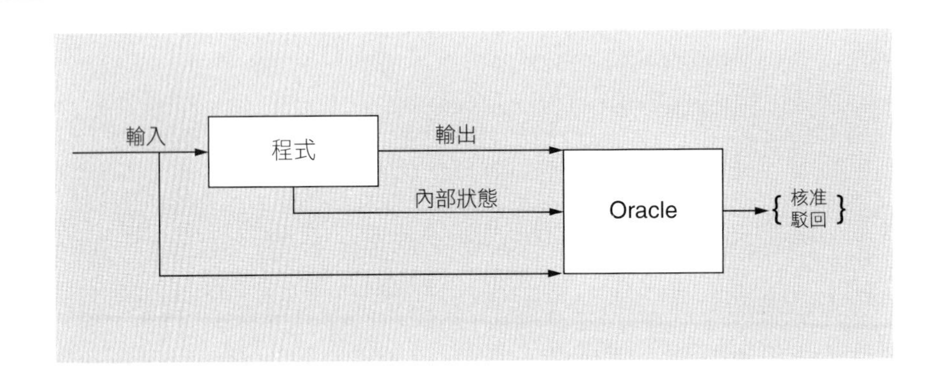

圖 12.1 測試模型

Netflix 的 Simian Army

Netflix 透過 DVD 和串流視訊來傳遞電影和影集,它的串流視訊服務非常成功,事實上,在 2018 年,Netflix 的串流視訊占了全球 Internet 流量的 15%。所以妥善性對 Netflix 來說當然很重要。

Netflix 讓 Amazon EC2 cloud 管理它的計算服務。它在測試流程中使用了一組最初稱為「Simian Army(猴子軍團)」的服務。Netflix 在一開始使用 Chaos Monkey 隨機殺死系統內運行中的程序,以便監視失敗的程序造成的影響,並確保系統不會失敗,或因為程序失敗而造成嚴重的退化。

Chaos Monkey 有一些協助測試的友軍,Netflix Simian Army 除了 Chaos Monkey 之外,還有:

- Latency Monkey 會在網路通訊中加入人工延遲，以模擬服務退化，並測量上游服務是否做出適當的反應。
- Conformity Monkey 會找出不遵守最佳做法的實例，並將它們關閉。例如，如果有一個實例不屬於自動擴展的群組，當需求量提高時，它將無法適當地擴展。
- Doctor Monkey 藉著聯繫在每一個實例上運行的健康檢查機制，並監視健康的外部跡象（例如 CPU 負載）來檢測不健康的實例。
- Janitor Monkey 確保 Netflix 雲端環境不雜亂且不浪費。它會搜尋未使用的資源，並處理它們。
- Security Monkey 是 Conformity Monkey 的擴充版。它會尋找安全違規或漏洞，例如未正確配置的資訊安全群組，並停止違規的實例。它也確保所有的 SSL 與數位版權管理（DRM）憑證都是有效的，不致於快過期。
- 10-18 Monkey（localization-internationalization，本地化 - 國際化）檢測特定實例的設定和執行期問題，那些實例是為許多地理區域中使用不同語言和字元集的顧客提供服務的實例。10-18 這個名稱來自 *L10n-i18n*，它是「localization」與「internationalization」的一種簡寫。

Simian Army 的一些成員使用錯誤注射（fault injection），以受控且受監測的方式，將錯誤放入運行中的系統，讓其他的成員監測系統及其環境的各種專屬層面。這些技術也可以在 Netflix 之外的環境中使用。

因為錯誤的嚴重程度各不相同，所以你應該把更多精力放在尋找最嚴重的錯誤，而不是尋找其他錯誤上。Simian Army 反映了 Netflix 的決定：找出最嚴重的錯誤。

Netflix 的策略說明，有些系統因為太複雜且適應性太強，因此無法全面測試，因為它們有些行為是突發的。在這種領域進行測試時，有一種做法是記錄系統產生的操作資料，以便在故障發生時，在實驗室中分析紀錄，以試著重現錯誤。

—LB

測試是由各種開發者、用戶或品保人員執行的。他們會測試部分的系統，或整個系統。可測試性的回應數據包含執行測試時發現錯誤的效率，以及測試達到某個覆蓋水準所需的時間。測試案例可能是開發者、測試團隊或顧客寫出來的。有時測試活動會實際推動開發活動，例如測試驅動開發（test-driven development）。

測試程式碼是驗證的特例，它是為了確保工件滿足關係人的需求，或適合使用而編寫的。我們將在第 21 章討論架構設計復審，這是另一驗證，它檢驗的工件是架構。

12.1 可測試性一般劇情

表 12.1 是描述可測試性特點的一般劇情的元素。

表 12.1 可測試性一般劇情

部分劇情	說明	可能的值
來源	測試案例可由人類或自動測試工具執行。	以下的一項或多項回應： • 單元測試員 • 整合測試員 • 系統測試員 • 驗收測試員 • 最終用戶 可能手動進行測試，或使用自動測試工具
觸發事件	啟動一項測試或一組測試。	這些測試的作用是： • 驗證系統功能 • 驗證品質 • 發現威脅品質的新因素
環境	在出現各種事件，或是在生命週期里程碑時進行測試。	一組測試之所以執行，是因為： • 完成一個程式元素，例如類別、階層或服務 • 完成整合子系統 • 完成整個系統 • 將系統部署到生產環境中 • 將系統交給顧客 • 測試行程

部分劇情	說明	可能的值
工件	被測試的部分系統，或任何測試基礎設施。	被測試的部分： • 一個程式單位（架構的一個模組） • 組件 • 服務 • 子系統 • 整個系統 • 測試基礎設施
回應	系統及其基礎設施可在受控制的情況下執行所需的測試，而且測試的結果可被觀察。	以下的一項或多項回應： • 執行測試和取得結果 • 抓到導致錯誤的活動 • 控制與監測系統的狀態
回應數據	回應數據旨在顯示系統有多麼容易「坦誠」它的錯誤或缺陷。	包括以下的一項或多項回應： • 尋找錯誤或錯誤類別所需的工作量 • 到達一定的狀態空間覆蓋率所需的工作量 • 下一次測試浮現錯誤的機率 • 執行測試所需的時間 • 檢測錯誤所需的工作量 • 準備測試基礎設施所需的時間 • 讓系統進入特定狀態所需的工作量 • 減少風險暴露的程度：size(loss) × probability(loss)

圖 12.2 是可測試性的具體劇情：*開發者在開發階段完成一個程式單位，他執行一系列的測試。並抓到結果，在 30 分鐘內獲得 85% 的路徑覆蓋率。*

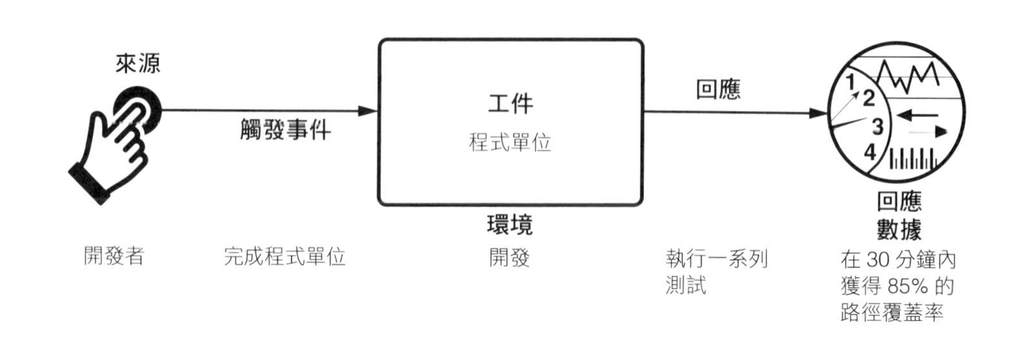

圖 12.2 可測試性劇情範例

12.2 可測試性戰術

可測試性戰術的目的，是讓測試更容易、更有效、更有能力。圖 12.3 是可測試性戰術的目標。用來提升軟體可測試性的架構性技術不像其他的品質屬性那麼受矚目，例如可修改性、性能、妥善性，但是正如之前所說的，可降低測試成本的任何手段都可以帶來明顯的好處。

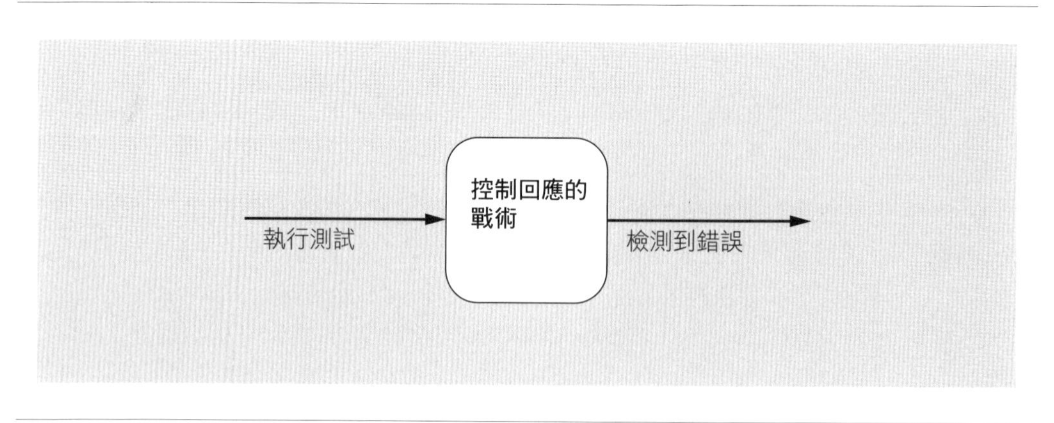

圖 12.3 可測試性戰術的目標

可測試戰術有兩大類。第一類旨在提升系統的可控制性和可觀察性。第二類旨在限制設計的複雜性。

控制與觀察系統狀態

控制與觀察是可測試性的核心，所以有些文章作者用這兩個術語來定義可測試性，它們是相輔相成的：控制一個東西卻無法觀察控制它的後果是沒有意義的。最簡單的控制與觀察就是提供一組輸入給一個軟體組件，讓它工作，然後觀察它的輸出。但是，可測試性戰術的控制與觀察可以告訴你除了軟體的輸入與輸出之外的事情。這些戰術可讓組件保存某種狀態資訊，可讓測試員設定狀態資訊值，也可讓測試員視需要取得資訊。狀態資訊可能是操作狀態、某個關鍵變數的值、性能負載、中間程序步驟，或可幫助重建組件行為的任何東西。具體戰術包括：

- **專門的介面**。專門的介面可讓你控制與抓取組件的變數值，也許是藉著使用測試載入器，也許是透過正常執行。以下是一些專門的測試程式，其中有些只能用來進行測試：

    - 存取重要變數、模式、屬性的 *set* 與 *get* 方法
    - 回傳物件所有狀態的**回報**方法
    - 將內部狀態（例如一個類別的所有屬性）設為特定內部狀態的**重設**方法
    - 打開詳細輸出、各種等級的事件記錄、性能檢測設備，或資源監視的方法

    你應該清楚地註明專門用來測試的介面與方法，或將它們與執行功能的方法或介面分開，以便視需要移除它們。但是，在攸關性能與一些攸關安全的系統裡，將被測試的程式分出去是有問題的做法，移除測試程式之後，你該如何確定發布出去的程式有相同的行為？尤其是有相同的時間行為？因此，這種策略比較適合其他類型的系統。

- **記錄 / 重播**。造成錯誤的狀態通常很難重建。你可以在狀態經過介面時記錄它，再用那個狀態來「重播系統」並重建錯誤。**記錄**就是記錄通過介面的資訊，**重播**就是將那些資訊當成後續測試的輸入。

- **將狀態獨立存放**。若要讓系統、子系統或組件在任意一種狀態之下啟動，最方便的做法是將那個狀態放在單一位置。相較之下，如果狀態被埋在某處，或分散各處，你就很難這樣啟動，甚至不可能做到。狀態可能是很細膩的，甚至是位元等級

的，也可能是大範圍的，代表廣泛的抽象，或整體的運作模式。細膩程度取決於你想在測試中如何使用狀態。若要將狀態的存放「外部化」（也就是讓它能夠透過介面功能來操作），有一種方便的方法是使用狀態機（或狀態機物件）來追蹤與回報當前的狀態。

- **將資料源抽象化**。類似控制程式狀態，控制程式的輸入資料也可以讓測試更容易。將介面抽象化可讓測試資料更容易替換。例如，如果你有一個客戶交易資料庫，你可以設計架構，以便隨時將測試系統指向其他的測試資料庫，甚至指向測試資料的檔案，而不需要改變功能程式。

- **沙箱**。「沙箱」就是將系統實例與真實世界隔離，讓你可以放心地進行實驗，而不需要擔心撤銷實驗結果帶來的後果。在進行測試時，你的操作不能產生永久性的後果，或者，你必須復原所有的後果。沙箱戰術的用途是劇情分析、訓練與模擬。如果發生在真實世界的故障可能導致嚴重的後果，模擬是常用的測試和訓練策略。

  沙箱有一種常見的形式是將資源虛擬化。在測試系統時，你通常要和一些資源互動，但那些資源的行為是系統無法控制的，使用沙箱的話，你可以建立該資源的可控制版本。例如，系統時鐘的行為通常無法控制，因為它每秒增加一秒，如果我們想要讓系統認為現在是半夜，而且此時所有資料結構都應該是溢位的，我們就要想辦法做到這一點，因為等待不是好辦法。將系統時間從時鐘時間抽出之後，我們就可以讓系統（或組件）以更快的速度運行，並且在關鍵的時間邊界測試系統（或組件），例如在下一次進入或離開日光節約時間時。其他的資源也可以進行類似的虛擬化，例如記憶體、電池、網路…等。stub、mock 與依賴注入都是既簡單且有效的虛擬化形式。

- **可執行斷言**。在這種戰術中，斷言（assertion）通常是手寫的，並且被放在可以指出程式何時進入錯誤狀態，以及在哪裡進入錯誤狀態的位置。斷言通常用來確定資料值滿足特定限制。斷言是以特別的資料宣告來定義的，必須放在資料值被參考或修改的地方。斷言可以用來表示每個方法的前、後條件，以及類別等級的不變數（invariant）。它可以提升系統的可觀察性，因為斷言可以指出失敗。有系統地將斷言插入資料值會改變的地方可以視為手動產生「擴展」型態，這實質上是用額外的檢查程式來標注一個型態，只要該型態的物件被修改，檢查程式就會自動執行，如果有任何條件被違反，它就會發出警告。在斷言覆蓋的測試用例範圍內，斷言可以有效地將測試 oracle 嵌入程式中，前提是斷言是正確的，而且被正確地編寫。

以上所有戰術都在軟體中加入某種功能或抽象，如果我們對測試不感興趣，它們就不會存在。它們可以視為具備特殊功能的、用來提高測試效率和效果的擴充軟體。

除了可測試性戰術之外，我們也有一些可將組件換成不同版本以方便測試的技術：

- **組件替換**就是直接將一個組件換成不同的組件，在可測試性的案例中，那個組件加入了協助測試的功能。組件替換通常是在系統的組件腳本中進行的。
- **前置處理巨集**，當它被觸發時，它會擴展為能夠報告狀態的程式碼，或探測陳述式，可回傳或顯示資訊，或將控制權回傳給測試主控台。
- **剖面**（來自剖面導向程式，aspect-oriented program）可以處理關於如何回報狀態的橫切關注點。

限制複雜度

複雜的軟體很難測試，它的狀態空間很大，而且當所有其他條件都相同時，在大狀態空間中重建狀態比在小狀態空間中還要困難。因為測試不僅僅要讓軟體出錯，也要找出造成故障的錯誤以便移除它，所以我們通常希望重現行為。這個類別有兩個戰術：

- **限制結構複雜度**。這個戰術包括避免或解決組件之間的環狀依賴關係，將依賴關係隔離並封裝在外部環境中，以及降低組件之間的一般依賴關係（做法通常是降低組件之間的耦合）。例如，在物件導向系統裡，你可以簡化繼承階層：
  - 限制衍生類別的數量，或特定類別的衍生類別數量。
  - 限制繼承樹的深度，以及類別的子類別數量。
  - 限制多型與動態呼叫。

經驗證明，類別的**回應**（*response*）是與可測試性有關的結構性指標。類別 C 的回應是 C 的方法數量、加上 C 的方法呼叫的其他類別的方法的數量。降低這個指標可提升可測試性。此外，架構級的耦合指標，例如傳播成本（propagation cost）與解耦合程度，都可以用來測試與追蹤系統架構的整體耦合程度。

確保系統有高內聚、低耦合且分離關注點（所有的可修改性戰術，見第 8 章）也可以提高可測試性。這些特性可限制架構元素的複雜度，因為它們可讓各個元素有一個重點任務，因而限制與其他元素的互動。分離關注點可以協助實現可控制性和可觀察性，以及縮小程式的整體狀態空間。

最後，有些架構模式很適合提升可測試性。在階層模式中，你可以先測試低層，對低層有信心之後，再測試高層。

- **限制非確定性**。限制行為複雜度是與限制結構複雜度對應的戰術。在測試時，非確定性（nondeterminism）是複雜行為的有害形式之一，非確定性的系統比確定性的系統更難測試。這個戰術必須找出非確定性的所有根源，例如未加以約束的平行化機制，並盡量將它們排除。有些非確定性的根源是不可避免的，例如回應不可預測事件的多執行緒系統，但是對於這種系統，你可以用其他的戰術（例如記錄 / 重播）來管理這種複雜性。

圖 12.4 是可測試性的戰術摘要。

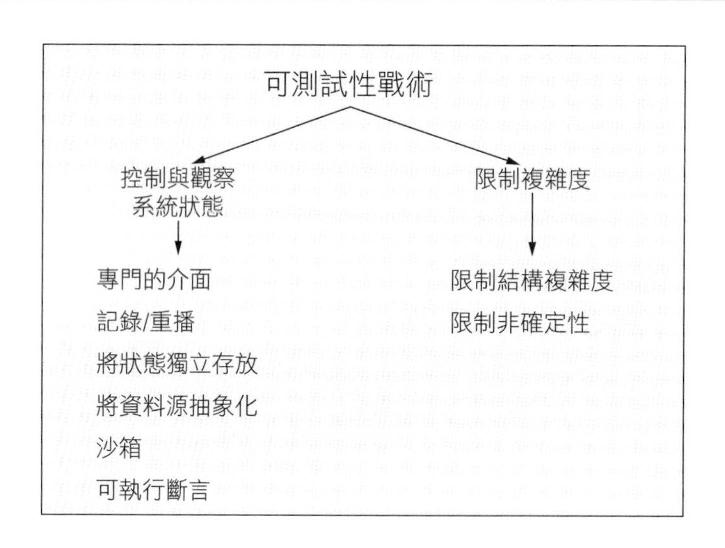

圖 12.4 可測試性戰術

12.3 可測試性戰術問卷

根據第 12.2 節介紹的戰術，我們可以製作一組戰術問題，如表 12.2 所示。為了了解支援可測試性的架構選項，分析者必須詢問各個問題，並在這張表中寫下答案。你可以將這些問題的答案當成後續行動的焦點：研究文件、分析程式碼或其他工件、對程式進行逆向工程…等。

表 12.2 可測試性戰術問卷

戰術組別	**戰術問題**	**支援？（是 / 否）**	**風險**	**設計決策與位置**	**基本理由與假設**
控制與觀察系統狀態	你的系統有沒有用**專門的介面**來取得與設定值？				
	你的系統有沒有**記錄 / 重播**機制？				
	你是否將系統的**狀態獨立存放**？				
	你的系統是否將**資料源抽象化**？				
	你的系統能不能部分或全部在**沙箱**裡運作？				
	可執行斷言有沒有在你的系統中發揮作用？				
限制複雜度	你的系統有沒有用系統化的方式**限制結構複雜度**？				
	你的系統有沒有非確定性？有沒有控制或**限制非確定性**的手段？				

12.4 可測試性模式

可測試性模式的目的是為了讓你更容易將測試專用程式與系統的實際功能解耦。我們在此討論三種模式：依賴注入、策略與攔截過濾器。

依賴注入模式

依賴注入模式就是將用戶端的依賴項目與它的行為分開。這個模式使用控制反轉。傳統的宣告式程式設計將控制機制與依賴關係明確地寫在程式裡，控制反轉的意思是從外界提供控制機制與依賴關係並注入程式碼。

這個模式有四個角色：

- 服務（你想廣泛提供的）
- 服務的用戶端

- 介面（讓用戶端使用，由服務實作）
- 注入者（建立服務的實例，並將它注入用戶端）

如果你用介面來建立服務並將它注入用戶端，你在編寫用戶端時就不需要知道具體的實作。換句話說，所有的實作細節是用注入的，通常在執行期。

好處：

- 可讓你注入測試實例（而不是製作實例），這些測試實例可以管理和監測服務的狀態。因此，編寫用戶端時，你不需要知道它將如何被測試。事實上，這也是許多現代測試框架的做法。

取捨：

- 依賴注入會讓執行期性能更不容易預測，因為它可能改變被測試的行為。
- 加入這個模式會增加少量的前期複雜度，而且可能需要重新培訓開發人員，讓他們從控制反轉的角度思考問題。

策略模式

在策略模式中，類別的行為可在執行期改變。這種模式通常在你可以用多種演算法來執行特定工作、而且可以動態選擇想使用的演算法時使用。這種模式的類別裡面只有抽象方法，方法的具體版本將根據背景因素來選擇。這個模式通常用來將某些功能的非測試版本換成測試版本，測試版本可提供額外輸出、額外的內部健全性檢測…等。

好處：

- 這個模式可讓類別更簡單，而不是將多個關注點（例如同一個功能的不同演算法）都放在一個類別裡。

取捨：

- 策略模式就像所有設計模式，會加入少量的前期複雜度。如果類別很簡單，或是你還有一些執行期選項，這些複雜度可能是多餘的。
- 對小型的類別而言，策略模式可能讓程式碼更難理解。但是隨著複雜度的增加，用這種方式來分割類別可以提升易讀性。

攔截過濾器模式

攔截過濾器模式的用途，是將前置處理作業與事後處理作業注入請求或回應。你可以定義任意數量的過濾器，並以任何順序將它套用到請求，再將請求傳給服務。例如，logging 與身分驗證服務都是一種過濾器，通常只要製作一次即可普遍使用。你可以用這種方式插入測試過濾器，而不干擾系統中的任何其他處理。

好處：

- 這個模式很像策略模式，可讓類別更簡單，因為它不會將所有的前置與事後處理作業邏輯放入類別。
- 使用攔截過濾器可以促進重複使用，而且可以大幅減少基礎程式的大小。

取捨：

- 如果服務會被傳入大量的資料，這種模式可能會非常沒效率，而且可能加入不可忽視的延遲，因為每個過濾器都會處理完整的輸入。

12.5 延伸讀物

討論軟體測試的文獻多如牛毛，但是從架構的角度教你如何讓系統更容易測試的著作卻不多。若要了解測試的概要，可參考 [Binder 00]。Jeff Voas 的著作也值得一讀，他在裡面探討可測試性，以及可測試性和可靠性之間的關係，他的論文不只一篇，但 [Voas 95] 是很好的起點，它可以為你指出其他的論文。

Bertolino 與 Strigini [Bertolino 96a, 96b] 是圖 12.1 的測試模型的開發者。「Uncle Bob」Martin 寫了大量的文章探討測試驅動開發，以及架構與測試之間的關係，這方面最棒的著作是 Robert C. Martin 的《*Clean Architecture: A Craftsman's Guide to Software Structure and Design*》[Martin 17]。Kent Beck 的《*Test-Driven Development by Example*》[Beck 02] 是測試驅動開發的早期權威參考資料。

傳播成本耦合指標是 [MacCormack 06] 最早提出的。[Mo 16] 介紹了解耦程度指標。

模型檢查（model checking）是一種象徵性地執行所有可能的程式碼路徑的技術。可用模型檢查來檢驗的系統大小有限，但許多設備驅動程式與微核心（microkernel）都已經被成功地進行模型檢查了。https://en.wikipedia.org/wiki/Model_checking 有模型檢查工具清單。

12.6 問題研討

1. 可測試的系統就是很容易招認錯誤的系統，也就是說，如果系統有錯誤，你不需要很長時間或很大的工作量就可以讓那個錯誤浮現。相較之下，容錯性（fault tolerance）就是讓系統隱藏錯誤的設計，其目的是讓系統非常難以曝露錯誤。你能不能設計一個同時具備高可測試性**和**高容錯性的系統？還是說，這兩種設計的本質目標就是不相容的？討論它。
2. 你認為可測試性與哪些其他的品質屬性最衝突？你認為哪些品質屬性與可測試性最相容？
3. 許多可測試性戰術也可以幫助實現可修改性，為何如此？
4. 為 GPS 導航 app 寫一些具體的可測試性劇情。你會在設計中採用哪些戰術來回應這些劇情？
5. 我們有一個戰術是限制非確定性，有一種方法是使用鎖來強制執行同步。使用鎖對其他品質屬性有什麼影響？
6. 假如你要建立下一個偉大的社交網路系統，你預計，在初次發行的一個月內，你將擁有 50 萬名用戶。你沒辦法聘請 50 萬人來測試系統，但是當 50 萬人使用你的系統時，它必須是穩健且容易使用的，你該怎麼辦？哪些戰術可以幫助你？為這個社交網路系統寫一個可測試性劇情。
7. 假如你使用可執行的斷言來改善可測試性。提出讓斷言在生產系統中運行，而不是在測試之後就移除它們的理由，以及提出一個反對它的理由。

13

易用性

人們會忽視那些忽視人的設計。

—Frank Chimero

易用性關注的是用戶完成任務的難易度，以及系統提供的用戶支援形式。若要提高系統品質（或更準確地說，用戶感受到的品質）與最終用戶的滿意度，把注意力放在易用性上面是最便宜且最簡單的方法。

易用性包含以下幾個層面：

- **學習系統功能**。如果用戶不熟悉系統或它的特定層面，系統如何讓用戶更容易學習？這可能包括提供協助功能。
- **有效地使用系統**。系統如何提高用戶的操作效率？這可能包括讓用戶在發出命令之後重新定向（redirect）系統。例如，用戶可能想要暫停一個任務，執行幾個操作，再恢復那個任務。
- **盡量減少用戶的錯誤造成的影響**。系統如何確保用戶的錯誤造成最小的影響？例如，用戶可能想要取消一次錯誤發出的命令，或撤銷其效果。
- **讓系統配合用戶的需求**。用戶（或系統本身）如何進行調整，來讓用戶更容易進行工作？例如，系統可能根據用戶輸入過的網址，自動填入 URL。
- **增加信心和滿意度**。系統如何讓用戶相信他已經做了正確的動作？例如，提供回饋來提示系統正在執行一項長期運行的工作，以及提供目前完成的百分比，都可以提升用戶對系統的信心。

專門研究人機互動的研究人員使用了**用戶發動**、**系統發動**與**混合發動**來描述主動執行動作的是人還是機器，以及他們之間的互動如何進行。易用性劇情可結合這兩個發動角度。例如，當用戶取消命令時，發出取消的是用戶（用戶發動），負責回應的是系統。但是在取消期間，系統可能會顯示進度條（系統發動）。因此，「取消」可能是混合發動。本章將藉著使用這種用戶發動和系統發動之間的區別，來討論架構師實現各種劇情的戰術。

易用性的實現程度和可修改性的實現程度有很強的關係。用戶介面的設計程序包括設計用戶介面再對它進行測試，你不太可能第一次就對，所以你要規劃這個程序的迭代，因此，你要把架構設計好，以減輕迭代過程的痛苦，這就是為什麼易用性與可修改性有強烈的關聯。你會在每一次迭代時修正設計的不足之處，並反覆執行這個程序。

這種關聯導致一些支援用戶介面設計的標準模式的出現。事實上，實現易用性最有效的辦法就是從用戶那裡學習如何做得更好，並找出哪裡需要改善，再反覆修改系統，讓它越來越好。

13.1 易用性一般劇情

表 13.1 是描述易用性的一般劇情。

表 13.1 易用性一般劇情

部分劇情	說明	可能的值
來源	觸發來自何方？	最終用戶是觸發易用性的主要來源，他可能有專門的職務，例如系統或網路管理員。 到達系統（用戶互動的系統）的外界事件也可能是觸發源。
觸發事件	最終用戶想要什麼？	最終用戶想要： • 有效地使用系統 • 學習使用系統 • 盡量降低錯誤的影響 • 調整系統 • 設定系統
環境	觸發事件何時到達系統？	與易用性有關的用戶行為一定是在執行期或系統設置期發生的。

部分劇情	說明	可能的值
工件	系統的哪部分受到刺激？	常見的案例有： • GUI • 命令列介面 • 聲音介面 • 觸控螢幕
回應	系統如何回應？	系統應該： • 提供用戶需要的功能 • 預測用戶的需求 • 提供適當的回饋給用戶
回應數據	回應是怎麼測量的？	以下的一項或多項回應： • 工作時間 • 錯誤的數量 • 學習時間 • 學習時間與工作時間之比 • 完成多少工作 • 用戶滿意度 • 學到用戶知識 • 成功操作與總操作之比 • 在錯誤發生時損失的時間與資料量

圖 13.1 是易用性劇情的具體案例，你可以用表 13.1 來產生它：用戶下載了一個新應用程式，並在 2 分鐘的試用之後，有效地使用它。

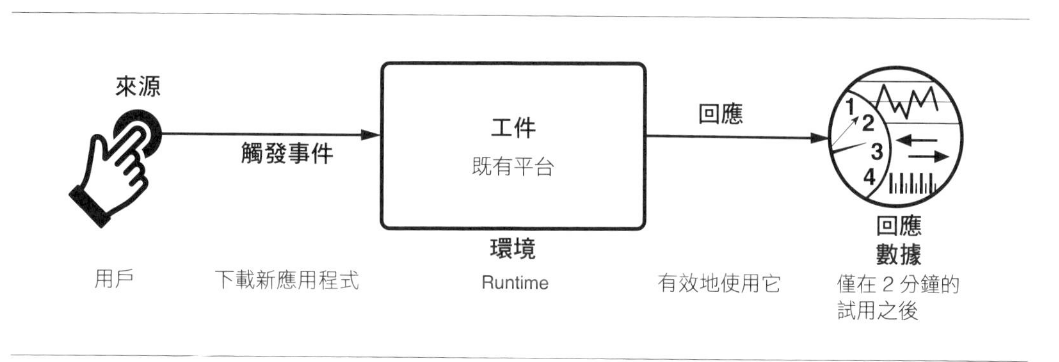

圖 13.1 易用性劇情範例

13.2 易用性戰術

圖 13.2 是易用性戰術的目標。

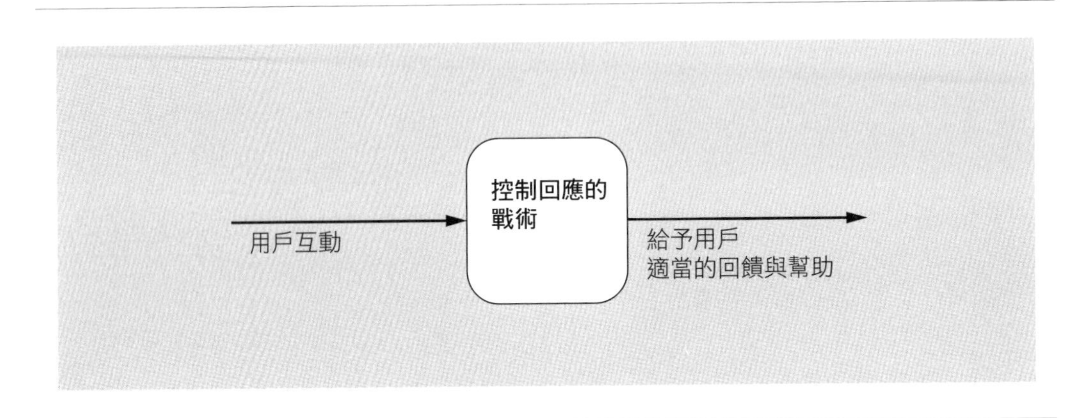

圖 13.2 易用性戰術的目標

支援用戶發動

在系統執行時提供用戶回饋，以告知系統正在做什麼，並讓用戶做出適當的回應，以改善易用性。例如，接下來介紹的戰術（**取消**、**撤銷**、**暫停 / 恢復**，以及**集合**）可幫助用戶修正錯誤，或讓他更有效率。

當架構師為用戶發動設計回應時，他會列出系統為了回應用戶命令必須做的事情，並分配它們。以下是協助用戶發動的常見戰術：

- **取消**。系統必須監聽用戶發出來的取消命令（因此，系統要安排一個持續監聽的機制，該機制不能被任何被取消的行動阻礙）、終止被取消的活動、釋出被取消的活動所使用的任何資源，並且通知與被取消的活動合作的組件，讓它們能夠採取適當的行動。
- **撤銷**。為了支援撤銷功能，系統必須保存足夠的系統狀態資訊，以便在用戶要求時恢復之前的狀態。這種記錄可能是「快照」形式，例如檢查點，或一組可逆操作。並非所有操作都可以輕易逆轉，例如，將文件中的所有「a」改成「b」不能藉著將所有「b」改成「a」逆轉，因為有些「b」在改變之前就已經存在了。在這種情況下，系統必須保存更詳細的變化記錄。當然，有些操作是完全無法撤銷的，例如，你不能取消包裹寄送，或取消火箭發射。

撤銷有各種不同的做法。有些系統允許單次撤銷（再次執行撤銷會讓你恢復到你上一次發出撤銷時的狀態，基本上就是撤銷了撤銷）。有些系統會在用戶發出多次撤銷時，讓他逐步返回許多之前的狀態，也許會到達某個極限，也許會一直回到應用程式開啟時的狀態。

- **暫停 / 恢復**。在用戶啟動長時間運行的操作時（例如從伺服器下載一個大型檔案或一組檔案），提供暫停操作與恢復操作的功能。暫停長時間運行的操作可能是為了暫時釋出資源，以便將它們分配給其他任務。

- **集合**。有時用戶需要執行重複的操作，或以同一種方式影響大量物件的操作，你可以將低階物件集合成群體，讓那次操作可以對著群體執行，避免用戶辛苦地反覆進行相同的操作，以及避免可能出現的錯誤。例如將一張投影片裡面的所有物件集合起來，將它們的文字全部改成 14 點字體。

支援系統發動

當系統採取主動時，它必須依賴用戶的模型、用戶的工作的模型，或系統狀態的模型。每一個模型都需要用各種輸入來完成它的主動發動。「支援系統發動」戰術會讓系統用一個模型來預測它自己的行為或用戶的目的。封裝這項資訊可讓你更容易定製或修改它。定製與修改可能是根據用戶過去的行為動態進行的，也可能是在開發期離線進行的。支援系統發動的戰術如下：

- **維護任務模型**。任務模型的用途是確認背景，讓系統了解用戶想要做什麼，並提供協助。例如，許多搜尋引擎都提供預先輸入功能，許多郵件用戶端也提供拼寫修正功能，這些功能都使用任務模型。

- **維護用戶模型**。這個模型代表用戶對系統的了解、用戶對於預期反應時間的行為，以及關於特定用戶或用戶類別的其他層面。例如，語言學習 app 會不斷監視用戶犯錯的地方，然後提供額外的練習來糾正那些行為。這種戰術的特例經常在訂製用戶介面時出現，此時用戶可以明確地修改系統的用戶模型。

- **維護系統模型**。系統明確地維護它自己的模型。它的用途是預判系統的行為，以便向用戶提供適當的回饋。進度條是一種常見的系統模型，它可以預測當前行動需要多久完成。

圖 13.3 是易用性戰術摘要。

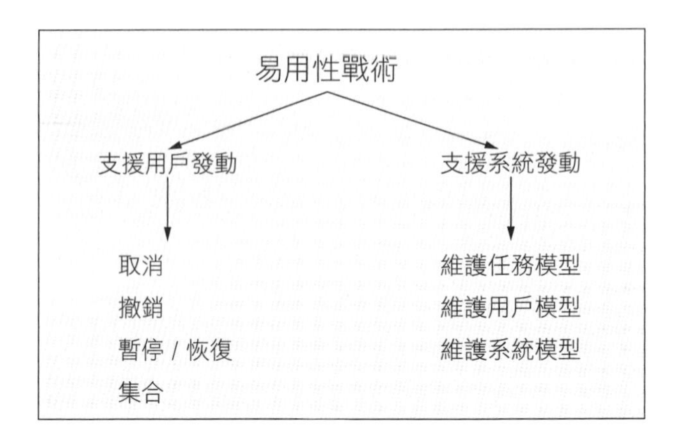

圖 13.3 易用性戰術

13.3 易用性戰術問卷

根據第 13.2 節介紹的戰術，我們可以製作一組易用性戰術問題，如表 13.2 所示。為了了解支援易用性的架構選項，分析者必須詢問各個問題，並在這張表中寫下答案。你可以將這些問題的答案當成後續行動的焦點：研究文件、分析程式碼或其他工件、對程式進行逆向工程…等。

表 13.2 易用性戰術問卷

戰術組別	戰術問題	支援？（是 / 否）	風險	設計決策與位置	基本理由與假設
支援用戶發動	系統能否監聽與回應**取消**命令？				
	系統能否**撤銷**上一個命令，或之前的幾個命令？				
	系統能否**暫停**然後**恢復**長時間運行的操作？				
	系統能否將 **UI 物件集合**成一個群體，然後對該群體執行操作？				

戰術組別	戰術問題	支援？（是 / 否）	風險	設計決策與位置	基本理由與假設
支援系統發動	系統是否維護**任務模型**？ 系統是否維護**用戶模型**？ 系統是否維護**它自己的模型**？				

13.4 易用性模式

我們將簡單地討論三種易用性模式：model-view-controller（MVC）以及它的變體，observer 和 memento。這些模式主要是透過分離關注點來提升易用性，進而讓用戶介面的設計更容易迭代。其他類型的模式也可以提升易用性，包括在設計用戶介面時使用的模式，例如 breadcrumbs、shopping cart 或 progressive disclosure，但在此不討論它們。

Model-View-Controller

MVC 應該是最廣為人知的易用性模式。它有許多變體，例如 MVP（model-view-presenter）、MVVM（model-view-view-model）、MVA（model-view-adapter）… 等。這些模式的重點其實都是將模型（系統底層的「商業」邏輯）與一或多個 UI view 分開。在原始的 MVC 模型中，model 會將更新傳送給 view，用戶會在 view 上看到更新並與它互動。用戶的互動（按下按鍵、按鈕、移動滑鼠…等）會被傳到 controller，controller 將它們翻譯成針對 model 的操作，然後將這些操作送給 model，model 改變它的狀態作為回應。反向路徑也是原始 MVC 模式的一部分，也就是 model 被改變，controller 將更新傳給 view。

更新的傳送方式取決於 MVC 究竟是在一個程序裡面執行，還是被分散在多個程序裡面（而且可能是跨網路的）。如果 MVC 在一個程序內，更新是用 observer 模式來傳送的（下一節討論），如果 MVC 分散在多個程序中，更新通常是用 publish-subscribe 模式來傳送的（見第 8 章）。

好處：

- 因為 MVC 提倡明確地分離關注點，所以對系統的某個層面所做的改變，例如 UI 的布局（view），往往不會影響 model 或 controller 。

- 此外，因為 MVC 提倡分離關注點，所以開發者可以相對獨立且平行地處理模式的所有層面，包括 model、view 與 controller。這些獨立的層面也可以平行測試。
- model 可以在使用不同的 view 的系統中使用，view 也可以在使用不同的 model 的系統中使用。

取捨：

- 對複雜的 UI 來說，MVC 可能是個負擔，因為資訊通常被分散在多個組件裡。例如，如果同一個 model 有多個 view，更改 model 可能需要更改幾個原本沒關係的組件。
- 對簡單的 UI 來說，MVC 會增加前期的複雜度，但那些複雜度不會帶來後續的回報。
- MVC 會讓用戶互動增加少量的延遲。雖然這種延遲通常是可接受的，但是對於要求極低延遲的應用程式來說，它可能是個問題。

Observer

observer 模式是一種將一些功能與一或多個 view 連接起來的方式。這種模式有一個 *subject*（對象，被觀察的實體），以及該 subject 的一或多個 *observer*（觀察者）。observer 必須向 subject 註冊自己，接下來，當 subject 的狀態改變時，observer 會收到通知。這種模式通常被用來實作 MVC（及其變體），例如，用來將 model 的改變通知各個 view。

好處：

- 這個模式可將底層的功能與該功能的呈現方式、呈現次數分開。
- observer 模式可讓你在執行期輕鬆地改變 subject 與 observers 之間的繫結。

取捨：

- 如果 subject 的多個 view 是不需要的，使用 observer 模式就顯得多餘。
- observer 模式要求所有的 observer 都要向 subject 註冊與註銷，如果 observer 沒有註銷，它的記憶體將永遠不會被釋出，導致記憶體洩漏，這也可能對性能產生負面影響，因為過時的 observer 會被持續調用。

- observer 可能需要做大量的工作來確定要不要對狀態的更新做出反應，以及如何反應，而且每一個 observer 可能都要重複做這項工作。如果 subject 改變了它的細部狀態，例如溫度感測器回報 1/100 度的波動，但 view 只能更新一度的變化，這種阻抗不匹配（impedance mismatch）的情況可能導致它們浪費大量的處理資源。

Memento

memento 經常被用來實作撤銷戰術，這種模式有三大組件：*originator*、*caretaker* 與 *memento*。originator 負責處理一系列改變它自己的狀態的事件（源自用戶的互動），caretaker 負責將事件傳給 originator，那些事件會導致 originator 改變自己的狀態。當 caretaker 想要改變 originator 的狀態時，它可以請求一個 memento（既有狀態的快照），並用那個工件來恢復既有狀態，只要將 memento 傳回去給 originator 即可，藉由這種方式，caretaker 完全不需要知道如何管理狀態，memento 只是被 caretaker 使用的抽象。

好處：

- 這種模式有一個明顯的好處是，你可以將撤銷功能的製作工作，以及釐清該保留哪些狀態等複雜的工作交給實際建立和管理狀態的類別去做。因此，你只要維護 originator 的抽象，而且系統的其他部分不需要知道細節。

取捨：

- 取決於想保留的狀態的性質，memento 可能消耗大量的記憶體，這可能會影響性能。在非常大型的文件中，剪下與貼上許多冗長的段落，然後撤銷所有的動作，可能會導致文字處理程式明顯變慢。
- 有一些程式語言很難將 memento 寫成不透明的抽象。

13.5　延伸讀物

Claire Marie Karat 調查了易用性和商業優勢之間的關係 [Karat 94]。

Jakob Nielsen 也寫了大量文章討論這個主題，包括計算易用性的 ROI [Nielsen 08]。

Bonnie John 與 Len Bass 研究了易用性與軟體架構之間的關係。他們列出大約 20 幾個造成架構性影響的易用性劇情，並提供與這些劇情有關的模式 [Bass 03]。

Greg Hartman 將 attentiveness 定義成系統支援用戶發動，並提供取消或暫停 / 恢復的能力 [Hartman 10]。

13.6 問題研討

1. 為你的汽車寫一個具體的易用性劇情，並說明你要花多少時間來設定你最喜歡的電台。考慮駕駛體驗的另一個部分，並且建立劇情，測試一般劇情表格內的回應數據的其他層面（表 13.1）。
2. 如何在易用性與安全性之間取得平衡？如何在它與性能之間取得平衡？
3. 選幾個提供相似的服務的網站，例如社交網路或線上購物，然後從易用性一般劇情裡挑選一兩個適當的回應（例如「預測用戶需求」）以及一個適當的回應數據。使用你選擇的回應與回應數據來比較網站的易用性。
4. 為什麼在許多系統中，對話方塊裡面的取消按鈕似乎沒有反應？你認為這些系統忽略了哪些架構性原則？
5. 你認為進度條為什麼經常時快時慢，例如一口氣從 10% 跑到 90%，然後停在 90%？
6. 研究 1988 年法航 296 航班在法國 Habsheim 森林墜毀的事件。機師說，他們無法看到無線電高度計的數字，也無法聽到它的播報語音。在這個背景下，討論易用性與安全性的關係。

14

處理其他品質屬性

品質不是來自你做了你想做的事情，
而是來自你做了顧客想看到的事情。
—Guaspari

第 4 ～ 13 章分別討論了特定的品質屬性（QA），它們對軟體系統而言都很重要。那些章節討論了它們的 QA 如何定義、提供了該 QA 的一般劇情，並且展示如何撰寫特定的劇情，來表達該 QA 的精確含義。此外，每一章也提供了在架構中實現那些 QA 的技術，簡而言之，每一章都提出一套實現特定 QA 的具體說明和設計方案。

然而，你一定可以看出，這十章只是針對你的軟體系統可能需要的各種品質保證進行表面的初始探討。

本章將告訴你如何幫未被列入我們的「A 名單」的 QA 建構同一種規範與設計方法。

14.1 其他類型的品質屬性

本書的第二部分介紹的品質屬性有一些共同點：它們要嘛，與運行中的系統有關，要嘛，與建立系統並投入運行的開發專案有關。換句話說，若要測量這些 QA，你必須在系統正在運行時測量它（妥善性、能源效率、性能、資訊安全性、安全性、易用性），或是在人們對未運行的系統做某些工作時測量它（可修改性、易部署性、可整合性、可測試性），雖然這些 QA 提供一份重要的「A 名單」，但其他的品質可能也有同樣的幫助。

架構的品質屬性

另一類的 QA 把重點放在衡量架構本身。舉三個例子：

- 可建構性（*Buildability*）：這個 QA 衡量的是架構可讓人們快速且高效地開發它的程度，這個 QA 是用「將架構轉換成符合所有需求的產品所需的成本（通常是金錢或時間）」來衡量的。這個指標看起來與衡量開發專案的其他 QA 相似，但它的不同之處在於，它衡量的目標知識與架構本身有關。

- 概念一致性（*Conceptual integrity*）。概念一致性就是設計的一致性，它可以促進架構的可理解性，可減少困惑，而且可以在實作和維護架構時，提升可預測性。概念一致性要求同一件事必須透過架構用同一種方法來完成。在具備概念一致性的架構中，簡單就是美。例如，讓組件互相傳遞資訊的方法有無數種：訊息、資料結構、事件訊號…等，具備概念一致性架構會採用少量的方法，而且除非有不可抗拒的理由，否則不會提供其他的方案。同樣的，不同的組件應該用同一種方式來回報與處理錯誤，用同一種方式來 log 事件或交易，用同一種方式來與用戶互動，用同一種方式來淨化資料…等。

- 適銷性（*Marketability*）。架構的「適銷性」是另一個值得關注的 QA。有些系統因其架構而出名，這些架構有時有它自己的意義，與它們為系統帶來的其他 QA 無關。我們可以從雲端和微服務系統受到重視看到，人們對架構的看法至少與架構帶來的實際品質一樣重要。例如，許多組織認為他們必須建構雲端系統（或一些其他的現有技術），無論那是不是正確的技術選項。

開發可分散性

開發可分散性就是軟體的設計支援分散式軟體開發的品質。與可修改性一樣，這種品質是用開發專案的活動來衡量的。最近有許多系統都是由分散在世界各地的團隊開發的，這種做法的問題在於如何協調團隊間的行動。系統的設計應盡量減少團隊之間的協調，亦即，主要的子系統應該是低耦合的。程式碼與資料模型都必須盡量減少協調工作。如果不同的團隊負責的模組需要彼此溝通，他們可能要協調那些模組的介面。如果一個模組已經被許多模組使用，而且每個模組都是由不同團隊開發的，他們之間的溝通與談判就會變得既複雜且繁重。因此，專案的架構性結構與社會（和商業）結構必須維持合理的一致性。類似的考慮也適用於資料模型。「開發可分散性」的劇情會說明通訊結構的相容性，以及開發中的系統的資料模型，以及進行開發的組織所使用的協調機制。

系統品質屬性

依靠內嵌軟體的物理系統（例如飛機、汽車與廚具）需要滿足一系列的 QA：重量、尺寸、電力消耗、功率輸出、汙染輸出、天氣適應力、電池壽命…等。軟體架構通常對系統的 QA 有深遠的影響。例如，能源使用效率不佳的軟體可能需要額外的記憶體、更快的處理器、更大的電池，甚至額外的處理器（我們曾經在第 6 章討論能源效率 QA）。額外的處理器當然會增加系統的電力消耗，但也會增加它的重量、它的物理外形，以及支出。

反過來說，系統的架構或實作可能會讓軟體無法滿足其 QA 需求。例如：

1. 軟體的性能基本上受制於處理器的性能。無論你的軟體設計得多好，你都沒辦法在阿公的筆電上運行最新的全球天氣預報模型來預測明天會不會下雨。
2. 在防止詐欺和竊盜方面，物理安全比軟體安全更重要、更有效。如果你不相信，你可以把筆電的密碼寫在紙條上，用膠帶把它貼在你的筆電上，然後把它放在一輛未上鎖且窗戶未關上的車裡（不要真的那樣做，這只是一個想像實驗）。

我想說的是，如果你是實體系統的軟體架構師，你必須了解整個系統需要實現的重要 QA，並且與系統架構師和工程師合作，確保你的軟體架構對實現那些 QA 有正面的貢獻。

我們介紹的軟體 QA 劇情技術也適用於系統 QA。如果系統工程師與架構師還沒有使用它們，試著將它介紹給他們。

14.2 使用品質屬性的標準清單，或不使用

架構師不乏軟體系統的 QA 清單，名稱的長度驚人的標準「ISO/IEC FCD 25010: Systems and Software Engineering: Systems and Software Product Quality Requirements and Evaluation (SQuaRE): System and Software Quality Models」就是一個很好的例子（圖 14.1）。這個標準將 QA 分成支援「quality in use」模型的，與支援「product quality」模型的。這種劃分方式在某些地方有點牽強，儘管如此，它仍然可以讓你用識而治之的方式處理多得令人嘆為觀止的品質。

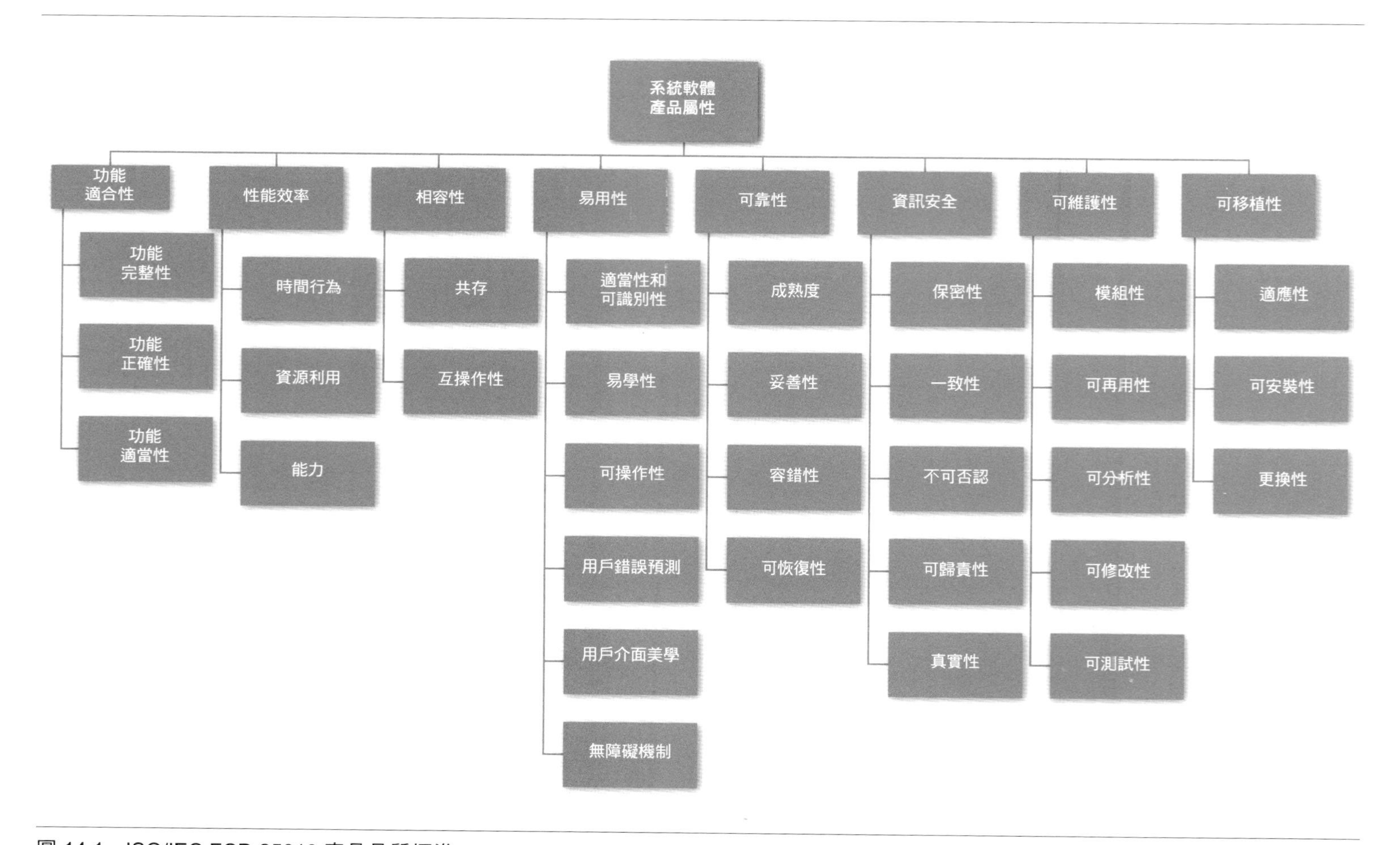

圖 14.1　ISO/IEC FCD 25010 產品品質標準

ISO 25010 列出以下涉及產品品質的 QA：

- **功能適合性**。當用戶在規定的條件下使用產品或系統時，它提供的功能符合規定與隱含需求的程度。
- **性能效率**。在規定條件下，系統使用的資源量與性能的關係。
- **相容性**。在使用相同的硬體或軟體環境的情況下，產品、系統或組件可以和其他產品、系統或組件交換資訊，並且（或）執行所需功能的程度。
- **易用性**。特定用戶在特定的使用環境中使用產品或系統，並有效、有效率且如願實現特定目標的程度。
- **可靠性**。系統、產品或組件在規定條件下，在規定時間內執行特定功能的程度。
- **資訊安全性**。產品或系統可以在多大程度上保護資訊與資料，讓個人、其他產品或系統具有符合其類型與授權等級的資料存取權限。
- **可維護性**。產品或系統可以被維護者修改的有效和效率程度。
- **可移植性**。系統、產品或組件可從一個硬體、軟體或其他的操作環境或使用環境有效且有效率地移到另一個環境的程度。

在 ISO 25010 中，這些「品質特性」分別由「次級品質特性」組成（例如，「不可否認性」是「資訊安全性」的子特性）。這個標準描述了將近 60 個品質子特性。它為我們定義了「快樂」和「舒適」的品質，它區分了「功能正確性」與「功能完整性」，然後加入「功能適當性」，以利於衡量。為了展現「相容性」，系統必須具備「互操作性」或單純「共存」。「易用性」是一種產品屬性，不是使用品質，雖然它包含「滿意度」，「滿意度」是使用品質。「可修改性」與「可測試性」都是「可維護性」的一部分。「模組性」也是，它是實現品質的策略，而不是一個目標。「妥善性」是「可靠性」的一部分。「互操作性」是「相容性」的一部分。但它完全沒有提到「擴展性」。

明白了嗎？

這種清單（而且坊間還有許多這種清單）的確有其作用，它可以當成實用的檢查表，可協助收集需求，以確保不忽略任何重要的需求。它比獨立的清單更實用的地方在於，你可以用它們來製作自己的檢查表，在裡面加入你的領域、產業、組織和產品關注的 QA。QA 清單也可以當成制定措施的基礎，儘管屬性名稱無法提供太多具體做法的線索。如果「樂趣」是系統關注的重點，你該如何衡量它，以了解你的系統是否提供了足夠的樂趣？

這種一般清單也有一些缺點。首先，世上沒有完整的清單，身為架構師，你終究需要設計一個系統來滿足關係人的要求，而且那些要求是任何一位清單作者都沒有想到的。例如，有些作者提到「可管理性」，代表系統管理員管理應用程式的容易程度，為了實現這個品質，你可以插入有用的儀器來監視操作，以及進行偵錯和性能調整。我們看過一個架構的設計目標是留住重要的員工，並吸引有才華的新員工在美國中西部的安靜地區工作。那個系統的架構師想要將「歸屬感」引入系統，他們實現這個目標的做法是引進最先進的技術，並給予開發團隊更大的創作自由度。你必須非常幸運才有機會在一份標準 QA 清單中找到「歸屬感」，但是對該組織而言，那個 QA 與任何其他品質一樣重要。

其次，QA 清單通常導致更多爭議，而不是促進理解。你可能要很有說服力地辯解「功能正確性」應該視為「可靠性」的一部分，或「可移植性」只是一種「可修改性」，或「可維護性」是一種「可修改性」（而不是反過來）。ISO 25010 的作者顯然花了很多時間和精力，將資訊安全列為獨立的特性，而不是像上一版那樣，將它視為「功能」的次級特性。我們堅信，與其爭論這些事情，不如把精力放在其他的地方。

第三，這些清單通常使用**分類法**，也就是清單中的每一個屬性成員都只會出現一次，但 QA 是出了名的鬆散。例如，我們曾經在第 3 章說過，拒絕服務（denial of service）屬於資訊安全性、妥善性、性能和易用性。

這些觀察強化了第 3 章介紹的教訓：QA 的名稱幾乎是毫無用途的，充其量只是開啟對話的引子。此外，花時間擔心哪些品質是哪些品質的次級屬性幾乎沒有任何好處。劇情反而可以在討論 QA 時精確地描述我們的意思。

將 QA 標準清單當成檢查表是有幫助的，但也不需要一味地遵守其術語或結構。也不要自欺欺人地認為有了這種檢查表就不需要做更深入的分析了。

14.3 處理「X 性」：歡迎新 QA 的加入

假設身為架構師的你必須處理一個沒有紮實的知識體系的 QA，它沒有像第 4 ～ 13 章提供的那些 QA「組合」。萬一你被迫處理「開發可分散性」或「可管理性」甚至「歸屬感」這類的 QA 呢？你該怎麼辦？

為新的品質屬性描述劇情

你的第一步是與關係人進行面談，因為這個 QA 需求就是因為他們的在乎而導致的。你可以和他們一起將 QA 的意思分解成一組屬性特徵。例如，你可以將開發可分散性分解成軟體劃分、軟體組合，以及團隊協調等次級屬性，分解之後，你可以和關係人一起想出一套具體的劇情，描述該 QA 的意思。第 22 章有這個程序的範例，我們在那裡會介紹如何建構「utility tree（公用程式樹）」。

有了一組特定的劇情之後，你可以歸納你收集的資訊。檢視你收集的觸發事件、回應、回應數據…等。用它們來建立一般劇情，用一般劇情的每一個部分來將你收集的特定實例廣義化（generalize）。

建立品質屬性模型

如果你可以建立 QA 的概念模型（或更好的情況：找到它），你可以在這個基礎上建立一套設計方法。所謂的「模型」其實是指，你必須了解有哪些參數容易影響 QA，以及影響那些參數的架構性特徵有哪些。例如，可修改性的模型可能告訴我們，可修改性是一個函數，代表一次修改必須改變系統的多少地方，以及那些地方的相互聯繫。性能的模型可能告訴我們，產出量與「事務負載」、「事務間的依賴關係」，以及「可以平行處理多少事務」有函數關係。

圖 14.2 是「性能」的排隊模型。這種模型被廣泛地用來分析各種排隊系統的延遲與產出量，排隊系統包括製造與服務環境，以及計算機系統。

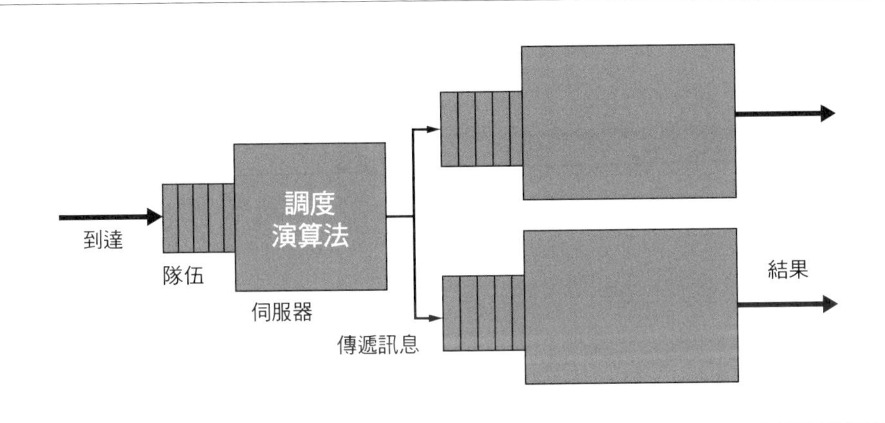

圖 14.2 通用的排隊模型

這個模型裡，有七個參數會影響模型預測的延遲：

- 到達率
- 排隊規則
- 調度演算法
- 服務時間
- 拓撲
- 網路頻寬
- 路由演算法

在這個模型裡，**只有**這些參數會影響延遲，這就是模型的威力所在。此外，這些參數都會被各種架構決策影響，這就是模型對架構師很有幫助的原因。例如，路由演算法可能是固定的，也可能是個負載平衡演算法。你必須選擇一種調度演算法。動態加入或移除新伺服器可能會影響拓撲…等。

當你建立自己的模型時，劇情可以為你的調查提供資訊，模型的參數可能來自觸發事件（及其來源）、回應（及其數據）、工件（及其屬性）和環境（及其特性）。

為新品質屬性收集設計方法

根據模型來產生一組機制的流程包括下列步驟：

- 列出模型的參數
- 為每一個參數列出影響該參數的架構特徵（以及實現那些特徵的機制）。你可以採取這些做法：
  - 回顧你熟悉的機制，問自己每一個機制如何影響 QA 參數。
  - 尋找已經成功處理該 QA 的設計。你可以搜尋你命名的 QA 名稱，你也可以搜尋你為 QA 定義次級屬性時選擇的名稱。
  - 在出版物和部落格搜尋這個 QA，並試著歸納它們的觀察和發現。
  - 尋找這個領域的專家，並訪問他們，或寫信徵詢他們的意見。

這個例子最終會寫出一份性能的控制機制清單，比較廣泛的案例會寫出一份模型關注的 QA 的控制機制清單。這份機制清單可以幫助你解決設計問題，它是有限的，而且不長，因為模型的參數數量是有限的，影響每一個參數的架構決策數量也是有限的。

14.4 延伸讀物

所有 QA 清單之母應該是維基百科（還會是誰）？很自然地，你可以在「List of system quality attributes」找到這份清單。當本書付梓時，你可以好好享受 80 多個不同的 QA 的定義。我們最喜歡的是「demonstrability」，它被定義成「可以證明的品質」。誰說 Internet 上面的東西不可信？

[Bass 19] 的第 8 章有部署管道的品質清單，裡面有可追溯性、可測試性（部署管道的）、工具，和週期時間。

14.5 問題研討

1. 不丹王國會評估人民的幸福指數，並制定政策以提高不丹的 GNH（gross national happiness，國民幸福總值）。閱讀 GNH 是怎麼衡量的（試試 grossnationalhappiness.com），然後描述**幸福** QA 的一般劇情，你可以用它來表達軟體系統的具體幸福需求。

2. 選擇第 4 章至第 13 章未介紹的 QA，為那個 QA 想出一組特定劇情來描述你的意思，使用那一組劇情來建構它的一般劇情。

3. 為問題 2 的 QA 想出一組協助你實現它的設計機制（模式與戰術）。

4. 針對**開發成本**這個 QA 回答問題 2 與 3，然後針對**運作成本**這個 QA 回答它們。

5. 你可能會因為什麼原因，為第 4 ～ 13 章已經介紹的 QA 加入戰術與模式（或任何其他 QA）？

6. 你認為開發可分散性是否需要用性能、妥善性、可修改性和可整合性來交換？討論它。

7. 搜尋軟體系統之外的事物的 QA 清單，例如好車的品質，或可以結交的好人的品質。在清單中加入你自己選擇的品質。

8. 開發時間（development-time）戰術與分離職責和封裝職責有關。性能戰術與「將東西放在一起」有關，這就是它們永遠互相衝突的原因。它們永遠都是如此嗎？有沒有原則方法可以量化兩者的取捨？
9. 戰術有分類法嗎？化學家有元素週期表和分子相互作用定律，原子物理學家有亞原子粒子的目錄，以及它們碰撞時會發生什麼事的定律，藥理學家有化學物質目錄，和它們與受體和代謝系統相互作用的定律…等。戰術的對應物是什麼？它們之間的相互作用是定律嗎？
10. 資訊安全性這種 QA 特別容易被計算機之外的物理世界的程序影響：使用補丁的程序、選擇與保護密碼的程序、對計算機和資料儲存設施進行物理保護的程序、是否信任被匯入的軟體的決策程序、是否信任人類開發者或用戶的決策程序…等。對性能而言，重要的程序是什麼？易用性呢？有嗎？為何資訊安全性對程序如此敏感？程序是 QA 結構的一部分嗎？還是它與 QA 結構正交？
11. 下面的每一對 QA 之間有什麼關係？
    - 性能與資訊安全性
    - 資訊安全性與可建構性
    - 能源效率與上市時間

15

軟體介面

與 *Cesare Pautasso* 合著

NASA 失去價值 1.25 億美元的火星氣候探測者號，
因為在發射太空船之前，太空船工程師交換重要資料時，
沒有將英制度量衡轉換成公制…
[NASA] 的一個導航團隊使用毫米和米來進行計算，
而設計和建構太空船的公司則以英制的英寸、英尺和磅來提供重要的加速資料…
從某種意義上說，損失太空船是有問題的翻譯造成的。

—Robert Lee Hotz，「Mars Probe Lost Due to Simple Math Error」，
洛杉磯時報，1999 年 10 月 1 日

本章介紹介面的相關概念，並討論如何設計和記錄它們。

介面（無論是軟體還是其他東西）是元素相遇、互動、溝通和協調的邊界。元素用介面來控制外界對內部的接觸。元素可能會被細分，讓每一個子元素都有它自己的介面。

元素的*行為者*（*actor*）是其他的元素、用戶，或與它互動的系統。與元素互動的行為者集合稱為元素的*環境*（*environment*）。「互動」的意思是元素做出來的、可能影響其他元素的工作的任何事情，這種互動是元素介面的一部分。互動有多種形式，但大部分都涉及控制權（與）或資料的轉移。有些互動是用標準程式語言結構來實作的，例如本地或遠端程序呼叫（RPC）、資料串流、共享記憶體，以及訊息傳遞。

這些結構稱為*資源*（*resource*），它提供了與元素直接互動的地點。其他的互動是間接的，例如，假設元素 A 使用資源 X 會導致元素 B 處於某個狀態，如果這件事會影響使用該資源的其他元素的工作，它們可能必須知道這件事，即使它們沒有直接和元素 A

互動。這個與 A 有關的事情也是 A 與 A 的環境中的其他元素之間的介面的一部分。本章只討論直接互動。

我們曾經在第 1 章用元素和元素間的關係來定義架構。在這一章，我們要專門討論一種關係。介面是將元素連接起來的基本抽象機制，它們對系統的可修改性、易用性、可測試性、性能、可整合性…等都有很大的影響力。此外，非同步介面（通常是分散式系統的一部分）需要使用事件處理程式，它是一種架構元素。

特定元素的介面可能有一或多個實作，每一個可能有不同的性能、擴展性，或妥善性保證。同一個介面的不同實作可能是為不同的平台建構的。

到目前為止的討論暗示了三點：

1. *所有元素都有介面*。所有元素都與某個行為者互動，否則，元素有什麼存在的意義？
2. *介面是雙向的*。在考慮介面時，大部分的軟體工程師會先想到元素將提供哪些東西，元素提供哪些方法？處理哪些事件？但元素也會藉著使用外界資源，或藉著假設它的環境有某些行為，來與它的環境互動，如果元素缺少那些資源，或如果環境的行為與它的假設不同，它就無法正確運作。所以介面不僅僅是元素*提供*的東西，介面也包含元素需要的東西。
3. *元素可以透過同一個介面和不只一個行為者互動*。例如，web 伺服器通常會限制可以同時開啟的 HTTP 連結的數量。

15.1 介面概念

本節將討論多介面、資源、操作、屬性與事件的概念，以及介面的演進。

多介面

一個介面可以分成多個介面，其中的每一個介面都有相關的邏輯目的，並且為不同類型的行為者服務。多介面提供一種分離關注點機制。特定類別的行為者可能只需要使用一小部分的功能，該功能可以用其中一個介面來提供。反之，元素的提供者可能想要授予行為者不同的訪問權限，例如讀或寫，或實施一項安全政策。多介面可以支援不同等級的接觸，例如，元素可以透過它的主介面來公開它的功能，並且用不同的介面來讓行為者進行偵錯、監視性能或管理功能。元素可能提供公用的唯讀介面來讓匿名行為者使用，並且提供私用介面來讓已驗證身分且已獲授權的行為者修改元素狀態。

資源

資源有語法與語義的：

- **資源語法**（*resource syntax*）。語法就是資源的特徵標記（signature），它包含其他程式以正確的句法來使用該資源所需的任何資訊，特徵標記包括資源的名稱、引數的名稱、資料型態⋯等。
- **資源語義**（*resource semantics*）。調用這個資源會產生什麼結果？語義有各種形式，包括：
  - 對調用資源的行為者可以存取的資料賦值。賦值的動作可能只是設定一個回傳引數的值，也可能是更新一個中央資料庫。
  - 對經過介面的值所做的假設。
  - 因為使用資源而造成的元素狀態變化。這包括特殊情況，例如只完成部分操作造成的副作用。
  - 因為使用資源而發出的事件或訊息。
  - 使用資源會讓其他的資源有什麼不同的行為。例如，如果你要求資源銷毀一個物件，透過其他資源來接觸該物件可能發生錯誤。
  - 可被人類看到的結果。這在嵌入式系統中很普遍。例如，執行「打開駕駛艙顯示器的程式」有非常明顯的效果——顯示器被打開。此外，語義應清楚地表達資源的執行是原子性的，或是可能被暫停或中斷。

操作、事件與屬性

介面的資源包括操作、事件與屬性。這些資源應加上明確地說明，指出根據語法、結構與語義來接觸各個介面資源時，會引起什麼行為或交換什麼資料（如果沒有這項說明，程式設計師或行為者怎麼知道該不該使用那個資源，或如何使用它？）

呼叫**操作**的目的是傳遞控制權與資料給元素來處理，大部分的操作會回傳一個結果，操作可能失敗，介面也要清楚地說明行為者如何偵測錯誤，也許錯誤會在輸出中提示，或透過專用的異常處理通道來提示。

此外，介面可能會描述**事件**（通常是非同步的）。進來的事件可能代表來自佇列的訊息，或將要使用的串流元素。主動元素（不是被動地等待其他元素調用的元素）會往外發送事件，以通知監聽者（或訂閱者）該元素內部有一些有趣的事情發生了。

除了透過操作與事件來傳輸的資料之外，詮釋資料是介面的另一個重要層面，例如訪問權限、測量單位或格式假設。介面的詮釋資料也稱為**屬性**（*property*）。正如本章開頭的引文所述，屬性值可能影響操作的行為，屬性值也會影響元素的行為，取決於其狀態。

如果元素是有狀態且主動的，它的介面將包含操作、事件與屬性。

介面演進

所有的軟體都會演進，包括介面。只要介面本身維持不變，被封裝在介面裡面的軟體可以自由演進而不影響使用該介面的元素。介面是元素和它的行為者之間的合約，如同法律合約只能在特定條件之下更改，軟體介面也不能任意修改。改變介面的技術有三種：廢棄、版本控制，與擴展。

- **廢棄**（*deprecation*）。廢棄的意思是移除介面。在廢棄介面時，最佳做法是廣泛地通知元素的行為者。這種警告理論上可以讓行為者有時間為介面的移除做好準備，但實際上，許多行為者不會預做準備，而是在介面移除之後，才發現它被廢棄了。在廢棄介面時，有一種技術是使用錯誤碼來通知介面將在特定日期廢棄，或介面已被廢棄。

- **版本控制**。多介面可以藉著保留舊介面並加入新介面來支援演進。如果你不需要舊介面，或決定再也不支援它，你可以廢棄舊介面。在使用這種技術時，你要讓行為者指定它要使用的介面版本。

- **擴展**。擴展介面的意思是維持原始介面不變，並在介面加入新資源，以實現改變。圖 15.1(a) 是原始介面。如果擴展介面與原始介面完全沒有不相容之處，元素可以直接實作外部介面，如圖 15.1(b) 所示。如果擴展介面不相容，你必須為元素設計一個內部介面，並加入一個中間人，讓它在外部介面和內部介面之間進行轉換，如圖 15.1(c) 所示。舉一個不相容的例子，如果原始介面預設公寓號碼會被放

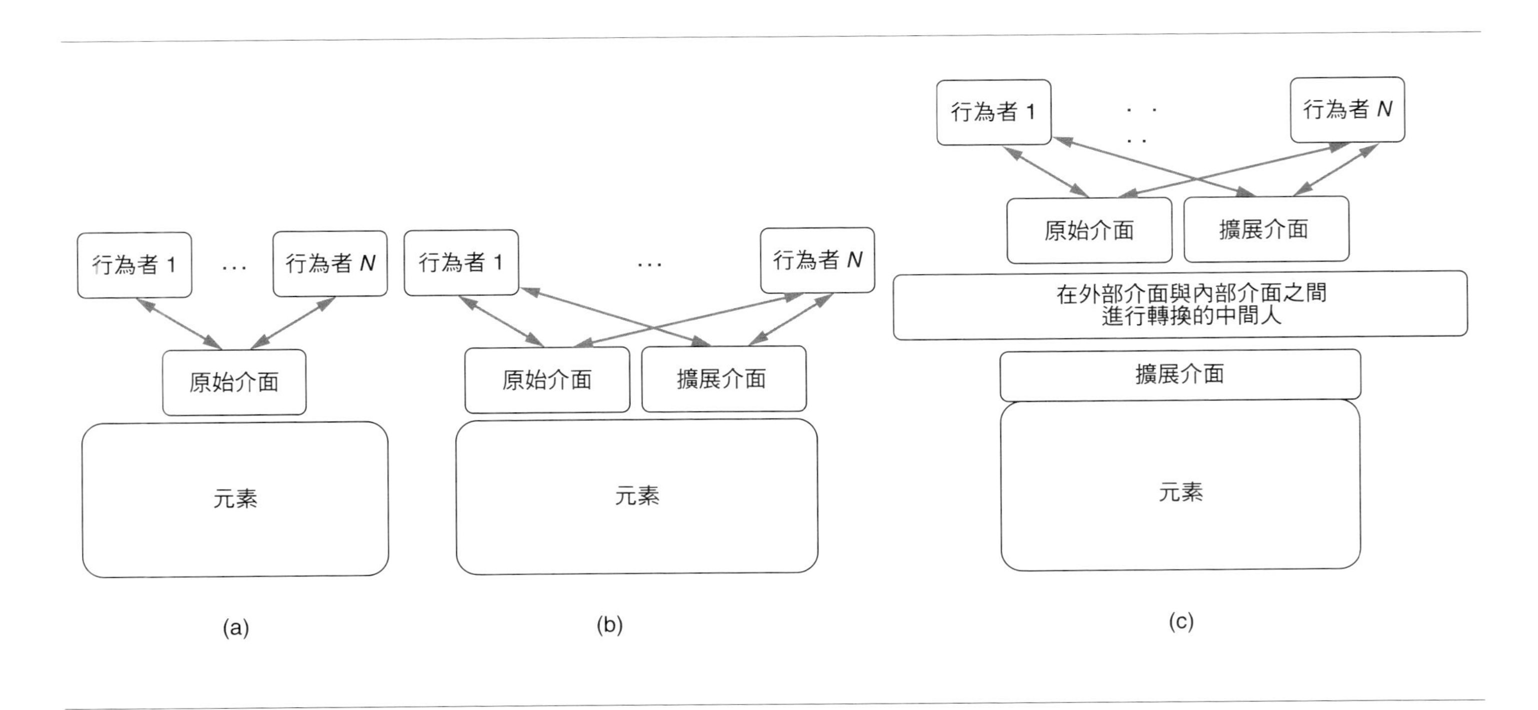

圖 15.1 (a) 原始介面。(b) 擴展介面。(c) 使用中間人

在地址裡面，但擴展介面將公寓號碼拆成單獨的參數，內部介面會將公寓號碼存成獨立的參數。如果中間人是從原始介面呼叫的，它會解析地址以找出公寓號碼，並將獨立參數裡的公寓號碼原封不動地傳給內部介面。

15.2 設計介面

你必須根據使用資源的行為者的需求來決定該讓哪些資源被外界看見。在介面中加入資源意味著你承諾在元素被使用的過程中，將這些資源視為介面的一部分來維護。如果行為者依賴你提供的資源，但你改變資源或移除它，行為者的元素將會損壞。撕毀元素之間的介面合約會影響架構的可靠性。

以下是一些額外的介面設計原則：

- **最少意外原則**。介面的行為應該與行為者的期望一致。此時名稱很重要，適當的資源名稱可以提示行為者該資源可用來做什麼。
- **小介面原則**。如果兩個元素需要互動，讓它們需要交換的資訊越少越好。
- **統一訪問原則**。避免透過介面洩漏實作細節。無論資源是怎麼實作的，行為者使用資源的方式都必須相同。例如，行為者不必知道一個值是快取回傳的、透過計算來回傳的，或是從某個外部資源取得的新值。
- **不要重複原則**。介面應提供可以結合的基本原素，而不是多個實現同一個目標的手段。

一致性在設計簡潔的介面時非常重要，身為架構師，你要規定資源如何命名、API 參數的順序，以及錯誤如何處理，並遵守它們。當然，並非所有介面都是架構師可以控制的，但只要可以，你要讓同一個架構的所有元素的介面都具備一致的設計。如果介面遵守底層平台的規範，或程式語言的習慣，開發者將會感激你。但是，除了贏得開發者的好感之外，一致性也可以大幅減少誤解帶來的開發錯誤。

為了與介面成功地互動，你要在以下各方面取得共識：

1. 介面範圍
2. 互動風格
3. 元素交換的資料的表示法與結構
4. 錯誤處理

它們都是介面設計的重要層面。我們來依序討論它們。

介面範圍

介面的範圍定義了行為者可以直接使用的資源。身為介面設計者，你可能想揭露所有資源，或是限制接觸某些資源或某些行為者。例如，你可能為了資訊安全性、性能管理和可擴展性，而想要限制接觸。

為了限制與調節針對元素的資源或一群元素的接觸，有一種常見的模式是建立閘道（*gateway*）元素。閘道（通常稱為訊息閘道）可將行為者的請求轉換成針對目標元素的資源的請求，進而將它變成目標元素的行為者。圖 15.2 是一個閘道範例。閘道好用的理由如下：

- 元素提供的資源的細膩度可能與行為者的需求不一樣。閘道可以在元素與行為者之間進行轉換。
- 行為者可能需要使用資源的特定子集合，或限制針對它們的接觸。
- 資源的具體情況（它們的數量、協定、類型、位置與屬性）可能會隨著時間而改變，閘道可提供較穩定的介面。

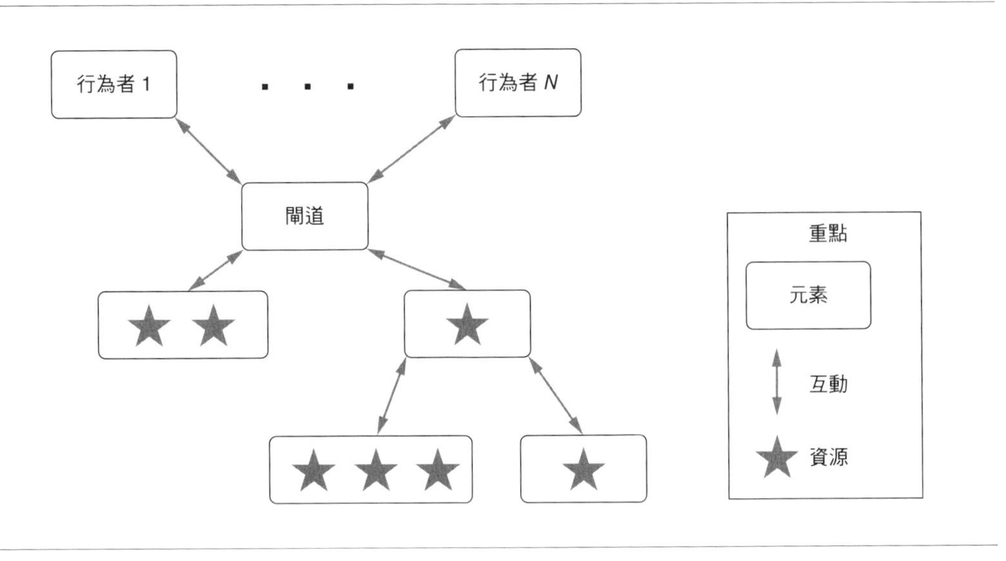

圖 15.2 用閘道來讓行為者使用各種不同資源

現在我們來談談設計特定介面的具體細節，也就是決定它應該具備哪些操作、事件和屬性。你也必須選擇合適的資料表示格式，與資料語義，以確保架構元素之間具有相容性和互操作性。開頭的引文說明了這些決定的重要性。

互動風格

介面是讓不同的元素可以互相溝通（傳遞資料）與協調（傳遞控制權）的手段。進行這種互動有許多方法，取決於通訊與協調的組合，以及元素究竟位於同一個地點，還是被部署在遠端。例如：

- 位於同一個地點的元素的介面可能透過區域性共享記憶體緩衝區來進行高效率的大量資料存取。
- 同時可供使用的元素，可以使用同步呼叫來調用它們需要的操作。
- 被部署在不可靠的分散環境裡面的元素必須藉著產生事件與使用事件來進行非同步互動，並透過訊息佇列或資料串流來交換事件。

此外還有許多不同的互動風格，但我們將重點放在最常用的兩種：RPC 與 REST。

- *遠端程序呼叫*（*RPC*）。RPC 是用命令式語言的程序呼叫（procedure call）來設計的，但是被呼叫的程序位於網路的另一個地方。程式設計師撰寫程序呼叫的方式與呼叫本地程序一樣（但有一些句法上的不同），呼叫會被轉換成訊息，送給遠端的元素，在那裡調用實際的程序，最後用訊息來將結果送回去給呼叫方。

  RPC 可以追溯到 1980 年代，自問世以來經歷了多次修改。這個協定的早期版本是同步的，且訊息的參數是用文字來傳送的。最新的 RPC 版本稱為 gRPC，它是非同步的，使用二進制來傳遞參數，並支援身分驗證、雙向串流與流量控制、阻塞與非阻塞繫結，以及取消和逾時。gRPC 使用 HTTP 2.0 來傳輸。

- *表現層狀態轉換*（*REST*）。REST 是一種 web 服務協定，它的源頭是 World Wide Web 剛出現時使用的原始協定。REST 用六個方法來限制元素之間的互動：

  - *統一介面*。所有的互動都使用同一種形式（通常是 HTTP）。在介面的供應方那一側的資源是用 URI（統一資源標識符）來指定的。命名規範必須一致，一般來說，應遵守最少意外原則。

- **用戶端 / 伺服器**。行為者是用戶端，資源提供者是伺服器，採取用戶端 / 伺服器模式。
- **無狀態**。用戶端與伺服器的互動都是無狀態的，也就是說，用戶端不該認為伺服器會保留關於用戶端上一次請求的任何資訊，因此，授權之類的互動會被編碼成權杖，並隨著每一個請求一起傳遞。
- **可快取**。在適當的情況下對資源使用快取。快取可以在伺服器端或用戶端實作。
- **分層系統架構**。「伺服器」可以分成多個獨立的元素，並且獨立地部署。例如，商業邏輯與資料庫可以獨立部署。
- **按需求提供程式碼（選擇性）**。伺服器可以提供程式碼讓用戶端執行。JavaScript 就是個例子。

雖然可以和 REST 一起使用的協定很多，但 HTTP 是最常見的選擇。HTTP 是 World Wide Web Consortium（W3C）制定的標準，它的基本形式是 < 命令 ><URI>。你也可以加入其他參數，但這種協定的核心是命令與 URI。表 15.1 列出最重要的 5 種 HTTP 命令，並說明它們與傳統的 CRUD（建立、讀取、更新、刪除）資料庫操作之間的關係。

表 15.1 最重要的 HTTP 命令，以及它們和 CRUD 資料庫操作之間的關係

HTTP 命令	對應的 CRUD 操作
post	建立
get	讀取
put	更新 / 替換
patch	更新 / 修改
delete	刪除

交換資料的表示法與結構

每一個介面都可將內部的資料表示法抽象化，通常使用程式語言的資料型態（例如物件、陣列、集合）來製作不同的表示法，讓它比較適合在不同的程式語言實作之間進行交換，以及在網路上傳遞。將內部表示法轉換成外部表示法稱為「序列化（serialization）」、「封送處理（marshaling）」或「轉換（translation）」。

接下來幾節將重點討論在網路上傳遞資訊時使用的通用資料交換格式與表示法。決定它們時需要考慮以下的事情：

- **表達力**。該表示法能否將任何資料結構序列化？它是否為了物件樹進行優化？它要不要攜帶不同語言的文字？
- **互操作性**。介面使用的表示法是否與行為者預期的一樣？行為者是否知道如何解析？標準表示法（例如本節介紹過的 JSON）可讓行為者輕鬆地將網路傳遞的位元轉換成內部的資料結構。介面是否實作某項標準？
- **性能**。表示法能不能充分利用通訊頻寬？將表示法解析成內部元素表示法以便讀取內容的演算法會不會很複雜？在發送訊息之前，那些訊息要花多少時間來準備？所需的頻寬的金錢成本是多少？
- **隱性耦合**。行為者與元素有哪些共同的假設可能在解碼訊息時導致錯誤與資料遺失？
- **透明度**。交換的訊息是否可被攔截，並輕鬆地觀察其內容？這是一把雙刃劍，一方面，自述（self-describing）訊息可讓開發者更容易對訊息內容進行偵錯，但竊聽者也更容易截獲並解讀其內容。另一方面，二進制表示法，尤其是加密的，需要使用特殊的偵錯工具，但比較安全。

最常見且獨立於程式語言的資料表示法可分為文本（例如 XML 或 JSON）與二進制（例如 Protocol Buffer）兩種選項。

可延伸標記式語言（*XML*）

XML 是 W3C 在 1998 年制定的標準。XML 註釋在文字文件裡面稱為**標籤**，它將資訊拆成區塊或欄位，並指出每一個欄位的資料型態，來說明如何解讀文件內的資訊。標籤可以加上屬性註解。

XML 是一種詮釋語言（meta-language）：在最基本的版本中，它除了可讓你定義自訂的語言來描述資料之外，沒有任何其他的功能。你的自訂語言是用 *XML schema* 來定義的，它本身是個 XML 文件，指定了你將使用的標籤、應使用哪些資料型態來解讀被標籤包起來的欄位，以及你的文件結構的限制。XML schema 可讓架構師指定豐富的資訊結構。

作為一種結構化資料表示法，XML 有許多用途：在分散式系統中用來進行訊息交換（SOAP）、當成網頁的內容（XHTML）、向量圖像（SVG）、商業文件（DOCX）、描述網頁服務介面（WSDL），以及靜態設定檔（例如 MacOS 屬性清單）。

XML 有一個優勢在於，你可以檢查用這種語言來註解的文件是否符合 schema。這可以防止格式錯誤的文件引起的錯誤，並且讓讀取和處理文件的程式免於進行某些錯誤檢查。使用 XML 的代價是解析與驗證文件的處理成本和記憶體成本相對昂貴。你必須完整地讀取文件才可以驗證它，而且可能需要多次讀取才能解封送（unmarshal）。這種需求加上 XML 的冗長，可能導致令人難以接受的執行期性能和頻寬消耗。雖然在 XML 的全盛時期，經常有人稱讚「XML 是人類看得懂的」，但如今這個好處已經不太有人提及了。

JavaScript 物件標記法（JSON）

JSON 以嵌套的名稱 / 值和陣列資料型態來組織資料。JSON 標記法源自 JavaScript 語言，它在 2013 年標準化，但是，現在它已經獨立於任何程式語言了。如同 XML，JSON 是一種文本表示法，有它自己的 schema 語言。但是與 XML 相較之下，JSON 沒那麼冗長，因為欄位名稱只出現一次。JSON 文件使用名稱 / 值來表示，而不是使用開始與結束標籤，所以你可以在讀取 JSON 的同時解析它。

JSON 資料型態來自 JavaScript 資料型態，與任何現在程式語言類似。所以 JSON 的序列化與反序列化比 XML 更有效率許多。這種標記法最初的用途是在瀏覽器與 web 伺服器之間傳送 JavaScript 物件，例如，用來傳送輕量級的資料標記法，以便在瀏覽器中算繪成 HTML，而不是在伺服器執行算繪，再下載比較冗長並且以 HTML 來表示的畫面。

Protocol Buffer

Protocol Buffer 技術源自 Google，它在內部使用了幾年之後，才在 2008 年以開放原始碼的方式釋出。與 JSON 一樣，Protocol Buffer 使用的資料型態近似程式語言的資料型態，所以可以有效率地進行序列化和反序列化。與 XML 一樣的是，Protocol Buffer 訊息用 schema 來定義有效的結構，而且那個 schema 可以指定必要的元素與選用的元素，以及嵌套的元素。但是與 XML 和 JSON 不同的是，Protocol Buffers 是二進制格式，所以它們非常緊湊，並且可以極高效率地使用記憶體與網路頻寬資源。Protocol Buffers 可追溯到更早的一種二進制標記法，稱為 Abstract Syntax Notation One（ASN.1），它源自 1980 年代早期，當時網路頻寬是珍貴的資源，任何一個位元都不能浪費。

Protocol Buffers 開放原始碼專案提供程式碼產生器來讓你在許多程式語言裡面輕鬆地使用 Protocol Buffers。你要在一個 *proto* 檔案裡指定你的訊息 schema，然後用語言專屬的 protocol buffer 編譯器來編譯它。編譯器產生的程序將被行為者用來進行序列化，被元素用來將資料反序列化。

與使用 XML 與 JSON 時一樣，彼此互動的元素可以用不同的語言撰寫。各個元素要使用該語言專屬的 Protocol Buffer 編譯器。雖然 Protocol Buffers 可以用來組織資料，但它們通常被當成 gRPC 協定的一部分來使用。

Protocol Buffers 是用一種介面描述語言來指定的。因為它們是用語言專屬的編譯器來編譯的，所以必須制定規格來確保介面有正確的行為，規格也可以當成介面的文件。將介面規格放入資料庫可以讓人們搜尋它，以了解值如何在各個元素之間傳遞。

錯誤處理

架構師在設計介面時，自然會專注於「在一切按照計劃進行的理想情況下，介面如何使用」。真實的世界與理想情況相去甚遠，良好的系統必須在面對意外時採取適當的行動。用無效的參數來調用一項操作時會怎樣？當一項資源需要使用的記憶體不足時會怎樣？當一項操作因為失敗而永遠不 return 時會怎樣？當介面應該根據感測器的值觸發一個通知事件，但感測器沒有回應，或回應亂七八糟的訊號時會怎樣？

行為者必須知道元素是否正確運作、它們的互動是否成功，以及是否發生錯誤，你可以使用策略包括：

- 讓失敗的操作丟出異常。
- 某項操作可能回傳一個狀態指標，裡面有既定的代碼，你必須檢查它來偵測錯誤的結果。
- 你可能要用屬性來儲存上一次操作是否成功，或有狀態的元素是否處於錯誤狀態。
- 讓失敗的非同步互動觸發逾時之類的錯誤事件。
- 藉著連接特定的輸出資料串流來讀取錯誤 log。

你可以在元素的介面中說明元素用哪些異常、哪些狀態碼、哪些事件與哪些資訊來描述錯誤的結果。常見的錯誤來源有（介面應該優雅地處理它們）：

- 將不正確、無效的或非法的資訊傳給介面，例如用 null 值來呼叫不應該使用 null 值的操作，此時，審慎的做法是找出錯誤的根源。
- 元素在錯誤的狀態處理請求。元素可能因為之前的行動而進入不正確的狀態，或因為同一個行為者或另一個行為者沒有採取行動而進入不正確的狀態。後者的例子包括：在元素尚未完成初始化時，就調用一項操作或讀取一個屬性，以及對著一個已離線的儲存設備進行寫入。
- 發生硬體或軟體錯誤，導致元素無法成功執行。處理器故障、網路無法回應、無法配置更多記憶體都是這種錯誤狀況的例子。
- 元素沒有被正確地設定。例如，它的資料庫連結字串指向錯誤的資料庫伺服器。

指出錯誤的根源可協助系統選擇適當的修正和恢復策略。鑑一性操作（idempotent operation）造成的臨時性錯誤可以用等待與重試來處理。無效的輸入造成的錯誤可以藉著修正不良的請求並重新傳送它們來處理。如果依賴項目有缺，你要先安裝它們，再重新嘗試使用介面。如果程式有 bug，你要在修正它時，在新測試案例中加入失敗劇情，以避免回歸。

15.3 製作介面文件

儘管介面包含元素和環境互動的所有層面，但我們披露的介面資訊（也就是我們放在介面文件中的內容）是有限的，寫下每一種互動的每一個層面不但不切實際，也毫無意義。你只要公開行為者與介面互動時**需要的**資訊就可以了。換句話說，你應該選擇可以公開，而且適合讓人們對元素做出假設的資訊。

介面文件的目的是讓開發者了解介面，並結合其他元素來使用它。開發者隨後可能發現元素有一些屬性是它的實作方式帶來的，但介面文件沒有提到它們。由於它們沒有被寫入文件，所以它們是有機會改變的，使用它們的開發者必須自負風險。

每一個人需要了解的介面資訊各有不同，你可能要在介面文件中加入單獨的章節，來滿足各種關係人。在撰寫介面文件時，你要考慮以下的關係人：

- *元素的開發者*。他們必須知道他們的介面必須履行的合約。開發者只能測試介面敘述提到的資訊。

- **維護者**。他們是特殊的開發者，需要對元素及其介面進行更改，同時盡量不干擾既有的行為者。
- **使用介面的元素開發者**。需了解介面的合約，以及如何使用它。這種開發者可能根據介面應支援的用例，針對介面的設計與記錄程序提供意見。
- **系統整合者與測試員**。他們會用元素來組合一個系統，所以對組合之後產生的行為有強烈的興趣。這個角色需要知道元素提供的 / 需要的所有資源的詳細資訊。
- **分析師**。這個角色的需求取決於分析類型。例如，對性能分析師而言，介面文件應加入服務級別協議（SLA）保證，好讓行為者可以調整他們的請求。
- **尋找可在新系統中重複使用的資產的架構師**。他們通常會先檢查上一個系統的元素的介面，可能也會在商業市場尋找現成的元素。為了了解元素能否使用，架構師對介面資源的功能、品質屬性，以及元素提供的任何可變性都很有興趣。

「描述元素的介面」就是為該元素寫出其他元素可以信賴的聲明書。在撰寫介面文件時，你必須敘述合約包含哪些服務與屬性，這個步驟意味著你向行為者承諾元素將履行該合約。沒有違反合約的實作都是有效的實作。

你必須分別看待元素的介面與介面的文件。可觀察到的元素行為都是它的介面的一部分，例如一個操作為時多久。介面的文件會說明該行為的子集合，描述我們想要讓行為者可以依靠什麼東西。

「Hyrum 定律」（www.hyrumslaw.com）說：「一旦介面的用戶夠多，你的合約中的任何承諾都無關緊要，你的系統能夠被觀察到的行為都會被某個東西依賴。」確實如此。但是，就像我們說過的，一旦行為者依賴你沒有在元素的介面公開的東西，它就得自負風險。

15.4 總結

架構元素有介面，它們是元素互動的邊界。介面設計是一種架構責任，因為相容的介面可讓架構的許多元素一起做一些有效果的、有用的事情。介面的用途是封裝元素的實作，可避免你對實作進行的修改影響其他元素。

元素可能有多個介面，分別為不同類型的行為者提供不同的接觸方式和權限。介面述說了元素為行為者提供哪些資源，以及環境應提供哪些東西才能讓元素正確運作。如同架構本身，介面應盡量簡單，但也不能過於簡單。

介面有操作、事件與屬性，它們都是架構師可以設計的成分。在進行設計時，架構師必須決定元素的

- 介面範圍
- 互動方式
- 交換資料的表示法、結構和語義
- 錯誤處理方式

這些問題有的可以用標準化的工具來處理，例如，資料交換可使用 XML、JSON 或 Protocol Buffers 之類的機制。

所有的軟體都會演進，介面也不例外。改變介面的技術有廢棄、版本控制與擴展。

介面文件是為了讓其他開發者了解介面，以便連同其他元素一起使用它而撰寫的。在撰寫介面文件時，你要決定將為元素的行為者揭露哪些元素操作、事件與屬性，並詳述介面的語法和語義。

15.5 延伸讀物

若要了解以 XML、JSON 與 Protocol Buffer 來表示郵政地址的區別，可參考 https://schema.org/PostalAddress、https://schema.org/PostalAddress 與 https://github.com/mgravell/protobuf-net/blob/master/src/protogen.site/wwwroot/protoc/google/type/postal_address.proto。

你可以到 https://grpc.io/ 更深入了解 gRPC。

REST 是 Roy Fielding 在他的博士論文定義的：ics.uci.edu/~fielding/pubs/dissertation/top.htm。

15.6 問題研討

1. 描述狗或你熟悉的其他動物的介面。描述它的操作、事件與屬性。狗有多個介面嗎（例如一個讓認識的人使用，一個讓陌生人使用）？
2. 撰寫燈泡介面文件。撰寫它的操作、事件與屬性。撰寫它的性能與資源使用情況。撰寫它可能出現的所有錯誤狀態及其結果。你可以為剛才描述的同一個介面想出多個實作嗎？
3. 在哪些情況下，性能（例如一項操作需要的時間）應成為公開介面的一部分？在哪些情況下不該如此？
4. 如果有一個架構元素將要在高妥善性系統中使用，這對它的介面文件有什麼影響？如果同一個元素將要在高資訊安全性系統中使用，你可能用哪些不同的方式撰寫文件？
5. 「錯誤處理」一節列出幾個不同的錯誤處理策略，它們適合在何時使用？不適合在何時使用？每一種策略會加強或削弱哪些品質屬性？
6. 本章開頭提到一個導致火星氣候探測者號損失的介面錯誤，如何防止它？
7. 在 1996 年 6 月 4 日，有一枚 Ariane 5 火箭在發射 37 秒之後失敗了。研究這次失敗事件，並討論如何以更好的介面準則來防止它。
8. 資料庫 schema 代表元素與資料庫之間的介面，它提供存取資料庫所需的詮釋資料，從這個觀點來看，schema 的演變是一種介面演變。討論如何讓 schema 的演變不致於破壞既有的介面，以及它可能怎樣破壞介面。說明如何採取廢棄、版本控制與擴展等技術來演進 schema。

16

虛擬化

虛擬意味著你永遠不知道下一個 byte 來自何處。

—佚名

在 1960 年代，有一個問題困擾著計算領域：如何在一台實體機器上，讓多個獨立的應用程式共享記憶體、磁碟、I/O 通道、用戶輸入設備…等資源。無法共享資源意味著一台計算機一次只能運行一個應用程式。在那個年代，計算機的價格高達數百萬美元，當時這是天價，但大部分的應用程式只能使用一小部分的資源，通常只有大約 10% 左右，所以這種情況對計算成本造成重大的影響。

虛擬機器和後來的容器是為了處理共享問題而問世的，這些虛擬機器與容器的目標是將應用程式隔開，同時讓它們共享資源。隔離可讓開發人員寫出彷彿只有自己在使用計算機的應用程式，而共享資源可讓多個應用程式在同一台計算機上同時運行。因為應用程式共享一台具有固定資源的實體計算機，所以隔離帶來的假象是有限的。例如，如果一個應用程式占用所有的 CPU 資源，那麼其他的應用程式將無法執行。但是，在大多數情況之下，這些機制已經改變了系統和軟體架構的面貌。它們從根本上改變了我們對計算機資源的想法，以及部署和購買它們的方式。為什麼這個主題是架構師感興趣和關注的主題？

身為架構師，你可能傾向（或確實需要）使用某種形式的虛擬化來部署你創造的軟體。你會將越來越多的應用程式部署到雲端（將在第 17 章討論）並使用容器來部署。此外，如果你打算部署到專用的硬體，虛擬化可讓你在一個比專用的硬體更方便的環境裡面進行測試。

本章的目的是介紹使用虛擬資源時的重要術語、考慮因素，和取捨。

16.1 共享的資源

出於經濟原因，許多組織已經採用某些形式的共享資源，它們可以大幅降低系統的部署成本。我們關心的共享資源有四種：

1. *中央處理單元（CPU）*。現代計算機都有多顆 CPU（而且每一顆 CPU 有多個處理核心）。有些計算機也有一或多顆圖形處理單元（GPU），或其他特殊用途的處理器，例如張量處理單元（TPU）。
2. *記憶體*。實體計算機有固定數量的實體記憶體。
3. *磁碟*。磁碟可以在開機與關機期間持久保存指令與資料。實體計算機通常裝有一或多顆磁碟，每一顆都有固定的儲存容量。磁碟可能是旋轉磁碟、光碟機，或固態硬碟，固態硬碟既沒有磁碟，也沒有任何可動的零件需要驅動。
4. *網路連線*。現在的每一台計算機都會用一或多個網路連線來傳遞所有訊息。

列出想要共享的資源之後，我們來想一下*怎麼*共享它們，以及如何以充分「隔離」的方式來共享，讓不同的應用程式不知道彼此的存在。

處理器的共享是透過執行緒調度器來完成的。調度器會選擇一個執行緒並將它分配給一個可工作的處理器，讓那個執行緒保持控制權，直到處理器被重新分配為止。任何應用程式執行緒都必須經由調度器的安排才能控制處理器。當執行緒放棄它對處理器的控制權時、當固定的時間間隔到期時，或是有中斷發生時，調度器就會進行重新調度。

隨著應用程式的成長，程式碼和資料已經無法被全部放入實體記憶體了，虛擬記憶體技術就是為了處理這項挑戰而開發的。記憶體管理硬體會將程序的位址空間分成好幾頁，並根據需要，在實體記憶體與二次儲存體之間搬移那些位址頁。在實體記憶體裡面的位址頁可以立刻存取，其他位址頁會被存放在二次記憶體裡面，直到需要它們為止。不同的位址空間之間的隔離是用硬體來支援的。

磁碟共享與隔離是用幾個機制來實現的。首先，實體磁碟只能透過磁碟控制器來存取，以確保它與每一個執行緒互相傳遞的資料串流都是依序傳遞的。此外，作業系統可以使用用戶 ID 和群組等資訊來標記執行緒和磁碟內容（例如檔案與目錄），並且藉著比較執行緒的標籤和磁碟內容來限制可見的內容或資料的存取。

網路隔離是藉著辨識訊息來實現的，每一個虛擬機器（VM）或容器都有一個 IP 位址，可用來辨識進出 VM 或容器的訊息。基本上，IP 位址的用途是將回應傳到正確的 VM 或容器。傳送與接收訊息的另一種網路機制是使用連接埠，讓服務使用的每一個訊息都有一個連接埠號碼，服務會監聽一個連接埠，並接收抵達那個連接埠的訊息。

16.2 虛擬機器

了解如何將一個應用程式使用的資源與另一個應用程式使用的資源分開之後，我們開始使用與結合這些機制。**虛擬機器**可以讓你在一台實體計算機上執行多個模擬（或虛擬）的計算機。

圖 16.1 描繪一台實體計算機上的多個 VM。實體計算機稱為「主機計算機（host computer）」，VM 稱為「訪客計算機（guest computer）」。在圖 16.1 中也有一個 *hypervisor*（管理程式），它是 VM 的作業系統。這個 hypervisor 直接在實體計算機硬體上運行，通常稱為 *bare-metal*（裸機）或 *Type 1* hypervisor，它所管理的 VM 實作了應用程式與服務。bare-metal hypervisor 通常在資料中心或雲端上運行。

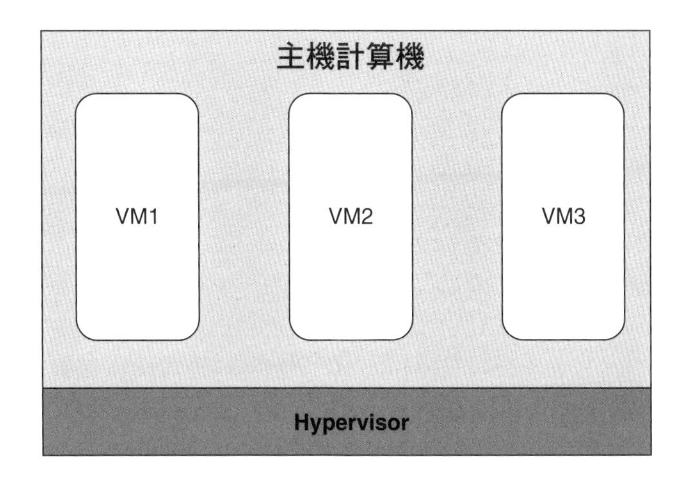

圖 16.1　bare-metal hypervisor 與 VM

圖 16.2 描繪另一種 hypervisor，稱為 *hosted* 或 *Type 2* hypervisor。在這個例子中，hypervisor 是在 host 作業系統上運行的服務，它也管理一或多個 VM。hosted hypervisor 通常在桌機或筆電上使用，它們可讓開發者執行和測試與計算機的 host 作業系統不相容的應用程式（例如，在 Windows 計算機上執行 Linux 應用程式，或是在 Apple 計算機上執行 Windows 應用程式）。你也可以在開發計算機上使用它們來複製生產環境，即使兩者安裝的作業系統是相同的，這種做法可確保開發與生產環境是相符的。

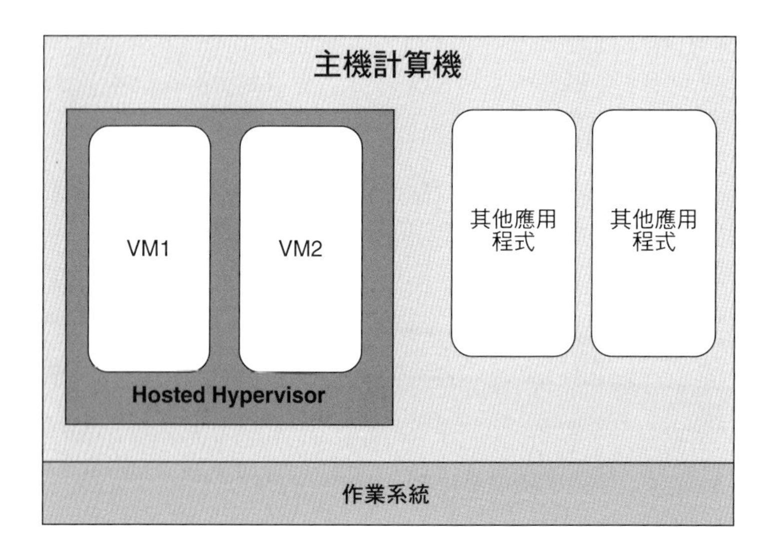

圖 16.2　Hosted hypervisor

hypervisor 要求它的 guest VM 必須使用底下的實體 CPU 所使用的指令集，因為 hypervisor 不會轉換或模擬指令的執行。例如，你不能在使用 x86 處理器的 hypervisor 上執行手機 VM 或 ARM 嵌入式設備 VM。有一種技術支援跨處理器執行，它與 hypervisor 有關，稱為 emulator。emulator 可以讀取目標或訪客（guest）處理器的二進制碼，並在 host 處理器上模擬 guest 指令的執行。emulator 通常也可以模擬 guest I/O 硬體設備。例如，開放原始碼的 QEMU emulator[1] 可以模擬完整的 PC 系統，包括 BIOS、x86 處理器與記憶體、音效卡、顯示卡，甚至軟碟機。

1　qemu.org

Hosted/Type 2 hypervisor 與 emulator 可讓用戶透過主機計算機的螢幕內的畫面、鍵盤與滑鼠 / 觸控板來與 VM 內的應用程式互動。桌面應用程式或專用設備（例如行動平台或物聯網設備）的開發者可在組建 / 測試 / 整合工具鏈中使用 hosted/Type 2 hypervisor 與（或）emulator。

hypervisor 的主要功能有兩個：(1) 管理每一個 VM 運行的程式碼，及 (2) 管理 VM 本身。詳述如下：

1. hypervisor 會攔截透過虛擬磁碟或網路介面來與 VM 外界溝通的程式碼，並代表 VM 來執行。hypervisor 可以標記這些往外傳的請求，以便將那些請求的回應傳給正確的 VM。

   I/O 設備與網路會用非同步中斷來回應外界的請求。這個中斷最初是由 hypervisor 處理的。因為一台實體主機可運行多個 VM，而且每一個 VM 都有可能送出 I/O 請求，hypervisor 必須設法將中斷轉傳給正確的 VM。這就是上述標籤的用途。

2. VM 必須加以管理。例如，它們必須被建立與銷毀。管理 VM 是 hypervisor 的功用之一，hypervisor 不自行決定 VM 的建立或銷毀，而是根據用戶的指令採取行動，或根據來自雲端基礎設施的指令（第 17 章會深入討論）。建立 VM 的程序包括載入 *VM* **映像**（下一節討論）。

   除了建立與銷毀 VM 之外，hypervisor 也監控它們，健康檢查與資源使用情況也是監控的一部分。hypervisor 也位於 VM 的防禦性安全邊界之內，以防禦攻擊。

   最後，hypervisor 負責確保 VM 的資源使用量不超出它的限制。每一個 VM 只能使用有限的 CPU、記憶體、磁碟、網路 I/O 頻寬。在啟動 VM 之前，hypervisor 會先確保有足夠的實體資源可滿足那個 VM 的需求，並且在 VM 運行時施加這些限制。

VM 的開機與 bare-metal 實體機器的開機一樣。當機器開始執行時，它會從磁碟自動讀取一種特殊的程式，稱為啟動載入器（boot loader），該磁碟可能是裝在計算機內部的，也可能是透過網路來連接的。啟動載入器會將磁碟裡的作業系統程式讀入記憶體，然後將執行權轉移給作業系統。在實體計算機裡，與磁碟機的連線是在開機過程中進行的。VM 與磁碟機的連線是 hypervisor 在啟動 VM 時建立的。「VM 映像」小節會更詳細介紹這個程序。

從 VM 裡面的作業系統與軟體服務的角度來看，軟體就像是在 bare-metal 實體機器裡執行的，VM 提供了 CPU、記憶體、I/O 設備與網路連線。

因為 hypervisor 有許多問題需要處理，所以它是一種複雜的軟體。VM 有一個問題在於虛擬化的共享與隔離帶來的額外負擔，也就是說，與直接在 bare-metal 實體機器上運行一項服務相比，該服務在 VM 上運行的速度會慢多少？這個問題不好回答，答案取決於服務的特性，以及你使用的虛擬化技術。例如，使用較多磁碟與網路 I/O 的服務比不使用那些資源的服務帶來更多額外負擔。虛擬化技術一直在改進，但根據微軟的報告，微軟的 Hyper-V hypervisor 的額外負擔大約占 10%[2]。

對架構師而言，VM 有兩大意義：

1. **性能**：虛擬化會產生性能成本。雖然 Type 1 hypervisor 只會帶來適度的性能損失，但 Type 2 hypervisor 可能帶來許多額外負擔。
2. **分離關注點**。虛擬化可讓架構師將執行期資源視為商品，讓別人或別的組織決定供給（provision）和部署決策。

16.3 VM 映像

用來啟動 VM 的磁碟內容稱為 *VM 映像*，映像裡面有微軟位元，那些指令與資料組成你將執行的軟體（也就是作業系統與服務）。根據你的作業系統所使用的檔案系統，那些位元會被組織成檔案與目錄。映像裡面也有啟動載入程式，它被放在一個預定的位置。

你可以採取三種方法來建立新的 VM 映像：

1. 你可以找一台已運行你想使用的軟體的機器，並複製它的記憶體內的位元快照。
2. 你可以在既有的映像中加入額外的軟體。
3. 你可以從頭開始建立映像，此時，你要先取得作業系統的安裝媒體，再用安裝媒體啟動新機器，將機器的磁碟格式化，將作業系統複製到磁碟，然後在預定的位置加入啟動載入器。

2 https://docs.microsoft.com/en-us/biztalk/technical-guides/system-resource-costs-on-hyper-v

如果你要採取前兩種做法，你可以尋找機器映像的版本庫（裡面通常有開放原始碼軟體），它們有僅包含 OS 核心的精簡映像、具有完整應用程式的映像，以及介於兩者之間的各種映像。這些高效率的起點可幫助你快速嘗試新程式包或程式。

但是，下載並執行別人（或別的組織）建立的映像可能有一些問題：

- 你不能控制 OS 與軟體的版本。
- 映像裡面的軟體可能有漏洞，或沒有被安全地設定，更糟糕的是，映像裡面可能有惡意軟體。

VM 映像的其他重要層面有：

- 這些映像都非常大，所以用網路來傳遞可能非常緩慢。
- 映像與它的所有依賴項目綁在一起。
- 你可以在開發計算機上建立 VM 映像，然後將它部署到雲端。
- 你可能想要將你自己的服務加入 VM。

雖然你可以在建立映像時安裝服務，但是採取這種做法會幫每一個服務的每一個版本建立一個獨立的映像，大量的映像除了增加儲存成本之外，也令人難以進行追蹤與管理。因此，我們通常建立只包含作業系統與其他重要程式的映像，等到 VM 啟動後的設置程序再加入服務。

16.4 容器

VM 可以解決「共享資源」與「保持隔離性」的問題。但是，有的 VM 映像很大，而且用網路來傳送 VM 映像很耗時。假如你有一個 8 GB(yte) 的 VM 映像，你想要將它從網路的一個位置移到另一個位置。理論上，在每秒 1 Gb(it) 的網路上，你會花 64 秒，但是，1 Gbps 網路的實際效率大約只有 35%，因此，在真實世界傳遞 8 GB 的 VM 映像需要 3 分鐘以上。雖然你可以使用一些技術來減少傳輸時間，但仍然需要花費以分為單位的時間。在傳送映像之後，VM 必須啟動作業系統與你的服務，這將花費更多時間。

容器是一種既能保留虛擬化的大多數優點，又能減少映像傳送時間與啟動時間的機制。如同 VM 與 VM 映像，容器被包在可執行的容器映像裡面，以便傳送（但是，實務上不一定這樣做）。

再看一次圖 16.1，我們可以看到 VM 在 hypervisor 控制之下的虛擬硬體上執行。在圖 16.3 中，我們看到一些容器在容器執行期引擎（*container runtime engine*）的控制之下運作，容器執行期引擎則是在固定的作業系統上運行。容器執行期引擎很像虛擬的作業系統。如同在實體主機上的所有 VM 都共享同一組底層的實體硬體，在同一個主機內的所有容器也透過執行期引擎共享同一個作業系統（並且透過作業系統共享同樣的實體硬體）。你可以將作業系統載入 bare-metal 實體機器，或虛擬機器。

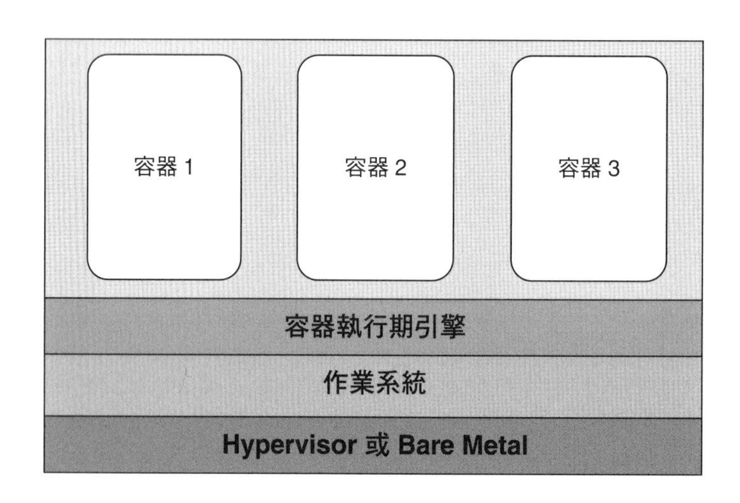

圖 16.3　這些容器位於管理程序（或裸機）上的作業系統上的容器執行期引擎上面

當你配置 VM 時，你必須找到一台具備足夠的資源，可支援 VM 的實體機器。在概念上，你要查詢 hypervisor 來尋找有餘力的實體機器。在配置容器時，你要尋找具有足夠的未用資源可支援容器的容器執行期引擎，因此，你可能要建立額外的 VM，來支援額外的容器執行期引擎。在圖 16.3 中，容器在 hypervisor 控制之下的 VM 裡的作業系統上的容器執行期引擎上面運行。

共享作業系統是映像傳送效率得以提升的根本原因，只要目標機器有運行中的標準容器執行期引擎（最近的容器執行期引擎都是按照標準來建立的），你就不需要將作業系統放入容器映像中傳遞。

性能得以改善的第二個根本原因是容器映像使用「階層」（注意，容器階層的概念與第 1 章介紹的模組結構中的階層不一樣）。為了讓你更了解容器階層，我們來介紹一下容器映像是怎麼建構的。這個例子將說明如何建構一個容器來執行 *LAMP* **技術堆疊**，而且我們將在階層中建構映像（LAMP 是 Linux、Apache、MySQL 與 PHP 的縮寫，有大量的 web app 都是用它來建構的）。

使用 LAMP 堆疊來建構映像的程序如下：

1. 建立一個包含 Linux 的容器映像（你可以使用容器管理系統從某個程式庫下載這個映像）。
2. 建立映像並確定它是個映像後，執行它（也就是將它實例化）。
3. 使用那個容器與 Linux 的功能來載入服務（在這個例子是 Apache）。
4. 離開容器，並告訴容器管理系統這是第二個映像。
5. 執行第二個映像並載入 MySQL。
6. 離開容器，並且幫這個第三個映像命名。
7. 再重複這個程序一次，載入 PHP。現在你有第四個容器映像，它裡面有整個 LAMP 堆疊。

因為你用幾個步驟來製作這個映像，而且你要求容器管理系統將每一步做成一個映像，所以容器管理系統將最後一個映像視為它是以「階層」組成的。

現在你可以將 LAMP 堆疊容器映像移到不同的位置，用來進行生產。最初的移動需要移動 LAMP 堆疊的所有元素。但是，假如你將 PHP 更新為新版本，並將這個修改後的 LAMP 堆疊移入生產環境（上述程序的第 7 步），容器管理系統將會知道只有 PHP 被修改，所以只移動映像的 PHP 層，所以不需要移動堆疊的其餘部分。因為改變映像裡面的軟體組件比最初的映像建立工作更常發生，所以將新版的容器投入生產將會比使用 VM 時快很多。載入 VM 需要好幾分鐘，但載入新版的容器只需要幾微秒或幾毫秒的時間。注意，這個程序只能處理堆疊的最上層，如果你想要將 MySQL 換成新版，你就要執行第 5 步至第 7 步。

你可以建立一個腳本，在裡面撰寫建立容器映像與將它存入檔案的步驟，該檔案是建立容器映像的工具專用的，它可讓你指定要將哪些軟體載入容器，並存成映像。對規格檔案進行版本控制可確保所有團隊成員都能夠做出一模一樣的容器映像，並且視需求修改規格檔案。將這些腳本視為程式碼來管理可帶來大量的好處，你可以有意識地設計、測試、配置、審查、記錄和分享這些腳本。

16.5 容器與 VM

用 VM 來提供服務與用容器來提供服務有什麼優缺點？

如前所述，VM 可將實體硬體虛擬化，包括 CPU、磁碟、記憶體與網路。在 VM 上運行的軟體包括整個作業系統，你可以在 VM 中運行幾乎任何一種作業系統，你也可以在 VM 中運行幾乎任何一種程式（除非程式必須與實體硬體直接互動），這一點在使用舊軟體或買來的軟體時很重要。擁有整個作業系統也可以讓你在同一個 VM 中執行多個服務，當你的服務彼此緊密耦合，或共享大量資料，或你想讓不同的服務彼此高效地溝通與協調時，這是很理想的做法。hypervisor 可確保作業系統的啟動，監測它的執行，並且在作業系統當機時重新啟動它。

容器實例使用同一個作業系統。作業系統必須與容器執行期引擎相容，所以並非所有軟體都可以在容器中運行。容器執行期引擎會啟動、監測與重新啟動在容器內運行的服務，這個引擎通常只在一個容器實例裡面啟動與監測一個程式。如果那個程式完成執行並正常退出，容器就會停止執行。因此，容器通常執行一個服務（但那個服務可能是多執行緒）。此外，使用容器的好處是，容器映像很小，只包含想要執行的服務需要的程式與程式庫。在一個容器裡面放入多個服務會讓映像膨脹，增加容器的啟動時間，以及執行期記憶體耗用量。你可以將執行相關服務的容器實例組成一組，在同一個實體機器上執行它們，讓它們有效率地溝通。有些容器執行期引擎甚至可讓同一個群組內的容器共享記憶體與旗號（semaphore）等協調機制。

VM 與容器的其他差異包括：

- VM 可以執行任何作業系統，容器目前只能執行 Linux、Windows 與 iOS。
- 在 VM 裡面的服務是用作業系統的功能來啟動、停止與暫停的，但是在容器裡的服務是用容器執行期引擎的功能來啟動與停止的。
- VM 在它的服務停止運行之後會繼續存在，容器則否。
- 在使用容器時，連接埠的使用有一些限制，但是在使用 VM 時沒有那些限制。

16.6 容器可移植性

之前曾經介紹與容器互動的容器執行期管理器。有些製造商有提供容器執行期引擎，最有名的是 Docker、containerd 與 Mesos。這些製造商的容器執行期引擎可讓你建立容器映像，以及配置與執行容器實例。Open Container Initiative 已經將容器執行期引擎與容器之間的介面標準化了，可讓一家供應商的程式包（例如 Docker 的）所建立的容器在另一家供應商（例如 containerd）提供的容器執行期引擎上執行。

這意味著，你可以在開發計算機上開發一個容器，將它部署到生產計算機，並且在那裡執行它。當然，容器在各種情況下可用的資源各不相同，所以部署仍然不是簡單的事情。用組態參數來指定資源可以簡化將容器移到生產環境的過程。

16.7 Pod

Kubernetes 是開放原始碼的編配軟體，可讓你部署、管理和擴展容器。在它的層次結構裡還有一個元素：Pod。*Pod* 是一組相關的容器，在 Kubernetes 的節點（硬體或 VM）裡面有 Pod，Pod 裡面有容器，如圖 16.4 所示。在 Pod 裡面的容器使用同一個 IP 位址與連接埠空間來接收其他服務傳來的請求。容器用 IPC 機制來互相溝通，例如旗號或共享記憶體，它們也可以在 Pod 的生命週期之內共享短暫存在的臨時儲存空間。它們有相同的壽命，在 Pod 裡面的容器會被一起配置和移除。例如，第 9 章介紹過的服務網通常被包成一個 Pod。

Pod 的目的是減少密切相關的容器之間的溝通成本。在圖 16.4 中，如果容器 1 與容器 2 經常溝通，將它們部署成 Pod 並配置到同一個 VM 可讓它們使用比傳遞訊息更快速的溝通機制。

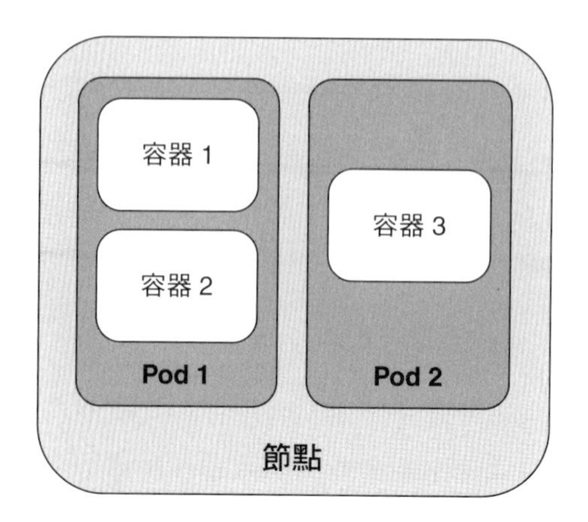

圖 16.4 節點裡面的 Pod 裡面有容器

16.8 無伺服器架構

當你配置 VM 時，你要先找到一個具有足夠閒置能力的實體機器，然後將 VM 映像載入那台實體機器，因此，實體計算機是一個可以分配資源的池子。假如你不是將 VM 配置到實體機器裡，而是將容器配置到容器執行期引擎裡，也就是說，你有一個容器執行期引擎池，而且要在裡面配置容器。

容器的載入時間很短，冷啟動只要幾秒鐘，重新配置只要幾毫秒。因為 VM 的配置與載入相對耗時，可能會花好幾分鐘來載入與啟動實例，我們通常讓 VM 實例持續執行，即使不同的請求之間有閒置時間。相較之下，因為將容器配置到容器執行期引擎裡的速度很快，所以你不需要讓容器持續運行，你可以為每一個請求配置一個新容器，當服務處理好一個請求之後，它不會接收另一個請求，而是會直接退出，容器會停止運行並解除配置。

這種系統設計稱為**無伺服器架構**，儘管事實上它不是「無伺服器」，它有管理容器執行期引擎的伺服器，但因為它們是隨著每一個請求動態配置的，所以伺服器與容器執行期引擎都體現在基礎設施上，身為開發者，你不需要負責配置與解除配置它們。雲端伺服器供應商所提供的支援這種能力的功能稱為功能即服務（function-as-aservice，FaaS）。

當你用動態配置 / 解除配置來處理個別的請求時，這些短命的容器無法維持任何狀態，容器必須是無狀態的。在無伺服器架構中，進行協調所需的任何狀態都必須儲存在雲端供應商提供的基礎設施服務中，或是用參數來傳遞。

雲端供應商的 FaaS 功能有一些限制。第一個限制：供應商提供的基礎容器映像選項有限，這限制了你的程式語言選項與程式庫依賴關係。之所以這麼做是為了減少容器載入時間，供應商將你的服務限制成基礎映像層上面的一層薄薄的映像層。下一個限制是「冷啟動」可能需要幾秒，冷啟動是指第一次配置與載入容器，後續的請求幾乎都會被即時處理，因為容器映像會被快取在節點上。最後一個限制，請求的執行時間是有限的，你的服務必須在供應商的限制時間之內處理請求並退出，否則它會被終止。雲端供應商之所以這樣做是出於經濟因素，如此一來，他們就可以量身設計 FaaS 的定價，以區分 Faas 與其他的容器執行方式，以及確保不會有 FaaS 用戶使用太多資源池。有些無伺服器系統的設計者用大量的精力來繞過或破解這些限制，例如預先啟動服務來避免冷啟動延遲、發出假請求來讓服務被持續留在快取內，以及將一個服務的請求分岔或轉傳到另一個服務，來延長有效執行時間。

16.9 總結

虛擬化一直是軟體和系統架構師的福音，因為它為網路服務（通常是 web 服務）提供了高效、經濟的配置平台。硬體虛擬化可讓你建立多個共享同一台實體機器的虛擬機器，其策略是強制隔離 CPU、記憶體、磁碟空間與網路。因此，多個 VM 可以共享實體機器的資源，而且組織可以將需要購買或租賃的實體機器數量降到最低。

VM 映像是被載入 VM 並執行的位元組。VM 映像可以使用各種技術來建立，包括使用作業系統的功能，或載入預先建立的映像。

容器是將作業系統虛擬化的包裝機制。如果有相容的容器執行期引擎，你可以將容器從一個環境搬到另一個環境。容器執行期引擎的介面已經標準化了。

將多個容器放入 Pod 代表它們可被一起配置，而且容器間的任何通訊可以更快速地完成。

無伺服器架構可讓你快速啟動容器，並將配置與解除配置的工作交給雲端供應商的基礎設施處理。

16.10 延伸讀物

本章的內容來自《*Deployment and Operations for Software Engineers*》[Bass 19]，你可以在那裡找到更詳細的討論。

維基百科永遠是尋找協定、容器執行期引擎與伺服器架構的最新細節的好地方。

16.11 問題研討

1. 使用 Docker 來建立一個 LAMP 容器。比較你的容器映像與你在網路上找到的映像的大小，它們為何不同？作為一位架構師，在什麼情況下，這會變成一個問題？
2. 容器管理系統如何知道只有一層被改變了，所以它只要傳輸一層？
3. 我們之前都關注在同一個 hypervisor 上同時運行的 VM 之間的隔離。VM 可能會關機並停止執行，且新的 VM 可能會啟動。hypervisor 如何讓不同時間運行的 VM 之間保持隔離，或防止洩漏？提示：想一下記憶體、磁碟、虛擬 MAC 與 IP 位址的管理。
4. 哪些服務適合組成 Pod（就像服務網那樣）？為什麼？
5. 容器有什麼資訊安全問題？如何減輕它們的影響？
6. 在嵌入式系統中使用虛擬化技術有哪些問題？
7. VM、容器與 Pod 可以避免哪一類整合與部署錯誤？無法避免哪一類錯誤？

17 雲端與分散式運算

在分散式系統裡面，即使是一台你不認識的計算機發生故障，
也可能導致你自己的計算機停擺。

—Leslie Lamport

雲端運算與資源的隨需可用性（on-demand availability）有關。雲端運算代表廣泛的計算能力，你可能說過「我會把照片備份到雲端」，但這句話是什麼意思？它的意思是：

- 我把照片放在別人的計算機裡，讓他們去擔心資本投資與維護，以及保養與備份的問題。
- 我可以透過 Internet 取得我的照片。
- 我只需要付錢購買我使用的空間，或我申請的空間。
- 資料儲存服務是有彈性的，也就是它可以隨著我的需求而放大或縮小。
- 我用自助的方式使用雲端：我先建立一個帳號，然後立刻用它來儲存我的資料。

雲端提供的運算功能包括照片（或其他類型的數位工件）存放區、透過 API 公開的精緻服務（例如文本翻譯或貨幣轉換），以及低階的基礎設施服務，例如處理器、網路與儲存空間虛擬化。

本章將重點討論軟體架構師如何使用雲端的基礎設施服務來提供架構師所設計與開發的服務。在過程中，我們會介紹分散式運算的一些重要原則與技術。分散式運算的意思是讓多台計算機（真實的或虛擬的）一起合作，以產生更快的性能與更穩健的系統（與使用一台計算機完成所有的工作相較之下）。本章加入這個主題的原因是：雲端系統是最徹底採用分散式運算的地方。我們將簡單地介紹與架構最有關的原則。

我們先討論雲端如何提供與管理虛擬機器。

17.1 雲端基本知識

公共雲端是雲端服務供應商維護與提供的服務，這些組織提供基礎設施服務給同意服務條款，並願意付費的所有人使用。一般來說，用這個基礎設施製作的服務可在公共的 Internet 上使用，但你可以設置防火牆等機制來限制它的可見性和訪問權限。

有些組織會運維**私有雲端**，私有雲端是由個別組織維護與運營的，它的服務對象是該組織的成員。組織可能因為控制權、資訊安全性與成本等因素而選擇運營私有雲端，雲端基礎設施與他們在上面開發的服務只能在組織的網路上看到與使用。

混合雲端是一種混合模式，其中，有些工作在私有雲端運行，有些工作在公共雲端運行。混合雲端可能在系統從私有雲端遷移到公共雲端（或反過來）的過程中使用，或是有些資料因為法律因素必須被嚴格地控制和審查時使用。

對使用雲端服務來設計軟體的架構師來說，從技術的角度來看，私有雲端與公共雲端沒有太大的差異，因此，我們將專門討論基礎設施即服務（infrastructure-as-a-service）公共雲端。

典型的公共雲端資料中心有上萬台實體設備，將近 10 萬台，而不是只有 5 萬台。資料中心的規模被它消耗的電力和它的設備產生的熱量限制：將電力引入建築物、分配給設備，以及消除設備產生的熱量都有實際的局限性。圖 17.1 是典型的雲端資料中心，在裡面的每一個機架都有 25 台以上的計算機（每一台都有多顆 CPU），具體數量取決於電力與冷卻能力。資料中心有好幾排這種機架，它使用高速網路交換器來連接這些機架。雲端資料中心是一些應用程式將能源效率（第 6 章的主題）視為重要的品質屬性的原因之一。

圖 17.1 雲端資料中心

當你透過公共雲端供應商來使用雲端時，你其實是在使用分散在世界各地的資料中心。雲端供應商將它的資料中心分成多個區域。雲端區域既是邏輯結構，也是實體結構。因為你開發並部署到雲端的服務可被整個 Internet 訪問，因此雲端區域可協助你確保服務更接近用戶的地理位置，從而減少使用服務的網路延遲。此外，有些法規禁止某些類型的資料跨國界傳輸，例如一般資料保護規範（GDPR），所以雲端區域可協助雲端供應商遵守這些法規。

一個雲端區域有許多分散各地的資料中心，也有很多不同的電力與 Internet 連線來源。在同一個區域裡面的資料中心會被組成**可用區**（*availability zone*），兩個可用區裡面的資料中心都同時故障的機率微乎其微。

為你的服務選擇運行它的雲端區域是一個重要的設計決策。當你在雲端運行新 VM 時，你可能要指定運行該 VM 的區域。有時區域是自動選擇的，但出於妥善性與營運持續性因素，你通常會自己選擇區域。

訪問公共雲端都要透過 Internet。進入雲端的閘道主要有兩個：管理閘道與訊息閘道（圖 17.2）。我們已經在第 15 章討論訊息閘道了，在此將重點討論管理閘道。

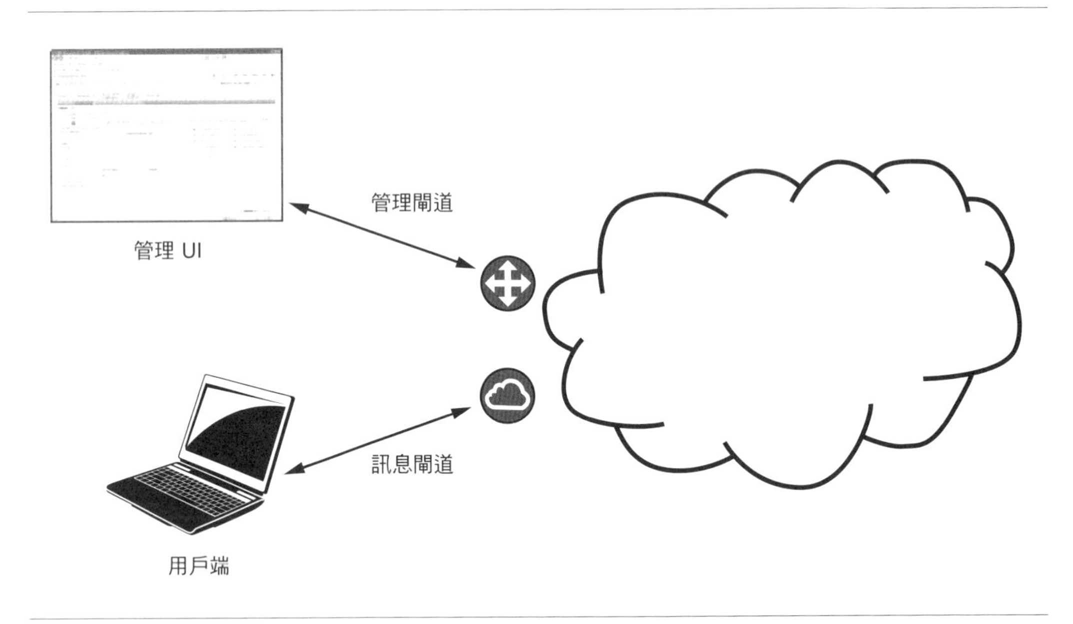

圖 17.2 公共雲端的閘道

假如你要在雲端配置一個 VM，你發出一個請求給管理閘道，要求它提供一個新的 VM 實例，這個請求有許多參數，其中最重要的三個參數是新實例的雲端區域、實例類型（例如 CPU 與記憶體大小）、VM 映像的 ID。管理閘道負責上萬台實體計算機，每一台實體計算機都有管理 VM 的 hypervisor，所以，管理閘道會查詢實體機器有沒有足夠的未用 CPU 與記憶體可滿足你的需求，以找出可管理你選擇的 VM 類型的 hypervisor。如果有，它會要求那個 hypervisor 建立額外的 VM，hypervisor 執行這項任務並回傳新 VM 的 IP 位址給管理閘道，然後管理閘道將那個 IP 位址傳給你。雲端供應商會確保資料中心有足夠的實體硬體資源，讓你的請求絕對不會因為資源不足而失敗。

管理閘道不但會回傳新配置的 VM 的 IP 位址，也會回傳主機名稱。在配置 VM 之後才回傳主機名稱代表 IP 位址已經被加入雲端的 Domain Name System（DNS）了。任何 VM 映像都可以用來建立新的 VM 實例，VM 映像可能包含一個簡單的服務，也可能只是建立複雜系統的部署流程中的一個步驟。

管理閘道除了配置新 VM 之外也會執行其他的工作，它可以協助收集 VM 計費資訊，以及監測和銷毀 VM。

若要接觸管理閘道，你要透過 Internet 將訊息傳給它的 API，這些訊息可能來自其他服務，例如部署服務，也可能是你的電腦的命令列程式產生的（可讓你撰寫操作腳本）。你也可以透過雲端服務供應商運維的 web app 來接觸管理閘道，但是對瑣碎的操作而言，這種互動介面不太有效率。

17.2 雲端的故障

資料中心有上萬台實體計算機，每天幾乎都有一台或多台計算機發生故障。據 Amazon 的報告，在一間有 64,000 台計算機、每台計算機有兩顆旋轉硬碟的資料中心裡，每天大約有 5 台計算機與 17 顆硬碟發生故障，Google 也公布了類似的數據。除了計算機與磁碟故障之外，網路交換器也可能故障，資料中心可能過熱，造成所有計算機故障，自然災害也可能讓整個資料中心停止運轉。雖然你的雲端供應商的總停機次數相對較少，但是運行你的 VM 的實體計算機可能會出現故障，如果妥善性對你的服務而言很重要，你要仔細考慮你想要什麼程度的妥善性，以及如何實現它。

我們將討論與雲端故障特別有關的兩個概念：逾時與長尾延遲。

逾時

在第 4 章，逾時是一種妥善性戰術。在分散式系統中，逾時是用來偵測故障的手段。使用逾時有幾個後果：

- 逾時無法區分「計算機故障和網路連線中斷」與「超過指定時間的緩慢回覆」，導致一些緩慢的回應會被誤認為故障。
- 逾時無法告訴你故障或緩慢出現的位置。
- 對一個服務發出請求往往會觸發該服務對其他服務發出請求，其他服務又發出更多請求。即使在一連串的回應裡面的每一個回應的延遲時間都接近預期的平均回應時間（但比較慢），整體的延遲也可能（錯誤地）暗示故障。

逾時（認定回應時間過長）通常用來偵測故障。逾時無法確定故障是由於服務的軟體故障、虛擬機器或實體機器故障，還是網路故障。在多數情況下，原因並不重要：你發出一個請求，或你希望定期收到代表對方持續活動的訊息或心跳訊息，但沒有及時收到回應，現在你必須採取補救行動。

這看起來很簡單，但是在真實的系統中可能很複雜。恢復通常需要成本，例如延遲損失。你可能要啟動新 VM，它需要花幾分鐘才能開始接收新請求。你可能要用不同的服務實例來建立新對話（session），這可能會影響系統的易用性。雲端系統的回應時間可能有很大的變化，如果你認為發生故障，其實只是暫時延遲，你可能會付出沒必要的恢復成本。

分散式系統的設計人員通常會將逾時檢測機制參數化，以便根據系統或基礎設施進行調整。其中有一個參數是逾時的間隔時間，也就是系統應該等多久才能判定回應失敗，大部分的系統都不會在一次沒有反應之後就觸發故障恢復，典型的做法是在一段較長的時間內確認出現多少次無反應。無回應的次數是逾時機制的第二個參數。例如，將一次逾時設為 200 毫秒，在 1 秒之內有 3 個漏掉的訊息之後，再觸發故障恢復。

當系統在同一個資料中心裡運行時，你可以積極地設定逾時與閾值，因為網路延遲很小，漏掉回應很可能是因為軟體崩潰或硬體故障。相較之下，當系統在廣大的網路上、蜂巢式網路，甚至衛星連線上運作時，你就要多考慮參數的設定，因為這些系統可能會有間歇性的、時間較長的網路延遲，在這些情況下，你可以放寬參數以反映這種可能性，避免觸發沒必要的恢復動作。

長尾延遲

無論原因的確是故障，或只是太慢回應，原始請求的回應可能呈現所謂的長尾延遲。圖 17.3 是向 Amazon Web Services（AWS）發出 1,000 個「啟動實例」請求的延遲直方圖。注意，有些請求花很長的時間來滿足。在評估這類的測量值時，你必須謹慎地選擇描述資料組的統計方法。在這個例子中，直方圖的峰值在延遲 22 秒的地方，但是，所有測量值的平均延遲是 28 秒，中位延遲是 23 秒（有一半的請求在這個延遲時間之內完成）。即使在 57 秒的延遲時間之後，也有 5% 的請求還沒有完成（也就是第 95 百分位數是 57 秒）。所以，雖然對著雲端服務送出請求的平均延遲時間在可容忍的範圍內，但有相當數量的請求有多很多的延遲時間，在這個例子中，可能是平均值的 2 到 10 倍，它們是在直方圖右側的長尾之中的值。

長尾延遲是請求路徑的某處擁塞或故障造成的。擁塞的原因很多，例如伺服器佇列、hypervisor 調度，或其他因素，但擁塞的原因是你這位服務提供者無法控制的，你的監視技術，與實現性能與妥善性目標的策略，都必須考慮長尾分布。

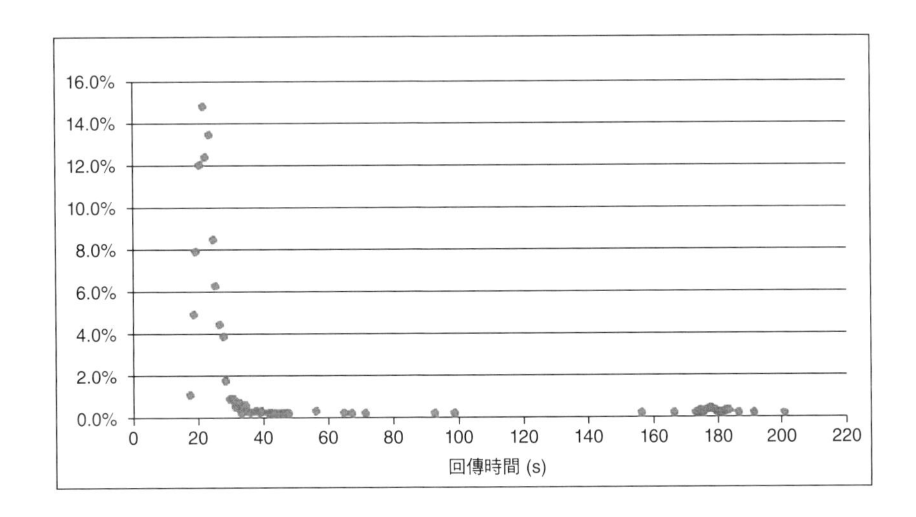

圖 17.3 向 AWS 發出 1,000 個「啟動實例」請求產生的長尾分布

避險請求與替代請求是處理長尾問題的兩種技術。

- 避險請求（*hedged request*）。發出比需要的數量更多的請求，然後在收到足夠的回應之後取消請求（或忽略回應）。例如，若要啟動 10 個微服務（見第 5 章）實例，那就發出 11 個請求，並且在啟動 10 個之後，終止尚未回應的請求。
- 替代請求（*alternative request*）。替代請求是避險請求的變體，在上述的案例中，這種技術會發出 10 個請求，當 8 個請求完成時，再發出 2 個，在總共收到 10 個回應時，取消 2 個還沒完成的請求。

17.3 使用多個實例來改善性能與妥善性

如果在雲端上的服務收到太多請求，無法在指定的延遲時間之內處理，服務就會超載。這可能是因為 I/O 頻寬、CPU 週期、記憶體或其他資源的不足。在某些情況下，你可以讓具備更多資源的其他實例提供服務，來處理服務超載問題。這種方法比較簡單，因為服務的設計不會改變，事實上，服務只是在比較大的虛擬機器上運行。這種方法稱為垂直擴展或向上擴展，與第 9 章的增加資源性能戰術相呼應。

垂直擴展的效果有限，而且，你可能找不到夠大的 VM 實例來支援工作負擔，在這種情況下，水平擴展或往外擴展可以提供更多資源類型。水平擴展需要使用多個相同服務的複本，也要使用負載平衡器來將請求分配給它們，它們分別相當於第 9 章的「維護多個計算複本」戰術，以及「負載平衡器」模式。

分散式運算與負載平衡器

負載平衡器可以做成獨立的系統，也可以結合其他功能。負載平衡器必須非常有效率，因為它位於用戶端送給伺服器的每一個訊息的路徑上，即使它結合了其他功能，它的邏輯也必須是隔離的。我們接下來將討論兩個主要層面：負載平衡器如何運作，以及位於負載平衡器後面的服務該如何設計以管理服務狀態。在了解這些程序之後，我們就可以討論系統健康管理，以及負載平衡器如何改善妥善性。

負載平衡器可解決這個問題：在 VM 上或容器內的服務實例收到太多請求，導致它的延遲時間無法被接受。這種情況有一個解決辦法是加入多個服務實例，並將請求分配給它們。在這個例子裡的分配機制是一個單獨的服務：負載平衡器。在圖 17.4 中，有一個負載平衡器將請求分配給兩個 VM（服務）實例。如果你將 VM 實例換成容器實例，以上的討論也可以成立（容器已在第 16 章討論）。

你應該想知道什麼是「太多請求」與「合理的回應時間」，我們會在本章稍後討論自動擴展時回答這兩個問題。我們先把注意力放在負載平衡器如何運作上。

在圖 17.4 中，每一個請求都被送到一個負載平衡器。就我們的討論而言，假如負載平衡器送出第一個請求給實例 1，送出第二個請求給實例 2，送出第三個請求給實例 1，以此類推，如此一來，每一個實例都被分配一半的請求，將**負載平衡**地分給兩個實例，這就是為什麼它稱為負載平衡器。

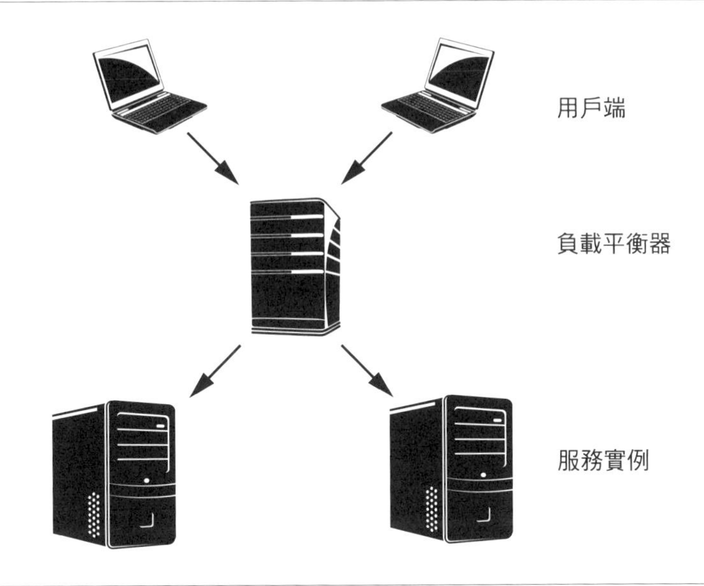

圖 17.4　將來自兩個用戶端的請求分配給兩個服務實例的負載平衡器

這個簡單的負載平衡器範例有一些值得注意的地方：

- 我們提供的演算法（將訊息輪流分給兩個實例）稱為「循環制」。當每一個請求的回應都使用大致相同的資源時，這個演算法才能將負載均勻地分配給服務實例。你也可以在處理請求所需的資源不一致時，使用別的演算法來分配訊息。
- 從用戶端的角度來看，服務的 IP 位址其實是負載平衡器的位址。這個位址在 DNS 裡面可能有一個主機名稱。用戶端不知道（或不需要知道）服務有多少實例，或任何服務實例的 IP 位址。所以用戶端對這項資訊的改變很有韌性，這是一個使用中間人的案例，如第 8 章所述。
- 用戶端可以同時存在多個，每一個用戶端都會傳送它的訊息給負載平衡器，負載平衡器不在乎訊息來源。負載平衡器會在訊息到達時分配它們（我們暫時忽略粘滯對話（sticky session）與對話保持（session affinity）的概念）。
- 負載平衡器可能會超載，解決辦法是平衡負載平衡器的負載，有時稱為全域負載平衡，也就是讓訊息穿越好幾層負載平衡器才到達服務實例。

到目前為止，我們討論的負載平衡器都把注意力放在增加可處理的工作量上。接下來，我們要討論負載平衡器如何提高服務的妥善性。

雖然圖 17.4 顯示從用戶端傳給負載平衡器的訊息，但它沒有顯示回傳的訊息。回傳的訊息會直接從服務實例傳給用戶端（用 IP 訊息標頭裡面的「from」欄位來決定），繞過負載平衡器。因此，負載平衡器不知道訊息是否被服務實例處理，或處理一個訊息需要多久。如果沒有其他的機制，負載平衡器不知道任何服務實例究竟是活躍的，且正在工作，還是有實例或所有實例已經失敗。

健康檢查是讓負載平衡器確定實例是否正常工作的機制，它正是第 4 章的妥善性戰術的「錯誤偵測」類別的目的。負載平衡器會定期檢查被指派給它的實例的健康狀態，如果實例沒有回應健康檢查，負載平衡器會將它標為不健康，且以後不會傳送訊息給它。健康檢查可能是從負載平衡器 ping 實例、打開連接實例的 TCP 連結，甚至傳送訊息來進行。在後者中，回傳的 IP 位址是負載平衡器的位址。

實例可能會從健康變成不健康再變成健康。例如，假設實例有一個超載的佇列，在第一次聯繫時，它可能沒有回應負載平衡器的健康檢查，但一旦佇列被耗盡，它就又可以準確地回應了。因此，負載平衡器會檢查很多次之後才將實例移到不健康清單，然後定期檢查不健康清單，以確定實例是否再次回應。在發生嚴重故障或崩潰時，系統可能會重新啟動失敗的實例，並向負載平衡器重新註冊，或啟動新的替代實例並向負載平衡器註冊，以維持整體的服務交付能力。

具備健康檢查功能的負載平衡器藉著向用戶端隱藏服務實例的故障來改善妥善性。你可以調整服務實例池的大小來處理一些服務實例同時故障的情況，同時持續提供足夠的整體服務能力，在指定的時間之內處理所需的用戶端請求量。但是，即使使用了健康檢查，服務實例也有可能在開始處理用戶端請求之後沒有回傳回應。用戶端必須在未收到及時回應的情況下重新發送請求，讓負載平衡器將請求分配給不同的服務實例。服務的設計必須能夠處理多個一模一樣的請求。

分散式系統的狀態管理

狀態是服務內部的資訊，它會影響服務如何計算請求的回應。狀態（或更準確地說，儲存狀態的變數或資料結構的值）根據服務的請求歷史紀錄。

當服務可以同時處理多個用戶端請求時，管理狀態就變得非常重要。之所以要同時處理多個用戶端請求，可能是因為服務實例是多執行緒的，也可能因為負載平衡器後面有多個服務實例，或兩者。此時關鍵的問題在於狀態要存放在何處。你有三個選擇：

1. 在每一個服務實例裡面維護歷史紀錄，此時，服務被稱為「有狀態的（stateful）」。
2. 在每一個用戶端裡面維護歷史紀錄，此時，服務被稱為「無狀態的（stateless）」。
3. 在服務與用戶端之外的資料庫保存歷史紀錄，此時，服務被稱為「無狀態的」。

比較常見的做法是將服務設計並實作成無狀態的。有狀態的服務會在失敗時失去它的歷史紀錄，難以恢復狀態。此外，我們將在下一節看到，新的服務實例可能會被建立出來，將服務設計成無狀態可讓新服務實例處理用戶端請求，並產生與任何其他服務實例一樣的回應。

設計無狀態的服務有時非常困難或很沒效率，此時我們想用相同的服務實例來處理用戶端傳來的一系列訊息。我們可以讓負載平衡器處理那一系列的第一個請求，並將它分配給一個服務實例，然後讓用戶端與那一個服務實例直接建立對話（session），並讓後續的請求繞過負載平衡器。或是讓一些負載平衡器將某些類型的請求視為粘滯（sticky），將某個用戶端的後續請求送給處理過該用戶端的上一個訊息的服務實例。這些方法（直接對話與粘滯訊息）只能在特定情況下使用，因為實例可能發生故障，而且接收粘滯訊息的實例也許會超載。

同一個服務的所有實例之間經常需要分享資訊，那些資訊可能包含之前提到的狀態資訊，也可能包含可讓服務實例有效地合作所需的其他資訊，例如，服務的負載平衡器的 IP 位址。有一種解決方案可以管理一項服務的所有實例共享的少量資訊，見接下來的說明。

分散式系統的時間協調

準確地決定當前的時間看起來是一項非常簡單的任務，其實它並不簡單。計算機裡面的硬體時鐘大約每隔 12 天就會增加或減少一秒鐘。如果你的計算設備位於室外，它可能會從 GPS 衛星取得時間訊號，GPS 提供的時間準確度在 100 奈秒以下。

讓兩個以上的設備對時間取得共識可能更有挑戰性。在網路上的兩台不同的設備的時鐘讀數將會不一樣。網路時間協定（NTP）的用途是在本地網路或廣域網路連接的不同設備之間同步時間。它會在時間伺服器與用戶端設備之間交換訊息，以估計網路延遲，然後使用演算法來同步用戶端設備與時間伺服器的時間。NTP 在本地區域網路的準確度大約 1 毫秒，在公共網路上大約 10 毫秒。擁塞可能造成 100 毫秒以上的誤差。

雲端服務供應商為它們的時間伺服器提供非常精確的時間參考。例如，Amazon 與 Google 使用原子鐘，它們的時間漂移幾乎無法測量出來，因此，它們都可以非常準確地回答「現在幾點了？」這個問題。當然，你取得答案的時間又是另一回事了。

令人高興的是，許多應用領域只需要大致準確的時間。但是，你必須假設兩台不同的設備上的時鐘讀數之間有一定程度的誤差。因此，大多數的分散式系統都不需要在設備之間進行時間同步即可讓應用程式正確運行。你可以使用設備時間來觸發週期性操作、為 log 項目加上時戳，以及做不需要與其他設備進行精確協調的事情。

同樣令人高興的是，在很多情況下，知道事件的順序比較重要，而不是事件發生的時間。股市的交易決策就是這一類，任何形式的線上拍賣也是如此，它們都必須按照封包的傳輸順序來處理封包。

在進行跨設備的重要協調時，大部分的分散式系統都使用向量時鐘（它不是真的時鐘，而是計數器，可在應用程式的服務之間傳播行動（action）時追蹤它們）等機制來確定一個事件是否發生在另一個事件之前，而不是藉著比較時間來確認。這可確保應用程式一定用正確的順序來採取行動。我們在下一節討論的大部分資料協調機制都依靠這種行動順序。

對架構師而言，成功的時間協調包括確認你真的需要依靠實際的時鐘時間，還是只要確保正確的順序就可以了。如果前者很重要，你就要了解你的準確度需求，並選擇相應的解決方案。

在分散式系統裡的資料協調

如果你要建立一個資源鎖來讓分散各處的機器共用。假如兩台不同的實體機器的兩個不同 VM 裡的服務實例都使用一項重要的資源，而且它是一個資料項目，例如，你的銀行帳戶餘額。若要改變帳戶餘額，你必須讀取當前的餘額，加上或減少交易金額，並將新餘額寫回。如果我們允許兩個服務實例獨立地處理這個資料項目，競爭條件很有可能會發生（例如兩筆存款互相覆蓋），在這種情況下，標準的解決方案是鎖定資料項目，讓服務必須拿到鎖才能存取帳戶餘額。這可以避免競爭條件的原因是，服務實例 1 會拿到銀行帳戶鎖，然後單獨工作以進行存款，直到交出鎖為止，然後等待那個鎖被交出來的服務實例 2 可以鎖定銀行帳戶並進行第二次存款。

當服務是在單一機器上運行的程序，而且鎖的請求與釋出是非常快速且原子性的記憶體存取操作時，這種共用鎖很容易實作。但是，在分散式系統中，這個方案有兩個問題，第一，經常用來取得鎖的兩階段提交協定需要在網路上傳送多個訊息，在最好的情況下，這只會增加行動延遲，但是在最壞的情況下，這些訊息都有可能傳遞失敗。第二，服務實例 1 可能在它取得鎖之後故障，導致服務實例 2 無法繼續處理。

這些問題的解決方案涉及複雜的分散協調演算法。本章開頭提到的 Leslie Lamport 開發出第一個這種演算法，稱為「Paxos」。Paxos 與其他分散式協調演算法都依靠一種共識機制，即使在計算機或網路發生故障時，也可以讓參與者達成協議。這些演算法出了名的複雜且難以正確設計，因為程式語言與網路介面語義的微妙性，即使是實作一個通過驗證的演算法也很困難。事實上，你不應該試著自己解決分散協調問題，你應該使用既有的解決方案，例如 Apache Zookeeper、Consul 與 etcd 應該都比你自己製作的還要好。當服務實例需要共享資訊時，它們會將它存在一個使用分散協調機制的服務裡，以確保所有服務都看到同樣的值。

我們的最後一個分散式運算主題是實例的自動建立與銷毀。

自動擴展：實例的自動建立與銷毀

假如有一間傳統的資料中心，你的組織負責裡面的所有實體資源。在這個環境內，你的組織需要配置足夠的實體硬體給系統來處理它承諾處理的最大工作負擔峰值。當工作負擔小於峰值時，有一些被分配給系統的硬體是閒置的。現在拿它與雲端環境比較。雲端的兩個特徵是：你只要為你申請的資源付費，以及你可以輕鬆且快速地加入與釋出資源（彈性）。這些特徵可讓你製作能處理你的工作負擔的系統，而且你不需要為多餘的工作能力付費。

雲端的彈性在不同的時間尺度都成立。有些系統的工作負擔相對穩定，在這種情況下，你可能會考慮每月或每季手動檢查與改變資源配置，以配合這種緩慢改變的工作負擔。有些系統的工作負擔比較動態，請求的頻率會快速增加與減少，所以需要自動加入服務實例與自動釋出服務實例。

自動擴展是一種基礎設施服務，可視情況自動建立新實例，並且在不需要多餘的實例時自動釋出它們。它通常與負載平衡機制一起運作，以擴大與縮小負載平衡器後面的服務實例池。自動擴展容器與自動擴展 VM 有些不同。我們接下來會先討論自動擴展 VM，然後討論自動擴展容器時的差異。

自動擴展 *VM*

回到圖 17.4，假設兩個用戶端產生的請求超出兩個實例的工作能力。自動擴展會使用「建立前兩個實例的虛擬機器映像」來建立第三個實例。新實例會向負載平衡器註冊，讓負載平衡器將後續的請求分配給三個實例，而不是兩個。在圖 17.5 裡有一個新組件：自動調整器，它會監測與自動擴展伺服器實例的使用。當自動調整器建立新的服務實例時，它會將新的 IP 位址告訴負載平衡器，讓負載平衡器也將請求分配給新實例。

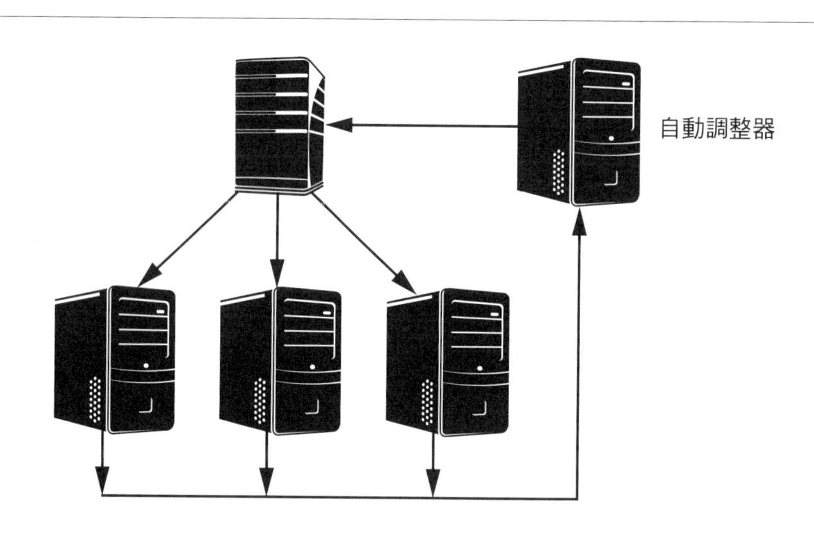

圖 17.5 用自動調整器監視使用情況

因為用戶端不知道有多少實例存在，或哪些實例正在服務它們的請求，所以用戶端看不到自動擴展的行為。此外，當用戶端的請求頻率降低時，你可以將實例從負載平衡器池移除、停止它與取消配置，用戶端同樣不知道這些事。

作為雲端服務的架構師，你可以幫自動調整器制定一系列的規則來管理它的行為。自動調整器的設定項目包括：

- 在建立新實例時啟動的 VM 映像，以及雲端供應商需要的任何實例設定參數，例如資訊安全設定
- 一個 CPU 利用率閾值（隨時間測量），如果有任何實例超過它，就啟動一個新實例
- 一個 CPU 利用率閾值（隨時間測量），如果有任何實例低於它，就關閉一個既有的實例
- 建立與刪除實例的網路 I/O 頻寬閾值（隨時間測量）
- 你想在這個群組裡加入的最多與最少實例數量

自動調整器不會根據 CPU 利用率或網路 I/O 頻寬數據的瞬間值來建立或移除實例，原因有二。首先，這些指標有峰值與谷值，取一個合理的時間範圍之內的平均值才有意義。第二，配置與啟動新 VM 需要相對較長的時間，大約是幾分鐘。你必須載入 VM 映像並將它連接至網路，也必須啟動作業系統，才能讓它開始處理訊息。因此，自動調整器的規則通常是這種形式：「當 CPU 利用率超過 80% 達 5 分鐘時，建立新 VM。」

除了根據利用率來建立與銷毀 VM 之外，你可以制定規則來設定 VM 的最小或最大數量，或根據時間安排 VM 的建立。例如，在典型的一週裡，工作日的負載可能比較大，所以，你可以在工作日開始之前配置更多 VM，並在工作日結束之後移除一些 VM。這種按時間安排的配置應該根據服務使用模式的歷史資料來安排。

當自動調整器移除實例時，它不能直接關閉 VM。首先，它必須要求負載平衡器停止傳送請求給服務實例；接下來，因為實例可能還在服務中，自動調整器必須要求實例終止它的活動並關閉，之後才可以銷毀它。這個程序稱為「draining（排洩）」實例。作為服務開發者，你要負責實作適當的介面來接收指令，以終止與排洩服務實例。

自動擴展容器

因為容器是在 VM 上的執行期引擎上執行的，所以擴展容器涉及兩種不同的決定。在擴展 VM 時，自動調整器必須確定系統需要額外的 VM，再配置新 VM，並在裡面載入適當的軟體。擴展容器代表你要做出雙階段的決定，第一階段，確定目前的工作負擔需要使用額外的容器（或 Pod）來處理；第二階段，確定能不能在既有的執行期引擎實例上配置新容器（Pod），或是否必須配置新實例。如果必須配置新實例，你要檢查 VM 是否有足夠的工作能力，或是否需要配置額外的 VM。

擴展容器的軟體與擴展 VM 的軟體是互相獨立的，所以可在不一樣的雲端供應商之間進行容器的擴展。容器的演進可能會整合兩種擴展方式，此時你要很小心，因為你可能會在軟體與雲端供應商之間建立難以打破的依賴關係。

17.4 總結

雲端是由分散的資料中心組成的，每一個資料中心都有上萬台計算機。它用管理閘道來進行管理，管理閘道可被整個 Internet 接觸，負責配置、解除配置與監視 VM，以及測量資源的使用與計算費用。

因為在資料中心有大量的計算機，所以裡面的計算機經常發生故障。身為架構師的你必須假設在某個時間點，執行你的服務的 VM 可能出問題。你也要假設你向其他服務發出的請求有長尾分布，例如有多達 5% 的請求比平均時間多花 5 至 10 倍的時間。因此，你必須關注服務的妥善性。

一個服務實例可能無法及時滿足所有請求，所以你可能用多個 VM 或容器來運行服務實例。這些實例位於負載平衡器後面，負載平衡器從用戶端接收請求，再將請求分配給各個實例。

存在多個服務實例與多個用戶端會影響你處理狀態的方式。將狀態存放在不同的地方會導致不同的結果。最常見的做法是讓服務是無狀態的，因為無狀態的服務更容易從故障恢復，也更容易加入新實例。你可以用分散協調服務來讓服務共享少量的資料。分散協調服務製作起來很複雜，但有一些經過驗證的開放原始碼作品可供使用。

雲端基礎設施可以自動擴展你的服務，在需求增加時建立新實例，在需求減少時移除實例。你可以用一組規則來設定自動調整器的行為，提供建立與刪除實例的條件。

17.5 延伸讀物

關於網路與虛擬化如何運作的細節，見 [Bass 19]。

雲端環境的長尾延遲現象最早由 [Dean 13] 提出。

Paxos 最初是在 [Lamport 98] 提出的，人們發現原始的文章很難理解，在維基百科有 Paxos 的詳細介紹：https://en.wikipedia.org/wiki/Paxos_(computer_science)。大概在同一時間，Brian Oki 與 Barbara Liskov 獨立開發並發表一個稱為 Viewstamped Replication 的演算法，後來證實，它與 Lamport 的 Paxos 一致 [Oki 88]。

Apache Zookeeper 的說明見 https://zookeeper.apache.org/。Consul 可在 https://www.consul.io/ 找到，etcd 可在 found at https://etcd.io/ 找到。

你可以在 https://docs.aws.amazon.com/AmazonECS/latest/developerguide/load-balancer-types.html 找到各種類型的負載平衡器。

這篇網頁討論了分散式系統的時間：https://medium.com/coinmonks/time-and-clocks-and-ordering-of-events-in-a-distributed-system-cdd3f6075e73。

這篇網頁討論了分散式系統的狀態管理：https://conferences.oreilly.com/ software-architecture/sa-ny-2018/public/schedule/detail/64127。

17.6 問題研討

1. 負載平衡器是一種中間人，中間人可提高可修改性，但是會降低性能，但負載平衡器的功能是增加性能，解釋這個明顯的矛盾。
2. 環境圖（context diagram）可展示一個實體以及和它溝通的其他實體。它將「分配給特定實體的職責」與「分配給其他實體的職責」分開，並展示完成特定實體的職責所需的互動。畫出負載平衡器的環境圖。
3. 畫出在雲端配置一個 VM 並顯示其 IP 位址的步驟。
4. 研究主要雲端供應商的產品，寫一套規則來管理雲端上的服務的自動擴展。
5. 有些負載平衡器使用訊息佇列（message queue）技術。研究訊息佇列，並說明負載平衡器使用訊息佇列與不使用訊息佇列的區別。

18

行動系統

與 *Yazid Hamdi* 和 *Greg Hartman* 合著

以後電話會被用來通知有電報被發出去了。

—Alexander Graham Bell

當時的 Alexander Graham Bell 到底意識到什麼事情？行動系統，尤其是手機，在現今的世界裡無處不在。行動系統除了手機之外，也包括火車、飛機、汽車、船、衛星、娛樂設備、個人計算設備、機器人系統（自主與非自主），基本上包括不永久連接充沛且持續的電源的任何系統或設備。

行動系統能夠在移動的同時，持續提供一些功能或所有功能，所以處理某些行動系統特性的方式與處理固定系統的特性截然不同。本章將專門討論五種特性：

1. **能源**。行動系統的電源有限，它必須設法有效率地用電。
2. **網路連線**。行動系統往往在移動時與其他設備交換資訊來提供大部分的功能。因此，它們必須與那些設備連接，但它們的移動性質使得這些連接很麻煩。
3. **感測器與執行器**。比起固定系統，行動系統從感測器獲得更多資訊，它們通常使用執行器（actuator）來與環境互動。
4. **資源**。行動系統的資源往往比固定系統有限，一方面，它們的體積通常很小，因此物理包裝是一種限制因素。另一方面，它們的行動性質往往使得重量成為另一種限制因素。既小且輕的行動設備可提供的資源是有限的。
5. **生命週期**。測試行動系統與測試其他系統不同。部署新版本也會引入一些特殊問題。

當你為行動平台設計系統時，你必須處理大量的領域專屬需求。自駕車與自駕無人機必須是安全的，智慧型手機必須提供一個開放的平台給各種截然不同的應用程式使用；娛樂系統必須與各種內容格式及服務供應商合作。本章將討論許多（應該是所有的）行動系統共享的特徵，它們是架構師設計系統時必須考慮的因素。

18.1 能源

在這一節，我們要討論與行動系統的能源管理最有關的架構問題。許多行動設備的能量來源都是一個容量非常有限的電池，其他的行動設備則使用發電機產生的電力來運作（例如汽車與飛機），而發電機是用引擎來驅動的，引擎需要燃料，燃料同樣是有限的資源。

架構師的關切事項

架構師必須注意電源的監視、節約能源，以及容忍電力損耗。接下來的三個小節將詳細說明這些問題。

監視電源

在討論能源效率的第 6 章裡，我們介紹了一種戰術，稱為「資源監視」，其目的是監視計算資源的使用情況，計算資源是消耗能源的東西。在行動系統裡，我們要監測能源，以便在能源變低時，採取適當的行動。具體來說，在以電池供電的行動設備中，我們可能要通知用戶電池電量太低、讓設備進入省電模式、提醒 app 設備即將關閉，讓它們可以為重新啟動預作準備，以及確定每個 app 的用電情況。

這些做法都必須監視當前的電池狀態。大部分的桌機或智慧型手機都使用智慧電池作為電力來源。智慧電池是可重複充電的電池組，具有內建的電池管理系統（battery management system，BMS）。你可以查詢 BMS 來取得電池的當前狀態。其他的行動系統可能使用不同的電池技術，但它們都有相同的功能。在本節中，我們假設讀數是剩餘電量的百分比。

使用電池的行動設備有一個通常位於作業系統核心（kernel）的組件，它知道如何與BMS 互動，可以在收到請求時，回傳電池當前的電量。電池管理器負責定期查詢該組件，以取得電池的狀態，讓系統可以告訴用戶能量的狀態，並在必要時觸發省電模式。app 必須向電池管理器註冊才能收到設備即將關閉的通知。

電池有兩個特性會隨著它的老化而改變：最大電池容量，以及最大持續電流。架構師必須在不斷改變的可用電量範圍內管理消耗量，讓設備能在可接受的水準之上運行。監視（monitoring）在使用發電機的系統裡也有一席之地，因為有些 app 可能需要在發電機的輸出變低時關閉或進入待機狀態。電池管理器也會確定哪些 app 處於活動狀態，以及它們消耗多少能源，根據這項資訊，它可以估計出整體電池容量變化百分比。

當然，電池管理器本身也需要消耗能源，也就是記憶體與 CPU 時間。電池管理器消耗的 CPU 時間量可以藉著調整查詢間隔時間來管理。

節制能源的使用

你可以藉著終止或降級消耗能源的部分系統來減少能源的使用量，這正是第 6 章介紹的節制使用量戰術。這個策略的具體做法取決於系統的各個元素，但有一種常見的例子是降低智慧型手機螢幕的亮度或更新率。節制能源使用量的其他技術包括減少活躍的處理器核心、降低核心的時率，以及降低讀取感測器的頻率。例如，你可以每隔一分鐘要求一次 GPS 位置資料，而不是每隔幾秒就要求一次。你可以只依靠單一位置資料來源，例如 GPS 或基地台，而不是依靠多個來源。

容忍電力的損耗

行動系統應該優雅地容忍電力故障並重新啟動。例如，這種系統可能有一個需求是，在恢復供電後，系統要在 30 秒內重新啟動，並以正常模式運作。這個需求意味著系統的不同部分有不同的需求，例如：

- 這個例子中的硬體必須：
  - 無論何時斷電，系統的計算機都不會遭受永久性損壞。
  - 只要有足夠的電力，系統的計算機就能夠可靠地（重新）啟動作業系統。
  - 系統的 OS 會安排軟體在 OS 就緒時立刻啟動。

- 這個例子中的軟體必須：
  - runtime 環境可以隨時終止，而不會影響持久保存設備中的二進制資料、組態設定與操作資料的一致性，同時在重新啟動後（無論是重設還是恢復），讓狀態保持一致。
  - app 要採取一種策略來處理當 app 不能正常運作時到達的資料。
  - runtime 可在故障之後啟動，讓啟動時間（從系統開機到軟體處於就緒狀態之間的時間）少於指定的長度。

18.2 網路連結

這一節的重點是與行動系統的網路連結最有關的架構問題。我們將關注行動平台與外界之間的無線通訊。你應該會用網路來控制設備或傳送與接收資訊。

無線網路可以根據運作距離分成幾類。

- *在 4 公分之內*。近距離通訊（NFC）用於門禁卡與非接觸式付費系統。這個領域的標準是由 GSM Alliance 制定的。
- *在 10 公尺之內*。IEEE 802.15 標準系列涵蓋這個距離。Bluetooth 與 Zigbee 是這個種類常見的協定。
- *在 100 公尺之內*。IEEE 802.11 標準系統（Wi-Fi）是在這個距離內使用的。
- *在幾公里之內*。IEEE 802.16 涵蓋這個距離。WiMAX 是 IEEE 802.16 標準的商業名稱。
- *幾公里以上*。用行動電話網路或衛星通訊來實現。

目前在這些類別裡的技術與標準正在迅速發展。

架構師的關切事項

架構師在設計通訊與網路連結時，必須平衡許多事情，包括：

- *準備支援的通訊介面數量*。因為協定五花八門，數量繁多，而且還在快速演化，架構師很容易將所有可能的網路介面都包含在內。設計行動系統時的目標剛好相反，你只需要納入絕對必要的介面，以優化電力消耗、發熱和空間分配。

- **從一個協定遷往另一個**。儘管架構師在設計介面時應採取極簡作風，但他們必須考慮在對話（session）過程中，行動系統可能從某種協定的環境移到另一種協定的環境。例如，系統可能用 Wi-Fi 來播放影片串流，然後移到一個沒有 Wi-Fi 的環境，此時要用行動電話網路來接收影片。對用戶來說，這種轉移必須是無縫接軌。
- **動態選擇適當的協定**。在同時有多個協議可用的情況下，系統要根據成本、頻寬、電力消耗等因素，動態地選擇協定。
- **可修改性**。因為協定數量眾多且快速演進，行動系統在整個生命週期中，很有可能要支援新的或其他的協定。系統應支援通訊元素的修改與替換。
- **頻寬**。你要分析你的系統和其他系統溝通的資訊，以確定距離、大小與延遲需求，並選擇適當的架構。各種協定產生的品質各不相同。
- **間歇性 / 有限的 / 斷線**。設備可能在移動時斷訊（例如在智慧型手機穿越隧道時）。系統應確保在斷訊的情況下保持資料的一致性，而且在恢復連線時，可在不失去一致性的情況下恢復計算。系統應優雅地處理有限的連線，甚至無連線，並且動態地使用降級與後備模式來處理這種情況。
- **資訊安全**。行動設備特別容易遭受詐欺、竊聽和中間人攻擊（man-in-the-middle attack），因此防範這種攻擊是架構師需要注意的事項。

18.3 感測器與執行器

感測器（*sensor*）是偵測環境的物理特性，並將那些特性轉成電子數據的設備。行動設備收集環境資料是為了引導它自己的工作（例如無人機的高度計），或是向用戶報告資料（例如智慧型手機中的指南針）。

轉換器（*transducer*）可感應外界的電子脈衝，並將它們轉換成更有用的內部形式。這一節的「感測器」包含轉換器，並假設電子數據是數位的。

感測集線器（*sensor hub*）是一種輔助處理器，可整合來自不同感測器的資料並處理它。感測集線器可以讓產品的 CPU 不必處理這些任務，從而節省電池消耗，並提高性能。

行動系統的軟體會取得一些環境特徵，它可能直接取自感測器，例如溫度或壓力值，或整合多個感測器的輸入，例如自駕車控制器辨識行人。

執行器與感測器剛好相反：它接收數位數據，並在環境中引發一些行動。汽車的車道維持功能就是使用執行器來進行的，你的智慧型手機發出來的音訊警報也是。

架構師的關切事項

架構師有幾個關於感測器的問題：

- 如何根據感測器的輸入來建立準確的環境數據。
- 系統如何回應那個環境數據。
- 關於感測器提供的資料與執行器命令的資訊安全與隱私。
- 降級操作。如果感測器故障或無法讀取，系統應進入降級模式。例如，如果系統無法在隧道中取得 GPS 資料，它可以使用航位推算技術來估計位置。

系統建立並據以採取行動的環境表示法是領域專屬的，降級操作的適當做法也是如此。我們曾經在第 8 章詳細討論資訊安全與隱私，但是在這裡，我們只關注第一個問題：根據感測器回傳的資料來建立準確的環境表示法。這項工作是使用感測器堆疊（sensor stack）來執行的，感測器堆疊包含設備與軟體驅動程式，可將原始資料轉換成關於環境的解釋資訊。

不同的平台與領域通常有它們自己的感測器堆疊，感測器堆疊通常有它們自己的框架，以協助輕鬆地處理設備。感測器可能會隨著時間而加入越來越多功能，特定堆疊的功能也會隨著時間而改變。我們在此列出一些堆疊必須實現的功能，無論它們被放於何處：

- **讀取原始資料**。堆疊的最底層是讀取原始資料的軟體驅動程式。驅動程式可能直接讀取感測器，如果感測器是感測器集線器的一部分，則是讀取集線器。驅動程式會定期讀取感測器。週期頻率參數會影響處理器負載（讀取感測器與處理感測器），以及系統建立的環境資訊的準確度。
- **將資料平滑化**。原始資料通常有大量的雜訊或變化。電壓變化、感測器上面的灰塵或汙垢，以及無數的其他原因都會導致感測器連續兩次讀到的值不一樣。平滑化是使用一段時間內的許多測量值來產生一個估計值的程序，該估計值往往比單一值更準確。計算移動平均或使用 Kalman 過濾器是資料平滑化技術之中的兩種技術。
- **轉換資料**。感測器可能以許多格式回報資料，例如伏特值（毫伏）、海拔高度（英尺）、溫度（攝氏）。但是，測量同一個現象的兩個感測器可能以不同的格式回報資料。轉換器可將感測器回報的任何形式的讀數轉換成對 app 有意義的通用形式。可想而知，這個功能需要處理各式各樣的感測器。

- **感測器融合**。感測器融合就是結合多個感測器的資料來建立比任何單一感測器更準確、更完整，或更可靠的環境表示資料。例如，汽車如何在各種天氣條件下，辨識走在行駛路線上的行人，或可能撞到的行人？任何感測器都無法做到，汽車必須聰明地結合各種感測器傳來的資料，例如熱像儀、雷達、光達和攝影機。

18.4 資源

這一節將以資源的物理特性來討論它們，例如，在使用電池的設備中，我們要注意電池容量、重量與熱屬性。網路、處理器與感測器等資源也是如此。

在選擇資源時，你要考慮特定資源的貢獻，以及它的體積、重量和成本。成本始終是個重要因素，成本包括製造成本與非常態工程成本，許多行動系統都一次製造上百萬台，對價格非常敏感，單一處理器價格的微小差異乘以上百萬台系統可能對組織的獲利能力造成重大影響，設備製造商可藉著大量購買帶來的折扣，以及在不同產品中重複使用硬體來降低成本。

體積、重量與成本是由組織的行銷部門以及使用設備時的物理因素來決定的。行銷部門關心顧客的反應，使用設備時的物理因素取決於人類和使用因素（usage factor），例如智慧型手機的螢幕必須夠大才能供人閱讀，汽車在道路上有重量限制，火車的寬度被軌道限制…等。

行動系統資源的其他限制則反映了以下因素（因此它們也限制了軟體架構師）：

- **安全考量**。與安全有關的物理資源不能故障，而且必須有備用品，例如，許多飛機都有緊急電源，可以在引擎故障時使用。後備的處理器、網路或感測器會增加成本與重量，也會消耗空間。
- **熱限制**。系統本身可能產生熱（感受一下在你的筆電下面的大腿），它可能對系統的性能產生不利的影響，甚至導致故障。環境的溫度太高或太低也可能產生影響。在選擇硬體之前，你要了解系統的運行環境。
- **其他的環境問題**。其他的問題包括曝露在有害條件下，例如潮濕或灰塵，或是被摔到地上。

架構師的關切事項

架構師必須圍繞著資源和資源的使用，做出一些重要的決定：

- **將工作分配給電子控制單元（*ECU*）**。大型的行動系統（例如汽車或飛機）有多個具備不同功率和能力的 ECU，軟體架構師必須決定哪些子系統應分配給哪些 ECU，這個決定可能基於許多因素：
    - **搭配 *ECU* 與功能**。功能必須分配給具有足夠的功率可執行它的 ECU。有些 ECU 有專用的處理器，例如具有圖形處理器的 ECU 比較適合圖形功能。
    - **重要性**。將比較強大的 ECU 留給重要的功能。例如，引擎控制器比提供舒適功能的子系統更重要且更可靠。
    - **在交通工具內的位置**。頭等艙乘客的 Wi-Fi 連線品質可能比二等艙乘客還要好。
    - **連線**。有些功能可以分成給多個 ECU，此時，它們必須放在同一個內部網路，而且必須能夠互相通訊。
    - **通訊的區域性**。將密切溝通的組件放在同一個 ECU 可提高它們的性能，並減少網路流量。
    - **成本**。製造商往往希望盡量減少 ECU 的數量。
- **將功能交給雲端處理**。在路線決定（route determination）與模式辨識等應用領域中，你可以讓行動系統本身（裝感測器的地方）執行一部分，讓雲端上的程式（有比較多資料儲存空間與更強大的處理器）處理一部分。架構師必須確定行動系統有沒有足夠的能力處理特定功能，有沒有足夠的連線可以卸載一些功能，以及將功能分給行動系統與雲端時，如何滿足性能需求。架構師也要考慮本地資料儲存空間、資料更新間隔時間，以及隱私問題。
- **關閉依賴操作模式的功能**。你可以降低未運作的子系統的資源使用量，讓其他的子系統使用更多資源，從而提供更好的性能。例如，跑車可以開啟「競賽模式」，它會關閉一個根據路況計算舒適懸吊參數的程序，並啟動扭矩分配、制動功率、懸浮液硬化、離心力的計算。
- **顯示資訊的策略**。這個主題與畫面的解析度有關。在 320 × 320 像素的螢幕上顯示 GPS 風格的地圖是可行的，但你必須花很大的精力來將螢幕上的資訊最小化。

1,280 × 720 解析度有更多像素，所以可顯示更豐富的資訊（使用 MVC [見第 13 章] 等模式是為了改變畫面上的資訊，以便根據特定的顯示特徵來切換畫面）。

18.5 生命週期

行動系統的生命週期往往有一些特異性，架構師必須考慮它們，這方面的決策與傳統系統（非移動的）有所不同，讓我們來研究它們。

架構師的關切事項

架構師必須注意硬體選擇、檢測、部署更新，以及記錄（logging）。接下來的四節將詳細討論這些問題。

硬體優先

許多行動系統必須在設計軟體之前選擇硬體，因此，軟體架構必須配合已選定的硬體帶來的限制。選擇早期硬體的關係人通常是管理層、銷售員與監管者。他們關注的事項通常集中在降低風險的方面，而不是提升品質的方面。對軟體架構師而言，最好的辦法是積極引導早期的討論，強調利弊得失，而不是被動地等待結果。

測試

行動設備的測試有一些特別的考慮因素：

- *測試畫面布局*。智慧型手機與平板有各式各樣的形狀、尺寸與長寬比，在所有的設備上驗證布局的正確性是很複雜的事情。有些作業系統框架可讓你用單元測試來操作用戶介面，但可能會漏掉一些令人不快的邊緣情況。例如，假如你要在螢幕上顯示控制按鈕，它的布局是用 HTML 與 CSS 來設定的，如果你為所有螢幕自動產生布局，它可能為微小的螢幕產生 1 × 1 的控制元素，或是在畫面的邊緣產生控制元素，或產生重疊的控制元素，你很容易在測試過程中漏掉這些情況。
- *測試操作性邊緣情況*。
  - app 應渡過電池耗盡和系統關閉的時期。你必須確保並測試設備的狀態在這種情況之下能否保留。

    - 用戶介面通常不會與提供功能的軟體同步運行。當用戶介面沒有正確反應時，你很難依序重建導致問題的事件，因為該問題可能與時間有關，或是與當時正在進行的一組操作有關。

- **測試資源的使用**。有些供應商有設備的模擬器，這些模擬器很方便，但是用模擬器來測試電池的使用情況可能有問題。

- **測試網路轉換**。確保系統可以在有多種網路可用時做出最好的選擇也很困難。當設備從一個網路移到另一個時（例如從 Wi-Fi 網路移到行動電話網路，然後移到不同的 Wi-Fi 網路），你不該讓用戶察覺這種轉換。

運輸（transportation）或工業系統的測試對象通常有四個等級：軟體組件等級、功能等級、設備等級，和系統等級，它們的等級和分界可能因系統而異，你可以在一些參考程序與標準裡面找到它們，例如 Automotive SPICE。

例如，假設我們要測試汽車的車道維持功能，也就是讓汽車不需要駕駛員操作即可維持在以道路標記定義的車道上。這個系統的測試可能涉及以下級別：

1. **軟體組件**。用一般的單元測試與端對端測試來測試車道偵測軟體組件，目的是驗證軟體的穩定性和正確性。

2. **功能**。下一步是在模擬環境中，同時運行道路維持輔助功能的其他組件以及軟體組件，例如辨識高速公路出口的地圖組件，這是為了驗證同時運作功能組件時的介接（interfacing）與安全並行（safe concurrency）。此時，你會用模擬器來提供軟體功能的輸入，那些輸入相當於汽車在道路上行駛時產生的輸入。

3. **設備**。即使整合起來的車道維持輔助功能在模擬環境與開發計算機裡都通過測試，你也要將它部署在目標 ECU 上，並在那裡測試性能和穩定性。在設備測試階段中，環境仍然是模擬的，但是這次將外界輸入（來自 ECU 的訊息、感測器輸入…等）的模擬訊號傳給 ECU 的連接埠。

4. **系統**。在這個最終的系統整合測試階段中，所有設備、所有功能、所有組件都被做成全尺寸的配置，先在實驗室中建立，然後在測試雛型中建立。例如在投射出來的道路照片或影片前面測試車道維持輔助功能，以及該功能如何影響轉向和加速 / 制動功能。這些測試是為了確定整合起來的子系統可以一起運作，並提供所需的功能和系統品質屬性。

此時的重點是可追溯性：如果你在第 4 步發現問題，你必須有能力在所有的測試步驟中重現並追溯該問題，因為在修正它時，你必須再次經歷全部的四個測試級別。

部署更新

在行動設備上更新系統可能是為了修正問題、提供新功能，或安裝未完成，但在早期版本已部分完成的功能。這種更新可能針對軟體、資料，或硬體（較不常見）。例如，現代的汽車需要更新軟體，新軟體是用網路或 USB 介面來下載的。除了提供在操作期間進行更新的功能之外，以下是與部署更新有關的問題：

- **維護資料一致性**。對消費者設備來說，更新通常是自動且單向的（無法返回之前的版本）。因此，將資料放在雲端比較好，但如此一來，你必須測試雲端與 app 之間的所有互動。
- **安全性**。架構師必須確定系統的哪些狀態可以安全地支援更新。例如，在高速公路上為汽車更新引擎控制軟體是很不好的做法。這意味著，系統必須掌握與更新有關的安全相關狀態。
- **部署部分系統**。重新部署整個應用程式或大型的子系統既消耗頻寬也消耗時間。應用程式或子系統的架構應讓頻繁改變的部分可輕鬆地更新。此時需要使用可修改性戰術（見第 8 章），並關注易部署性（見第 5 章）。此外，你要讓更新是輕鬆且自動化的。讓用戶必須操作設備的實體部分才能進行更新是很不方便的做法，再以引擎控制器為例，在更新控制器軟體時，你不應該讓用戶操作引擎。
- **可擴展性**。可移動的載具系統通常有相對較長的壽命，汽車、火車、飛機、衛星…可能必須在某個時候進行改造。改造就是將新技術加入舊系統，也許是進行替換，也許是增加功能。改造可能出於以下的原因：
    - 在整個系統的壽命結束之前，有組件到達壽命終點。壽命結束意味著它的支援將會中斷，這會導致高風險的故障：用戶再也無法以合理的代價從可信的來源取得答案或支援。你必須針對出問題的組件進行剖析和逆向工程。
    - 有更新且更好的技術出現，促使硬體 / 軟體升級。例如將 2000 年代的汽車裡的老式收音機 / CD 播放器換成可連接智慧型手機的資訊娛樂系統。
    - 有新技術可以增加功能且不需要替換既有功能。例如 2000 年代的汽車根本沒有收音機 / CD 播放器，或缺少備用鏡頭。

記錄（*logging*）

log 在調查和解決已經發生或可能發生的事件時非常重要。在行動系統裡，無論行動系統本身的可接觸性如何，log 都必須被下載到一個可供讀取的位置。log 不但可以用來處理突發事件，也可以用來對系統的使用情況進行各種類分析。許多軟體應用程式在遇到問題時也會做類似的事情，要求用戶允許將細節傳給供應商。對行動系統而言，這種記錄功能特別重要，它們可能會在不請求用戶允許的情況下自行取得資料。

18.6 總結

行動系統涵蓋了廣泛的形式與應用，從智慧型手機到平板計算機到汽車和飛機等載具。我們用五種特徵來歸納行動系統與固定系統之間的差異：能源、連線、感測器、資源，與生命週期。

在許多行動系統裡的能源都來自電池。它們會監測電池，以確認電池的剩餘時間，以及個別 app 的使用情況。你可以藉著節制各個 app 來控制能源的使用。應用程式必須能夠在斷電之後生存，並且在電力恢復時無縫地重新啟動。

連線能力就是用無線的方式連接其他的系統與 Internet。無線通訊可以透過短距離協定（例如藍牙），或中短離協定（例如 Wi-Fi），或長距離蜂窩式協定來進行。當設備從一種協定移往另一種時，通訊必須是無縫的，架構師可以考慮頻寬與成本等因素，來決定他想支援的協定。

行動系統使用各種感測器。感測器提供外界環境的數據，架構師用那些數據來開發外界環境的表示資料，在系統內部使用。感測器讀數是由各個作業系統專屬的感測器堆疊處理的；這些堆疊可傳遞有意義的數據給表示法。開發有意義的表示資訊可能需要使用多個感測器，再融合（整合）那些感測器的數據。感測器可能隨著時間而老化，因此需要使用多個感測器來取得外界現象的準確表示資訊。

資源有大小與重量等物理特性，具備處理能力，並帶有成本。設計決策涉及這些因素的權衡。重要的功能可能需要更強大、更可靠的資源。有些功能可能在行動系統與雲端之間共享，有些功能可能在某些模式之下關閉，以釋出資源，供其他功能使用。

生命週期問題包括硬體的選擇、測試、部署更新，以及記錄。行動系統的用戶介面可能比固定系統更難測試，因為頻寬、安全等考慮因素以及其他問題，部署行動系統也比較麻煩。

18.7 延伸讀物

Battery University（https://batteryuniversity.com/）有各種類型的電池及其數據，其內容比你關心的還要廣泛。

你可以在以下網站找到各種網路協定的資訊：

link-labs.com/blog/complete-list-iot-network-protocols

https://en.wikipedia.org/wiki/Wireless_ad_hoc_network

https://searchnetworking.techtarget.com/tutorial/Wireless-protocols-learning-guide

https://en.wikipedia.org/wiki/IEEE_802

你可以在 [Gajjarby 17] 找到更多感測器資料。這兩個網站有行動應用程式的一些測試工具：

https://codelabs.developers.google.com/codelabs/firebase-test-lab/index.html#0

https://firebase.google.com/products/test-lab

Philip Koopman 在 Slideshare 上的演說「Adventures in Self Driving Car Safety」中，提出自駕車難以製作的幾個原因：slideshare.net/PhilipKoopman1/adventures-in-self-driving-car-safety?qid=eb5f5305-45fb-419e-83a5-998a0b667004&v=&b=&from_search=3。

你可以在 automotivespice.com 找到關於 Automotive SPICE 的資訊。

ISO 26262，「Road Vehicles: Functional Safety」是關於汽車電力和電子系統的功能安全的國際標準（iso.org/standard/68383.html）。

18.8 問題研討

1. 為了設計一個能夠容忍完全斷電，並有能力在不影響資料一致性的情況下重新啟動的系統，你會做出哪些架構選擇？
2. 網路切換涉及哪些架構問題？例如用藍牙來傳送檔案，然後離開藍牙範圍，切換到 Wi-Fi，同時保持傳輸無縫進行？
3. 考慮你身邊的一個行動系統的電池重量與尺寸，你認為架構師為了它的尺寸與重量而做出哪些妥協？
4. CSS 測試工具可以找出哪些類型的問題？無法找出哪些類型的問題？這些因素如何影響行動設備的測試？
5. 考慮一個太空探測器，例如 NASA 的火星探測計畫中使用的那些，它是否符合行動設備的標準？描述其能源特徵、網路連接問題（顯然，第 18.2 節提到的網路類型都無法勝任這個任務）、感測器、資源問題，和特殊的生命週期考慮因素。
6. 別將行動性（mobility）視為計算系統的一個類別，而是一種品質屬性，就像資訊安全性或可修改性。寫出行動性的一般劇情。為你選擇的行動設備寫出具體的行動性劇情。寫出一套實現「行動性」的戰術。
7. 第 18.5 節討論了在行動系統中進行測試時比較有挑戰性的幾個層面。第 12 章的哪些可測試性戰術可以協助處理這些問題？

19

對架構有重大影響的需求

在軟體開發中，最重要的層面就是清楚地知道你要建構什麼。

—Bjarne Stroustrup，C++ 的創作者

架構的目的是建構能滿足需求的系統，「需求」不一定是以最好的需求工程技術來製作的文件目錄，而是一組特定的屬性，當你的系統無法滿足它們時，系統將會失敗。需求有很多形式，與軟體開發專案的形式一樣多，從完善的規範到主要關係人之間的口頭共識（無論是真的還是想像中的）都是。本書不討論取得專案需求的技術理由、經濟理由和哲學理由，無論需求是如何取得的，它們都設定一個成功或失敗的標準，且架構師必須知道它們。

對架構師而言，並非所有需求都是平等的，有些需求對架構的影響力比其他需求深遠得多。*ASR*（*architecturally significant requirement*）就是對架構有重大影響的需求，也就是說，如果沒有這種需求，架構可能有很大的不同。

如果你不知道 ASR，你就不可能設計出成功的架構。ASR 通常（但不一定如此）以品質屬性（QA）需求的形式呈現，包括性能、資訊安全性、可修改性、妥善性、易用性…等，它們都是架構師必須賦予系統的屬性。我們曾經在第 4 ～ 14 章介紹實現 QA 的模式與戰術。每次你選擇一個想在架構中使用的模式或戰術，都是為了滿足 QA 需求。QA 需求越困難且越重要就越可能明顯影響架構，所以它是 ASR。

架構師必須辨識 ASR，通常你要先做大量的工作來發現候選 ASR，稱職的架構師都知道這件事。事實上，當我們觀察經驗豐富的架構師如何工作時，我們會發現，他們都會先

與重要的關係人進行討論，他們會收集資訊，以設計滿足專案需求的架構，無論那些資訊是否已被發現。

本章將提供一些辨識 ASR 的系統化技術，以及塑造架構的其他因素。

19.1 從需求文件收集 ASR

顯然，需求文件或用戶故事是尋找候選 ASR 的好地方。畢竟我們想要尋找需求，而需求應該可以在需求文件裡找到。遺憾的是，真實的情況通常不是如此，儘管在需求文件裡面的資訊絕對是有用的。

不要抱太大希望

許多專案都不會製作或維護軟體工程教授或傳統的軟體工程書籍經常介紹的那種需求文件。而且，任何架構師都不會坐等需求「完成」才開始工作，架構師**必須**在需求還沒固定時動工。所以，當架構師開始工作時，QA 需求可能還沒有確定，即使架構師有穩定的需求文件，它的兩個層面也經常讓架構師失望：

- 在需求規格裡的多數資訊都不會影響架構。正如我們反覆看到的，架構主要是由 QA 需求驅動或「塑造」的，QA 需求決定並限制最重要的架構決策，即使如此，大多數的需求規格都把重點放在系統的特性和功能上，但它們對架構的影響力很小。最好的軟體工程實踐法的確建議取得 QA 需求，例如，Software Engineering Body of Knowledge（SWEBOK）提到，QA 需求就像任何其他需求，既然它們很重要，你必須關注它們，而且必須明確地指定它們，並且讓它們是可測試的。

  但是，在實務上，我們很少看到 QA 需求受到充分的關注，你是否經常看到「系統應模組化」、「系統應具備高易用性」或「系統的性能應符合用戶的期待」這種形式的需求？它們都不是實用的需求，因為它們都無法測試，也都不是可反證的（falsifiable）。但是，從好的方面來看，它們可以當成一個起點，讓架構師開始討論這些領域的需求到底是什麼。

- 對架構師有用的東西大多無法在需求文件中找到，即使那份文件是最好的。很多驅動架構的考慮因素都無法從系統觀察到，因此不是需求規格所描述的主題。ASR 通常來自開發組織本身的商業目標，我們將在第 19.3 節討論這種關係。發展品質

（developmental quality）也不在文件的範圍之內，例如，你應該不會在需求文件中看到團隊假設（teaming assumption）。在併購背景之下，需求文件代表收購者的利益，而不是開發者的利益。關係人、技術環境，以及組織本身都會影響架構。當我們在第 20 章討論架構設計時，我們將更詳細探討這些需求。

從需求文件中嗅出 ASR

雖然需求文件無法告訴架構師全貌，但它們仍然是重要的 ASR 來源。當然，它不會清楚地寫出 ASR，架構師必須做一些調查和考古研究才能找出它們。

你要尋找的資訊包括以下幾類：

- **用法**。用戶角色 vs. 系統模式、國際化、語言差異。
- **時間**。時效性和元素協調。
- **外界元素**。外界系統、協定、感測器或執行器（設備）、中間軟體。
- **網路**。網路屬性與設置（包括它們的資訊安全屬性）。
- **編配**。處理步驟、資訊流。
- **資訊安全屬性**。用戶角色、權限、身分驗證。
- **資料**。持久保存與並行。
- **資源**。時間、並行、記憶體使用量、調度、多用戶、多活動、設備、能源使用、軟體資源（例如緩衝區、佇列），與擴展性需求。
- **專案管理**。關於團隊合作、技術、訓練、團隊協調的計畫。
- **硬體選擇**。處理器、處理器系列、處理器的演變。
- **功能的靈活性、可移植性、校準、組態**。
- **提到的技術、商業程式包**。

它們已規劃的演變和預期的演變也是有用的資訊。

這些類別本身不僅在架構上有重大意義，每個類別的變化和演變也可能有架構面的重大意義。即使需求文件沒有提到演變，你也可以想一下上述清單中的哪些項目可能隨著時間而改變，並相應地設計系統。

19.2 藉著訪談關係人來收集 ASR

如果你的專案沒有詳細的需求文件，或雖然有，但是當你開始進行設計工作時，QA 還沒有確定，該怎麼辦？

首先，關係人通常不知道他們的 QA 需求到底是什麼，在這種情況下，架構師要協助設定系統的 QA 需求。理解這種合作需求並鼓勵合作的專案比較有機會成功，好好把握這個機會吧！無論你如何詢問關係人，他們也不會突然具備必要的洞察力，如果你硬要他們提供量化的 QA 需求，他們可能會隨便給你一些數字，裡面可能有一些需求難以滿足，最終降低系統的成功率。

經驗豐富的架構師通常會深入了解類似的系統有哪些 QA 回應，以及哪些 QA 回應可以在當前的背景下提供。架構師通常也可以快速地提供回饋，指出哪些 QA 回應很容易實現，哪些可能有問題，甚至不可能實現。

例如，關係人可能要求 24/7 的妥善性，誰不想要？然而，架構師可以解釋這個要求可能需要多少成本，讓關係人可以在妥善性和負擔能力之間做出取捨。此外，在對談時，只有架構師可以說「我其實可以提出一個更好的架構，這對你有沒有幫助？」。

採訪關係人可以了解他們知道什麼，以及需要什麼。以系統化、清楚與可重複的方式掌握這些重要的資訊對專案有好處，你可以用很多種方法從關係人那裡收集這個資訊，其中一種方法是舉行品質屬性研討會（Quality Attribute Workshop，QAW），見接下來的專欄。

品質屬性研討會

QAW 是一種便利的，以關係人為中心的方法，可在軟體架構完成之前，產生品質屬性劇情，並排序、細分它。QAW 強調系統級的關注點，尤其是軟體將在系統中發揮什麼作用。QAW 重度依賴系統關係人的參與。

在介紹和概述研討會的步驟之後，QAW 有以下的要素：

- **商業 / 任務介紹**。由關係人（通常是管理者或管理代表）介紹系統背後的商業考量，花大約一小時來介紹系統的商業背景、廣泛的功能需求、限制，和已知的 QA 需求。在後續步驟中完成的 QA 主要來自這個步驟中提出的商業 / 任務需求。

- **架構性計畫介紹**。雖然此時可能還沒有詳細的系統或軟體架構，但可能已經有廣泛的系統介紹、背景圖，或其他工件，描述系統的一些技術細節。架構師在這個階段展示當前的系統架構計畫，讓關係人知道當前的架構思維。

- **確定架構驅動因素**。主持人分享在前兩個步驟中收集到的關鍵架構驅動因素清單，並邀請關係人進行澄清、補充、刪除和更正。這個階段的目的是針對架構驅動因素取得共識，其中包含整體需求、商業驅動因素、限制與品質屬性。

- **劇情腦力激盪**。每一位關係人都用一個劇情來表達他對系統的關切事項。主持人應確保每一個劇情都用明確的觸發事件與回應來處理一個 QA。

- **劇情整合**。在進行劇情腦力激盪之後，在合理的情況下，整合相似的劇情。主持人請關係人找出內容非常相似的劇情，只要想出劇情的人同意他們的劇情在合併之後不會被稀釋，那就將相似的劇情合併起來。

- **排序劇情**。在排序劇情時，讓關係人進行投票，每個人的票數是合併後的劇情數量的 30%，關係人可以將任意票數投給任何劇情或劇情組合，計算票數，並據此決定劇情的優先順序。

- **劇情細分**。排好順序之後，細分並詳述前幾名劇情。主持人可以協助關係人將劇情寫成第 3 章介紹的形式，包含來源、觸發事件、工件、環境、回應、回應數據。隨著劇情的細分，與劇情的滿意度有關的問題會開始出現，紀錄它們。時間與資源允許這個步驟持續多久，那就持續多久。

結束關係人訪談時，你應該會得到一系列的架構驅動因素，以及由關係人（小組）決定優先順序的一組 QA 劇情。這些資訊可用來：

- 改善系統和軟體需求。
- 了解與釐清系統的架構驅動因素。
- 為架構師接下來的設計決策提供基本理由。
- 指引雛型與模擬程式的開發。
- 影響架構開發順序。

我不知道需求是什麼

當你訪問關係人並詢問 ASR 時，他們可能會抱怨「我不知道需求是什麼」，雖然這的確是他們的想法，但他們通常仍然知道一些關於需求的事情，尤其是當那位關係人有處理該領域的經驗時。此時，引導出那個「東西」遠比自己編造需求更好。例如，你可以問「系統必須多快回應這個交易請求？」如果他的答案是「我不知道」，建議你裝傻，問道「那…24 小時可以嗎？」他們通常會激動地回應「不行！」「那…1 小時左右呢？」「不行！」「5 分鐘？」「不行！」「10 秒？」「嗯（吞口水）…應該可以…」。

裝傻通常可以讓關係人說出一個可接受的範圍，即使他們不知道確切的需求是什麼，而且這個範圍通常足以讓你開始選擇架構性機制。對架構師而言，24 小時 vs. 10 分鐘 vs. 10 秒鐘 vs. 100 毫秒的回應時間意味著選擇全然不同的架構方法。掌握這些資訊之後，你就可以做出明智的設計決策了。

—RK

19.3 藉著了解商業目標來收集 ASR

商業目標是建構系統的**理由**。任何組織都不會沒來由地建構一個系統，參加建構過程的人都想要實現組織和個人使命和抱負。當然，常見的商業目標包括營利，但大多數的組織不會只關注利潤，而且有些組織不太關心利潤（例如非營利組織、慈善機構、政府單位）。

架構師應關注商業目標的原因是它們經常直接導致 ASR。商業目標與架構有三種可能的關係：

1. **商業目標經常帶來品質屬性需求**。每一種品質屬性需求（例如用戶可見的回應時間，或平台靈活性，或堅如磐石的資訊安全，或其他幾十種需求中的任何一種）都來自某個更高的目的，可以用附加價值來描述。如果你想要區分你的產品與競爭對手的產品，並讓組織贏得市佔率，你可能會設定一個快得不合常理的回應時間。此外，了解特別嚴格的要求背後的商業目標可讓架構師以有意義的方式質疑要求，或集合資源來滿足它。

2. **商業目標可能影響架構，卻完全不會產生品質屬性需求**。有一位軟體架構師告訴我們，幾年前他向經理提出一個架構草案，經理說那個架構缺少一個資料庫，架構師很開心經理注意到這一點，向他解釋他想出一種設計方法，可避免使用龐大、昂貴的資料庫。但是，經理堅持在設計中加入資料庫，**因為該組織的資料庫部門聘請一些高薪的技術員，但那些人還沒有工作可做**。沒有需求規格會描述這種需求，而且任何經理都不會允許這種動機被寫在裡面。然而，如果那個沒有資料庫的架構被交出去，從經理的角度來看，它是有缺陷的，而且那個缺陷與重要的功能或 QA 無法交付一樣嚴重。

3. **商業目標不影響架構**。並非所有商業目標都會帶來品質屬性。例如「降低成本」這個商業目標可以透過在冬季降低設備的恆溫器溫度，或調降員工的薪水或退休金來實現。

圖 19.1 是以上內容的重點。圖中的箭頭代表「導致」，實線箭頭代表架構師最感興趣的關係。

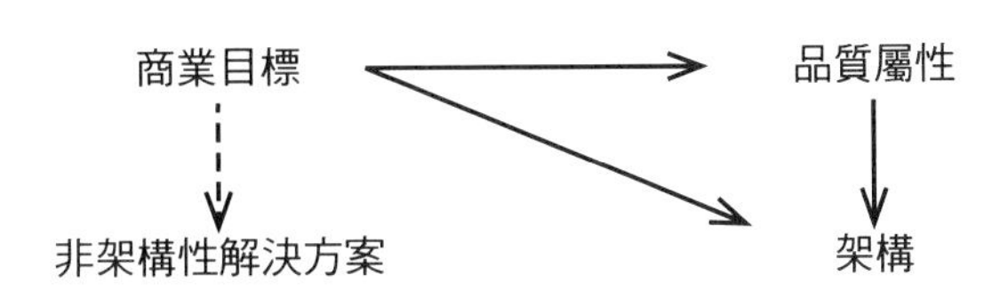

圖 19.1 有些商業目標會帶來品質屬性需求，或直接帶來架構決策，或帶來非架構性解決方案

架構師通常藉著耳濡目染（osmosis）來了解組織的業務與商業目標，也就是透過工作、聆聽、交談和吸收組織正在進行的目標。耳濡目染並非一無是處，但你其實可以用

更有系統性的方法來確定目標是可能實現的、可取的。此外，明確地了解商業目標是有價值的，因為它們通常意味著本來不會被發現的 ASR，或本來會在為時已晚或處理成本太高時才被發現的 ASR。

有一種系統性的做法是使用 PALM 方法，讓架構師與關鍵的商業關係人參與研討會。PALM 的核心步驟包括：

- *啟發商業目標*。使用本節接下來提供的類別來引導討論，從關係人那裡得到系統的重要商業目標。詳細說明商業目標，並且用商業目標劇情來表達它們[1]。將幾乎相同的商業目標整合起來，以消除重複。讓參與者排序結果，以找出最重要的目標。
- *從商業目標找出潛在的 QA*。讓參與者為每一個重要的商業目標劇情提出一個 QA，以及可以協助實現目標（如果將它加入系統）的回應數據。

用一組候選商業目標來進行討論可以讓你更順利地取得商業目標。如果你知道很多公司都想要奪取市佔率，你可以用這個動機來吸引正確的關係人：「關於這個產品的市佔率，我們有沒有什麼偉大的目標？架構該如何滿足它們？」

針對商業目標進行研究可讓我們用下面的類別來進行腦力激盪，並啟發靈感。使用這份清單來詢問關係人每一個類別可能有哪些商業目標，一定可以讓你獲得相當程度的覆蓋範圍。

1. 本組織的成長與延續
2. 滿足財務目標
3. 滿足個人目標
4. 履行對員工的責任
5. 履行對社會的責任
6. 履行對國家的責任
7. 履行對股東的責任
8. 管理市場地位

1 商業目標劇情是包含七個部分的結構化敘述文，用來描述商業目標，其目的和用法類似 QA 劇情。本章的「延伸讀物」有完整介紹 PALM 與商業目標劇情的參考文獻。

9. 改善業務流程
10. 管理產品的品質與聲譽
11. 管理環境的變遷

19.4 用 Utility Tree 來取得 ASR

在完美的世界裡，第 19.2 與 19.3 節介紹的技術會被用在開發程序的早期：你會訪問重要的關係人，引出他們的商業目標與架構需求，然後讓他們為你排序所有的輸入。遺憾的是，現實世界是不完美的，你通常無法在你需要時接觸這些關係人，可能是因為組織或商業方面的因素。此時該怎麼辦？

架構師可以在無法接觸需求的「主要來源」時，使用一種稱為 *utility tree* 的結構。utility tree 是一種由上而下的表示法，代表架構師認為對成功的系統而言非常重要的 QA 相關 ASR。

utility tree 的根節點是「Utility」這個字。Utility 是一種系統整體「好壞」的表達方式。接下來你可以列出系統需要表現出來的主要 QA 來詳述該節點。（第 3 章說過，QA 名稱本身不太有用，別擔心，它們只是在過程中暫時使用的詞彙，以後還會細分！）

在各個 QA 下面寫下該 QA 的具體細分項目。例如，性能可以分成「資料延遲」與「交易產出量」，或「用戶等待時間」與「更新網頁的時間」。你所選擇的細分項目必須是與你的系統最有關的。在各個細分項目下面，你可以記錄特定的 ASR，用 QA 劇情來表達。

將 ASR 記錄成劇情，並將它放在樹的葉節點之後，你可以用兩個標準來評估這些劇情：候選劇情的商業價值，以及實現它的技術風險。雖然你可以選擇你喜歡的評分方法，但我們發現，使用簡單的「H」（高）、「M」（中）、「L」（低）來評分就足以滿足各個標準了。對商業價值而言，「高」代表必須具備的需求，「中」代表重要的需求，但是忽略它不會導致專案失敗，「低」代表能夠實現的話很棒，但不值得付出太多努力。對技術風險而言，「高」代表你會為了滿足那個 ASR 而睡不著，「中」代表那個 ASR 令人擔心，但風險不高，「低」代表你有信心滿足這個 ASR。

表 19.1 是部分的 utility tree 範例。每一個 ASR 都標有商業價值與技術風險分數。

表 19.1 表格形式的醫療保健系統 utility tree

品質屬性	屬性細分	ASR 劇情
性能	事務回應時間	有一位用戶在系統負載處於峰值時，為了回應地址更改通知，而更改了患者的帳號，這個事務在 0.75 秒之內完成。(H, H)
	產出量	在峰值負載時，系統每秒可以完成 150 個正規化的事務。(M, M)
易用性	熟練訓練	一位具有兩年以上業務經驗的新員工，經過一週的訓練之後，可以學會如何在 5 秒內執行系統的任何一個核心功能。(M, L)
	操作效率	醫院的收費人員在與患者互動時為患者啟動付款計畫，並在完全正確輸入的情況下完成程序。(M, M)
可設置性	資料可設置性	醫院提高特定服務的費用，設置團隊在一個工作天之內進行更改並測試它，不需要修改原始碼。(H, L)
可維護性	更改正常程序	有一位維護人員遇到回應時間缺陷，他修復該 bug，並在 3 人日（person-days）的工作量之內發布 bug 修復。(H, M) 有一份需求報告要求更改產生報告的詮釋資料。進行改變與測試需要不到 4 個人時的工作量。(M, L)
	升級商業組件	資料庫供應商發行新的 major 版本，測試與安裝它只需要不到 3 人週的工作量。(H, M)
	加入新功能	以不到 2 個人月的工作量來建立一個追蹤捐血者的功能，並將它成功地整合。(M, M)
資訊安全	保密性	物理治療師可以查看患者紀錄中關於矯形學的部分，但不能查看其他部分，或任何財務資訊。(H, M)
	抵禦攻擊	系統拒絕未經授權的入侵企圖，並在 90 秒之內向當局報告該企圖。(H, M)
妥善性	無停機時間	資料庫供應商發行新軟體，該軟體可以熱插入，不會有停機時間。(H, L) 系統可以全年無休地讓患者使用 web 帳號。(M, M)

填寫了 utility tree 之後，你可以用它來進行重要的檢查。例如：

- 沒有 ASR 劇情的 QA 或 QA 細分項目不一定是必須糾正的錯誤或遺漏，但是你必須調查該領域有沒有未記錄的 ASR 劇情。
- 被評為 (H, H) 的 ASR 劇情顯然是最值得注意的劇情，它們是重中之重的需求。如果這種劇情非常多，你可能要擔心這種系統到底能不能實現。

19.5 當改變發生時

Edward Berard 說過：「『在水上行走』與『按規格來開發軟體』都很簡單，只要將它們凍結起來就行。」但是本章的任何內容都不能假設這種奇蹟可能出現。需求（無論有沒有被抓到）會一直改變，架構師必須配合它，並跟上它的腳步，以確保他們的架構可以為專案帶來成功。我們在第 25 章討論架構能力時，會建議架構師成為偉大的溝通者，而且是偉大的雙向溝通者，同時具備接收和提供資訊的能力。為了配合不斷變化的需求，你要和決定 ASR 的關鍵關係人維持暢通的溝通管道。本章提供的方法可以重複使用，以適應變化。

領先變化優於跟上變化。如果你聽到 ASR 即將改變的風聲，你可以採取初步措施，針對它進行設計，以了解它的影響。如果改變的代價太高，和關係人分享這項資訊是很有價值的貢獻，而且讓他們越早知道越好。更有價值的做法是提出既可以（幾乎）同樣滿足目標，又不會超出預算的改變建議。

19.6 總結

架構是由 ASR 驅動的。ASR 必須：

- 對架構有深遠影響。加入此需求與不加入此需求可能導致不一樣的架構。
- 高度的商業和任務價值。如果架構打算滿足一個需求（可能會付出無法滿足其他要求的代價），那就代表該需求對重要的關係人來說一定有很高的價值。

ASR 可以從需求文件中取得、在研討會（例如 QAW）期間從關係人那裡取得、由架構師用 utility tree 取得，或從商業目標中衍生。你可以將它們記錄在同一個地方，以便審查、參考這份清單、使用它來辯護設計的決策，以及隨時重新審視，或是在系統有重大變化時重新審視。

在收集這些需求時，你要注意組織的商業目標。商業目標可以用一種通用的、結構化的形式來表達，並以商業目標劇情來呈現。這種目標可以透過 PALM 來引導與記錄，PALM 是一種結構化的引導方法。

utility tree 是一種實用的 QA 需求表示法。這種圖形化的描述法可以幫助你用結構化的方式捕捉需求，從粗糙、抽象的 QA 概念開始，逐步細分，一直到可用劇情來描述為止。然後，你要對劇情進行排序，用這個優先順序來定義你這位架構師的「行軍令」。

19.7 延伸讀物

在 opengroup.org/togaf/ 的 Open Group Architecture Framework 提供了完整的模板，可用來記錄商業劇情，並在裡面加入豐富且有用的資訊。雖然我們相信架構師可以使用比較輕量級的手段來描述商業目標，但它值得一看。

[Barbacci 03] 是 Quality Attribute Workshop 的權威參考來源。

architecturally significant requirement 這個術語是 SARA 集團（Software Architecture Review and Assessment）在一份文件中創造的，該文件位於 http://pkruchten.wordpress.com/architecture/SARAv1.pdf。

Software Engineering Body of Knowledge（SWEBOK）第三版可在此下載：computer.org/education/bodies-of-knowledge/software-engineering/v3。當本書出版時，該書正在製作第四版。

PALM [Clements 10b] 的完整說明可在此找到：https://resources.sei.cmu.edu/asset_files/TechnicalNote/2010_004_001_15179.pdf。

19.8 問題研討

1. 採訪你的公司或大學正在使用的商業系統的代表性關係人，並使用 PALM 的商業目標劇情大綱（包含七個部分）來描述該系統的三個以上商業目標，見「延伸讀物」中的參考。
2. 根據你在第 1 題發現的商業目標，提出一組對應的 ASR。
3. 為 ATM 建立 utility tree（採訪你的朋友與同事，如果你希望讓他們貢獻 QA 的注意事項與劇情的話）。至少考慮四種不同的 QA。確保你在葉節點建立的劇情裡有明確的回應與回應數據。

4. 找一份你認為品質很好的軟體需求規格。用色筆（如果該文件是列印出來的，使用真筆，如果該文件是線上的，使用虛擬筆）將你認為與該系統的軟體架構完全無關的內容全都塗成紅色，將你認為**可能**有關，但必須做進一步的討論和闡述的內容都塗成黃色，將你確定對架構很重要的內容都塗成綠色。完成時，該份文件除了空白部分的所有內容都應該被你塗上紅色、黃色或綠色。最後，在文件上的各個顏色分別占了多少百分比？這個結果是否令你驚訝？

20

設計架構

與 *Humberto Cervantes* 合著

設計師之所以知道設計已臻完美，
不是因為他再也無法在裡面加入更多東西，
而是他再也無法移除任何東西。

—Antoine de Saint-Exupéry

設計是一項複雜的活動，架構設計也不例外。在進行設計時，你必須做出無數決定，並且考慮一個系統的許多層面。在過去，這項任務只會交給高級軟體工程師承接，他們是擁有數十年難得經驗的大師。現在有一種系統化的方法可引導這個複雜的活動，讓凡人也能學會設計。

本章將探討一種方法：屬性驅動設計（Attribute-Driven Design (ADD)），它可以讓你用系統化、可重複、具經濟效益的方式來設計架構。重複性和可教導性是工程學科的標誌，如果一個方法是可重複的、可教導的，它必須提供一套步驟，可讓任何經過適當培訓的工程師遵循。

我們將先大致說明 ADD 及其步驟，接下來會詳細地討論其中的一些關鍵步驟。

20.1 屬性驅動設計

設計軟體系統的架構與一般的設計方法沒有什麼不同，都需要進行決策，利用可用的材料和技能來滿足需求和限制。在設計架構時，我們會將關於架構驅動因素的決策轉換成結構，如圖 20.1 所示。推動架構的因素包括 ASR（第 19 章的主題），以及功能、限制、架構關注點和設計目的。然後，我們會用設計出來的結構，以及第 2 章介紹的方法來引導專案的進行，它們可以引導分析與建構，它們是教育新專案成員的基礎，它們指導成本和時間表估計、團隊組建、風險分析與緩解，當然，它們也指導實作。

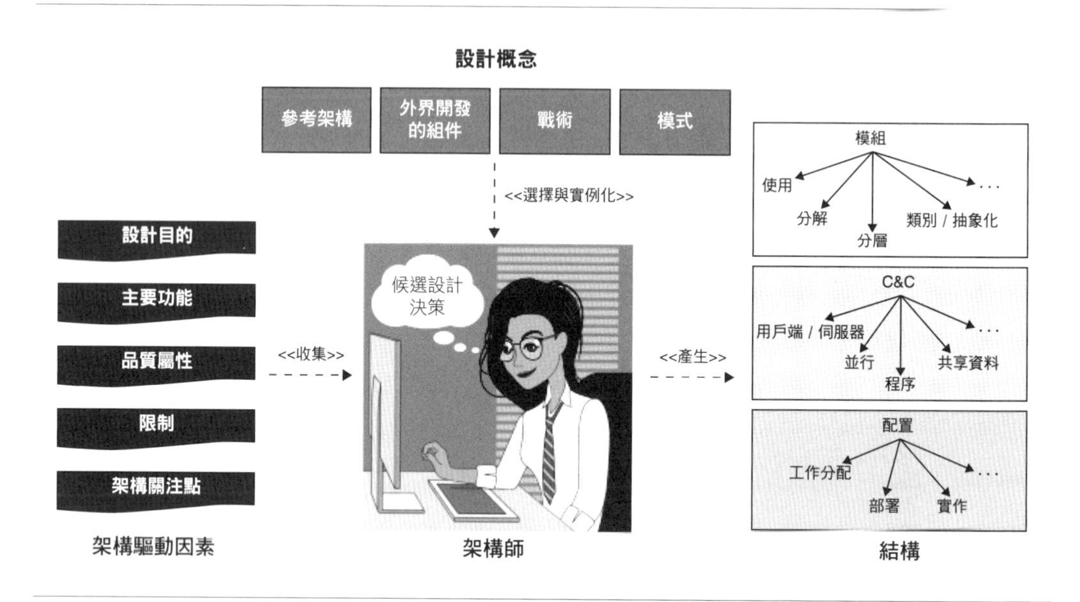

圖 20.1 架構設計活動概要

在開始進行架構設計之前，你必須決定系統的範圍，包括有哪些東西在你建立的系統之內與之外，以及系統將與哪些外界實體互動。這個關係可以用系統環境圖來表示，如圖 20.2 所示。第 22 章會更詳細介紹環境圖。

在 ADD 裡，架構設計是分回合執行的，每一個回合可能有一系列的設計迭代。每一個回合都包含在開發週期內進行的架構設計活動。你會透過一次或多次迭代來做出個符合該回合的設計目的的架構。

在每一次迭代中，你會執行一系列的設計步驟。ADD 詳細地指引每一次迭代需要執行的步驟。圖 20.3 是與 ADD 有關的步驟與工件。在這張圖中，第 1 ～ 7 步組成一個回合。在一個回合裡面，第 2 ～ 7 步組成回合內的一次或多次迭代。在接下來的小節裡，我們將簡介其中的每一個步驟。

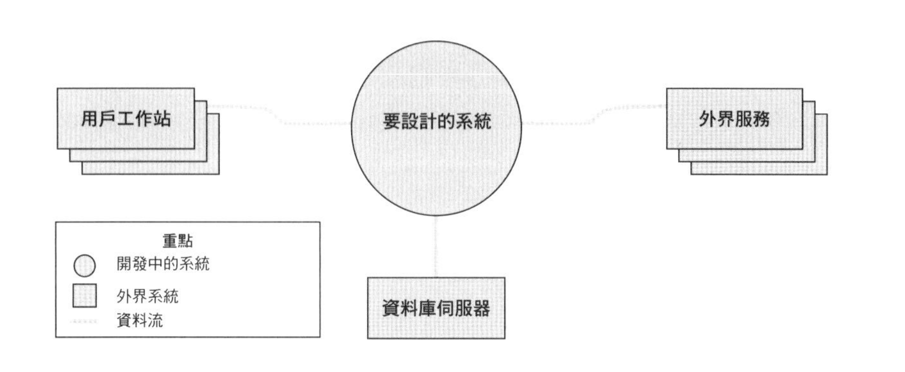

圖 20.2 系統環境圖範例

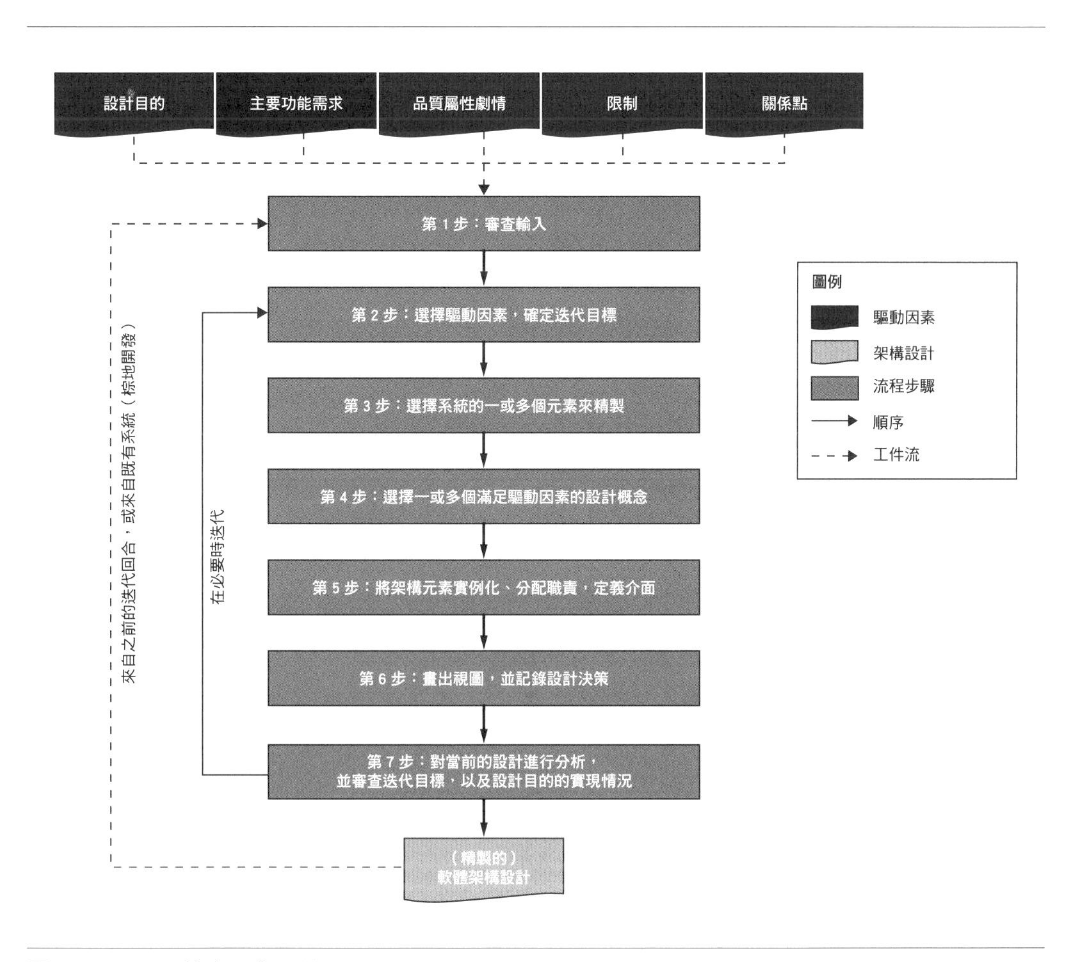

圖 20.3 ADD 的步驟與工件

20.2 ADD 的步驟

接下來的小節將介紹 ADD 的步驟。

第一步：審查輸入

在開始進行一個設計回合之前，你要先取得架構驅動因素（設計程序的輸入），並且確定它們是正確的。它們包括：

- 這個設計回合的目的
- 主要功能需求
- 主要品質屬性（QA）劇情
- 任何限制
- 任何關注點

為什麼要明確地掌握設計目的？你必須非常明白一個回合的目標。一次遞增設計環境是由多個回合組成的，一個設計回合的目的可能是（舉例）產生一個設計以進行早期評估、精製既有的設計以建構系統的新版本，或設計與製造雛型來降低某些技術風險。此外，你必須知道既有架構的設計，如果它不是綠地開發（greenfield development）的話。

此時，你要排序主要的功能（通常是用一組用例或用戶故事來取得）與 QA 劇情，最好是讓最重要的專案關係人進行排序（你可以採用一些技術來引導並排序它們，見第 19 章的討論）。身為架構師的你必須「負責」這些事情，例如，你必須檢查在取得需求的過程中，是否忽略了任何重要的關係人，以及在排序之後，有沒有任何商業條件改變了。這些輸入的確會「驅動」設計，所以取得正確的輸入並正確地決定它們的優先順序非常重要，其重要性再怎麼強調都不為過。設計軟體架構就像軟體工程的大多數活動，是一種「垃圾進，垃圾出」程序，如果輸入不好，ADD 的結果就不可能好。

驅動因素是架構設計的 backlog（待辦清單）的一部分，你將用它來執行不同的設計迭代。當你已經考慮 backlog 內的所有項目並做出設計決策時，你就完成了這個回合（我們將在第 20.8 節討論 backlog 的概念）。

第 2 ～ 7 步是這個設計回合中的每一次設計迭代的活動。

第二步：選擇驅動因素，確定迭代目標

每一次迭代的重點都是實現特定目標。這種目標通常包括讓設計滿足部分的驅動因素。例如，迭代目標可能是：用可以實現特定性能劇情或用例的元素來建立結構。因此，在開始進行一次設計迭代之前，你必須先設定一個目標。

第三步：選擇系統的一或多個元素來精製

若要滿足驅動因素，你必須做出架構設計決策，這些決策將在一或多個架構性結構中體現出來。這些結構是由彼此相關的元素組成的（模組與組件，其定義見第 1 章），這些元素通常是藉著改良其他元素取得的，那些其他的元素是在稍早的迭代中找出來的。精製可能代表分解成更細膩的元素（由上而下法）、或是將多個元素結合成較大型的元素（由下而上法），或改善之前確認的元素。在進行綠地開發時，你可以先建立系統背景，然後只選擇可用的元素（也就是系統本身），藉由分解來進行精製。對既有系統或綠地系統的後續設計迭代而言，你通常要精製在之前的迭代中找出來的元素。

你要選擇與滿足特定的驅動因素有關的元素。因此，當你的設計涉及既有系統時，你要充分了解竣工後的架構的元素。為了取得這項資訊，你可能要做一些「偵查工作」、逆向工程，或與開發者討論。

有時你可能要將第 2 步與第 3 步對調。例如，在設計綠地系統時，或是在充實某些類型的參考架構時，你會把重心放在系統元素上（至少在早期階段如此），並藉著選擇特定的元素然後考慮你想要解決的驅動因素來開始進行迭代。

第四步：選擇一或多個滿足驅動因素的設計概念

選擇設計概念應該是設計程序中最困難的決定，因為你必須研究可用來實現迭代目標的各種設計概念，然後從中做出選擇。你有許多不同類型的設計概念可以選擇，例如戰術、模式、參考架構，以及外界開發的組件，而且每一種類型可能都有很多選項。所以在做出最終的選擇之前，你可能有大量的備選方案需要分析。在第 20.3 節中，我們將詳細討論如何辨識和選擇設計概念。

第五步：將架構元素實例化、分配職責，定義介面

選擇一或多個設計概念之後，你必須做出另一種設計決定：如何將你所選擇的設計概念中的元素**實例化**。例如，如果你選擇的設計概念是階層模式，你必須決定階層數量、它們的關係，因為這個模式本身並未規定這些事情。

在進行元素實例化之後，你必須為每一個實例分配職責。例如，app 通常至少有三層：展示、商業與資料。這三層的職責各有不同：展示層的職責包括管理所有的用戶互動，商業層負責管理應用邏輯與實施商業規則，資料層負責管理資料的持久性和一致性。

將元素實例化只是建立結構以滿足驅動因素或關注點的一小部分工作。你也要將已實例化的元素互相連接，好讓它們可以互相合作。所以元素之間必須存在**關係**，並透過某種介面來交換資訊。介面是一種合約規範，指出資訊如何在元素之間流動。在第 20.4 節中，我們將詳細介紹如何將各種不同的設計概念實例化、如何建立結構，以及如何定義介面。

第六步：畫出視圖，並記錄設計決策

此時，你已經完成迭代的設計活動了。但是，你可能還沒有採取任何行動來保留視圖（你建立的結構的表示圖）。例如，如果你在會議室執行第 5 步，你應該會在白板畫出一系列的圖表。這項資訊對其餘的程序非常重要，你必須記錄它，以便進行後續分析，以及和關係人討論它。記錄視圖可能很簡單，只要拍下白板照片即可。

你建立的視圖幾乎都不是完整的，因此，這些圖表可能需要在後續的迭代之中重新檢查和精製，這可能是為了配合你為了支援其他的驅動因素而做出的其他設計決策所產生的元素。這就是為什麼我們在 ADD 中說「畫出草圖」，「草圖」是一種初步的文件。比較正式、完整的視圖文件只會在設計迭代完成之後出現（在架構文件活動之中），如果你想要製作它的話（見第 22 章）。

除了保留草圖之外，你也要記錄你在設計迭代中做出的重要決定，以及驅動這些決定的原因（即基本理由），以便日後分析和理解這些決策。例如，此時應記錄關於重要取捨的決策，在迭代期間，決策主要在第 4 步與第 5 步決定。在第 20.5 節，我們將解釋如何在設計的**過程中**製作初步文件，包括記錄設計決定和它們的基本理由。

第七步：對當前的設計進行分析，並審查迭代目標，以及設計目的的實現情況

在第 7 步，你應該已經做出可以實現這次迭代目標的部分設計了，務必確定的確如此，以免讓關係人不開心，以及日後必須重做。你可以自己執行分析，檢查視圖與設計決策，但更好的做法是讓別人幫你檢查這個設計，原因與組織成立獨立的測試 / 品保小組一樣：別人的假設與你的假設不一樣，而且他們有不同的經驗基礎與不同的觀點，這種多樣性可協助你找出 bug，無論是在程式裡的，還是在架構裡的。我們將在第 21 章更深入討論架構分析。

分析你在迭代時做出來的設計之後，你要根據設計目的來檢查架構的狀態。這意味著，你要考慮此時你是否執行了足夠的設計迭代，來滿足這個設計回合的驅動因素。這也意味著你要考慮設計目的是否達成，或在未來的專案發展中，是否需要額外的設計回合。在第 20.6 節，我們將討論一些追蹤設計進度的簡單技術。

在必要時迭代

你應該為每一個驅動因素執行額外的迭代，並重複第 2 ～ 7 步。但是，你可能因為時間或資源的限制而被迫停止進行重複的設計活動，轉而開始實作。

該用哪些標準來評估是否需要進行更多次設計迭代？你可以考慮風險，至少你要處理最高順位的驅動因素，在理想情況下，你要確保關鍵驅動因素都已經被滿足，或者，至少你的設計已經「足夠好」，可滿足它們。

20.3 補充「ADD 第 4 步：選擇一或多個設計概念」

在多數情況下，身為架構師的你不需要也不應該重造輪子，你的主要設計活動是辨識並選擇設計概念，以應對最重要的挑戰，並解決整個設計迭代的關鍵驅動因素。設計仍然是一種原創性和創造性的工作，但其創造性在於正確地決定既有的解決方案，將它們結合起來，並且調整它們來處理眼前的問題。即使你有現成的解決方案可供選擇（你不一定幸運地擁有豐富的資源），這仍然是設計工作最困難的部分。

辨識設計概念

辨識設計概念看起來非常困難，因為有大量的對象可供選擇。你可能有數十種設計模式與外界開發的組件可用來解決任何特定問題。更糟糕的是，這些設計概念分散在許多不同的來源中：在從業者的部落格與網站中、在研究論文裡、在書中。此外，很多概念都沒有正式的定義，例如，不同的網站以不同的方式定義掮客模式（broker pattern），大部分都是以非正式的方式定義的。最後，在你找到似乎可以協助你實現迭代設計目標的許多備選概念之後，你還要選出最好概念。

為了解決特定的設計問題，你可以且通常會使用與結合不同類型的設計概念。例如，為了滿足安全驅動因素，你可能會採用一種資訊安全模式、一種資訊安全戰術、一種資訊安全框架，或它們的某個組合。

當你更清楚地了解你想要使用的設計概念種類之後，你還要辨識備選方案，也就是候選設計。你可以採取很多種做法，但你可能會使用以下這些技術的組合，而不是其中一種方法：

- **利用既有的最佳做法**。你可以使用既有的目錄來找出備選方案。有些設計概念已被廣泛地記錄，例如模式，有些則以不太詳細的方式記錄，例如外界開發的組件。這種做法的好處是，你可以辨識許多備選方案，並利用別人的大量知識和經驗。這種做法的缺點是，尋找和研究資訊可能需要大量的時間、你不知道記錄在案的知識的品質，也不知道作者的假設和偏見。
- **利用你自己的知識與經驗**。如果你現在設計的系統類似你曾經設計的系統，你可以從你用過的一些設計概念開始做起。這種做法的優點是你可以快速、自信地辨識備選方案，缺點是你可能會反覆使用相同的概念，即使它們不太適合你眼前的設計問題，或現在已經有更新、更好的方法可以取代它們了，俗話說：一旦你握著一把錘子，你看到的東西都像釘子。
- **利用他人的知識和經驗**。架構師都累積多年的背景和知識，這些背景與知識因人而異，尤其是當他們處理的設計問題分別屬於不同類型時。你可以利用這些資訊，和一些同事進行腦力激盪，一起確認和選擇設計概念。

選擇設計概念

選出設計概念備選名單之後，你要決定哪一個備選概念最適合解決眼前的設計問題。你可以採取相對簡單的方式，也就是用一張表格列出各個備選概念的優缺點，並根據這些標準與你的驅動因素來選擇其中一個備選方案。你也可以在這張表中加入其他的標準，例如備選方案的成本。SWOT（四個字母分別代表優勢、劣勢、機會、威脅）等分析方法也可以協助你做出決定。

在確定與選擇設計概念時，別忘了架構驅動因素中的限制，有一些限制將導致你無法選擇特定的備選方案。如果你有一條限制是所有的程式庫與框架都必須採用經過授權的，即使你找到符合你的需求的框架，如果它沒有授權許可，你可能也要放棄它。

你在前幾次的迭代中做出來設計概念決策，也有可能因為不相容而限制現在可以選擇的設計概念。例如在最初的迭代中選擇一個 web 架構，然後在後續迭代中，為本地應用程式選擇用戶介面框架。

製作雛型

如果上述的分析技術無法選出適當的設計概念，你可能要製作雛型並用它們來收集數據。建立早期的「拋棄式」雛型可協助你選擇外界開發的組件。在製作這種雛型時，你通常不需要考慮可維護性、重複使用，或其他重要目標，這種雛型不該當成進一步開發的基礎。

儘管製作雛型的成本可能很高，但有時你很需要它們。當你考慮是否建立雛型時，可以問自己這些問題：

- 專案是否採用新興技術？
- 公司是不是第一次使用那種技術？
- 使用你選擇的技術是否可能無法滿足某些驅動因素，尤其是 QA？
- 你是否缺少可信的內部或外界資訊來協助你確定那項技術能否幫助你滿足專案的驅動因素？
- 有沒有與技術相關的組態選項需要測試或了解？
- 你是否不清楚你選擇的技術能否和專案使用的其他技術輕鬆地整合？

如果你的答案大部分都是「是」，你就要認真地考慮製作拋棄式雛型了。

要不要製作雛型？

你通常必須在尚未掌握全貌的情況下做出架構決策。為了決定該走哪條路，團隊必須進行一系列的實驗（例如建立雛型）來找出正確的方向，問題在於，這種實驗可能帶來巨大的成本，而且實驗帶來的結論可能不可靠。

假設有一個團隊想要確定他們的系統究竟要使用傳統的三層架構，還是用微服務組成。因為團隊第一次使用微服務，所以他們對這種做法缺乏信心。他們估計了兩種做法的成本，預測開發三層架構的成本是 $500,000，開發微服務的成本是 $650,000。如果團隊開發三層架構，後來發現他們選擇錯誤的架構，那麼重構的成本估計是 $300,000。如果他們先開發微服務架構，後來需要重構，額外成本估計是 $100,000。

這個團隊該怎麼做？

為了決定是否值得進行實驗，或應該花多少經費做實驗來獲得信心，以及了解錯誤決策的代價，團隊可以使用一種稱為 Value of Information（VoI）的技術來回答這些問題。VoI 技術藉著進行某種資料收集活動（在這個例子就是建構雛型）來評估「降低決策的不確定性帶來的收益」。在使用 VoI 時，團隊必須評估以下的參數：做出錯誤設計決策的成本、做實驗的成本、團隊對於各個設計選項的信心程度，以及他們對實驗結果的信心程度。VoI 使用 Bayes 定理用這些估計值來計算兩個值：完美資訊的期望值（EVPI）與樣本或不完美資訊的期望值（EVSI）。EVPI 代表如果實驗可提供確定的結果（也就是沒有偽陽性或偽陰性），你願意支付的最大實驗費用。EVSI 代表如果你知道實驗的結果無法 100% 指出正確的解決方案，你願意花費多少實驗費用？

因為這些結果是期望值，所以團隊應該在風險承受能力範圍內評估它們。

—Eduardo Miranda

20.4 補充「ADD 第 5 步：產生結構」

除非你產生**結構**，否則設計概念本身無法協助你滿足驅動因素，也就是說，你要決定並結合你從設計概念中衍生出來的元素。這就是 ADD 中的架構元素的「實例化」階段：建立元素，以及建立元素之間的關係，並將職責指派給這些元素。之前說過，軟體系統是由一組結構組成的，第 1 章提過，這些結構可以分成三大類：

- 模組結構，這是由開發期存在的元素組成的，例如檔案、模組、類別
- 組件與連結（C&C）結構，這是由執行期存在的元素組成的，例如程序與執行緒
- 分配結構，這是由軟體元素（來自模組或 C&C 結構）與非軟體元素組成的，那些元素可能存在於開發期和執行期，例如檔案系統、硬體，與開發團隊

實例化一個設計概念可能會影響超過一個結構。例如，在一次迭代中，你可能會實例化第 4 章介紹過的被動備援（暖備援）模式，這會產生 C&C 結構與分配結構。在使用這種模式時，你必須選擇備援的數量、備援的狀態與活動節點的狀態保持一致的程度、管理與傳送狀態的機制，以及偵測節點故障的機制。這些決定就是你必須指派給模組結構裡面的元素的職責。

將元素實例化

以下是將各個設計概念類別實例化的情況：

- **參考架構**。在參考架構的例子中，實例化通常就是執行某種客製化，你要對參考架構定義的結構加入或移除一些元素。例如，當你設計一個需要與外界 app 溝通來處理付款的 web app 時，你可能要在傳統的表示層、商業層和資料層旁邊加入一個整合組件。
- **模式**。模式提供一個通用結構，裡面有許多元素，以及它們之間的關係和職責。因為這個結構是通用的，你必須根據你的問題調整它。模式實例化通常是將模式定義的通用結構轉換成特定的結構，根據你要解決的問題調整它。例如，考慮用戶端 / 伺服器架構模式，它建立了基本的計算元素（即用戶端與伺服器）及其關係（即連接與溝通），但沒有規定要用多少用戶端或伺服器來解決你的問題，或各個元素應具備哪些功能，或哪些用戶端應該與哪些伺服器溝通，或應該使用哪些通訊協定。實例化就是填補這些空白。

- 戰術。這種設計概念未規定特定的結構，因此，在實例化戰術時，你可能要採用不同類型的設計概念（你已經在使用的）來實現戰術。或者，你可以利用不需要修改，而且已經實現戰術的設計概念。例如，你可以 (1) 選擇一個驗證行為者身分戰術，並用自創的解決方案來將它實例化，將它放入既有的登入程序中；或 (2) 採用一種包含「驗證行為者身分」的資訊安全模式；或 (3) 整合外界開發的組件，例如驗證行為者的資訊安全框架。
- 外界開發的組件。實例化這些組件可能需要建立新元素，也可能不用。例如，在物件導向框架中，實例化可能要藉著繼承框架定義的基礎類別來建立新類別，這會產生新元素。不需要建立新元素的例子是為你選擇的技術設定組態選項，例如執行緒池裡的執行緒數量。

指定職責與辨識屬性

當你將設計概念實例化來建立元素時，你必須考慮那些元素的職責。例如，當你實例化微服務架構模式（第 5 章）時，你必須決定微服務將要做什麼、你將部署多少，以及這些微服務將有多少屬性。在實例化元素與分配職責時，別忘了元素必須具備高內聚（內部）、具有少量的職責，以及低耦合（外部）。

在實例化設計概念時，元素的屬性是你必須考慮的重要層面。它可能涉及這些層面：技術的組態選項、有無狀態、資源管理、優先順序，甚至硬體特性（你建立的元素是不是實體節點）。辨識這些屬性可以幫助你分析與記載設計的基本理由。

建立元素間的關係

在建立結構時，你也要做出關於「元素及其屬性之間的關係」的決策。再次考慮用戶端 / 伺服器模式，在實例化這個模式時，你要決定哪些用戶端將與哪些伺服器溝通，透過哪些連接埠與協定。你也要決定溝通將是同步的還是非同步的？由誰開始互動？傳輸多少資訊？使用的傳輸速率？

這些設計決策可能對 QA（例如性能）的實現有重大的影響。

定義介面

介面提供一個合約來讓元素互相合作與交換資訊。介面可能是外部的或內部的。

外部的介面是讓其他系統使用的介面，那些系統就是與你的系統互動的系統，它們可能會限制你的系統，因為你通常無法影響它們的規格。如前所述，在開始進行設計程序時，建立系統背景可以幫助你確定外部介面。因為外界的實體與正在開發的系統是透過介面來互動的，所以每一個外界系統至少有一個外部介面（如圖 20.2 所示）。

內部介面是元素之間的介面，它們是將設計概念實例化產生的。為了確定關係與介面細節，你必須了解元素之間如何進行互動，以支援用例或 QA 劇情。我們在第 15 章討論軟體介面時說過，「互動」是指一個元素可能影響另一個元素的工作方式的任何動作。在執行期交換資訊是很常見的互動。

你可以用行為表示法來建立元素在執行期交換的資訊的模型，例如 UML 的順序圖（sequence diagram）、狀態圖與活動圖（見第 22 章）。這種類型的分析也可以用來確定元素之間的關係：如果兩個元素需要直接交換資訊，或以其他方式互相依賴，那些元素之間就存在關係。元素交換的任何資訊都是介面規格的一部分。

你通常不會在所有設計迭代中確認介面。例如，當你開始設計綠地系統時，你的第一次迭代只會產生抽象元素，例如階層，而且這些元素會在接下來的迭代中精製。你通常不會設計階層這種抽象元素的介面。例如，在早期的迭代中，你可能只決定 UI 層要傳送「命令」給商業邏輯層，商業邏輯層要回傳「結果」。隨著設計的進行，尤其是當你建立結構來處理特定用例與 QA 劇情時，你要再精製參與這些互動的元素的介面。

有些特殊情況可以大幅簡化決定適當介面的工作。例如，如果你選擇一種完整的技術堆疊，或一組原本就可以互相操作的組件，那麼這些技術已經定義好介面了，在這種情況下，指定介面是相對簡單的工作，因為你選擇的技術已經「內建」許多介面假設和決策了。

最後，請注意，並非所有內部介面都必須在任何特定的 ADD 迭代中確認，有些介面可以等到以後的設計活動再處理。

20.5 ADD 第 6 步的補充：在設計過程中建立初步文件

我們將在第 22 章看到，軟體架構會被記錄成一組視圖，每一張視圖都代表組成架構的不同結構，這些視圖的正式文件不屬於 ADD，但是，結構是設計的一部分。你應該在進行一般的 ADD 活動時描述它們，你可以用非正式的方式表達它們（例如草圖），並且附上導致這些結構設計的決策。

記錄視圖的草圖

當你將設計概念實例化，以產生結構來處理特定設計問題時，你不但會在腦海中浮現這些結構，通常也會畫出它們的草圖。在最簡單的情況下，你會在白板、掛圖、繪圖工具，甚至只是一張紙上繪製這些草圖。此外，你可能會使用建模工具，以更嚴謹的方式畫出結構。你畫出來的草圖是架構的初始文件，你應該記錄它們，如果需要，以後可以補充它們。繪製草圖不一定要使用 UML 這種比較正式的語言，但如果你已經熟悉它們，而且很喜歡使用它們，你也可以這樣做。如果你使用非正式的標記法，務必謹慎地保持符號的一致性。最後，你要在圖表中加入圖例，以清楚說明你的想法，並避免產生歧義。

當你建立結構時，你要養成習慣，寫下你分配給元素的職責，理由很簡單：當你決定一個元素時，你會在腦海中決定那個元素的一些職責。在*那一刻*寫下職責，可避免以後需要回想你預定的職責。此外，與其以後才一起記錄元素的職責，逐漸寫下它們才是比較簡單的做法。

在設計架構的過程中製作這種初步文件需要自我要求，但它可以帶來有價值的好處，因為以後你可以相對輕鬆且快速地做出更詳細的架構文件。如果你使用白板或掛圖，有一種簡單的方法是將你繪製的草圖拍成照片並貼到文件中，並且用一個表格來描述圖中的每一個元素的職責（見圖 20.4 的範例）。如果你使用設計工具，你可以選擇要建立的元素，並使用文字區域來記錄它的職責。文字區域通常在元素的屬性表（property sheet）裡面。

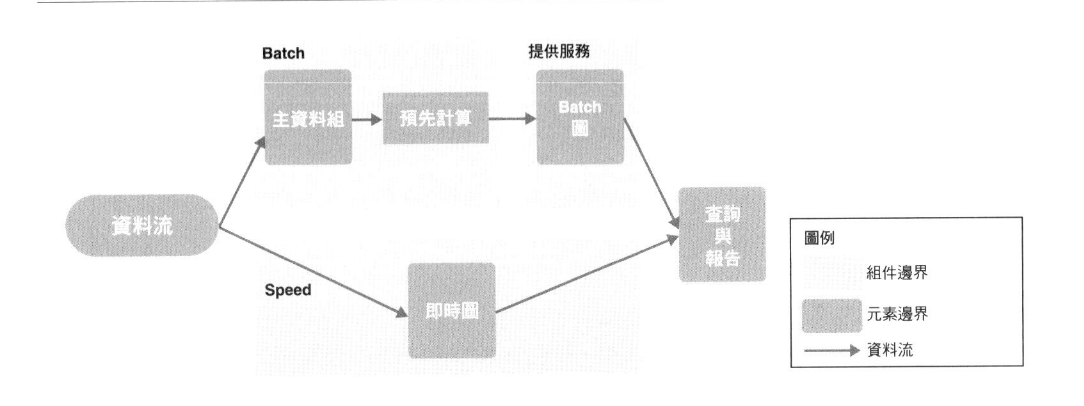

圖 20.4　初步文件範例

你可以用一個說明元素職責的表格來補充圖表。表 20.1 是說明圖 20.4 裡的元素職責的表格。

表 20.1　元素與職責

元素	職責
資料流	這個元素會從所有資料來源即時收集資料，並將它分配給 Batch 組件與 Speed 組件來處理。
Batch	負責儲存原始資料，並預先計算 Batch 視圖，Batch 視圖將被儲存在 Serving 組件內。
. . .	. . .

當然，你不需要在這個階段記錄*每一個東西*。文件有三大目的：分析、建構與教育。在你進行設計時，你應該選擇一種記錄目的，再根據你想要緩解哪些風險來進行記錄以實現該目的。例如，如果你的架構設計需要滿足一個非常重要的 QA 劇情，如果你需要在分析中證明你的設計可以滿足這個標準，你就要記錄與滿足標準的分析有關的資訊。如果你預計以後會訓練新成員，你就要畫出系統的 C&C 圖，展示它如何運作，以及元素在執行期如何互動，也許還要加入系統的模組圖，至少要展示子系統的主要階層。

最後，在撰寫文件時別忘了，你的設計最終可能會被分析，因此，你要考慮應記錄哪些資訊以支援那個分析。

記錄設計決策

在每一次的設計迭代中，你都會做出重要的設計決策，以實現你的迭代目標。當你研究架構圖時，你可能會看到一個思想過程的最終產物，但不一定可以了解為了實現這個結果而做出的決策。除了記錄元素、關係與屬性之外，記錄設計決策也非常重要，它可以說明你是如何得到結果的——也就是設計的基本理由。我們將在第 22 章探討這個主題。

20.6 ADD 第 7 步的補充：對當前的設計進行分析，並審查迭代目標，以及設計目的的實現情況

在迭代結束時，你可以採取謹慎的做法，進行一些分析來反省你剛才做出的設計決策。我們將在第 21 章介紹一些技術。此時有一種分析工作是評估你是否完成了足夠的設計工作，包括：

- 你必須做多少設計？
- 你到目前為止完成多少設計？
- 你是否完成？

使用 backlog 與 Kanban…等技術可以幫助你追蹤設計過程，並回答這些問題。

使用架構 backlog

架構 backlog 是在架構設計過程中，需要執行但尚未執行的待辦事項清單。最初，你要在 backlog 裡面填寫驅動因素，但也可以填寫支援架構設計的其他活動，例如：

- 建立雛型來測試特定技術或處理特定 QA 風險
- 探索與了解既有資產（可能需要進行逆向工程）
- 在審查目前的設計決策時發現的問題

此外，你可以在做出決策時，在 backlog 裡面加入更多項目。例如，如果你選擇一個參考架構，你可以在架構設計 backlog 中加入特定的關注點，或從它們衍生的 QA 劇情。

例如，如果我們選擇一種 web app 參考架構，卻發現它沒有進行 session 管理，session 管理就是需要加入 backlog 的關注點。

使用設計 Kanban

另一個追蹤設計進度的工具是 Kanban（看板），如圖 20.5 所示。這塊板子有三類 backlog 項目：「Not Yet Addressed（尚未處理）」、「Partially Addressed（部分處理）」與「Completely Addressed（已完全處理）」。

在迭代開始時，設計程序的輸入就是 backlog 裡面的項目。最初（在第 1 步中），你要將這個設計回合的 backlog 項目寫在板子的「尚未處理」欄位中。當你開始進行一次設計迭代時，在第 2 步，你要將與設計迭代目標想要解決的驅動因素有關的 backlog 項目移到「部分處理」欄位。最後，當你完成迭代，並針對設計決策進行分析，發現某個特定的驅動因素已被解決時（第 7 步），你要將該項目移到板子的「已完全處理」欄位。

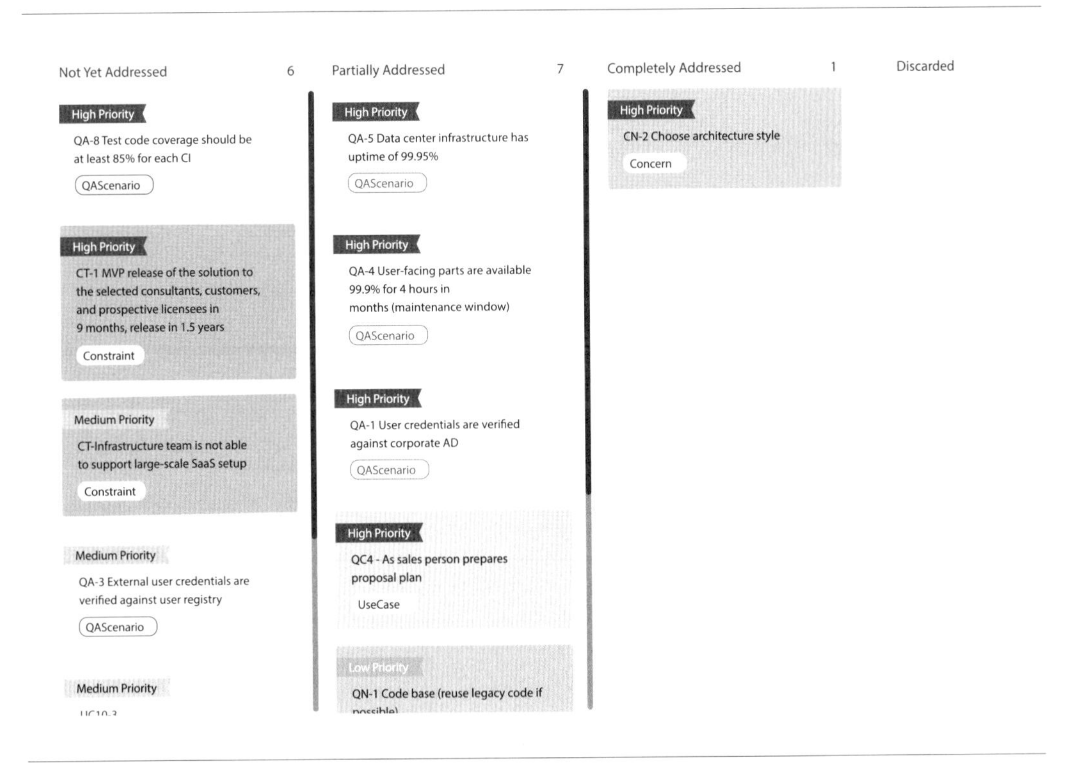

圖 20.5 用來追蹤設計進度的 Kanban 板

明確地規定何時可將驅動因素移到「部分處理」或「已完全處理」欄位非常重要。例如，「已完全處理」的標準可能是驅動因素已經被分析過，或它已經在雛型中被實作過，而且你確定該驅動因素的需求已經被滿足。為特定迭代選出來的驅動因素可能不會在那次迭代中完全處理，若是如此，它們應該待在「部分處理」欄位裡。

你可以選一種技術來根據 Kanban 項目的優先順序來區分它們，例如，你可以讓不同優先順序的項目使用不同的顏色。

Kanban 可以讓你直覺地追蹤設計的進展，因為你可以一眼看出有多少（最重要的）驅動因素在一次迭代裡正在處理或已經處理。這項技術也可以幫助你決定要不要執行額外的迭代。在理想情況下，當大部分的驅動因素（或至少最高順位的那些）都位於「已完全處理」欄位底下時，那就代表一個設計回合的結束。

20.7 總結

設計不容易，你必須使用一些方法來讓它更容易處理（和重複）。本章詳細地討論了屬性驅動設計（ADD）方法，它可讓你用系統化且經濟的方法來設計架構。

我們也討論了幾個必須在設計程序的步驟中考慮的重要層面。這些層面包括設計概念的辨識與選擇、它們如何在製作結構時使用、介面的定義、初步文件的製作，以及追蹤設計進度的方法。

20.8 延伸讀物

ADD 的第一版原本稱為「Architecture-Based Design」，被寫在 [Bachmann 00b]。

ADD 2.0 的說明在 2006 年發表，它是第一個透過選擇各種類型的結構並使用視圖來表示它們，且專門關注 QA 及其成果的方法。ADD 2.0 版最初被記錄在 SEI Technical Report [Wojcik 06] 裡。

本章介紹的 ADD 版本是 ADD 3.0。與原始的版本相比，它做了一些重要的改善，包括更仔細考慮實作技術的選擇，將它視為主要的設計概念、考慮額外的驅動因素，例如設計目的與架構關注點、將撰寫初始文件與進行分析列為設計程序的明確步驟、指引如何開始進行設計程序，以及如何在 Agile 背景中使用它。[Cervantes 16] 是專門討論如何使用 ADD 3.0 來設計架構的書籍。ADD 3.0 有一些概念是在 *IEEE Software* 文章 [Cervantes 13] 裡面初次提出的。

George Fairbanks 寫了一本引人入勝的書籍，介紹架構設計的風險驅動程序，書名是《*Just Enough Software Architecture: A Risk-Driven Approach*》[Fairbanks 10]。

Value of Information 技術可以追溯到 1960 年代 [Raiffa 00]。你可以在 [Hubbard 14] 裡找到比較現代的做法。

關於系統的一般設計方法，你可以閱讀 Butler Lampson 的經典著作 [Lampson 11]。

Kanban 是使用精益製作的概念來製造系統的方法，可參考 Corey Ladas [Ladas 09]。

20.9 問題研討

1. 採取既定的設計方法有什麼優點？有什麼缺點？
2. 架構設計與 Agile 開發方法相容嗎？選擇一種 Agile 方法，並且在那個背景之下討論 ADD。
3. 設計與分析之間有何關係？有沒有什麼知識是你在進行其中一項活動時需要知道，但是在進行另一項活動時不需要知道的？
4. 如果你在進行設計的過程中，必須向你的經理證明建立與維護架構文件的價值，你會提出哪些論點？
5. 在進行綠地開發 vs. 棕地開發時，ADD 步驟執行起來有何不同？

21

評估架構

醫生可以埋葬他的錯誤，但建築師只能建議他的客戶種植攀藤。

—Frank Lloyd Wright

在第 2 章中，我們說過，架構之所以重要，有一個主要的原因是，*在建構系統之前*，你可以藉著檢查架構來預測它衍生出來的系統的品質屬性。仔細想想，這是很划算的交易。本章將討論這個能力。

*架構評估*的目的是確定架構滿足其目的的程度。架構對系統與軟體工程專案的成功有很大的影響力，所以暫時停下腳步，確保你設計的架構能夠提供所有預期的事項是很有意義的事情。這就是評估的作用，評估的基礎是分析備選方案，幸運的是，有一些成熟的方法可以用來分析架構，它們使用你在本書中學過的許多概念和技術。

進行評估的成本必須少於它提供的價值才有幫助，有鑑於這種關係，有一個很重要的問題是「評估需要花費多少時間和金錢？」不同的評估技術有不同的成本，但這些成本都可以透過計算評估活動的準備階段、執行階段與後續追蹤階段的參與人員所花費的時間來獲得。

21.1 將評估當成降低風險的活動

每一個架構都有風險。評估架構可以找出有風險的部分。風險是一種有影響力也有發生機率的事件。風險的估計成本是該事件發生的機率乘以影響的代價。評估產生的結果不是修正風險，當你確認風險之後，修正它們與評估一樣，也是一種成本 / 效益問題。

將這個概念用在架構評估中，你可以發現，如果你正在建構的系統的成本高達數百萬或數十億美元，而且有重大的安全影響，那麼風險事件的影響將非常巨大。相較之下，如果系統是一個主控台遊戲，製作成本是數萬或數十萬美元，那麼風險事件的影響將會小很多。

風險事件的發生機率與開發中的系統和架構有多少前例可循有關（以及其他因素）。如果你和組織在這個領域有長期且深厚的經驗，你們做出不良架構的機率會比第一次進行專案更低。

因此，評估就像一份保險契約。你需要買多少保險取決於不適當的架構會帶來多大的風險，以及你的風險承受能力。

你可以在開發的不同階段讓不同的評估人員以不同的方法進行評估，我們將在本章討論其中的一些選項。無論具體細節為何，評估都是建立在你已經學會的概念之上：系統是為了滿足商業目標而建立的，商業目標是用品質屬性劇情來說明的，品質屬性目標是透過戰術與模式來實現的。

21.2 關鍵的評估活動有哪些？

無論進行評估的人是誰，以及何時進行評估，評估的基礎都是架構驅動因素，主要是以品質屬性劇情來表達的 ASR，第 19 章已經介紹如何找出 ASR 了。進入評估的 ASR 數量與環境因素和評估成本有關，我們接下來會介紹架構評估的環境因素可能有哪些。

在設計程序的任何階段，只要你有候選架構，或至少有一個合乎邏輯的、可審查的部分，你就可以進行評估。

每一次評估（至少）應包含這些步驟：

1. **審查者確保自己已經了解架構的當前狀態**。這可以透過共享文件、透過架構師的介紹，或透過它們的一些組合來完成。
2. **審查者應確認一些引導審查的驅動因素**。這些驅動因素可能是已被記錄的，也可以是由審查團隊或其他的關係人制定的。在審查時，最重要的驅動因素通常是高順位的品質屬性劇情（而不是純粹的功能用例）。

3. **每一位審查者應確認每一個劇情是否都被滿足**。審查者應提出問題以確認兩種資訊。首先，他們要確定劇情有被滿足，他們可以讓架構師用架構來解釋劇情如何被滿足。如果架構已經被寫入文件，審查者可以使用那份文件來進行評估。第二，他們要確定他們審查的部分裡面做出來的決策會不會導致正在考慮的任何其他劇情無法被滿足。審查者可對當前設計的危險層面提出也許更能夠滿足劇情的替代方案。這些替代方案也要進行同樣類型的分析。這個步驟可以持續多久與時間限制有很大的關係。

4. **審查者收集在上一個步驟裡曝露的潛在問題**。潛在問題清單是審查的後續工作的基礎。如果潛在問題是真正的問題，它就必須被修正，或者，設計師與專案經理必須明確地決定是否接受風險。

你應該做多少分析？為了實現「驅動架構的需求」而做出來的決策應該進行更多分析，因為它們會塑造架構的關鍵部分。具體的考慮因素包括：

- **決策的重要性**。決策越重要，在做出那個決策，並確保它正確時，就要越小心。
- **潛在替代方案的數量**。替代方案越多，評估它們的時間就越多。
- **足夠好，而不是完美**。很多時候，兩種替代方案產生的結果沒有明顯的差異，在這種情況下，做出選擇並繼續進行設計比確定是否做出最好的選擇還要重要。

21.3 誰可以執行評估？

評估人員必須非常熟悉被他評估的系統的領域與各種品質屬性。出色的組織和簡化（facilitate）技能也是評估者必備的條件。

由架構師進行評估

每當架構師做出關鍵設計決策來處理一個 ASR 或完成一個設計里程碑時，你都要以隱性或明確的方式進行評估。這種評估包括在彼此競爭的備選方案中做出選擇。正如我們在第 20 章談到的，由架構師進行評估是架構設計程序不可或缺的一部分。

用同儕審查來進行評估

處理 ASR 的架構設計可以採取同儕審查，與讓同儕審查程式碼一樣。同儕審查應設定一個固定的時間，通常是幾個小時到半天。

如果設計師使用第 20 章介紹的 ADD 程序，他可以在每一次 ADD 迭代的第 7 步結束時進行同儕審查。審查者應該使用第 4 ～ 13 章介紹的戰術問卷。

讓外人評估

外界評估者可以更客觀地看待架構。「外界」是相對的，它可能代表在開發專案之外、在專案的商業單位之外但是在同一家公司之內，也可能是完全在公司之外。在某種程度上，「外人」不受到組織文化或「我們一直以來都是這樣做的」影響，所以比較能夠勇敢地提出敏感問題或比較深入的問題。

讓外部人員參加評估通常是因為他們擁有專業知識或經驗，例如知道對系統而言很重要的品質屬性、擅長系統所採用的技術，或是有成功評估架構的長期經驗。

此外，無論是否合理，主管往往比較願意傾聽花大錢聘請的外部團隊所發現的問題，而不是內部成員的，如果專案成員已經抱怨同樣的問題好幾個月了卻無濟於事，這種情況可能會令他們心寒。

理論上，外部團隊可評估已完成的架構、未完成的架構，或部分架構，但實際上，因為聘請他們既複雜且昂貴，所以他們往往被請來評估完整的架構。

21.4 環境因素

當你安排同儕審查或外界分析時，你必須考慮一些環境因素：

- *有哪些工件可用*？在執行架構評估時，你必須有一個既可描述架構又隨時可用的工件。有些評估是在系統運行之後進行的，此時，你可以用一些復原和分析架構的工具來探索架構、發現架構設計缺陷、測試做出來的系統是否符合設計中的系統。
- *讓誰看結果*？有些評估是在所有關係人都充分認知且參與的情況下執行的，有些則是私下進行的。

- **有哪些關係人會參加？**評估程序應設法引出重要關係人的目標，以及他們對於系統的關注點。在這個階段，你必須確認一定要參加的成員，並確保他們參加評估過程。
- **商業目標是什麼？**評估活動必須回答系統能否滿足商業目標，如果在評估之前沒有明確地掌握商業目標或排序它們，你必須專門用一部分的評估時間來做這件事。

讓同事進行評估與讓外部人員進行評估都很常見，所以我們有正式的流程可以指引評估活動。這些流程定義了在評估期間應該參與的人員，以及應該進行的活動。將流程正規化可讓組織更容易重複執行流程、協助關係人了解評估活動需要什麼，以及將帶來什麼、訓練新的評估者執行流程，以及了解進行評估需要投資什麼。

我們先介紹外部評估者的流程（架構權衡分析法），再介紹同儕審查的流程（輕量架構評估法）。

21.5 架構權衡分析法

架構權衡分析法（Architecture Tradeoff Analysis Method，ATAM）是被我們正式化的架構評估流程。20 多年來，ATAM 被用來評估大型系統的軟體架構，領域包括汽車、金融與國防。使用 ATAM 時，評估者不需要事先熟悉架構或其商業目標，也不需要建構系統。ATAM 可以當面進行，也可以遠端進行。

ATAM 的參與者

ATAM 需要三個團隊的參與和合作：

- **評估團隊**。這個團隊是由被評估的架構專案之外的人組成的，通常有三到五個人。在評估期間，每個團隊成員都會被指定幾個在評估期間扮演的角色，在 ATAM 中，一個人可能扮演多個角色（表 21.1 是這些角色的說明）。評估團隊可能是定期進行架構評估的常設單位，或者，它的成員可能是從精通架構學的人才庫裡面臨時挑選出來的。他們可能為同一個組織工作，也可能是外部顧問。無論如何，他們應該被視為有能力、無偏見的局外人，他們沒有不可告人的秘密，也沒有強烈的個人偏見。

- **專案決策者**。這些人有權為開發專案發言，或有權對它進行修改。他們通常包括專案經理，如果這項開發有可識別的金主，那位金主的代表可能也要在場。架構師一定會參與這個活動，架構評估的基本法則是，架構師必須自願參與。
- **架構關係人**。架構關係人的利益來自架構的表現與公開的訊息一致。他們的工作表現取決於架構能否提升可修改性、資訊安全性、高可靠性⋯等屬性。關係人包括開發者、測試員、整合者、維護者、性能工程師、用戶，以及和該系統互動的系統的建構者。在評估期間，他們的工作是說明架構應滿足的屬性品質目標，滿足它們代表系統取得成功。根據經驗，在評估一個對企業非常重要的大型架構時，你至少要找來 10 到 25 名關係人。關係人不會像評估團隊和專案決策者那樣參與整個活動。

表 21.1 ATAM 評估團隊角色

角色	職責
團隊領導者	安排評估；與客戶協調，確定客戶的需求得到滿足；制定評估合約；組成評估團隊；確保最終報告的產生與交付。
評估領導人	進行評估；協助啟發劇情；管理劇情排序流程；協助評估架構劇情。
劇情記錄員	在啟發劇情的過程中，以可共享的、公開的形式撰寫劇情；記錄每個劇情的商定措辭，在記錄確切的措辭之前停止討論。
電子記錄員	以電子形式記錄會議過程：原始劇情、觸發每一個劇情的問題（通常不在劇情本身的措辭中），以及每一次分析劇情的結果；他也會製作已採用的劇情清單，以分發給所有參與者。
提問人	詢問品質屬性的探索性問題。

ATAM 的輸出

1. **架構的簡要介紹**。ATAM 有一個要求是在一小時或更短的時間之內介紹架構，所以，架構可以用簡明扼要，容易了解的方式來介紹。
2. **闡述商業目標**。通常在 ATAM 裡面提出來的商業目標是一些參與者初次看到的，它們都會被記錄在輸出文件中。這些商業目標會保留到評估結束之後，成為專案遺產的一部分。

3. **經過排序的品質屬性需求，以品質屬性劇情來表達**。這些品質屬性劇情是以第 3 章的形式來記錄的。ATAM 將排序後的品質屬性劇情當成評估的基礎。這些劇情可能已經存在（也許是上一次的需求收集行動或 ADD 行動的結果），若非如此，它們就是在 ATAM 的過程中，由參與者想出來的。
4. **一組風險與非風險**。架構風險是可能導致不良後果的決策，取決於品質屬性需求。非風險是在分析之後認為安全的決定。被發現的風險是制定風險緩解計畫的基礎。這些風險是 ATAM 活動的主要結果。
5. **一組風險主題**。當分析完成時，評估團隊會檢查他們發現的風險，以找出首要風險，這些風險可以視為架構的系統性弱點，甚至是架構程序與團隊的系統性弱點，如果不處理它們，它們將威脅專案的目標。
6. **將架構決策對應到品質需求**。架構決策可以用它們支持或阻礙的驅動因素來解釋。你要為 ATAM 期間檢查的每一個品質屬性劇情找出並記錄可協助實現它們的架構決策。品質需求可以當成那些決策的基本理由。
7. **一組敏感點與取捨點**。敏感點就是對品質屬性回應有顯著影響的架構性決策。如果同一個架構決策很容易影響兩個以上的品質屬性，但它會改善其中一個，同時會導致其他的屬性惡化，你就要做出取捨了。

ATAM 的輸出可用來製作最終報告，在報告裡面，你可以回顧方法、概述過程、描繪劇情及其分析，以及整理發現。

用 ATAM 來進行評估也會產生不可忽視的無形結果，包括關係人的社群意識、為架構師與關係人建立溝通管道，促進所有架構參與者之間的彼此了解，以及更了解架構的優缺點。雖然這些結果難以衡量，但它們的重要性不亞於其他的因素。

ATAM 的各個階段

在 ATAM 評估過程中的活動可分成四個階段：

- 在第 0 階段，「合作關係與準備」中，評估團隊領導人與重要的專案決策者一起決定執行的細節。專案代表向評估者進行專案簡報，讓評估團隊可以視情況補充適當的專業人員。這兩個小組一起決定後勤事項，例如這次評估將進行多久，以及支援會議的技術。他們也會一起決定初步的關係人名單（列出姓名，而不是角色），並討論何時交付最終報告，以及交給誰。他們也會處理諸如工作說明書（statement of work）和保密協議之類的手續。評估團隊會閱讀架構文件來了解架構，以及它的主要設計方法。最後，評估團隊的領導人要說明經理與架構師需要在第 1 階段展示哪些資訊，並且在必要時協助他們準備報告內容。

- 第 1 階段與第 2 階段一起稱為「評估（evaluation）」，在這個期間，每個人都會開始進行分析。到目前為止，評估小組已經閱讀架構文件，以及了解系統的內容、主要的架構方法，以及最重要的品質屬性。在第 1 階段，評估團隊要與專案決策者開會，開始收集資訊與進行分析。在第 2 階段，架構的關係人要將他們的意見加入會議記錄，並繼續進行分析。
- 在第 3 階段，即「跟進」階段，評估團隊要製作並交出最終報告，這份報告（可能是正式文件，也可能只是一組投影片）會先交給重要的關係人，以確保沒有任何誤解。完成審查之後，它會被交給客戶。

表 21.2 展示 ATAM 的四個階段、誰參與各個階段，以及各個活動（可能會再分成幾個部分）通常總共需要花多少時間。

表 21.2　ATAM 階段及其特點

階段	活動	參與者	典型累計時間
0	合作關係與準備	評估團隊的領導人與關鍵的專案決策者	按需求非正式地進行，可能需要好幾週
1	評估	評估團隊與專案決策者	1～2 天
2	評估（繼續）	評估團隊、專案決策者與關係人	2 天
3	跟進	評估團隊與評估客戶	1 週

資料來源：改編自 [Clements 01b]。

評估階段的步驟

ATAM 的分析階段（第 1 階段與第 2 階段）包含 9 個步驟。第 1 ～ 6 步由評估團隊與專案的決策者在第 1 階段執行，專案決策者通常是架構團隊、專案經理與客戶。接下來，在第 2 階段，所有的關係人一起總結第 1 ～ 6 步，並執行第 7 ～ 9 步。

第 *1* 步：介紹 *ATAM*

在第 1 步，評估團隊領導人向專案代表人介紹 ATAM。這段時間的目的是解釋所有人將遵守的流程、回答問題、並解釋後續活動的背景和期望。評估團隊領導人會使用標準的內容來簡報 ATAM 步驟，以及評估活動將產生什麼結果。

第 *2* 步：介紹商業目標

與評估活動有關的人（專案代表與評估團隊成員）都必須了解系統的背景，以及這次開發的主要商業目標。在這個步驟中，專案決策者（理想的情況下是專案經理，或客戶代表）要從商業角度介紹系統概要。這次的介紹應說明專案的這些層面：

- 系統最重要的功能
- 相關的技術、管理、經濟，或政策限制
- 與專案有關的商業目標與背景
- 主要的關係人
- 架構的驅動因素（強調 ASR）

第 *3* 步：介紹架構

架構領導人（或架構團隊）以適當的詳細程度來介紹架構。「適當的程度」取決於幾個因素：架構已被設計和記錄的程度、有多少時間可用、行為需求與品質需求的性質。

在這次介紹中，架構師要說明技術限制，例如作業系統、使用的平台，以及與系統互動的其他系統。最重要的是，架構師必須介紹他採用了哪些架構方法（或模式、戰術，如果架構師精通這些術語的話）來滿足需求。

我們希望架構師使用架構視圖來介紹架構，也就是第 1 章介紹，並且在第 22 章詳細說明的那些。環境圖（context diagram）、C&C 圖、模組分解或階層圖、部署圖幾乎可在每次評估時使用，架構師應該準備它們。如果有其他視圖包含與架構有關的資訊，架構師也可以展示它們，尤其是與滿足重要品質屬性有關的資訊。

第 4 步：確認架構方法

ATAM 的重點是藉著理解架構的做法來分析架構。架構模式與戰術很有用，因為（除其他原因外）它們都會以已知的方式影響特定的品質屬性。例如，階層模式往往帶來可移植性和可維護性，而且會犧牲性能。發布 / 訂閱模式可以擴展資料的生產者和用戶的數量，而主動備援模式可提升妥善性。

第 5 步：製作品質屬性 *utility tree*

品質屬性的目標可用品質屬性 utility tree 來詳細闡述，我們曾經在第 19.4 節介紹 utility tree。utility tree 藉著精確地定義品質屬性需求來將需求具體化。

雖然架構師考慮的重要品質屬性目標曾經在第 2 步介紹商業目標時被提出來或暗示，但當時的具體程度還不足以進行分析。「可修改性」、「高產出量」、「可移植到多少平台」等廣泛的目標可提供脈絡和方向，並提供背景來介紹後續的資訊，但不夠具體，無法讓我們知道架構是否足以實現目標。例如以哪種方式修改？多少產出量才夠高？可移植到哪些平台？需要花多少時間？這類問題的答案應該用展示 ASR 的品質屬性劇情來表達。

之前說過，utility tree 是由架構師與專案決策者建構的。他們一起決定了各個劇情的重要性：架構師要為劇情的技術難度或風險評分（使用 H、M、L），而專案決策者要為它的商業重要性評分。

第 6 步：分析架構方法

評估團隊檢查分數最高的那些劇情（在 utility tree 中確認的），每次檢查一個劇情。架構師要解釋架構如何支援每一個劇情。評估團隊成員（尤其是提問者）要詢問架構師用來執行劇情的架構方法。在過程中，評估團隊會記錄相關的架構決策，並確認和整理它們的風險、非風險與權衡取捨。如果有眾所周知的方法，評估團隊應詢問架構師如何克服它的已知弱點，或如何保證該方法是可行的。這個步驟的目標是讓評估團隊相信，用該方法的實例來滿足特定屬性需求是合適的做法。

劇情演練可讓大家討論可能的風險與非風險。例如：

- 心跳的頻率會影響系統可以檢測故障組件的時間點。有些設定會導致這個回應的值不可接受，這些都是風險。
- 心跳頻率決定了檢測故障的時間。
- 較高的頻率可提高妥善性，但也會消耗更多處理時間和通訊頻寬（可能降低性能），這是一個需要平衡的地方。

這些問題可能帶來更深入的分析，取決於架構師如何回應。例如，如果架構師無法確定用戶的數量，也無法說明如何將程序分配給硬體來平衡負載，那麼接下來進行任何性能分析都沒有任何意義。如果架構師可以回答這些問題，評估團隊至少可以進行初步的或粗略的分析，以確定這些架構決策對它企圖解決的品質屬性需求而言有沒有問題。

在第 6 步進行的分析不一定是全面性的，它的重點是獲得足夠的架構資訊，以建立「已做出的架構決策」以及「必須滿足的品質屬性需求」之間的關係。

圖 21.1 是分析劇情的架構方法時，用來記錄分析結果的模板。根據這個步驟的結果，評估團隊可以確認並記錄一組風險與非風險、敏感點，以及取捨。

劇情 #: A12	劇情：偵測主開關的硬體故障並從中恢復			
屬性	妥善性			
環境	一般操作			
觸發事件	有一顆 CPU 故障了			
回應	開關有 0.999999 的妥善率			
架構決策	敏感點	取捨	風險	非風險
後備 CPU	S2		R8	
沒有備份資料通道	S3	T3	R9	
看門狗	S4			N12
心跳	S5			N13
故障轉移路由	S6			N14
推理	使用不同的硬體與作業系統來確保沒有共模故障（見風險 8） 在 4 秒之內扭轉最糟情況， 因為在最糟的情況下，需要這麼長的時間來進行計算 保證可以根據心跳率和看門狗在 2 秒內檢測到故障 看門狗很簡單，而且是證實可靠的 由於缺乏備份資料通道，妥善性需求可能有風險…（見風險 9）			
架構圖	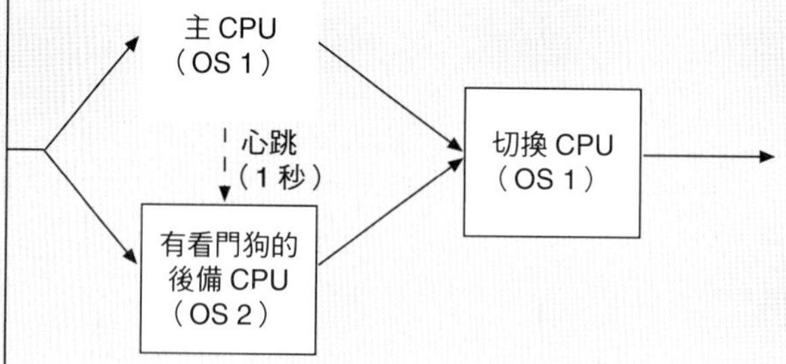 主 CPU（OS 1） 心跳（1 秒） 有看門狗的後備 CPU（OS 2） 切換 CPU（OS 1）			

圖 21.1　架構方法分析範例（改編自 [Clements 01b]）

在第 6 步結束時，評估團隊應清楚地了解整個架構最重要的層面、關鍵決策的基本理由，以及風險、非風險、敏感點和取捨點清單。

至此，第 1 階段結束。

暫停與開始第 2 階段

評估團隊會在 1 週左右的暫停時間裡，整理他們了解的事情，並與架構師進行非正式的互動。在必要時，他們會在這段時間裡分析更多劇情，或對第 1 階段問題的答案進行釐清。

第 2 階段的會議有更多與會者，其他的關係人也會加入討論。用程式設計來比喻：第 1 階段類似用自己的標準來測試自己的程式，第 2 階段則是將你的程式交給獨立的品保小組，他們將用更廣泛的測試方式和環境來測試你的程式。

第 2 階段會重複進行第 1 步，讓關係人了解方法與他們扮演的角色。然後由評估領導人重述第 2 ～ 6 步的結果，並分享風險、非風險、敏感點、取捨點的清單。讓關係人了解截至目前為止的評估結果後，你要執行接下來的三個步驟。

第 7 步：進行劇情腦力激盪並排序劇情

評估團隊請關係人進行品質屬性劇情腦力激盪，提出對關係人的角色有業務上的意義的品質屬性劇情。維護人員可能會提出可修改性劇情，用戶可能會提出表達操作便利性的劇情，品保可能會提出一個關於測試系統的劇情，或是描述重現錯誤系統狀態的劇情。

utility tree（第 5 步）主要是用來了解架構師如何注意到品質屬性的架構性驅動因素，以及如何處理它們；劇情腦力激盪則是為更廣大的關係人群體把脈，以了解系統的成功對他們有什麼意義。劇情腦力激盪非常適合大型的團體，它可以創造一種氛圍，讓每一個人的想法和思路激發其他人的想法。

找出劇情之後，你要排序它們，理由和 utility tree 裡面的劇情必須排序一樣：評估小組必須知道有限的分析時間應該用在哪裡。首先，關係人要將他們認為代表相同的行為或品質問題的劇情合併，接下來，他們要投票選出最重要的劇情。每位關係人可以投的票數是劇情數量的 30%[1]，四捨五入。因此，如果劇情有 40 個，每位關係人有 12 票。關係人可以自行決定如何投票，例如將 12 張票都投給 1 個劇情，或是把票分別投給 12 個不同的劇情，或介於兩者之間的任何投法。

接下來，你要拿排序後的劇情與 utility tree 中的劇情進行比較，如果它們相符，那就代表架構師的想法和關係人的實際需求非常一致。如果你發現其他的驅動因素劇情（經常

1 這是一種常見的腦力激盪技術。

如此），而且差異很大，這本身可能是一種風險。發生這種事情代表關係人和架構師對系統的重要目標有一定程度的分歧。

第 8 步：分析架構方法

在第 7 步收集劇情和排序劇情之後，評估團隊會在分析最高順位的劇情的過程中引導架構師，請架構師解釋用來實現各個劇情的架構決策。在理想情況下，這個活動會由架構師根據之前討論的架構方法來解釋劇情。

在這一步中，評估團隊執行和第 6 步一樣的活動，使用最高順位、新產生的劇情。通常這個步驟可處理前五到十個劇情，如果時間允許。

第 9 步：報告結果

在第 9 步，評估團隊根據一些常見的潛在問題或系統缺陷，將風險歸類為幾個風險主題。例如，將幾個關於文件不夠好或文件過時的風險組成一個風險主題，以說明對文件考慮不足。如果有一群關於系統面對硬體或軟體故障時無法正常運作的風險，可能會產生一個關於「不夠關注備份能力或妥善性不足」的風險主題。

評估團隊要確認每一個風險主題會影響第 2 步列出來的哪些商業目標。先確認風險主題再找出相關的驅動因素可讓你將最終的結果與最初的介紹聯繫起來，形成一個完整的評估循環，讓這個活動提供令人滿意的結果。同樣重要的是，它也會讓管理層更關注未被發現的風險，將管理層難以理解的技術問題描述成將會威脅他們所關心的事情的問題。

接下來要整理在評估過程中收集的資訊，並交給關係人。要交出去的結果包括：

- 架構方法紀錄
- 腦力激盪產生的劇情及其順位
- utility tree
- 發現的風險與非風險
- 找到的敏感點與取捨
- 風險主題，與每一個主題威脅的商業目標

脫稿演出

多年的經驗告訴我們，任何架構評估工作都不會完全按照書中的方法進行。然而，儘管實際操作可能出現各種嚴重的錯誤、可能忽視各種細節、可能讓脆弱的自尊心受傷、可能有檯面上的所有風險，但我們的架構評估過程沒有失控過。根據客戶的回饋，我們每一次都是成功的。

雖然他們都取得成功，但我們仍然遇到一些令人難忘的困境。

我們不止一次在開始進行評估時發現開發組織沒有架構可以評估。有時，組織給我們一疊喬裝成架構的類別圖或模糊的文章。有一次，客戶承諾我們，在開始評估時，他們會將架構準備好，儘管他們心存好意，最終卻沒有做到（以前我們不一定會在評估之前做好準備工作，以及確認資格，現在如此勤奮都是那些經驗造成的）。但沒問題，遇到這種情況時，評估的主要結果會有一組明確的品質屬性、在評估期間繪製的「白板」架構，以及給架構師的一套文件義務。所有客戶都認為詳細的劇情、我們對架構所進行的分析，以及讓他們知道需要做什麼事情已足以證明評估工作是有價值的。

我們遇過幾次，當我們開始評估之後，架構師卻在過程中跑掉了。有一次，架構師在準備評估與執行評估之間辭職了。該組織當時處於一片混亂，架構師其實跳槽到另一個比較平穩的環境並獲得更好的待遇。我們通常不會在沒有架構師的情況下進行評估，但當時無妨，因為架構師的徒弟加入了，我們只為他做一些額外的準備工作就按計畫進行那次評估，而且我們為那位徒弟所做的準備協助他順利地踏入架構師的行列。

有一次，我們在 ATAM 的過程中發現，我們準備評估的架構被捨棄了，開發機構轉而使用一個沒有人願意提及的新架構。架構師在第 1 階段的第 6 步回答一個劇本中的問題時，隨口說道「新架構」沒有那個缺陷，在會議室裡面的人，包括關係人與評估者，都在一片沉默中困惑地看著彼此，「什麼新架構？」當時才知道這件事的我茫然地問。開發機構（委託我們進行評估的美軍承包商）已經為系統準備了一個新架構，打算處理他們認為將來會出現的一種更嚴格的要求。我要求暫停會議，並且與架構師和客戶進行討論，決定我們接下來要評估的對象是新架構，不是舊的。我們回到第 3 步（架構介紹），但是在桌上的所有其他東西（商業目標、utility tree、劇情）仍然完全有效。評估一如往常地進行，在評估結束時，我們的軍事客戶對他們獲得的結果感到非常滿意。

有一次，我們在第 2 階段的中途失去架構師，這應該是我們遇過的最奇怪的一次評估。這次評估的客戶是正在進行大規模重組的組織裡的專案經理，那位經理是一位風度翩翩、幽默風趣的紳士，但我們隱約覺得他沒那麼好應付。架構師會在不久的將來被調到組織的另一個部門，這無異於被踢出專案，經理說，他想要在架構師尷尬地離開之前確定架構的品質（我們是在開始進行評估之後才發現這些情況的）。當我們安排 ATAM 時，經理建議讓初級設計師參加，「他們可能會學到一些東西」他說。我們同意了。當評估開始時，我們的進度（從一開始就很緊張）不斷被打斷。經理要求我們與他的公司的高層見面。後來他又要求我們與一位他聲稱可以讓我們更了解架構的人共進午餐，結果高層在我們預訂的時間很忙，於是經理問我們能不能晚一點再與他們見面。

到目前為止，第 2 階段已經嚴重偏離軌道，就連架構師都被迫離開，飛回他遙遠城市的家，他很不開心他的架構將在他不在場的情況下被評估，他說，那些初級設計師絕對無法回答我們的問題。我們團隊在他離開前開會討論，這場評估似乎在災難的邊緣搖搖欲墜，有一位不愉快的架構師離開了、我們的進度嚴重落後，而且那些初級設計師的專業知識令人懷疑。我們決定將評估團隊分成兩組，讓一半的團隊將初級設計師當成資訊來源，繼續進行第 2 階段，讓另一半團隊在隔天透過電話與架構師一起繼續進行第 2 階段。我們設法在最壞的情況下把工作做到最好。

令人驚訝的是，專案經理似乎對事態的發展非常淡定。「我相信這會成功」他愉快地說道，然後退到一旁，與副總們商量重組事宜。

我帶領團隊和初級設計師開會，我們不滿意架構師的架構簡報。對於文件內容的不一致，他們只是輕描淡寫地說「對耶，這不是真正的運作方式。」所以，我決定從 ATAM 第 3 步重新做起。我們問五六個設計師：他們對架構的看法是什麼。「能畫出架構嗎？」我問他們。他們緊張地看著彼此，有一個人說：「我應該可以畫出它的一部分。」他在白板上畫出一個非常合理的 C&C 圖，另一個人自告奮勇地畫出程序圖，第三個人畫出系統重要的離線部分的架構，其他人也陸續開始幫忙。

環顧會議室，每個人都忙著抄錄白板上的圖表，到目前為止，沒有一張圖表可以對應到文件的內容。「這些圖表沒有被記錄在任何文件裡面嗎？」我問。有一位設計師在抄寫的過程中抬起頭來笑道：「現在有了」。

當我們進行到第 8 步，使用之前收集的劇情來分析架構時，設計師們充分地合作並回答我們的問題。雖然沒有人知道所有事情，但每個人都知道一些事情。在半天的時間裡，他們一起為整個架構繪製了清晰且一致的圖表，那張圖比我們在評估前與架構師花了整整兩天做出來的架構還要一致且易懂許多。在第 2 階段結束時，設計團隊改頭換面了，這群曾經資訊匱乏、知識有限的人變成一個真正的架構團隊，這些成員互相交流並了解彼此的專業知識，他們為每個人展示與驗證這些專業知識，最重要的是，專案經理也看到了——他溜回會議室旁聽，他的表情說明他非常滿意。我開始認為（你猜到了）事情搞定了。

事實上，這位專案經理知道如何控制事件與人員——使用能讓 Machiavelli 印象深刻的方式。架構師的離開不是因為重組，而是當時剛好正在重組。專案經理經心策劃了這一切，他認為架構師過於專制與獨裁，希望給初級設計師一個成長和貢獻的機會。架構師在評估中途離開正是專案經理希望看到的，將設計團隊推到第一線接受炮火洗禮從一開始就是評估活動的主要目的。雖然我們發現幾個與架構有關的重要問題，但專案經理在我們到達之前就知道每一個問題了。事實上，他曾經在休息時間，或一天的會議結束之後，藉著發表一些謹慎的意見，來確保我們發現其中的一些問題。

這場活動是否成功？客戶再滿意不過了。他認為的架構優缺點獲得證實，我們也協助了他的設計團隊，該團隊在公司重組的風暴中引導那個系統，在正確的時間，一起組成一個有效的、有凝聚力的單位。而客戶對我們的最終報告非常滿意，並將它提交給公司的董事會。

這些高潮迭起的故事讓我們歷歷在目。沒有架構文件？其實問題不大。它不是正確的架構？其實問題不大。根本沒有架構？其實問題不大。客戶其實想要進行團隊重組。在每一次事件中，我們都盡量理性地回應，每次都順利地通過考驗。

為什麼每次都有好結果？我認為有三個原因。

第一，委託我們評估架構的人真的希望它能成功，架構師、開發者、應客戶要求召集的關係人也希望它能成功。作為一個團隊，他們協助整個評估程序朝著洞悉架構的目標前進。

第二，我們很誠實。一旦我們認為評估活動脫離正軌，我們就會叫停，並進行內部討論，通常也會與客戶進行討論。雖然有時稍微虛張聲勢很方便，但我們絕對不會在評估過程中唬弄別人。參與者一定可以下意識地察覺虛偽的語調，評估團隊絕對不能失去參與者的尊重。

第三，我們的方法是為了在整個評估過程中建立並維持穩定的共識而設計的，在結束時不會有任何意外，我們讓參與者制定基本規則，指出何謂合適的架構，讓他們可以在每一步協助發現風險。

所以，一旦你把事情做到最好，誠實，相信這些方法，相信你召集的人是善意的，一切都會很順利。

—PCC（改編自 [Clements 01b]）

21.6 輕量架構評估法

Lightweight Architecture Evaluation（LAE）方法是在內部專案中使用的，可讓同事用來定期進行審查。它的概念與 ATAM 一樣，是為了定期執行而設計的。召開 LAE 會議的目的，可能是為了了解自從上次審查以來，架構或架構驅動因素有哪些變化，也可能是為了檢查以前沒有檢查的部分。因為 LAE 的範圍有限，所以我們可以省略或縮短 ATAM 的許多步驟。

LAE 的執行期間取決於你產生和調查出來的品質屬性劇情數量，劇情數量又取決於審查的範圍。你要檢查的劇情數量取決於系統的重要性。因此，LAE 可能只有幾小時，也可能長達一整天，它是完全由組織內部成員執行的活動。

因為參與者都是組織內部成員，而且參與人數比 ATAM 還要少，所以讓每個人發言與達成共識的時間少很多。此外，因為 LAE 活動是輕量級程序，所以可以定期進行，而且這個方法的許多步驟都可以省略，或只是簡單地提及。表 21.3 列出 LAE 活動的步驟，以及根據我們的經驗，它們是如何執行的。LAE 通常是由專案架構師召集和帶領的。

表 21.3 典型的 LAE 程序

步驟	說明
1：報告方法步驟	如果參與者熟悉整個程序，這一步可以省略。
2：回顧商業目標	讓參與者了解系統及其商業目標和它的優先順序。你可以透過簡短的回顧來確保所有人都有鮮明的記憶，而且沒有意外。
3：回顧架構	因為參與者應該已經熟悉系統了，所以進行簡短的架構回顧簡報，至少使用模組與 C&C 圖來說明上次審查以來的任何改變，並透過這些視圖來追蹤一兩個劇情。
4：回應架構方法	架構師介紹為了處理特定品質屬性關注點而採用的架構方法。這通常會在第 3 步中進行。
5：回顧品質屬性 utility tree	此時應該已經有 utility tree 了，團隊回顧既有的 utility tree，並在需要時更新它，使用新劇情、新回應目標、新劇情優先順序，以及風險評估。
6：腦力激盪與決定劇情優先順序	此時可以進行簡單的腦力激盪，以確定是否有新劇情值得分析。
7：分析架構方法	這一步（將高順位的劇情對應到架構上）需要大量的時間，你應該把焦點放在最近的架構改變上，或團隊之前沒有分析過的架構部分上。如果架構發生變化，你要根據那些變化重新分析高順位的劇情。
8：記錄結果	在評估結束時，團隊回顧既有的和新發現的風險、非風險、敏感點與取捨，並討論有沒有任何新風險主題出現。

LAE 沒有最終報告，但你要指派一位記錄員記錄結果（如同 ATAM），然後分享結果，並將它當成風險補救的基礎。

整個 LAE 可以在一天之內完成，也許只要一個下午。結果取決於團隊多麼了解這個方法的目標、這個方法的技術，以及系統本身。評估團隊是內部的人員，所以通常不像外部團隊那麼客觀，這一點可能會影響結果的價值：團隊往往無法聽到太多新想法與不同的意見。儘管如此，這一個評估版本的成本比較低、容易召集人員，而且儀式相對較少，只要專案想進行架構品保健全性檢測，他們就可以快速地進行。

戰術問卷

另一個（更輕的）輕量級的評估方法曾經在第 3 章介紹過，它是戰術問卷。戰術問卷一次關注一個品質屬性。架構師可以用它來進行反思和反省，評估者（或評估團隊）與架構師（或一組設計師）也可以用它來舉行問答會議。這種會議通常很短（每個品質屬性大概 1 個小時），但可以揭露很多關於已採納的設計決策的訊息（和未採納的），以及經常潛伏在這些決策中的風險。我們在第 4 ～ 13 章中提供了各個品質屬性的問卷，可指導你進行這個過程。

戰術分析可能在很短的時間內產生令人驚訝的結果。例如，我曾經分析一個醫療資料的管理系統，我們決定分析資訊安全的品質屬性，在會議期間，我盡職地瀏覽了資訊安全戰術問卷，並依序詢問每個問題（你應該還記得，在這些問卷裡，每一個戰術都被轉換成一個問題）。例如，我問「系統是否支援入侵行為檢測？」、「系統是否支援驗證訊息的一致性？」…等。當我問道「系統是否支援資料加密？」時，架構師停下來，笑了笑，他（不好意思地）承認，該系統有一個要求，即任何資料都不能在網路上「明碼」（在不加密的情況下）傳遞，所以，他們會先 XOR 所有資料，再將資料送到網路。

這個例子説明戰術問卷可以非常快速且低成本地發現風險，嚴格來說，雖然他們的確不是用明碼來傳送資料，但是他們的演算法就連一般的高中生都可以破解！

—RK

21.7 總結

如果系統重要得使你明確地設計它的架構，你就要評估那個架構。

評估的次數與評估的程度依專案而異。設計師應該在進行重要決策的過程中進行評估。

ATAM 是評估軟體架構的全面性方法。它的做法是由專案決策者與關係人明確地列出品質屬性需求（以劇情的形式），並闡明與分析每一個高順位劇情的架構決策。你可以根據風險與非風險來了解決策，以發現架構中的任何問題點。

輕量級評估可以當成專案的同儕審查活動來定期執行。LAE 是基於 ATAM 的低成本、低儀式性的架構評估方法，可以在 1 天之內完成。

21.8 延伸讀物

關於 ATAM 的全面性的討論，可參考 [Clements 01b]。

網路上有許多 ATAM 案例研究可參考，你可以到 sei.cmu.edu/library 搜尋「ATAM case study」。

現在有一些輕量級的架構評估方法被開發出來，你可以參考這些文獻 [Bouwers 10]、[Kanwal 10] 與 [Bachmann 11]。

你可以在 [Bass 07] 與 [Bellomo 15] 找到針對 ATAM 產生的各種見解的分析。

21.9 問題研討

1. 考慮一個你正在處理的軟體，準備 30 分鐘的簡報，說明這個系統的商業目標。
2. 如果你要評估這個系統的架構，你想邀請誰參與？關係人的角色有哪些？你會找誰扮演這些角色？
3. 計算為企業級的大型系統架構進行 ATAM 評估的成本。假設每位參與者的全負擔勞動率（fully burdened labor rate）是每年 $250,000 美元。假如 ATAM 評估發現架構風險並緩解那個風險可以節省 10% 的專案成本，在什麼情況下，舉行 ATAM 是明智的選擇？
4. 研究一個可能因為一個或多個糟糕的架構決策而導致的代價高昂的系統故障事件。你認為架構評估有機會抓到那些風險嗎？如果可以，比較故障的成本與評估的成本。

5. 一個組織有時會評估兩個互相競爭的架構，如何修改 ATAM，以產生有助於進行這種比較的定量（quantitative）輸出？
6. 假如上級要求你秘密地評估系統的架構，所以你不能接觸架構師，也不能與系統的任何關係人討論，你該怎麼做？
7. 在什麼情況下，你會採取完整的 ATAM？在什麼情況下，你會採取 LAE？

22

記錄架構

記錄是寫給未來的自己的情書。

—Damian Conway

光是建立架構還不夠，它必須與關係人溝通，讓關係人可以正確地用它來工作。如果你費盡心思地製作一個強大的架構、一個你認為經得起時間考驗的架構，那麼，你就必須費盡心思地詳細、清楚地描述它，好好編排文件，讓別人可以快速找到與更新資訊。

文件是架構師的代言人，它為當今的架構師發言，讓架構師可以做其他事情，而不用回答上百個關於架構的問題。它也為明日的架構師發言，架構師可能會忘記架構內部的細節，原本的架構師也可能離開專案，由別人擔任現在的架構師。

最優秀的架構師不是因為有人「需要」文件而製作良好的文件，而是因為他知道文件對眼前的工作非常重要，而眼前的工作就是製作高品質的、可以預測的產品，而且盡量不要從頭做起。他們將直接關係人視為與這項工作最有關的人，包括開發人員、部署人員、測試員、分析人員。

但是架構師也將文件視為可為自己帶來價值的東西。文件是在重大設計決策獲得確認時，儲存它們的容器。經過深思熟慮規劃出來的文件方案可讓設計過程更平順且更具系統性。文件可協助架構師理解架構設計，並在設計架構的過程中進行溝通，無論是在為期六個月的設計階段，還是只有六天的 Agile 衝刺期間。

注意，「文件」不一定是實體的、列印出來的、長得像書的東西。像 wiki 這種線上文件可以引發討論、收集關係人的回饋，以及進行搜尋，它是架構文件的理想論壇。此外，不要認為文件製作與設計是分開的工作，而且是在完成設計之後才進行的步驟。你在解釋架構時使用的語言也可以在進行設計時使用。在理想情況下，進行設計與撰寫文件是一起進行的。

22.1 架構文件的使用，及其讀者

架構文件必須服務各種不同的目的。它應該具備足夠的透明度與親切性，可讓新員工快速了解。它應該足夠具體，可以當成施工或論證的藍圖。它應該有足夠的資訊，可當成分析的基礎。

架構文件可視為規定性和描述性的文件，對一些讀者而言，它規定了哪些*應該*是對的，並對尚未做出的決定施加了限制。對其他讀者而言，它描述了什麼是真實的，敘述已做出的設計決策。

很多不同類型的人都對架構文件感興趣。他們希望並期待這份文件可以協助他們完成各自的工作。了解架構文件的用途非常重要，因為這些用途決定了你將記錄哪些重要資訊。

基本上，架構文件有四個用途。

1. *架構文件是一種教育工具*。教育包括向人們介紹系統，那些人可能是團隊的新成員、外界分析者，甚至新的架構師。在許多情況下，「新」人是第一次聽你展示解決方案的顧客，在這場介紹中，你希望能募到資金或獲得批准。

2. *架構文件是關係人彼此溝通的主要工具*。它的確切用途取決於進行溝通的是哪些關係人。

   也許最愛使用架構文件的不是別人，正是專案的未來架構師，他可能是同一個人（如本章的引言所述），也可能是繼任者，無論如何，未來的架構師都會從文件獲得巨大的利益。新架構師想要了解他的前任如何解決系統的困難問題，以及為什麼做出特定的決定。即使將來的架構師是同一個人，他也會把文件當成思想寶庫，一個儲存設計決策的倉庫，那些決策的數量之多、互相交織的程度之複雜，是僅憑記憶無法重現的。

我們將在第 22.8 節列舉架構的關係人及其文件。

3. **架構文件是分析與建構系統的基礎**。架構可讓實作者知道該製作哪些模組，以及那些模組如何連在一起。這些依賴關係決定了一個模組的開發團隊必須與另一個團隊溝通。

   對想要知道設計能否滿足系統品質目標的人來說，架構文件可以當成評估的素材。文件必須記錄方便人們評估各種屬性的資訊，例如資訊安全、性能、易用性、妥善性、可修改性。

4. **架構文件是在事件發生時，查證的基礎**。當事件發生時，有人會負責追蹤事件的直接原因和根本原因。事件發生前的控制流程資訊可提供「執行時」的架構。例如，儲存介面規範的資料庫可提供控制流程的背景，而組件描述文件可在你追蹤事件時，指出每一個組件裡發生什麼事情。

為了讓文件可以一直提供價值，它必須持續更新。

22.2 標記法

記錄視圖的標記法有各種正式程度，它們彼此的差異極大。大致來說，標記法主要可分成三大類：

- **非正式標記法**。視圖可用通用的繪圖方法與編輯工具，以及你為系統選擇的視覺規範來描繪（通常是繪成圖形）。你看過的大多數框線圖都屬於這一類，例如 PowerPoint 之類的東西，或白板上的手繪草圖。文件的語義是用自然語言來描述的，無法進行正式的分析。
- **半正式標記法**。這種標準化的視圖標記法制定了圖形元素與建構規則，但不為那些元素的意義提供完整的語義。你可以用初步分析來確認一個描述是否滿足句法屬性。UML 與它的系統工程附屬語言 SysML 都是這種意義上的半正式標記法。商用建模工具大都使用這一種標記法。
- **正式標記法**。這種標記法用語義來精確地描述視圖（通常使用數學）。你可以進行語法和語義的形式分析（formal analysis）。軟體架構的正式標記法有很多種，它們通常被稱為架構描述語言（ADL），通常使用圖形詞彙與底層語義來表示架構。在某些情況下，這些標記法專門用於特定的架構視圖上，在其他情況下，它們可用於許多視圖，甚至可以正式地定義新視圖。ADL 好用之處在於它們可以用相關的工具來支援自動化——自動提供實用的架構分析，或協助程式碼生成。在實務上，很少人使用正式的標記法。

一般來說，較正式的標記法需要花費更多時間與精力來建立與了解，但是可以降低模糊性與帶來更多分析機會。反過來說，比較非正式的標記法更容易建立，但提供的保證較少。

無論正式的程度如何，永遠記得，不同的標記法擅長（或不擅長）表達不同類型的資訊。撇開正式程度不談，任何 UML 類別圖都無法協助你理解可調度性，任何順序圖都無法告訴你準時交付系統的可能性多大，你要選擇你的標記法與表達語言，同時牢記你需要描繪與理解的重要問題。

22.3 視圖

在關於軟體架構文件的概念中，**視圖**（*view*）應該是最重要的一種。軟體架構是一種複雜的實體，無法用簡單的一維方法來描述。視圖可以表示一組系統元素與它們之間的關係，我說的不是所有的系統元素，而是特定類型的元素。例如，系統的階層視圖可顯示「階層」類型的元素，也就是說，它可以顯示被分解為階層的系統，以及那些階層之間的關係。但是，單純的階層視圖不會顯示系統的服務，或用戶端與伺服器，或資料模型，或任何其他類型的元素。

因此，視圖可讓我們將軟體架構這種多維的實體分成一些（我們希望）有趣且可管理的系統表示法。視圖的概念帶來一個基本的架構文件原則：

> 記錄架構就是記錄相關的視圖，再加入可對應到多張視圖的文件。

什麼是相關的視圖？這完全取決於你的目標。我們看過，架構文件有很多用途：實作者的任務說明、分析的基礎、自動程式碼生成規格、了解系統與進行逆向工程的起點、估計專案與進行規劃的藍圖。不同的視圖會展現不同程度的品質屬性。反過來說，你和其他的系統開發關係人最關心的品質屬性將影響你選擇記錄的視圖。例如，**模組視圖**可讓你判斷系統的可維護性，**部署視圖**可讓你推斷系統的性能和可靠性…等。

因為不同的視圖支援不同的目標與用途，所以我們不會建議你使用任何特定的視圖或視圖組合。你記錄的視圖取決於你希望文件被怎麼使用。不同的視圖突顯不同的系統元素與關係。你要展示多少不同的視圖取決於你的成本效益決策。每一個視圖都有成本效益，你要確保建立與維護特定視圖的預期效益大於它的成本。

視圖的選擇取決於你想要記錄架構設計的哪些模式，有些模式是由模組組成的，有些是由組件與連結組成的，有些需要考慮部署問題。模組視圖、C&C 視圖、分配視圖分別適合用來表示上述考慮因素。這些視圖種類也對應第 1 章介紹的三種架構性結構（回想一下第 1 章說過，結構是元素、關係、屬性的集合，而視圖是一或多個架構性結構的表示法）。

在這一節，我們將探討這三種基於結構的視圖，然後介紹一種新視圖：品質視圖。

模組視圖

模組是提供一組連貫職責的實作單位。模組的形式可能是類別、一組類別、一個階層、一個層面（aspect），或實作單位的任何分解。模組視圖的例子包括分解（decomposition）、uses 與階層（layers）。每一個模組視圖都有一群屬性，這些屬性代表與各個模組有關的重要資訊、模組之間的關係，以及模組的限制。屬性範例包括職責、可見性資訊（有哪些其他模組可以使用它）、修訂歷史。模組之間的關係有 *is-part-of*、*depends-on* 與 *is-a*。

指出系統的軟體如何分解成可管理單位仍然是系統結構的重要功能。它至少決定系統的原始碼如何分解成單元、每一個單元可以對其他單元所提供的服務做出哪幾種假設，以及這些單元如何聚成更大型的集合。它也包括共享的資料結構，那些資料結構會影響多個單元，以及被多個單元影響。模組結構通常決定了你對部分系統進行的更改如何影響其他部分，從而決定系統的可修改性、可移植性和重複使用性。

沒有模組視圖的架構文件應該不是完整的。表 22.1 是模組視圖的特點摘要。

表 22.1 模組視圖摘要

元素	模組，它是軟體的實作單元，提供了一組連貫的職責
關係	• *is-part-of*，定義了模組（部分）與集合模組（整體）的部分 / 整體關係 • *depends-on*，定義兩個模組間的依賴關係 • *is-a*，定義比較具體的模組（子模組）與比較廣義的模組（父模組）之間的廣義 / 具體關係
限制	不同的模組視圖可能施加不同的拓撲限制，例如限制模組之間的可見性
用途	• 程式建構藍圖 • 分析改變的影響 • 規劃遞增開發 • 分析需求的可追溯性 • 溝通系統的功能與它的基礎程式結構 • 提供工作分配、時間表，以及預算資訊的定義 • 展示資料模型

你應該將協助指引實作或當成分析輸入的模組屬性記錄在模組視圖的支援文件裡。屬性的名單因專案而異，可能包括：

- **名稱**。模組的名稱當然是引用它的主要手段。模組的名稱往往暗示了它在系統中發揮的作用。此外，模組的名稱可能反映它在分解階層中的位置，例如 A.B.C 這個名稱代表模組 C 是模組 B 的子模組，模組 B 是 A 的子模組。
- **職責**。模組的職責屬性是說明它在整體系統裡面的角色的一種方法，也是除了名稱之外的身分標誌。模組的名稱可能暗示它的角色，職責聲明則更明確地說明它的角色。你要詳細地描述職責，好讓讀者可以清楚地知道每一個模組的作用。在撰寫模組的職責時，你通常會追溯專案的需求規格，如果有需求規格的話。
- **實作資訊**。模組是實作單位。因此，若要管理模組的開發以及用模組來建構系統，記錄它們的實作資訊是很有幫助的，它可能包括：
  - **模組對應到哪些原始碼單元**。指出構成模組的檔案。例如，模組 `Account` 是用 Java 寫成的，它用多個檔案來實作：`IAccount.java`（介面）、`AccountImpl.java`（Account 功能的實作），甚至可能有單元測試 `AccountTest.java`。

- **測試資訊**。模組的測試計畫、測試案例、測試載入器，以及重要的測試資料。這項資訊可能只列出這些工件的位置。
- **管理資訊**。管理者可能需要關於模組的預測時間表和預算的資訊。這項資訊可能只列出這些工件的位置。
- **實作限制**。在很多情況下，架構師都會考慮模組的實作策略，或了解實作必須遵守的限制。
- **修改歷史**。知道模組的歷史可以協助維護活動，包括它的作者與特定用法。

模組視圖可讓不熟悉系統的人了解系統的功能。各種粗細程度的模組分解可提供由上至下的系統職責表示法，從而引導學習程序。對已經製作完成的系統來說，保持最新狀態的模組視圖非常好用，因為它們可以向團隊的新開發者解釋基礎程式的結構。

反過來說，模組視圖很難用來理解執行期行為，因為這些視圖只是軟體功能的靜態面。因此，模組視圖通常不會用來分析性能、可靠性，以及許多其他的執行期品質，它們應該用 C&C 與配置視圖來分析。

C&C 視圖

C&C 視圖展示了在執行期存在的元素，例如程序、服務、物件、用戶端、伺服器和資料儲存體，這些元素稱為**組件**（*component*）。此外，C&C 視圖也包括互動路徑的元素，例如溝通連結與協定、資訊流，以及存取共享儲存體的互動。這些互動在 C&C 視圖中被表示成**連結**（*connector*）。C&C 視圖的例子包括用戶端 / 伺服器、微服務，以及溝通程序。

在 C&C 視圖裡的組件本身可能是複雜的系統，該系統本身也可以用 C&C 次級架構來描述。組件的次級架構可能採用與該組件不一樣的模式。

連結的例子包括服務調用、非同步訊息佇列、支援發布 / 訂閱互動的事件多播（multicast）、保序（order-preserving）資料串流。連結經常代表複雜的互動形式，例如在資料庫伺服器與用戶端之間的交易導向通訊通道，或企業服務匯流排，其功能是協調一群服務用戶與服務供應方之間的互動。

連結不一定是二元的，也就是說，與連結互動的組件不一定剛好是兩個。例如，發布 / 訂閱連結可能有任意數量的發布者與訂閱者。即使連結最終是以二元連結來實作的，例如程序呼叫，但是在 C&C 視圖中採用 *n* 元連結表示法也很有幫助。連結代表互動協定，當兩個以上的組件互動時，它們必須遵守關於一些約定，包括互動順序、控制地點、錯誤條件和逾時的處理等方面，你必須寫下互動的協定。

在 C&C 視圖裡的主要關係是連接。**附著**（*attachment*）指出哪些連結被接到哪些組件，從而將系統定義成圖（graph）。相容性通常是用資訊類型與協定來定義的。例如，如果有一台 web 伺服器希望透過 HTTPS 來進行加密通訊，用戶端就必須執行加密。

C&C 視圖的元素（組件或連結）有各種相關屬性。具體來說，每一個元素都必須具備名稱與類型，它的額外屬性依組件或連結的類型而定。身為架構師，你要為屬性定義值，來支援可能以 C&C 視圖進行的分析。以下是一些典型的屬性和它們的用途：

- **可靠性**。特定組件或連結故障的可能性為何？這個屬性可用來確認整體系統的妥善性。
- **性能**。組件在什麼負載下可提供怎樣的回應時間？特定連結可能有怎樣的頻寬、延遲或抖動？這個屬性可以和其他的屬性一起用來確定整個系統的屬性，例如回應時間、產出量，以及緩衝區求。
- **資源需求**。組件或連結的處理和儲存需求是什麼？它們消耗多少能源？這個屬性可用來確定硬體配備是否充足。
- **功能**。元素可執行哪些功能？這個屬性可用來推理系統執行的端對端運算。
- **資訊安全**。組件或連結是否實施或提供資訊安全功能，例如加密、數據軌跡，或身分驗證？這個屬性可用來確定潛在系統資訊安全漏洞。
- **並行**。組件是否以獨立的程序或執行緒來執行？這個屬性可協助分析或模擬並行組件的性能，並確認可能的死結和瓶頸。
- **執行期可擴展性**。訊息傳遞結構是否支援不斷發展的資料交換？連結能不能調整，以處理新訊息型態？

C&C 視圖通常用來讓開發者和其他關係人知道系統如何工作：你可以透過「動畫化」或追蹤 C&C 視圖來展示端對端的行動線索。C&C 視圖也可以用來理解執行期品質屬性，例如性能與妥善性，尤其是，有據可查的視圖可讓架構師根據個別元素的估計屬性或測量到的屬性，以及元素之間的互動，來預測整體系統的屬性，例如延遲與可靠度。

表 22.2 是 C&C 視圖的特點摘要。

表 22.2 C&C 視圖摘要

元素	• 組件：主要處理單元與資料儲存體。 • 連結：組件互動的途徑。
關係	• 附著：組件用連結來互相連接，以產生一張圖。
限制	**組件只能附著到連結，連結只能附著到組件。** • 只有相容的組件與連結之間才能進行附著。 • 連結不能獨立存在，連結必須接到組件。
用途	**展示系統如何運作。** • 藉著指出執行期元素的結構與行為來引導開發。 • 協助理解執行期系統品質屬性，例如性能與妥善性。

C&C 視圖的標記法

一如往常，有一些框線圖可用來表示 C&C 視圖。雖然非正式的標記法可以表達的語義有限，但遵守一些簡單的方針可以讓你的描述更嚴謹且深入。主要的方針很簡單：為每一個組件類型與連結類型指定一個不同的符號，並在圖例中列出每一種類型。

UML 組件在語義上很適合 C&C 組件，因為它們都可讓你直觀地記錄重要的資訊，例如介面、屬性與行為敘述。UML 組件也將組件類型和組件實例分開，這在定義視圖專用的組件類型時很有幫助。

配置視圖

配置視圖描述的是「軟體單元」與「開發軟體和執行軟體的環境內的元素」之間的關係。在這種視圖裡面的環境各不相同，它可能是硬體、執行軟體的作業環境、支援開發或部署的檔案系統，或開發組織。

表 22.3 是配置視圖的特性摘要。這種視圖是由軟體元素與環境元素組成的，環境元素的例子有處理器、磁碟農場（disk farm）、檔案或資料，或一群開發者。軟體元素來自模組或 C&C 視圖。

表 22.3　配置視圖摘要

元素	軟體元素與環境元素。軟體元素有環境需要的屬性。環境元素有提供給軟體的屬性。
關係	*allocated-to*：將軟體元素對應到（配置給）一個環境元素。
限制	因視圖而異。
用途	用來理解性能、妥善性、資訊安全性與安全性。用來理解分散式開發，以及分配工作給團隊。用來理解同時使用多個軟體版本的情況。用來理解系統安裝形式與機制。

在配置視圖裡面的關係是 *allocated-to*。當我們討論配置視圖時，通常會將軟體元素對應到環境元素，但你也可以進行反向的對應，這可能會產生很有趣的效果。一個軟體元素可以分配給多個環境元素，多個軟體元素可以分配給一個環境元素。如果這些分配在系統執行期會隨著時間而改變，代表那個架構是動態的，例如一個處理器或虛擬機器上的程序被移到另一個。

在配置視圖裡面的軟體元素與環境元素都有屬性。配置視圖的目標是比較軟體元素需要的屬性與環境元素提供的屬性，以確定配置能不能成功。例如，組件為了確保回應時間符合需求，它必須在（被分配到）處理能力夠快的處理器上執行。再舉一個例子，一個計算平台可能不允許一項工作使用超過 10 KB 的虛擬記憶體，我們可以用軟體元素的執行模型來確定需要使用多少虛擬記憶體。同樣的，如果你將一個模組從一個團隊遷移到另一個團隊，你可能要確保新團隊有適當的技能與背景知識可處理那個模組。

配置視圖可以描述靜態或動態視圖。靜態視圖描述了資源在環境中的固定配置。動態視圖展示了改變資源分配的條件與觸發因素。例如，有些系統會在它們的負載增加時提供和利用新資源，例如負載平衡系統會在其他的機器上建立新程序和執行緒。在這個視圖中，你要記錄造成配置視圖改變的條件、執行期軟體配置，以及動態配置機制。

回想一下，第 1 章曾經介紹工作分配結構這種配置結構，它記錄如何將模組分配給團隊來開發。那個配置也可以根據「負載」而改變，在這個例子中，負載就是工作中的開發團隊的負擔。

品質視圖

模組、C&C 與配置視圖都是結構視圖：它們主要展示架構師為了滿足功能和品質屬性需求而在架構中設計的結構。

這些視圖是指導和約束下游開發者的絕佳工具，下游開發者的主要工作是實作這些結構。然而，在某些品質屬性特別重要和普遍的系統中（或者，所有關係人都關注的屬性），結構視圖可能不適合用來呈現這些需求的架構性解決方案，原因在於，解決方案可能會分散在多個結構內，而且那些結構很難合併（可能因為在每個結構裡顯示的元素類型各不相同）。

有一種視圖可以針對特定的關係人或為了處理特定的問題而量身訂做，我們稱它為**品質視圖**。品質視圖是藉著提取結構視圖的相關部分，並將它們組在一起做出來的。舉五個例子：

- **資訊安全視圖**可以展示提供資訊安全的所有架構措施。它描述具有某種資訊安全角色或職責的組件、這些組件如何溝通、資訊安全資訊的任何資料儲存體，以及和資訊安全有關的儲存體。視圖的屬性包括系統環境中的其他資訊安全措施（例如實體資訊安全）。資訊安全視圖也會展示資訊安全協定的操作，以及人類如何與資訊安全元素互動、在哪裡互動。最後，它描繪了系統如何回應特定的威脅與漏洞。
- **通訊視圖**有時適合用來表示全球規模的分散和異質系統。這種視圖可顯示所有組件對組件的通道、各種網路通道、服務品質參數值，以及並行區域。這種視圖可以用來分析某些類型的性能和可靠性，例如檢測死結和競爭條件。此外，它可以展示（舉例）網路頻寬如何動態分配。
- **異常或錯誤處理視圖**可以協助說明錯誤回報與解決機制，並吸引讀者的注意力。這種視圖可展示組件如何檢測、回報與解決錯誤。它可以協助架構師確認錯誤的根源，並且為各個錯誤指出適當的糾正措施。最後，它可以協助人們在這些情況下進行分析，找出根本原因。
- **妥善性**視圖可以模擬可靠性機制，例如重複與轉換機制。它也可以描繪時間問題與交易一致性。
- **性能**視圖包括協助推論系統性能的架構層面。這種視圖可以展示網路流量模型、操作的最大延遲…等。

品質視圖必須遵守 ISO/IEC/IEEE 標準 42010:2011 的文件編製理念，該標準規定如何根據架構關係人所關注的事情來建立視圖。

22.4 組合視圖

用一組互相獨立的視圖來記錄架構可讓你利用分治法來執行記錄工作。當然，如果這些視圖之間有天大的差異，彼此之間沒有任何關係，採取這種做法將無法讓人了解整個系統。但是，因為在同一個架構裡面的所有結構都是該架構的一部分，而且都是為了實現同一個目的而存在的，所以許多結構彼此都有強烈的關聯。對架構師而言，管理架構性結構之間的關係是很重要的工作，無論那些結構有沒有任何文件。

若要展示兩個視圖之間的強烈關係，最方便的方式是將它們壓成一個**組合視圖**。組合視圖裡有多個其他視圖的元素與關係。這種視圖有時非常方便，除非你在裡面加入太多對應關係。

若要合併視圖，最簡單的方法是建立一個**重疊圖**，用它來結合在兩個獨立的視圖裡面出現的資訊。如果兩個視圖之間的關係很緊密，也就是說，如果一個視圖裡的元素與另一個視圖裡的元素有強烈的關係，這種做法的效果特別好，與其讓讀者分別在兩個視圖裡查看結構，這種組合視圖描述的結構更容易理解。在重疊圖中，元素與關係仍維持原本視圖定義的類型。

以下是經常會很自然地出現的視圖組合：

- **互相搭配的 *C&C* 視圖**。因為所有的 C&C 視圖都展示各種類型的組件與連結之間的執行期關係，所以它們通常很容易結合。不同的（單獨的）C&C 視圖往往展示系統的不同部分，或展示其他視圖的組件的分解，所以一組視圖通常很容易合併。
- **部署視圖，以及展示程序的任何 *C&C* 視圖**。程序是被部署到處理器、虛擬機器或容器裡面的組件，因此，在這些視圖裡的元素之間有強烈的關係。
- **分解視圖，與任何工作分配、實作、*uses*，或分層視圖**。模組可分解成工作、開發與 uses 的單位。此外，這些模組也可以組成階層。

圖 22.1 是一個組合視圖，它結合了用戶端 / 伺服器、多層與部署視圖。

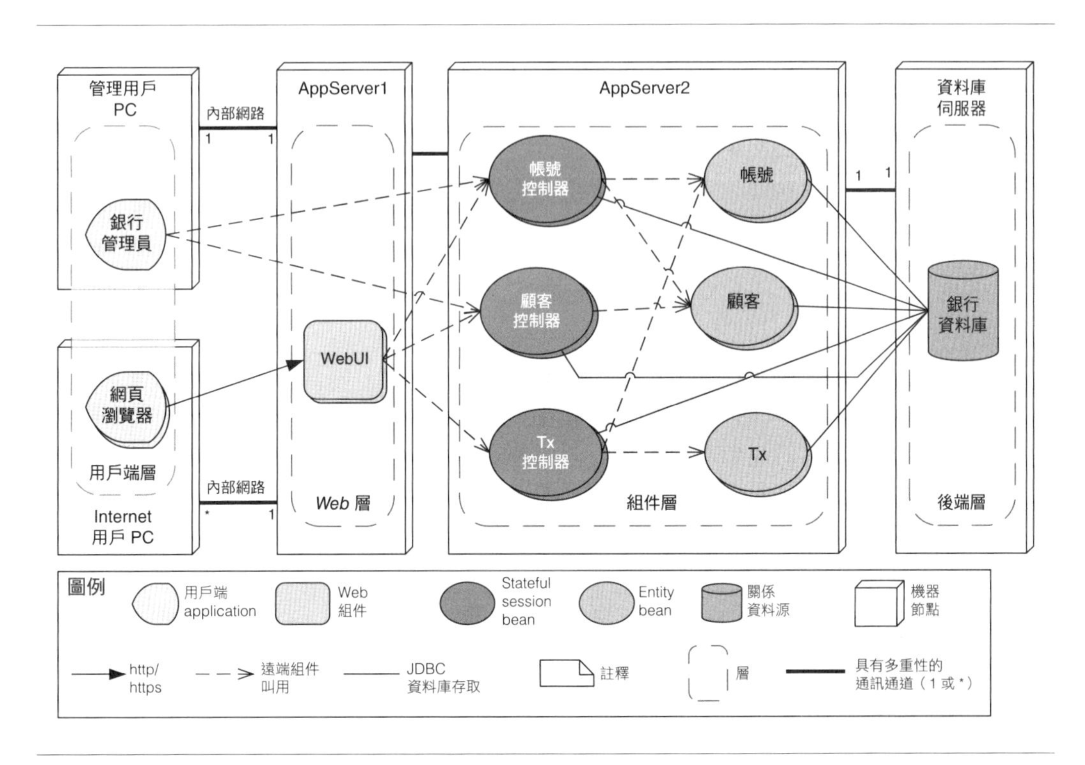

圖 22.1 組合圖

22.5 記錄行為

在記錄架構時，你也要編寫行為文件，在裡面描述架構元素如何彼此互動，來為結構視圖進行補充。若要讓讀者理解系統產生死結的可能性、系統在規定時間內完成任務的能力，或最大記憶體消耗量等特性，架構敘述必須提供個別元素的特性、它們的資源消耗情況等資訊，以及它們之間的互動模式等資訊，也就是它們之間有什麼行為。這一節將告訴你該記錄哪些類型的內容，以帶來這些好處。

記錄行為的標記法有兩種：使用軌跡與全面記錄。

軌跡（*trace*）是一系列的行動或互動，它描述系統處於特定狀態時，如何回應特定的觸發事件。軌跡描述系統的結構元素之間的一系列行動或互動。雖然我們可以描述所有可能的軌跡，以產生一個近乎全方面的行為模型，但軌跡導向文件的意圖並非如此。我們將介紹四種記錄軌跡的標記法：用例、順序圖、通訊圖與活動圖。雖然你也可以使用其他的標記法（例如訊息順序圖、時間圖，與 Business Process Execution Language），但我們選擇這四種標記法，當成軌跡導向標記法的代表性範例。

- **用例**（*use case*）描述了行為者如何使用系統來完成他們的目標；他們經常被用來描繪系統的功能需求。雖然 UML 提供了用例的圖形標記法，但它並未規定如何撰寫用例的文本。UML 用例圖很適合用來提供行為者與系統行為的概況。它的敘述是文字性的，包括下列項目：用例名稱與簡要敘述、啟動用例的一或多位行為者（主要行為者）、參與用例的其他行為者（次要行為者）、事件流、替代事件流，與非成功案例。

- UML **順序圖**從結構文件拉出一些元素實例並展示它們之間的一系列互動。它在設計系統時很有幫助，可用來確認哪裡需要定義介面。順序圖僅展示記錄在案的劇情內的實例。它有兩個維度：代表時間的垂直維度，與代表各種實例的水平維度。實例的互動是按時間順序由上到下排列的。圖 22.2 這個順序圖範例說明了基本的 UML 標記法。順序圖無法明確地展示並行（concurrency），如果你想要展示它，你就要改用活動圖。

  如圖 22.2 所示，物件（即元素實例）有壽命，以沿著時間軸垂直的虛線來表示。圖中的順序通常由最左邊的行為者開始。實例藉著傳遞訊息來互動，水平箭頭代表訊息。訊息可能是透過網路傳送的訊息、函式呼叫，或是透過佇列傳送的事件。訊息通常可以對應接收方的介面內的一個資源（操作）。實心且實線的箭頭代表同步訊息，而開口的箭頭代表非同步訊息。虛線箭頭是回傳訊息。沿著壽命線的執行事件長條代表該實例正在處理，或是暫停並等待回傳。

- UML **通訊圖**描繪互動的元素，並且使用順序數字來標示每一次互動。類似順序圖的是，在通訊圖裡的實例是結構文件所描述的元素。通訊圖很適合用來驗證架構能否滿足功能需求。這種圖表不適合用來了解同時發生的動作，例如進行性能分析。

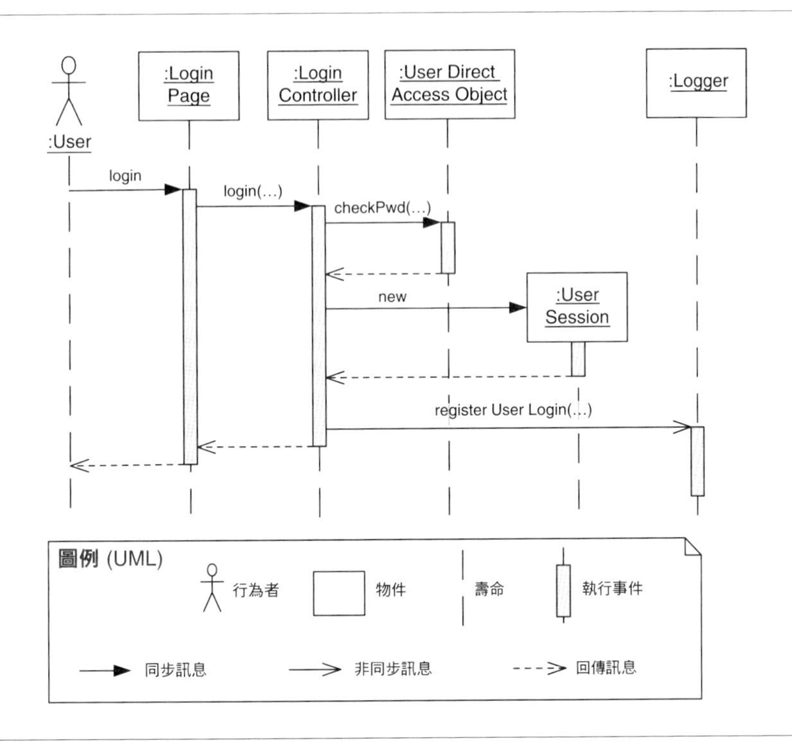

圖 22.2 UML 順序圖範例

- UML 活動圖類似流程圖。它們用一系列的步驟（稱為活動，action）來表示商業流程，並使用標記法來表達條件分支與並行，以及顯示事件的傳送與接收。在活動之間的箭頭代表控制流程。活動圖可以指出架構元素或執行動作的行為者。值得注意的是，活動圖可以表達並行。分支節點（與流程箭頭垂直的粗長條）將流程分成兩個以上並行的動作流程。這些並行的流程可能會透過連接節點同步成一個流程，連接節點也是用正交的長條來表示。連接節點會等待所有進來的流程都完成之後再繼續執行。

  與順序圖和通訊圖不同的是，活動圖不會展示在特定物件上執行的實際操作。因此，這些圖適合廣泛地描述特定工作流程裡的步驟。雖然條件分支（菱形符號）可讓你用一張圖來表示多個軌跡，但是活動圖通常不打算顯示系統的所有軌跡或完整的行為（或一部分行為）。圖 22.3 是活動圖。

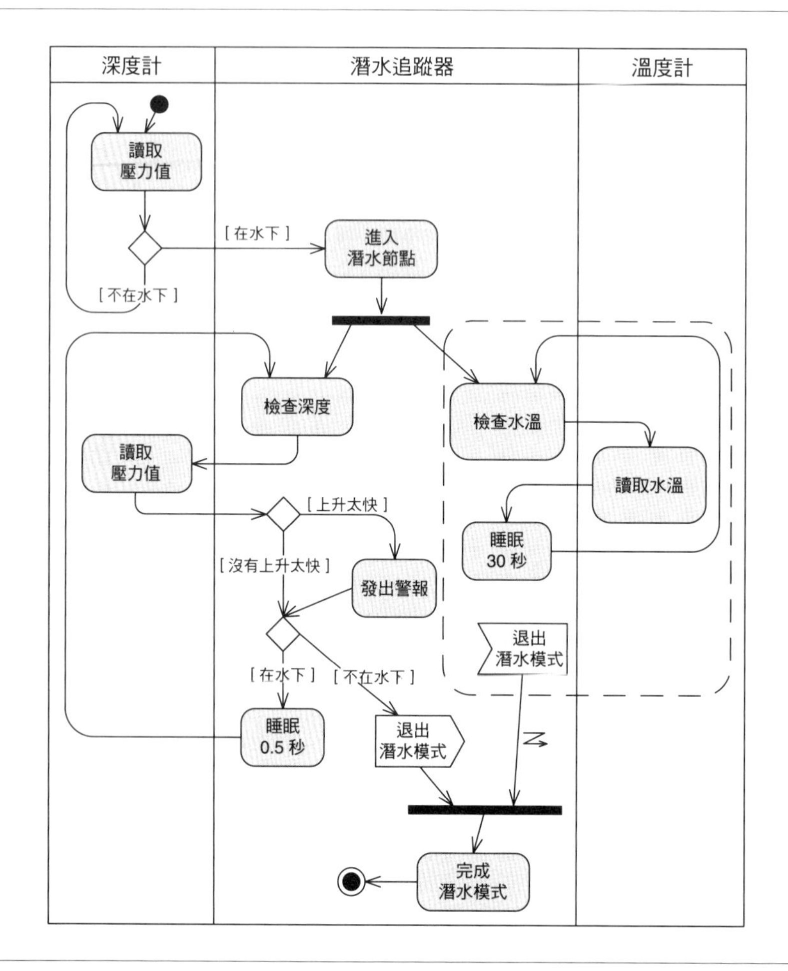

圖 22.3 活動圖

與軌跡標記法不同的是，**全面**標記法展示了結構的全方面完整行為。這種文件可以讓你推斷從初始狀態到最終狀態的所有可能路徑。狀態機是許多全面標記法所使用的一種表述法，這種表述法可表示架構元素的行為，因為每一個狀態都是可能導致該狀態的所有過程的抽象。狀態機語言可讓你補充說明系統元素的結構，你可以用它來指明互動的限制，以及系統對於內部和環境觸發事件的定時反應。

UML 狀態機圖可讓你追蹤系統接收特定輸入時的行為，這種圖表用方塊來代表狀態，用箭頭來代表狀態之間的轉換。因此，它可以模擬架構的元素，並協助說明它們的執行期互動。圖 22.4 是個狀態機圖範例，它展示了汽車音響的狀態。

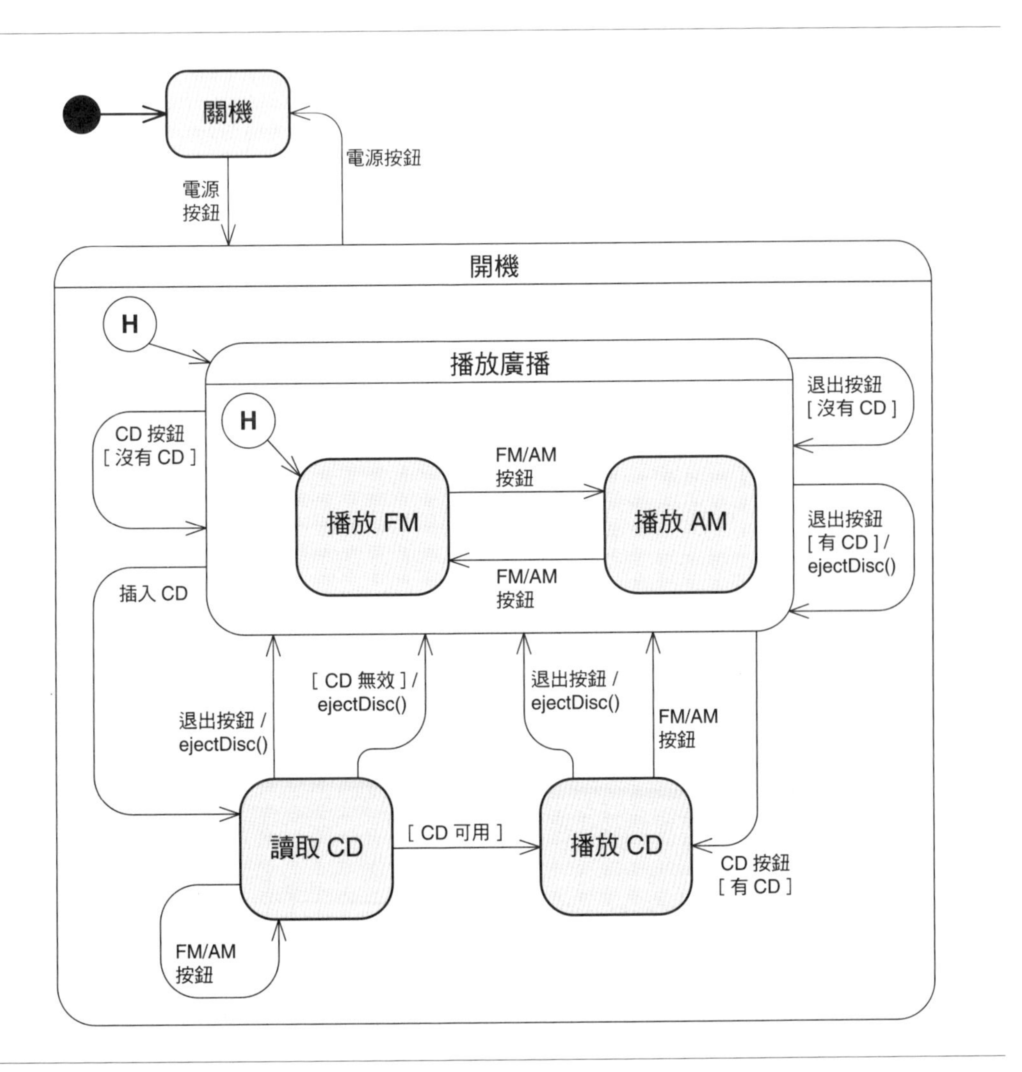

圖 22.4　汽車音響系統的 UML 狀態機圖

在狀態機裡的每一個轉換都標注導致那次轉換的事件。例如，在圖 22.4 中，這種轉換對應駕駛員可以按下的按鈕，或影響巡航控制系統的駕駛動作。你可以為轉換指定一個保護條件，寫法是用中括號將它括起來。如果有該轉換對應的事件發生，系統會計算保護條件，在保護條件成立時才會進行轉換。轉換可能產生結果，稱為動作（action）或效果（effect），用斜線來表示。如果有動作，那麼在斜線後面的行為會在轉換發生時執行。狀態也可以指定進入與退出動作。

22.6 除了視圖之外

除了視圖與行為之外，關於架構的全方面資訊也包括以下項目：

- **視圖之間的關係**。因為架構的所有視圖都描述同一個系統，所以任何兩個視圖都有很多共同點。結合多張視圖（如第 22.4 小節所述）可產生一組視圖。說明這些視圖之間的關係可以幫助讀者用統一的整體概念來深入了解架構是如何運作的。

  跨視圖的元素關係通常是多對多的。例如，各個模組可能對應至多個執行期元素，而每一個執行期元素可能對應到多個模組。

  你可以用表格來描述視圖與視圖的連結。在製作這種表格時，你要先列出第一張視圖的元素，使用某種方便查詢的順序。你要解釋表格描述的關係，並註釋或介紹表格，它描述的關係就是兩張視圖的元素之間的對應關係。對應關係可能是用「is implemented by」來將 C&C 視圖對應到模組視圖，用「implements」來將模組視圖對應到 C&C 視圖，用「included in」來將分解視圖對應到階層視圖…等。

- **記錄模式**。如果你在設計中使用模式，正如第 20 章所建議的那樣，你就要在文件中說明那些模式。首先，寫下你使用了特定的模式，然後，說明你為什麼選擇這種解決方案，也就是為什麼這個模式適合這個問題。使用模式需要做出一連串的設計決策，最終導致該模式的實例化，這些決策可用實例化的新元素以及它們之間的關係來表示，你也要在結構視圖中記錄它們。

- **一或多個環境圖**。**環境圖**展示系統或部分系統與它的環境之間的關係。這種視圖的目的是描述視圖的範圍。「環境（context）」就是與部分的系統互動的環境。在環境裡的個體可能是人、其他計算機系統，或實體物件，例如感測器或控制設備。你可以為每一個視圖建立環境圖，在每一張視圖中，說明各種不同的元素如何與系統的環境互動。環境圖適合用來表示系統或子系統與它的環境互動的初始狀況。

- **可變性指南**。可變性指南說明如何對視圖中的架構的任何變動點進行改變。
- **基本理由**。基本理由解釋了為何視圖中的設計會是如此。這一節的目標是解釋為什麼設計會是現在這樣，並提供令人信服的論點，說明它是合理的。第 22.7 小節將更詳細地說明如何撰寫基本理由。
- **術語和縮寫表**。你的架構可能有許多專業術語和縮寫，讓讀者知道他們的意思可以確保所有關係人都用同一種語言來溝通。
- **記錄控制資訊**。列出發布機構、當前的版本編號、發布日期與狀態、修改歷史，以及向文件提出修改請求的程序。通常這項資訊會被寫在前文。修改控制工具可提供大多數的資訊。

22.7 記錄基本理由

在設計時，你會進行重要的設計決策，來實現每一次迭代的目標。這些設計決策有：

- 從許多備選方案中選擇設計概念
- 將你選出來的設計概念實例化，以建立結構
- 建立元素間的關係，並定義介面
- 配置資源（例如人員、硬體、計算）

架構圖表可以讓你看到一系列思考過程的最終產物，但不一定可以讓你了解為了實現結果而做出來的決策。記錄你選擇的元素、關係和屬性之外的設計決策非常重要，可幫助你了解結果是如何得出的，換句話說，它是設計的基本理由。

如果你的迭代目標是滿足一個重要的品質屬性劇情，你的一些決策將對劇情回應數據的實現發揮重要的作用。因此，當你記錄這些決策時應格外謹慎：它們可以協助你分析設計、協助你實作，以及在日後協助你了解架構（也就是在維護期間）。因為設計決策通常只是「足夠好」而不是最好的，你也要證明你的決策是正確的，並記錄決策的風險，以便進行審查。

也許你認為記錄設計決策是一項枯燥的工作，但是，你可以根據系統的重要性來調整記錄的資訊量。例如，你可以用表 22.4 這種簡單的表格來記錄最少的資訊。如果你決定記錄更多資訊，那麼記錄下列資訊可能有幫助：

- 文件提供了哪些證據來證明你的決策？
- 誰做了什麼事？
- 為什麼要走捷徑？
- 為什麼做出取捨？
- 你做出什麼假設？

正如我們建議你在決定元素時記錄職責那樣，你也要在做出設計決策時記錄它們。如果你以後才做這件事，你將忘記為何當初你做了那些事情。

表 22.4　記錄設計決策的表格範例

設計決策與位置	基本理由與假設（包括捨棄的備選方案）
在 TimeServerConnector 與 FaultDetectionService 裡面使用**並行**（戰術）。	使用並行才能同時接收與處理多個事件（陷阱）。
在通訊層裡使用訊息佇列來採用**訊息傳遞**模式。	使用訊息佇列會降低性能，但選擇它是因為有些實作具備高性能，此外，它可以支援品質屬性劇情 QA-3。
....	...

22.8　架構關係人

第 2 章說過，架構有一個主要的目的：讓關係人可以彼此溝通。這一章說過，製作架構文件是為了服務架構關係人。那麼關係人是誰？

根據組織與專案的不同，關係人也有所不同。本節列出來的關係人只是提示性的，不是完整的清單。身為架構師的你，有一項主要的義務是確認專案的關係人。以下的每一種關係人需要的文件也是典型的，不是絕對的。請將接下來的內容視為你的起點，並且根據需求調整它。

架構的重要關係人包括：

- **專案經理**在乎時間表、資源分配，可能還有應急計畫，他將出於商業原因而發布部分的系統。為了建立時間表，專案經理需要知道你將製作哪些模組、按照什麼順序，以及關於它們的複雜性的資訊，例如職責，以及它們與其他模組的依賴關係。依賴關係可能暗示著某種實作順序。專案經理除了想要知道任務是否已經完成之外，對於任何元素的設計細節或確切的介面都沒有興趣，但是，經理對系統的整體目的和限制很有興趣，例如它與其他系統的互動，這可能意味著經理必須建立一個組織對組織的介面；他也對硬體環境有興趣，因為他可能必須採購它們。專案經理可能要建立或協助建立工作分配視圖，此時，他需要閱讀分解視圖。專案經理可能對這些視圖有興趣：
    - **模組視圖**。分解與使用與 / 或階層。
    - **配置視圖**。部署與工作分配。
    - **其他**。頂層環境圖，用來展示互動的系統，以及系統的概要與目的。
- **開發團隊成員**，對他們而言，架構就是行軍令，將對他們工作的方式施加限制。有時開發者必須處理別人製作的元素，例如現成的商業產品，或舊有元素，有些成員仍然必須負責該元素，以確保它的性能符合宣傳，並視情況調整它。這些人需要知道以下資訊：
    - 系統背後的整體思路。雖然這些資訊屬於需求領域，而不是架構領域，但頂層的環境圖或系統概要可以提供很多必要的資訊。
    - 開發者被要求實作的元素有哪些，也就是該在哪裡實作功能。
    - 被指派的元素的細節，包括它必須操作的資料模型。
    - 與被指派的部分對接的元素，以及介面是什麼。
    - 開發者可利用的程式資產。
    - 必須滿足的限制條件，例如品質屬性、舊有系統介面、預算（資源或財務）。

    開發者可能想要看到

    - **模組視圖**。分解、使用與（或）階層，以及抽象化
    - ***C&C* 視圖**。各種視圖，展示開發者被指派的組件，以及與它們互動的組件。

- **配置視圖**。部署、實作與安裝。
- **其他**。系統概要、環境圖，包含開發者被指派的模組、開發者的元素的介面文件，以及和它們互動的元素的介面文件、實作變動的可變性指南、基本理由與限制。

- 對於**測試員與整合者**這種關係人而言，架構規定了必須組在一起的各個部分的黑箱行為。黑箱測試員必須閱讀元素的介面文件。整合者與系統測試員必須閱讀介面、行為規格、使用視圖，以便處理遞增的子集合。測試員與整合者可能希望看到下列視圖：
  - **模組視圖**。分解、uses 與資料模型。
  - ***C&C* 視圖**。全部。
  - **配置視圖**。部署、安裝與實作，以找出建構模組所需的資產在哪裡。
  - **其他**。環境圖，展示被測試或整合的模組、模組的介面文件與行為規格，以及與它們互動的元素的介面文件。

  測試員與整合者特別值得關注，因為專案經常用一半的工作量來進行測試。確保測試過程是平順的、自動化的、沒有錯誤的，對專案的整體成本有重大的正面影響。

- 必須與這個系統互相操作的**其他系統的設計師**也是關係人。對這些人來說，架構定義了系統提供的操作與需要的操作，以及它的操作的協定。這些關係人可能想要看到下列文件：
  - 系統將要互動的元素的介面文件，例如在模組視圖或 C&C 視圖裡的
  - 與他們的系統互動的系統的資料模型
  - 展示互動行為的各種視圖組成的頂層環境圖

- **維護人員**將架構當成維護活動的起點，用它來了解將被潛在的變化影響的區域。維護人員想看的資訊與開發人員一樣，因為他們都必須在相同的限制條件下進行更改。但是維護人員也想看分解視圖，以找出需要進行改變的確切位置，他們可能也會用 uses 視圖來進行影響分析，以全面了解改變的影響。此外，他們也想要了解設計的基本理由，以便從架構師的原始思維中獲益，並藉著了解被捨棄的備選方案，來節省他們的時間。因此，維護者想看的視圖可能與系統開發者想看的一樣。

- **最終用戶**不需要了解架構，畢竟，對他們而言，大部分的架構都是看不到的。儘管如此，藉著檢視架構，他們通常可以深入了解系統、知道它的功能，以及如何有效地使用它。讓最終用戶或他們的代表審查架構也有機會發現設計上的不符，它們在部署之前可能不會被發現。因此，最終用戶可能對以下視圖有興趣：
  - ***C&C* 視圖**。強調控制流程與資料轉換的視圖，用來了解輸入如何轉換成輸出。他們感興趣的屬性的分析結果，例如性能或可靠性。
  - **配置視圖**。這種部署視圖可用來了解功能如何分配給用戶互動的平台。
  - **其他**。環境圖。
- **分析師**想知道設計是否滿足系統的品質目標。架構是架構評估方法的素材，必須提供必要的資訊以供評估品質屬性。例如，架構包括驅動各種分析工具的模型，包括速率單調即時調度性分析、可靠性方塊圖、模擬與模擬產生器、定理證明器，以及模型檢驗器。這些工具需要關於資源消耗、調速策略、依賴關係、組件失敗率…等資訊。因為分析包含任何主題領域，分析師可能要閱讀被記錄在架構文件裡的任何資訊。
- **基礎設施支援人員**，他們負責設置與維護基礎設施，那些基礎設施支援系統的開發、整合、預備與生產環境。可變性指南特別適合用來協助設定軟體組態管理環境。基礎設施支援人員可能想看這些視圖：
  - **模組視圖**。分解與 uses。
  - ***C&C* 視圖**。各種視圖，以查看有哪些東西在基礎設施上運行。
  - **配置視圖**。部署與安裝，以檢查軟體（包括基礎設施）在哪裡執行；實作。
  - **其他**。可變性指南。
- **未來的架構師**是最渴望閱讀架構文件的人，他們對任何東西都很有興趣。將來的你，或是你的繼任者（當你升遷並且被指派更複雜的專案時）都想要知道所有的關鍵設計決策，以及為何做出那些決定。未來的架構師對一切都有興趣，但他們特別希望獲得全面的、坦誠的基本理由和設計資訊。而且，別忘了，那個未來的架構師可能是你！不要以為你可以記得你現在做出來的所有設計決策細節。切記，架構文件是你寫給未來的自己的情書。

22.9 實際的考慮因素

到目前為止，本章一直關注架構文件裡該有的資訊。然而，除了架構文件的內容之外，我們還有關於它的形式、發布和演變的問題。這一節將討論其中的一些問題。

建模工具

許多商業建模工具都可以用定義好的標記法來規範架構性結構，SysML 是一種被廣泛使用的選項。許多工具提供的功能都可以在產業環境中大規模地使用：支援多位用戶的介面、版本控制、檢查模型句法和語義的一致性、支援「模型與需求」或「模型與測試」之間的追蹤連結，以及自動產生可執行的原始碼以實作模型。在許多專案中，它們是必備的功能，所以，你要根據自行製作它們的成本來評估工具的售價（有時售價相較之下微不足道）。

線上文件、超文本與維基

系統的文件可以做成互相連接的網頁。web 文件通常使用短頁面（可在一個螢幕上顯示的大小）與較深的結構，它通常用一個頁面來提供一些概要資訊，並在裡面放入跳到詳細資訊的連結。

你可以使用維基等工具來建立**共享**文件，讓許多關係人可以對它做出貢獻。各種關係人的權限是由管理機構決定的，所以你使用的工具必須支援他們的權限政策。我們希望關係人可以在架構文件中加入註釋與釐清資訊，但只想讓選定的團隊人員實際修改它。

遵守發布策略

專案的開發計畫應制定程序來讓重要的文件維持最新狀態，重要文件包括架構文件。你應該用版本控制系統來保存文件工件，以及任何其他重要的專案工件。架構師應該規劃文件版本的發布，以支援重要的專案里程碑，這通常意味著，你應該在實現里程碑的很久之前發布文件，好讓開發者有時間讓架構發揮作用。例如，你應該在每次迭代結束時，或衝刺結束時，或每一次的遞增發行時，將修訂後的文件交給開發團隊。

記錄動態改變的架構

當瀏覽器遇到沒看過的檔案時，可能會到 Internet 搜尋並下載適當的外掛程式來處理那個檔案，並設定自己來使用它。瀏覽器不需要關閉自己，更不用跑一遍「寫程式、整合、測試」的開發流程，就可以改變它自己的架構，加入新組件。

具備動態服務發現與繫結功能的服務導向系統也有這些特性。現在已經出現更有挑戰性的系統了，它們具備高動態、自我組織與自省能力（代表自我意識），對這些系統而言，你無法在任何靜態架構文件中明確地指出互動組件的身分，更不用說它們之間的互動了。

從撰寫文件的角度來看，能夠快速重建與部署的系統也帶來相同挑戰。有些開發公司，例如負責商業網站的公司，每天都會多次建立系統，並將它們「上線」。

無論架構是在執行期改變的，還是具有高頻率的發布 / 部署週期，所有動態架構的文件都有一些共同點：它們的變動頻率都比文件製作週期快很多。無論如何，沒有人會為了等待架構文件的製作、審查與發行而拖延時間。

即使如此，與傳統的系統一樣，了解這些不斷變化的系統也很重要，甚至更重要。如果你要建構高動態系統，你可以做這些事情：

- *記錄所有系統版本的真實情況*。瀏覽器不會在需要新外掛時，就去外面隨便抓一個軟體，外掛必須有特定的屬性與特定的介面。而且外掛不會被隨便插入任何一個地方，而是被插入架構內的預定位置。你要記錄這些不變的事情。這個程序可以讓架構文件描述更多限制或準則，它們都是相容的系統版本必須遵守的。
- *記錄架構可以改變的情況*。在之前提到的例子中，這意味著加入新組件，以及將組件換成新實作。你要在可變性指南裡記錄這件事，見第 22.6 節的討論。
- *自動產生介面文件*。如果你使用明確的介面機制，例如協定緩衝區（見第 15 章的介紹），那麼你一定要記錄最新的組件介面定義，否則，系統將無法運作。將這些介面定義放入資料庫，以便提供修訂記錄，並且讓讀者可以搜尋，以確認哪些組件使用了哪些資訊。

可追溯性

當然，架構不是與世隔絕的，它的周遭充斥著與開發中的系統有關的資訊，包括需求、程式碼、測試、預算與時間表…等。這些領域的資訊提供者都必須自問：「我的部分正確嗎？我怎麼知道？」這個問題在不同的領域有不同的具體形式，例如，測試員可能會問「我正在測試正確的東西嗎？」我們在第 19 章看過，架構是針對需求與商業目標的回應，對架構而言，「我的部分對嗎？」就是確保它已經滿足需求與商業目標。可追溯性（traceability）就是讓人們知道導致某個設計決策的特定需求或商業目標，架構文件應敘述這種關係。如果架構的追溯連結考慮了（涵蓋了）所有的 ASR，我們就可以保證架構部分是正確的。追溯連結可以用非正式的方式來表示（例如使用表格），或是在專案的工具環境裡面提供。無論如何，你都要將追溯連結寫入架構文件。

22.10 總結

撰寫架構文件很像撰寫其他著作，寫作的黃金規則就是「了解讀者」，你必須了解著作的用途，與著作的受眾。架構文件是各種關係人彼此溝通的工具，那些關係人包括最上面的高層到下面的開發者，以及同事。架構是一種複雜的工件，最好的表達方式是專注在特定的觀點上，這種觀點就是視圖，它與你想傳達的訊息有關。你必須選擇想記錄的視圖，以及記錄這些視圖所使用的標記法。你可能要結合各種視圖來製作大張的重疊圖。你不僅要記錄架構的結構，也要記錄行為。

此外，你也要記錄文件內的視圖之間的關係、你使用的模式、系統的背景、架構內建的任何變動機制，以及主要設計決策的基本理由。

在建立、維護與分布文件時，你也要考慮其他的事情，例如選擇發布策略、選擇維基等傳播工具、為動態變動的架構建立文件。

22.11 延伸讀物

《*Documenting Software Architectures: Views and Beyond*》[Clements 10a] 全面性地整理本章介紹的架構文件撰寫方法，它詳細地介紹許多不同的視圖與它們的標記法，它也說明如何將文件打包成一個連貫的整體。它的附錄 A 使用 Unified Modeling Language（UML）來記錄架構與架構資訊。

ISO/IEC/IEEE 42010:2011（簡稱「eye-so-forty-two-oh-ten」）是 ISO（與 IEEE）標準，*Systems and Software Engineering: Architecture Description*。這份標準的核心概念有兩個：描述架構的概念框架，以及和 ISO/IEC/IEEE 42010 相容的架構說明必須包含哪些資訊，你必須根據關係人關注的事情，以多種觀點來描述那些資訊。

AADL（addl.info）是一種架構描述語言，它已經成為記錄架構的 SAE 標準了。SAE 是為航太、汽車與商用車輛產業服務的組織。

SysML 是一種通用的系統建模語言，其目的是支援系統工程應用程式中的廣泛分析與設計活動。它的定義可讓你指定足夠的細節來支援各種自動分析和設計工具。SysML 標準由 Object Management Group（OMG）維護的；這種語言是 OMG 與 International Council on Systems Engineering（INCOSE）合作開發的。SysML 是 UML 的側寫（profile），這意味著它重複使用 UML 大部分的內容，但也提供了必要的擴展，以滿足系統工程師的需求。你可以在網路上找到 SysML 的大量資訊，但 [Clements 10a] 的附錄 C 也討論了如何使用 SysML 來記錄架構。在本書付梓時，SysML 2.0 正在開發中。

[Cervantes 16] 用大量的範例來說明如何在設計的同時記錄架構決策。

22.12 問題研討

1. 前往你最喜歡的開放原始碼系統並尋找它的架構文件。裡面有什麼？裡面缺少什麼？它如何影響你為專案貢獻程式的能力？
2. 銀行對資訊安全問題持謹慎態度是有道理的，繪製 ATM 所需的文件，以推理它的資訊安全架構。
3. 如果你要設計微服務架構，你要記錄哪些元素、關係與屬性，才能推理端對端延遲或產出量？
4. 假如你的公司剛剛併購了另一家公司，你受命合併你的公司的一個系統與另一家公司的類似系統，此時你想閱讀另一個系統的哪些架構視圖？為什麼？你會要求兩個系統提供同一組視圖嗎？

5. 你何時會使用軌跡標記法來記錄行為？何時會使用全面標記法？你會獲得什麼價值？它們分別需要你付出什麼心血？

6. 你會用多少專案預算來製作軟體架構文件？為什麼？你如何衡量成本與效益？如果你的專案是攸關安全的系統或需要高度資訊安全的系統，預算將如何改變？

23

管理架構債務

與 *Yuanfang Cai* 合著

> 有些債務在你決定背債的那一刻讓你開心，
> 但是在償還它的過程卻毫無樂趣可言。
>
> —Ogden Nash

一旦設計沒有受到仔細地照顧，它將越來越難以維護和演變，我們將這種亂象稱為「架構債務」，這是一種重要且高成本的技術債務。技術債務是一個廣泛的領域，它在十多年來已被深入研究，主要集中在程式債務上。架構債務通常比程式債務更難檢測，也更難消除，因為它涉及非本地（nonlocal）問題。用來發現程式債務的工具與方法（程式檢查、程式品質檢查器…等）通常不適合用來檢測架構債務。

當然，並非所有債務都是沉重的負擔，也並非所有債務都是不划算的交易，有時你可以為了交換更有價值的東西而違反規則，例如犧牲低耦合或高內聚來改善執行期性能或加快上市時間。

本章將介紹架構債務的分析程序，架構師可用這個程序提供知識與工具來確認與管理架構債務。這個程序可以辨識在架構上互相連接而且設計關係有問題的元素，並分析它們的維護成本模型。如果那個模型指出問題的存在（典型的訊號是異常的大量修改或 bug），那就代表一個架構債務區域的存在。

確認架構債務之後，如果它真的很糟糕，你就要透過重構來移除它。如果沒有量化的效益證據，你通常很難說服專案關係人同意這個步驟。在公司中，如果你沒有做架構分析，你可能會這樣報告：「我需要三個月來重構這個系統，這三個月不會做出任何新功能。」有經理會同意這件事嗎？但是，如果你使用我們介紹的各種分析法，你可以向經理提出全然不同的建議，它們是關於投資報酬率和提升生產力的建議，是重構帶來的回報，而且可以在短時間內實現。

我們建議的程序需要三種資訊：

- **原始碼**。用來確定架構的依賴關係。
- **從專案的版本控制系統取出來的修訂歷史**。用來確認程式單元一起演變的過程。
- **從問題控制系統取出來的問題資訊**。用來確認修改的理由。

我們用來分析債務的模型可以讓你辨識架構中具有異常錯誤率和修改量（churn，被提交出去的程式碼）的區域，並指出這些症狀與設計缺陷之間的關係。

23.1 判斷有沒有架構債務問題

在管理架構債務的過程中，我們會特別關注架構元素的實體，也就是原始碼檔案。我們如何確定一組檔案有架構方面的關係？有一種方法是確認專案的檔案之間的靜態依賴關係，例如，A 方法呼叫 B 方法，你可以用靜態程式分析工具來找到它們。第二種方法是收集專案的檔案之間的演進依賴關係，如果兩個檔案一起改變，它們就有**演進依賴關係**，你可以從修改控制系統中提取這項資訊。

我們可以用一種特殊的相鄰矩陣來展現檔案依賴關係，它稱為設計結構矩陣（design structure matrix，DSM）。雖然你也可以使用其他的表示法，但工程設計領域已經使用 DSM 幾十年了，目前仍然有許多業界的工具支援它。在 DSM 中，我們將感興趣的實體（在此是檔案）放在矩陣的橫列和直行上（按照相同的順序），然後在矩陣的格子裡標示依賴關係的類型。

在 DSM 的格子裡，我們可以記錄橫列的檔案繼承直行的檔案，或呼叫直行的檔案，或與直行的檔案一起改變。前兩種關係是結構性的，第三種是演進（或歷史）依賴關係。

重述一次：在 DSM 的每一個橫列都代表一個檔案，在一條橫列裡的格子代表該檔案與其他檔案之間的依賴關係。如果系統的耦合很低，DSM 應該是稀疏的矩陣，亦即，任何檔案都只依賴少量的其他檔案。此外，DSM 最好呈下三角，也就是說，所有的項目都出現在對角線的下方，這意味著所有檔案都只依賴更低階檔案，而不是更高階的，而且系統裡沒有環狀依賴關係。

圖 23.1 是 Apache Camel 專案（一個開放原始碼整合框架）的 11 個檔案以及它們的結構性依賴關係（用「dp」、「im」與「ex」來代表依賴、實作與擴展）。例如，在圖 23.1 的第 9 列的 `MethodCallExpression.java` 檔案依賴第 1 行的檔案 `ExpressionDefinition.java`，第 11 列的 `AssertionClause.java` 檔案依賴第 10 行的檔案 `MockEndpoint.java`。這些依賴關係是對原始碼進行逆向工程找出來的。

圖 23.1 的矩陣非常稀疏，也就是說，這些檔案之間沒有嚴重的結構性耦合，因此，分別修改這些檔案應該相對容易。換句話說，這個系統的架構債務看起來相對較少。

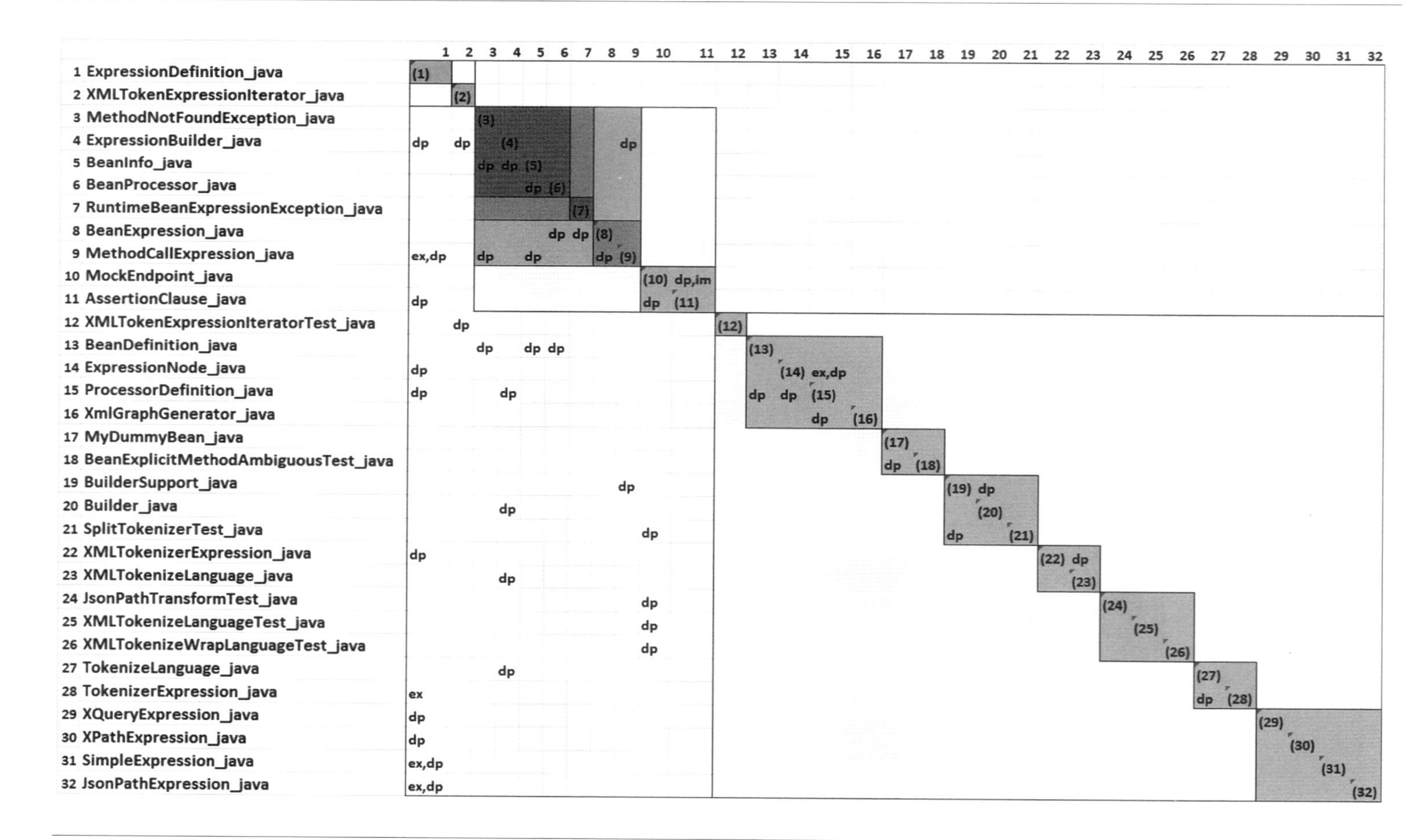

圖 23.1　Apache Camel 的 DSM，展示了結構性依賴關係

現在考慮圖 23.2，它將共同改變歷史資訊疊到圖 23.1 上。共同改變歷史資訊是從版本控制系統提取的，它顯示了兩個檔案在提交程式（commit）時一起改變的頻率。

圖 23.2 是一張非常不同的 Camel 專案圖表。例如，第 8 列、在 3 行的格子被填入「4」，這代表 `BeanExpression.java` 與 `MethodNotFoundException.java` 之間沒有結構性關係，但是在修訂歷史中，它們一起改變的次數是四次。如果格子裡面同時有數字與文字，代表那一對檔案有結構性和演變耦合關係。例如，在第 22 列，第 1 行的格子被標為「dp, 3」：這代表 `XMLTokenizerExpression.java` 依賴 `ExpressionDefinition.java`，而且它們同時改變三次。

圖 23.2 的矩陣相當稠密。雖然這些檔案在結構上不互相耦合，但它們的演變有很強的耦合性。此外，在矩陣的對角線以上有許多標注。因此，耦合不只發生在較高階的檔案到較低階的檔案，也發生在所有方向。

事實上，這個專案的架構債務很高，有一些架構師證實了這一點。他們說，在專案中，幾乎每一次改變都昂貴又複雜，而且很難預測新功能何時就緒，以及 bug 何時改好。

雖然這種定性分析本身對架構師或分析師是有價值的，但我們可以做得更好：我們可以量化基礎程式已背負的債務成本和影響，而且可以完全自動化地量化。為此，我們使用「熱點」的概念，熱點是在架構中具有設計缺陷的區域，有時稱為架構反模式或架構缺陷。

23.2 發現熱點

如果你懷疑基礎程式有架構債務（也許是出現 bug 的頻率上升，而且增加功能的速度下降），你就要確認帶來那筆債務的具體檔案，以及檔案之間的不良關係。

相較於程式碼技術債務，架構債務通常更難以確認，因為它的根源分布在多個檔案及其相互關係之中。如果你有環狀依賴關係，而且那個循環經歷六個檔案，你的組織應該沒有人可以完全了解那個循環，也不容易被發現它。針對這些複雜的情況，我們必須讓架構債務浮現出來，而且要以自動化的方式。

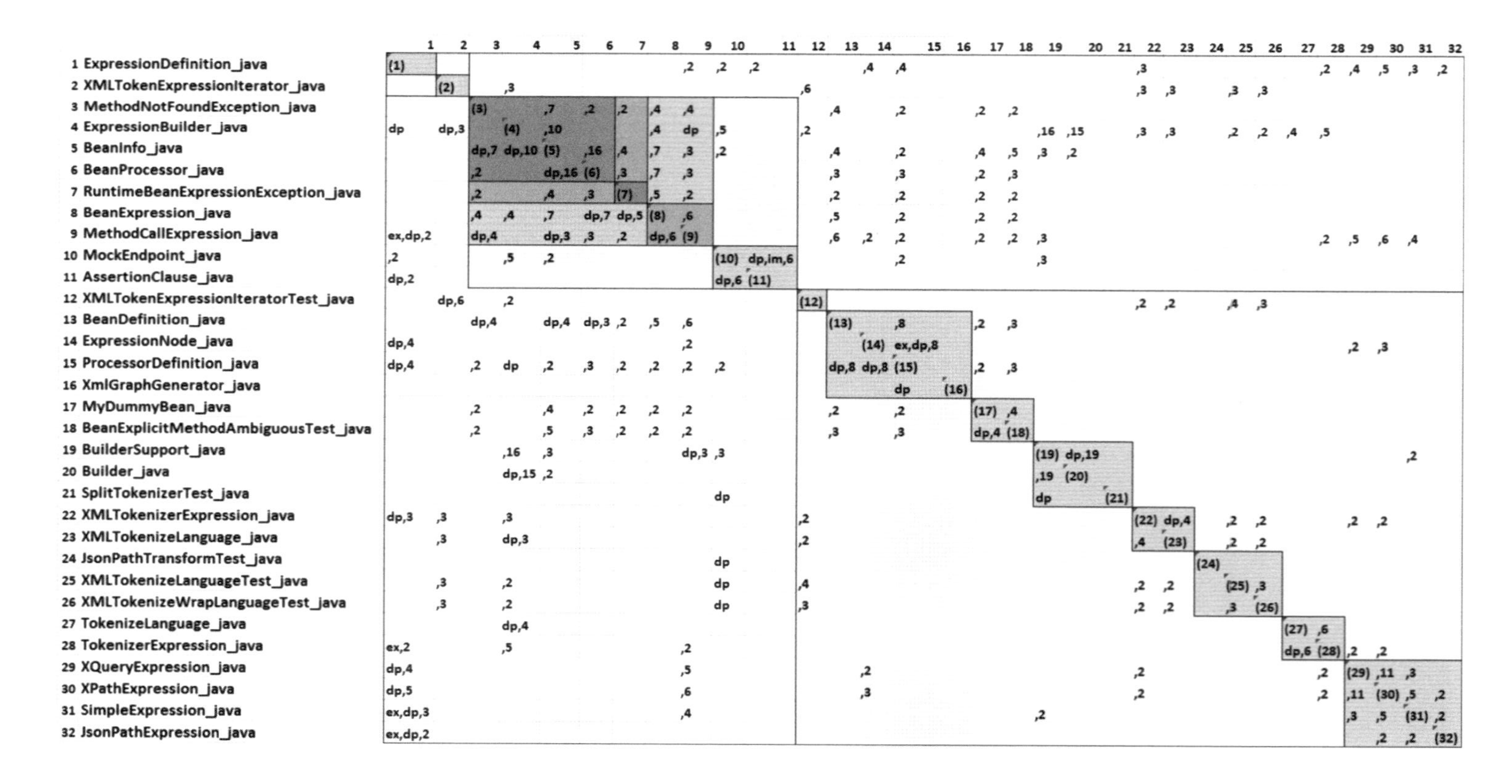

圖 23.2　DSM Apache Camel 的演變依賴關係重疊圖

我們將那些大幅提高系統維護成本的元素稱為系統**熱點**。架構債務會導致高耦合與低內聚帶來的高維護成本，所以，為了找出熱點，我們要尋找導致高耦合與低內聚的反模式。接下來將重點介紹六種常見的反模式——你幾乎可以在每一個系統裡面發現它們：

- **不穩定的介面**。有影響力的檔案（儲存了重要的服務、資源或抽象的檔案）往往會與它的依賴檔案一起被修改，這可在修訂歷史中看到。「介面」檔案就是其他系統元素使用的服務或資源的入口，它經常被修改，可能是因為內部原因，或因為它的 API 被改變，或兩者同時發生。找出這種反模式的方法是搜尋依賴大量的檔案，而且經常與其他檔案一起修改的檔案。
- **違反模組化原則**。在結構上耦合的模組經常一起改變。找出這種反模式的方法是搜尋兩個或多個結構上獨立（也就是彼此沒有結構性依賴關係）但經常一起改變的檔案。
- **不健康的繼承**。也就是依賴子類別的基礎類別，或同時依賴一個基礎類別與一或多個它的子類別的使用方類別。若要找出不健康的繼承，你可以在 DSM 中尋找以下兩組關係之一：
    - 在繼承階層中，父類別依賴它的子類別。
    - 在繼承階層中，類別階層的使用方依賴一個父類別與它的一或多個子類別。
- **環狀依賴關係，或 *clique*（小圈子）**。一群檔案有緊密的關係，找出這種反模式的方法是搜尋形成強連通圖（strongly connected graph）的檔案群，在強連通圖中的任何兩個元素之間都有一個結構性依賴路徑。
- **程式包循環**。有兩個或更多程式包互相依賴，而不是形成正常的階層結構。檢測這種反模式的方法類似檢查 clique：找出形成強連通圖的程式包即可確認程式包循環的存在。
- **交叉點**。有很多檔案依賴一個檔案，那個檔案又依賴大量的其他檔案，而且它們經常被一起更改。若要找出位於交叉點的檔案，你可以尋找與其他檔案之間有高扇入（fan-in）與高扇出（fan-out）關係，而且經常與那些檔案一起變動的檔案。

在熱點裡面的每一個檔案不一定都與每一個其他檔案緊密耦合。一群檔案可能彼此緊密耦合，但是不與其他檔案耦合。每一個這種群體都是潛在的熱點，它們是透過重構來消除債務的潛在對象。

圖 23.3 是使用 Apache Cassandra 的檔案來製作的 DSM，Apache Cassandra 是一種廣泛使用的 NoSQL 資料庫。此圖展示了一個 clique 範例（環狀依賴關係）。在這個 DSM 裡，你可以看到第 8 列的檔案（`locator.AbstractReplicationStrategy`）依賴檔案 4（`service.WriteResponseHandler`），並且與檔案 5 聚合（`locator.TokenMetadata`）。檔案 4 與檔案 5 又依賴檔案 8，因此形成一個 clique。

	1	2	3	4	5	6	7	8	9	10	11	12	13	14	15	16	17	18
1 config.DatabaseDescriptor	(1)	dp,44	,14	,10	,10	,6	,14	,36	,118	,12	,	,16	,12	,42	,52	,4	,18	,30
2 utils.FBUtilities	dp,44	(2)	,40	,4	,6	,10	,6	,12	,38	,28	,12	,8	,14	,24	,46	,6	,18	,28
3 utils.ByteBufferUtil	,14	dp,40	(3)	,		,	,	,4	,10	,20	,4	,4		,10	,26		,12	,4
4 service.WriteResponseHandler	,10	dp,4	,2	(4)	,4	,6	,18	dp,22							,6	,		,
5 locator.TokenMetadata	,10	,6		,4	(5)	,4	,10	dp,24	,	,8					,4	,6	,4	,
6 locator.NetworkTopologyStrategy	,6	dp,10	,2	,6	dp,4	(6)	,10	ih,22	,4	,	,				,16	,		,8
7 service.DatacenterWriteResponseHandler	dp,14	dp,6	,2	ih,18	,10	dp,10	(7)	,20		,	,				,6	,6		,
8 locator.AbstractReplicationStrategy	,36	dp,12	,4	dp,22	ag,24	,22	dp,20	(8)	,6						,16	,10	,	,10
9 config.CFMetaData	,118	dp,38	dp,10	,	,	,4		,6	(9)			,16		,36	,46			,56
10 dht.RandomPartitioner	,12	dp,28	dp,20		,8	,	,			(10)	dp,4			,4	,16		,50	
11 utils.GuidGenerator	,	dp,12	,4			,	,			,4	(11)				,4		,	
12 io.sstable.SSTable	,16	,8	dp,4						ag,16			(12)	,4	dp,68	,10			,
13 utils.CLibrary	,12	dp,14										,4	(13)	,12	,			
14 io.sstable.SSTableReader	dp,42	,24	dp,10						,36	,4		ih,68	dp,12	(14)	,22	,4	,	,10
15 cli.CliClient	,52	dp,46	dp,26	,6	,4	,16	,6	,16	,46	,16	,4	,10	,	,22	(15)	,6	,14	,48
16 locator.PropertyFileSnitch	,4	dp,6		,	dp,6	,	,6	,10						,4	,6	(16)		,4
17 dht.OrderPreservingPartitioner	dp,18	dp,18	dp,12		,4			,		,50	,			,	,14		(17)	
18 thrift.ThriftValidation	dp,30	,28	dp,4	,	,	,8	,	dp,10	dp,56			,		,10	,48	,4		(18)

圖 23.3 小圈子範例

來自 Cassandra 的第二個範例展示了不健康的繼承反模式。在圖 23.4 的 DSM 中，`io.sstable.SSTableReader` 類別（第 14 列）繼承 `io.sstable.SSTable`（第 12 列）。DSM 用「ih」來代表繼承關係。然而，`io.sstable.SSTable` 依賴 `io.sstable.SSTableReader`，你可以從 (12, 14) 格子裡的「dp」看到這一點。這個依賴關係是一個呼叫關係，這意味著父類別呼叫子類別。注意，(12, 14) 與 (14, 12) 這兩個格子都有 68，它是 `io.sstable.SSTable` 與 `io.sstable.SSTableReader` 一起被修改並 commit 出去的次數，這個數據來自專案的修訂歷史。這種過高的同時修改次數是一種債務的象徵。這種債務可以透過重構來消除，做法是將一些子類別的功能移到父類別。

	1	2	3	4	5	6	7	8	9	10	11	12	13	14	15	16	17	18
1 config.DatabaseDescriptor	(1)	dp,44	,14	,10	,10	,6	,14	,36	,118	,12	,	,16	,12	,42	,52	,4	,18	,30
2 utils.FBUtilities	dp,44	(2)	,40	,4	,6	,10	,6	,12	,38	,28	,12	,8	,14	,24	,46	,6	,18	,28
3 utils.ByteBufferUtil	,14	dp,40	(3)	,		,	,	,4	,10	,20	,4	,4		,10	,26		,12	,4
4 service.WriteResponseHandler	,10	dp,4	,2	(4)	,4	,6	,18	dp,22	,						,6	,		,
5 locator.TokenMetadata	,10	,6		,4	(5)	,4	,10	dp,24	,	,8					,4	,6	,4	,
6 locator.NetworkTopologyStrategy	,6	dp,10	,2	,6	dp,4	(6)	,10	ih,22	,4	,	,				,16	,		,8
7 service.DatacenterWriteResponseHandler	dp,14	dp,6	,2	ih,18	,10	dp,10	(7)	,20		,	,				,6	,6		,
8 locator.AbstractReplicationStrategy	,36	dp,12	,4	dp,22	ag,24	,22	dp,20	(8)	,6						,16	,10	,	,10
9 config.CFMetaData	,118	dp,38	dp,10	,	,	,4		,6	(9)			,16		,36	,46			,56
10 dht.RandomPartitioner	,12	dp,28	dp,20		,8	,	,			(10)	dp,4			,4	,16		,50	
11 utils.GuidGenerator	,	dp,12	,4			,	,			,4	(11)				,4		,	
12 io.sstable.SSTable	,16	,8	dp,4						ag,16			(12)	,4	dp,68	,10			,
13 utils.CLibrary	,12	dp,14										,4	(13)	,12	,			
14 io.sstable.SSTableReader	dp,42	,24	dp,10						,36	,4		ih,68	dp,12	(14)	,22	,4	,	,10
15 cli.CliClient	,52	dp,46	dp,26	,6	,4	,16	,6	,16	,46	,16	,4	,10	,	,22	(15)	,6	,14	,48
16 locator.PropertyFileSnitch	,4	dp,6		,	dp,6	,	,6	,10						,4	,6	(16)		,4
17 dht.OrderPreservingPartitioner	dp,18	dp,18	dp,12		,4			,		,50	,			,	,14		(17)	
18 thrift.ThriftValidation	dp,30	,28	dp,4	,	,	,8	,	dp,10	dp,56			,		,10	,48	,4		(18)

圖 23.4 在 Apache Cassandra 裡的架構反模式

在問題追蹤系統裡的問題大多數都可以分成兩大類：bug 修正與功能增強。「bug 修正」與「為了處理 bug 和變動所做的修改」與反模式和熱點有很密切的關係。換句話說，如果檔案呈現反模式，而且經常在裡面修正 bug 或變動，它很有可能是熱點。

我們要找出每一個檔案修正 bug 與變動的總次數，以及該檔案經歷的總修改量，然後將每一個反模式內的檔案的 bug 修正量、變動量與修改量全部加起來，得到各個反模式貢獻架構債務的權重。如此一來，我們就可以辨識充滿債務的檔案，以及它們的所有關係，並且將債務量化。

這個流程可以直接了當地展示還債策略（通常透過重構來實現）。了解與債務有關的檔案，以及它們之間的不良關係（用反模式來確定）可讓架構師設計重構計畫，並證明計畫的合理性。例如，如果系統有 clique，你就必須移除或對調一個依賴關係，以打破環狀依賴。如果系統有不健康的繼承，你就要搬移一些功能，通常是從子類別移往父類別。如果系統違反模組化原則，你就要將檔案之間共享且未封裝的「秘密」封裝成它自己的抽象…等。

23.3 範例

我們用一個案例研究來說明這個流程，我們將它稱為 SS1，它是由一家跨國軟體外包公司 SoftServe 完成的。在進行分析的時候，SS1 系統有 797 個原始檔，我們收集了它在兩年內的修訂歷史與問題。SS1 是由六位全職開發者和許多臨時貢獻者維護的。

確認熱點

在我們研究 SS1 期間，SS1 的 Jira 問題追蹤系統記錄了 2,756 個問題（其中有 1,079 個是 bug），Git 版本庫記錄了 3,262 次 commit。

我們使用剛才介紹的程序來找出熱點。最後，我們發現三組架構上彼此相關的檔案有最糟糕的反模式，因此它們貢獻了最沉重的債務。在整個專案的 797 個檔案中，來自這三個債務群組的檔案總共有 291 個，略高於整個專案的三分之一。與這三個群組有關的缺陷數量占整個專案的缺陷的 89%（265 個）。

雖然專案的總架構師認同這些群組有問題，但他很難解釋原因。當我們提出這個分析之後，他承認它們的確都是設計問題，違反了許多設計規則。於是架構師精心設計了一些重構，重點是修正熱點中有缺陷的檔案關係。這些重構主要是移除熱點裡面的反模式，所以架構師對於重構的進行做了很多指導。

但是做這種重構值得嗎？畢竟，並非所有債務都值得償還。這是下一節的主題。

量化架構債務

因為這次分析所建議的補救措施非常具體，所以架構師可以輕鬆地根據熱點裡面的反模式來估計每一個重構所需的人月（person-month）量。在成本 / 效益等式的另一邊是重構帶來的好處。為了估計節省的 bug 修改次數，我們假設：檔案被重構之後，它的 bug 修正次數大概等於以前的所有檔案的平均修正次數，這其實是非常保守的假設，因為以前的 bug 平均修正次數其實被熱點裡面的檔案放大了，何況，這種算法並未考慮 bug 帶來的其他重大成本，例如名聲損失、銷售損失，以及額外的品保和偵錯工作。

我們用修正 bug 所提交的程式行數來計算這些債務的成本，這項資訊可以從專案的修訂控制系統與問題追蹤系統取得。

對 SS1 而言，我們算出來的債務是：

1. 架構師估計重構三個熱點需要 14 個人月的工作量。
2. 我們算出整個專案的每一個檔案平均每年修正 0.33 次 bug。
3. 我們算出熱點裡面的檔案的每年平均修正 237.8 次 bug。
4. 根據這些結果，我們估計重構後，熱點內的檔案每年修正 96 次 bug。
5. 熱點檔案的實際修改次數與重構後的期望修改次數之間的差，就是期望的節省量。

據估計，重構檔案每年可以節省 41.35 個人月（使用公司的平均生產力數據）。考慮計算步驟 1 ～ 5，我們發現，只要付出 14 個人月的成本，專案預計每年可以節省 41 個人月以上。

在一個又一個案例中，我們看到這種投資回報不斷發生。一旦你找出架構債務，你就可以還那些債，而且從專案增加功能的速度和修正 bug 的時間來看，專案的品質變得更好，你的付出可帶來更多的回報。

23.4 自動化

這種架構分析法可以完全自動化。第 23.2 節介紹的每一種反模式都可以被自動辨識出來，你也可以在持續整合工具組裡面加入一些工具來持續監測架構債務。這個分析程序需要以下工具：

- 從問題追蹤系統取出問題的工具
- 從修訂控制系統取出記錄（log）的工具
- 對基礎程式進行逆向工程的工具，用來確認檔案間的句法依賴關係
- 用你取出來的資訊來建構 DSM，以及在 DSM 中尋找反模式的工具
- 計算各個熱點的債務的工具

這個流程需要的專用工具只有建構 DSM 與分析 DSM 的工具。你的專案應該已經有問題追蹤系統與修訂歷史了，你也可以找到許多逆向工程工具，包括開放原始碼的選項。

23.5 總結

本章介紹一個辨識與量化架構債務的流程。架構債務是一種重要且高代價的技術債務形式。與程式碼技術債務相較之下，架構債務通常更難以確認，因為它的根源分布在多個檔案及其相互關係之中。

本章介紹的流程所使用的資訊是從專案的問題追蹤系統、版本控制系統與原始碼本身收集的。你可以用這些資訊來找出架構反模式與熱點，並量化熱點造成的影響。

你可以將這個程序自動化，並且在裡面加入持續整合工具。確認架構債務之後，如果它真的很糟糕，你就要透過重構來移除它。這個程序可以產生量化資料，用來向專案管理部門提出重構的商業理由。

23.6 延伸讀物

技術債務的領域有豐富的研究文獻。**技術債務**一詞是 Ward Cunningham 在 1992 年提出的（但是，當時他只稱之為「債務」[Cunningham 92]）。後來有很多人精製和闡述這個概念，其中最著名的是 Martin Fowler [Fowler 09] 與 Steve McConnell [McConnell 07]。George Fairbanks 在他的 *IEEE Software* 文章「Ur-Technical Debt」[Fairbanks 20] 裡描述了債務的迭代性質。你可以在 [Kruchten 19] 裡找到關於技術債務管理問題的全面研究。

本章使用的架構債務定義來自 [Xiao 16]。SoftServe 案例研究來自 [Kazman 15]。

[Xiao 14] 介紹了一些用來建立和分析 DSM 的工具。[Mo 15] 介紹了檢測架構缺陷的工具。

許多論文都討論和根據經驗研究了架構缺陷的影響，包括 [Feng 16] 與 [Mo 18]。

23.7 問題研討

1. 如何區分有架構債務的專案，以及實作了許多功能的「忙碌」專案？
2. 尋找經歷重大重構的專案，他們使用哪些證據來推動或證明重構的合理性？
3. 在哪些情況下，累積債務才是合理的策略？如何知道系統已經債台高築了？
4. 架構債務的有害程度比其他類型的債務更大還是更小？例如程式債務、文件債務、測試債務？
5. 討論與第 21 章介紹的方法相比，進行這種架構分析的優勢與劣勢。

24

架構師在專案中扮演的角色

我不懂為什麼有人請了架構師，卻指點他們該怎麼做。

—Frank Gehry

在教室外製作的任何架構，都是在開發專案這個大背景之下進行的，那個專案是由一或多個組織的人員規劃與執行的。架構很重要，但它只是一種實現更大目標的手段。在這一章，我們將討論架構的各個層面，以及架構師在進行實際的開發專案時的職責。

我們將先討論一個關鍵的專案角色：專案經理，身為架構師的你可能與他有密切的工作關係。

24.1 架構師與專案經理

在一個團隊裡，軟體架構師與專案經理之間的關係是最重要的關係之一。專案經理負責專案的整體表現，通常要控制預算、進度、調度正確的人員進行正確的工作。為了履行這些職責，專案經理經常向專案架構師尋求支援。

你可以這樣想：專案經理主要負責專案的對外事務，而軟體架構師負責專案的內部技術事務。外部的觀點必須準確地反應內部的情況，而內部的活動必須準確地反映外部關係人的期望。也就是說，專案經理必須了解專案的進度與風險，並向上級反應，而軟體架構師必須知道外部關係人的關切點，並反應給開發者。專案經理與軟體架構師之間的關係對專案的成功有很大的影響力。他們應該有良好的工作關係，並注意他們所扮演的角色，以及這些角色的界限。

Project Management Body of Knowledge（PMBOK）列出專案經理的一些知識領域，它們都是專案經理可能向架構師徵求意見的領域。表 24.1 列出 PMBOK 描述的知識領域，以及軟體架構師在該領域扮演的角色。

表 24.1 架構師在支援專案管理知識領域時扮演的角色

PMBOK 知識領域	說明	軟體架構師的角色
專案整合管理	確保專案的各個元素都獲得適當的協調	創造設計，並根據設計組織團隊；管理依賴關係。收集指標。協調變動請求。
專案範圍管理	確保專案包含所有需要的工作，而且只包含需要的工作	徵求、協調和審查執行期需求，並製作開發需求。估計滿足需求所需的成本、進度和風險。
專案時間管理	確保專案準時完成	協助定義工作分解結構。定義追蹤指標。建議如何將資源分配給軟體開發團隊。
專案成本管理	確保專案在規定的預算內完成	從各個團隊收集成本；提出關於建構 / 購買以及資源分配的建議。
專案品質管理	確保專案滿足需求	做出符合品質的設計，並根據設計來追蹤系統。定義品質指標。
專案人力資源管理	確保專案最有效率地運用人員	定義所需的技能。對開發人員進行職業發展途徑指導。建議培訓計劃。面試求職者。
專案溝通管理	確保及時與適當地產生、收集、傳播、儲存和處理專案資訊	確保開發者之間順利地溝通與協調。徵求關於進度、問題與風險的回饋。監督文件編寫。
專案風險管理	辨識、分析專案風險，並做出回應	辨識與量化風險；調整架構與流程，以降低風險
專案採購管理	從組織外界獲取商品和服務	決定技術需求；推薦技術、培訓與工具。

給架構師的建議

與專案經理保持良好的工作關係。了解專案經理的工作與關注點，以及他可能如何要求你這位架構師支援哪些工作與關注點。

24.2 遞增架構與關係人

遞增開發是 Agile 方法的支柱，遞增開發的每一次增長都會傳遞價值給顧客或用戶。我將用獨立的小節來討論 Agile 與架構，但即使你的專案不是 Agile 的，你也要按照專案本身的測試節奏和釋出時間，來逐漸釋出你的架構。

遞增架構就是以遞增的方式，逐漸發布架構。具體來說，這代表逐漸發布架構文件（如第 22 章所述），因此，你必須決定該發布哪些視圖、以哪一種深度。你可以考慮第 1 章介紹的結構，將它們視為第一次遞增的對象：

- 模組分解結構。展示開發專案的團隊結構，以成立專案組織。你可以定義團隊、分配人員、編制預算和進行培訓。團隊結構是專案規劃與預算編列的基礎，所以這個技術結構定義了專案的管理結構。
- 模組的「uses」結構。可用來規劃遞增，這一點對打算以遞增的方式發布的任何專案而言都非常重要。第 1 章說過，uses 結構的用途是設計可擴展與增加功能的系統，或設計可提取功能子集合的系統。如果你沒有規劃遞增的具體內容，那就沒必要刻意建立一個支援遞增開發的系統。
- 能夠傳達整體解決方案的任何一種 C&C 結構。
- 至少可以解決一些主要問題的粗略部署結構，例如，系統是否部署到行動設備、雲端基礎設施…等。

接下來，你要根據架構關係人的需求來建立後續版本的內容。

給架構師的建議

首先，務必知道你的關係人是誰，以及他們的需求是什麼，這樣你才可以設計適當的解決方案與文件。此外：

- 與專案的關係人一起確定發布節奏，以及每一次遞增的內容。
- 你的第一次架構性遞增應包含模組分解與 uses 視圖，以及初步的 C&C 視圖。
- 運用你的影響力，在早期的版本處理最有挑戰性的品質屬性需求，以避免後期出現令人不快的架構性意外。

- 籌劃你的架構版本，以支援專案的遞增，並協助開發關係人處理每一次遞增時的需求。

24.3 架構與 Agile 開發

Agile 開發是為了改革一些開發方法而設計的（以及為了改革其他的事情），那些開發方法的流程既僵化且沉重，對文件的要求過於嚴苛，著重前期的規劃和設計，所有人都希望一次交付最符合客戶最初期望的結果。Agilistas（敏捷實踐者）主張將原本花在流程和文件上的資源省下來，用來釐清客戶真正想要的東西，從早期就開始以小規模、可測試的方式逐漸提供產品。

關鍵的問題在於：你應在早期進行多少需求分析、風險緩解、架構設計等工作？這個問題沒有正確且唯一的答案，但你可以為任何特定專案找到一個「甜蜜點」。專案的「正確」工作量取決於幾個因素，最主要的是專案規模，其他重要因素包括功能需求的複雜度、品質屬性需求的高低程度、需求的不穩定程度（與領域的「先例性」或新穎性有關），以及開發工作的分散程度。

那麼，架構師如何實現適度的敏捷性？圖 24.1 列出幾個選項。你可以選擇瀑流風格的「大設計優先（Big Design Up Front，BDUF）」，如圖 24.1 (a) 所示，你也可以拋開架構面的保守作風，相信 Agilistas 提倡的「自然浮現」法，讓最終的架構隨著程式設計師交付遞增版本而自然浮現，如圖 24.1(b) 所示。這種做法可能比較適合小型的、簡單的專案，那些專案可以按需求在一瞬間進行重構，但據我們所知，目前還沒有人在大型、複雜的專案中使用它。

毫不意外的是，我們推薦的方法位於這兩個極端之間：它是「Iteration 0」法，如圖 24.1(c) 所示。如果你對專案的需求有一定程度的了解，你可以考慮在開始時，執行一些屬性驅動設計（ADD，見第 20 章）迭代。在這些設計迭代中，你可以把重心放在選擇主要架構模式（包括參考架構，如果有的話）、框架與組件上，按照第 24.2 節的建議，以協助架構的關係人為目標，支援專案的遞增。在早期，這將幫助你建立專案結構、定義工作分配與團隊成員，以及處理最重要的品質屬性。如果需求發生變化（特別是當它是驅動品質屬性的需求時），那就採用 Agile 實驗的做法，用 spike 來處理新需求。*spike* 是有時間限制的任務，其目的是回答技術問題或收集資訊，而不是為了做出最終產品。spike 是在一個獨立的程式分支中開發的，如果成功，它會被併入主分支。如此一來，你就可以從容地應對和管理新需求，避免它對整個開發過程造成太大干擾。

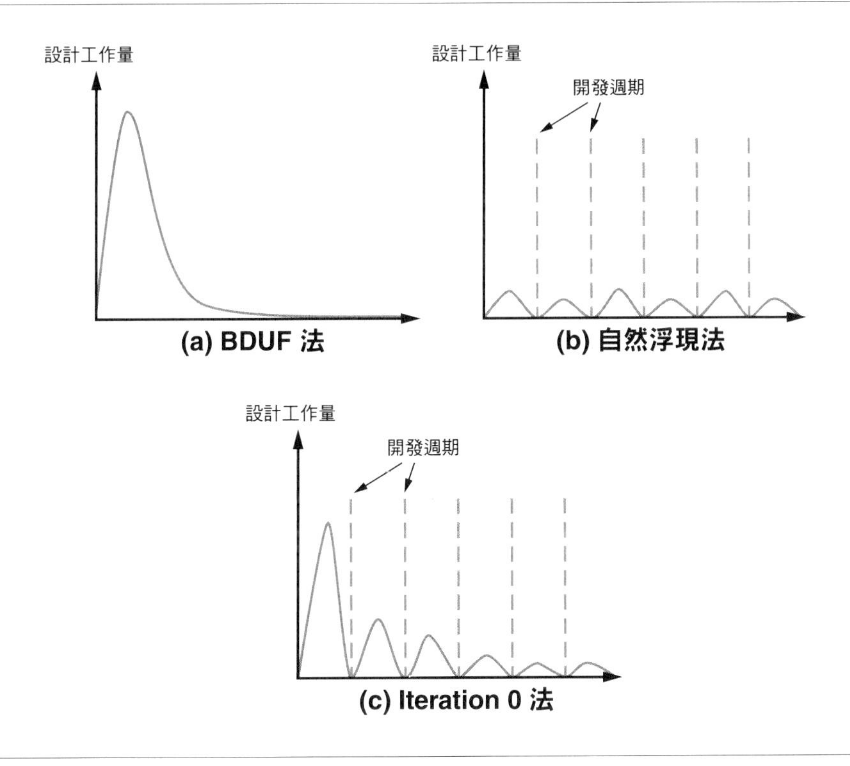

圖 24.1 三種架構設計法

Agile 設計與架構並非總是正面的詞彙。2001 年的 Agile 宣言，即 Agile 運動的「首要指令」，暗指架構是自然浮現的，不需要預先規劃或設計。

過去（現在也是）經常有關於 Agile 的論述宣稱，如果你交不出可運作的軟體，你就沒有做出任何有價值的事情。如此說來，設計架構就是在掠奪程式設計資源，所以，你**沒有做任何有價值的事情**——架構不重要！你只要寫程式，架構就會自然浮現。

對中型或大型系統而言，這種觀點完全經不起實際經驗的考驗。解決品質屬性需求的方案不能在開發晚期隨便地「綁」到既有系統上。資訊安全、性能、安全性，以及許多其他問題的解決方案必須從一開始就在系統的架構裡面設計，即使前 20 次遞增版本都沒有提供這些功能。沒錯，你可以立刻開始寫程式，而且架構終究會浮現，只不過那將是錯誤的架構。

簡而言之，如果說 Agile 與架構是一場婚姻，那麼 Agile 宣言是一紙相當糟糕的婚前協議。然而，如果你仔細閱讀伴隨著宣言的 12 條 Agile 原則，你可以發現它其實暗示了兩個陣營的中間立場。表 24.2 列出這些原則，並且為每一條原則提供以架構為中心的評論。

表 24.2　Agile 原則、以架構為中心的觀點

Agile 原則	以架構為中心的觀點
我們的首要任務是透過儘早且持續地交付有價值的軟體來滿足客戶。	當然。
Agile 程序為了顧客的競爭優勢而駕馭改變。它歡迎不斷改變的需求，即使在開發晚期。	當然。具備高度可修改性（第 8 章）與易部署性（第 5 章）的架構可實現這一條原則。
頻繁交付可工作的軟體，從數週到數月，優先考慮較短的時間。	當然，只要別將這一條原則視為「不需要在設計架構時深思熟慮」即可。DevOps 在這裡扮演重要的角色，我們曾經在第 5 章看過如何讓架構支援 DevOps。
在整個專案中，商務人員與開發者必須每天一起工作。	正如我們在第 19 章所討論的，商業目標帶來品質屬性需求，架構師的主要職責就是滿足這些需求。
讓積極的人建構專案。為他們提供環境與支援，並相信他們能完成工作。	雖然我們原則上同意，但很多開發者都沒有經驗，所以務必加入成熟的、有經驗的、積極的架構師，以指導這些開發者。
若要向開發團隊傳遞訊息，以及在團隊內部傳達訊息，最有效的方法是面對面交談。	對稍具規模的系統來說，這簡直是胡說八道。人類之所以發明文字，就是因為我們的大腦無法記得應該記住的所有東西。介面、協定、架構性結構…等都需要寫下來。低效率和無效的反覆指導，以及誤導帶來的錯誤，都可以反駁這一條原則。如果這個觀點真的必須遵守，那麼任何人都不應該製作用戶手冊，而是應該公布開發者的電話號碼，歡迎用戶隨時打電話給他們。對任何一個安排維護階段的系統而言（幾乎包括所有系統），這一條規則也是無稽之談，因為在維護階段，你根本找不到原本的團隊。你要找誰面對面了解重要的細節？關於這個問題的指引，見第 22 章。
可工作的軟體是進度的主要指標。	對，只要不要將「主要」看成「唯一」，而且不要將這一條原則當成「排除撰寫程式之外的所有工作」的藉口就可以。
Agile 程序可促進持續開發。贊助者、開發者與用戶應該要無限期地保持固定的節奏。	當然。

Agile 原則	以架構為中心的觀點
持續關注卓越的技術和良好的設計可以提升敏捷性。	當然。
簡化（將未做的工作最大化的藝術）非常重要。	當然，但你必須了解，你尚未著手進行的工作其實可以安全地捨棄，而不會損害你交付的系統。
最佳架構、需求與設計來自能夠自行組織的團隊。	不對，正如第 20 章所述，最好的架構是熟練的、有才華的、訓練有素的、有經驗的架構師有意識地設計的。
每隔一段時間，團隊就要反省如何更有效率，並相應地調整他們的行為。	當然。

所以這張表有六個「絕對」同意，四個大致同意，兩個完全不同意。

Agile，正如它最初的設計，似乎最適合在建構小型專案的小組織裡面採用。用 Agile 來開發大型專案的中大型組織很快會發現，協調大量的小規模 Agile 團隊是一項艱巨的挑戰。Agile 的做法是讓小團隊在一小段時間內做少量的工作，這種做法有一個挑戰是確保這麼多小團隊（幾十到幾百個）可以適當地分工，免得有工作被忽視，或是有工作被做兩次。它的另一個挑戰是排序團隊的大量工作，以便經常且快速地合併他們的成果，做出正確運作的下一個小遞增。

Scaled Agile Framework（SAFe）是在企業規模使用 Agile 的例子，它在 2007 年左右出現，此後被持續改良。SAFe 提供一個工作流程、角色與程序的參考模型，可讓大型組織用來協調許多團隊的活動，讓每一個團隊都用典型的 Agile 方法來運作，以系統性地、成功地產生一個大型的系統。

SAFe 認同架構的作用，它認同「存心建立的架構（intentional architecture）」，本書的讀者將對它的定義產生共鳴。存心建立的架構「定義了一套有目的、有計畫的架構策略與舉措，可提升解決方案的設計、性能與易用性，並引導團隊同步進行設計與實作。」但是 SAFe 也強烈建議一種稱為「emergent design」的制衡力量，它「為全面演進與遞增的實作方法提供了技術基礎」（scaledagileframework.com）。我們認為，存心建立的架構也可以具備這些品質，因為不做好事先規劃就不可能產生快速演變的能力，以及支援遞增實作的能力。事實上，這本書用了所有內容來介紹如何實現它們。

24.4 架構與分散開發

現今，大部分的專案實質上都是由分散的團隊開發的，「分散」可能是在同一棟大樓的不同樓層、在同一個園區裡面的不同大樓、在一或兩個不同時區的園區，或分散在世界各地的不同部門或承包商。

分散開發有好處也有挑戰：

- **成本**。勞力成本因地而異，有些人認為，將一些開發專案轉移到低成本的地方一定可以降低整體成本。事實上，經驗證明，對軟體開發來說，長遠來看這種做法的確可以節省成本。然而，除非低成本地區的開發者具備足夠的領域專業知識，而且你的管理方法可以彌補分散開發帶來的困難，否則你可能會面臨大量的重做（rewrok），抵消你節省的工資，甚至得不償失。
- **可用的技能與勞動力**。組織可能無法從單一地點雇用開發人員：搬遷成本可能很高，開發人員可能很少，或組織需要無法在單一地點獲得的專業技能。以分散的方式開發系統可將工作轉移到員工所在之處，而不是強迫員工搬到工作地點，儘管這需要付出額外的溝通與協調代價。
- **對當地市場的了解**。如果開發者所開發的版本是打算在他們當地的市場銷售的，他們比較了解哪些功能是合適的，以及可能出現哪些文化問題。

分散開發如何在專案發揮作用？假如模組 A 使用模組 B 的一個介面，隨著時間的過去，那個介面可能需要修改，因此，負責模組 B 的團隊必須與負責模組 A 的團隊協調，如圖 24.2 所示。如果兩個團隊可以在自動販賣機前面進行簡短的對話，這種協調很簡單，但如果其中一個團隊需要在半夜召開預先規劃的網路會議，協調就沒那麼容易了。

更廣泛地說，協調的方法包括下列選項：

- **非正式接觸**。非正式的接觸只可能在團隊在同一個地點辦公的情況下發生，例如在茶水間或走廊上碰面。
- **文件**。如果文件寫得好、組織得宜、發送得宜，它可以當成協調團隊的手段，無論團隊在同一個地點，還是在遠處。

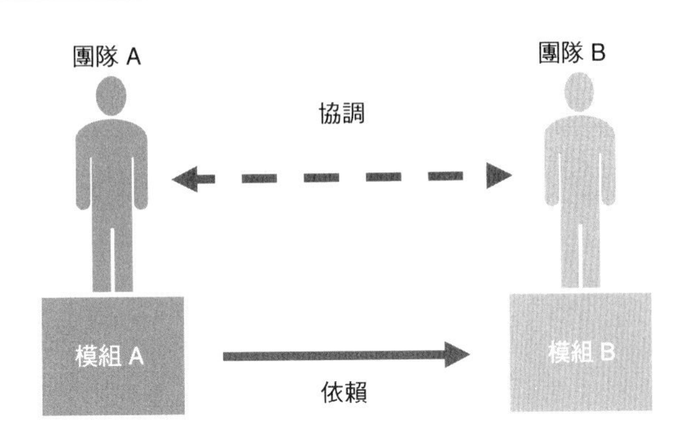

圖 24.2 團隊與模組間的協調

- **會議**。團隊可以舉行會議，以幫助團隊團結起來，並提升對於問題的認識，會議可能是預先安排的，也可能是臨時的，可能是面對面的，也可能是遠端的。
- **非同步電子通訊**。你可以用各種形式的非同步電子通訊來進行協調，例如 email、新聞群組、部落格、維基。

具體的協調方法取決於許多因素，包括組織的基礎設施、企業文化、語言技能、牽涉的時區，以及依賴特定模組的團隊數量。在組織制定協調團隊的方法之前，團隊之間的誤解可能導致專案的延誤，甚至造成嚴重的缺陷。

這對架構和架構師意味著什麼？這意味著，在分散開發中，「將職責分配給團隊」這項工作比在同地開發時更重要，因為在同地開發中，所有開發人員都在同一個辦公室裡，至少是在很近的距離之內。這也意味著，模組依賴關係的重要性超過它們在品質屬性（例如可修改性與性能）裡面扮演的角色：由分散世界各地的團隊負責的模組之間的依賴關係更有機會出問題，所以應該儘量減少。

此外，文件在分散開發中特別重要。在同一個地方的團隊有各種非正式協調的可能性，例如去隔壁的辦公室，或是在茶水間或大廳開會。遠端團隊沒有這些非正式的機制可用，所以他們必須依靠比較正式的機制，例如文件，而且團隊成員必須在出現疑問時，主動與對方交流。

在本書準備出版時，世界各地的公司由於 COVID-19 危機正在學習遠端出席和在家工作的做法。現在斷定這場流行病對商業世界的長期影響尚為時過早，但它可能讓分散開發變成一種常態。現在人們都透過電話會議來合作，再也沒有走廊交談或自動販賣機會議了。為了讓工作繼續下去，所有人都在嘗試適應分散開發模式。觀察這種情況會不會導致新的架構趨勢是一件很有趣的事情。

24.5 總結

軟體架構師是在一個專案開發環境中工作的，所以，他們必須從這個環境的角度來理解自己的角色和職責。

專案經理與軟體架構師可以視為互補的角色：經理從管理的角度運行專案，架構師從技術方案角度運行專案。這兩種角色會以各種方式交流，架構師可以支援經理來提高專案的成功機會。專案的架構不是一次從石頭蹦出來的，而是為了幫助關係人而遞增發表的。因此，架構師必須充分了解架構的關係人與他們需要的資訊。

Agile 方法的重點是遞增開發。隨著時間的過去，架構與 Agile 已經成為不可或缺的合作夥伴了（雖然它們最初的關係不太好）。

為了進行全球開發，你必須制定比同地開發更明確且正式化的協調策略。

24.6 延伸讀物

Dan Paulish 寫了一本在以架構為中心的環境中進行管理的傑出著作——《*Architecture-centric Software Project Management: A Practical Guide*》，本章關於分散開發的內容改編自他的書籍 [Paulish 02]。

你可以到 scaledagileframework.com 了解 SAFe。在 SAFe 出現之前，Agile 社群的一些成員已經獨立設計了一個中量級管理程序，該程序主張預先設計架構。請參考 [Coplein 10] 以了解架構在 Agile 專案中的角色。

IEEE 指南《*Adoption of the Project Management Institute (PMI) Standard: A Guide to the Project Management Body of Knowledge*》第六版 [IEEE 17] 介紹了專案管理的基本概念。

在專案中，制定軟體架構衡量標準通常是架構師的職責，Coulin 等人合著的論文介紹了這個主題的文獻，順便對衡量標準進行分類 [Coulin 19]。

架構師在組織中占有獨特的地位。組織期望他們精通系統生命週期的所有階段，從搖籃到墳墓。在專案的所有成員中，他們對專案和系統的所有關係人的需求最敏感。他們之所以被選為架構師，部分的原因是他們具備高於平均水準的溝通能力。《*The Software Architect Elevator: Redefining the Architect's Role in the Digital Enterprise*》[Hohpe 20] 描述了架構師與組織內外所有階層的人士互動的獨特能力。

24.7 問題研討

1. 將「適合進行全球分散開發」當成一種可以藉由架構設計決策來提升或降低的品質屬性，與本書的第二部分介紹的其他品質屬性一樣。為它寫出一個一般劇情，以及協助實現該劇情的戰術。哦，順便幫它取一個好名字。
2. 一般的專案管理方法通常主張建立一個工作分解結構，當成專案產生的第一個工件。從架構的角度來看，這種做法有什麼問題？
3. 如果你正在管理一個分散全球各地的團隊，你會先製作哪些架構文件？
4. 如果你要管理一個分散全球各地的團隊，專案管理的哪些層面必須根據文化差異來改變？
5. 如何使用架構評估來指導和管理專案？
6. 在第 1 章，我們介紹一個軟體架構的工作分配結構，它可以記錄成工作分配視圖。討論軟體架構師與經理如何將架構的工作分配視圖當成一種工具來一起為專案編配人員。在工作分配視圖中，架構師應提供的部分與經理應提供的部分的分界線在哪裡？

25

架構能力

生之有限，學也無涯。

—Geoffrey Chaucer

如果軟體架構值得製作，它就絕對值得做好。關於架構的文獻大多集中在技術層面上，這並不奇怪，它本來就是一門技術性很強的學科。但架構是**架構師**建造的，架構師在很多人參與的**組織**裡面工作，與那些人打交道顯然是一項非技術性的工作。怎樣才能幫助架構師，尤其是正在接受訓練的架構師，在這個重要的工作層面做得更好？怎樣才能幫助組織鼓勵他們的架構師做出更好的作品？

本章探討期待做出高品質架構的架構師和組織應具備的能力。

因為組織的架構設計能力在某種程度上取決於架構師的能力，所以我們的第一個問題是，架構師應該做什麼、知道什麼，以及擅長什麼。接下來，我們將了解組織可以做什麼、應該做什麼，來幫助架構師做出更好的架構。個人能力與組織能力是互相影響的，我們不能只了解其中一個。

25.1 個人的能力：架構師的職責、技能與知識

架構師除了直接製作架構之外，也要進行許多活動。這些活動（我們稱之為**職責**）是一個人的架構設計能力的支柱。撰寫架構師相關書籍的作家也會談到**技能**與**知識**。例如，清楚地傳達想法和有效地進行談判通常是稱職的架構師具備的技能。此外，架構師必須掌握關於模式、技術、標準、品質屬性，以及一系列其他主題的知識。

職責、技能和知識是個人架構能力的三要素。這三者之間的關係如圖 25.1 所示，技能與知識支援履行職責所需的能力。如果架構師無法履行該職位的職責（無論出於何種原因），即使他有無限的才華也是枉然，且談不上稱職。

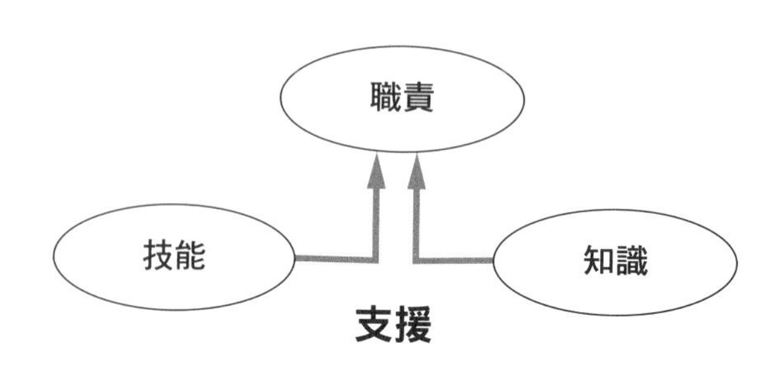

圖 25.1 技能與知識支援職責的履行

舉一些這些概念的例子：

- 「設計架構」是一項職責。
- 「抽象思考能力」是一種技能。
- 「模式與戰術」是知識。

這些例子旨在說明，技能與知識（只）對履行職責的能力而言很重要。舉另一個例子，「記錄架構」是一項職責，「寫出清楚的文件」是一項技能，「ISO 標準 42010」是知識體系的一部分。當然，一項技能或知識領域可以支援的職責不只一個。

了解架構師的職責、技能與知識（或更準確地說，在特定的組織中，架構師需要具備的職責、技能與知識）可以幫助你為個別架構師設計評估指標與改善策略。如果你想要提高個人的架構能力，你應該採取以下步驟：

1. **獲得履行職責的經驗**。學徒制是獲得經驗的有效途徑，光靠教育是不夠的，因為學而不做只能增加知識。
2. **提升你的非技術技能**。這方面的提升包括參加專業發展課程，例如領導力和時間管理課程。有些人永遠無法成為偉大的領導者或溝通者，但我們都可以提升這些技能。

3. 掌握知識體系。稱職的架構師必做且最重要的事情之一，就是掌握知識體系，並持續了解最新訊息。為了強調與外界保持同步的重要性，你可以想一下過去幾年中，架構師需要學習的知識已經有了多少進展。例如，支援雲端計算的架構（第 17 章）在幾年前並不重要，參加課程、獲得認證、閱讀書籍和期刊、瀏覽網站和部落格、參加探討架構的會議、加入專業協會、拜訪其他架構師，都有助於提升知識。

職責

本節將整理架構師的各種職責，並非每一個組織裡的每一位架構師在每一個專案中都要履行其中的每一個職責，但是，稱職的架構師應該可以發現他們參與了以下的某些活動。我們將這些職責分成技術職責（表 25.1）與非技術職責（表 25.2）。你可以發現，非技術職責很多，對於那些想成為架構師的人來說，這明顯暗示著，你必須特別注意你的教育和職業活動的非技術層面。

表 25.1　軟體架構師的技術職責

廣義職責領域	具體職責領域	職責範例
建立架構	建立架構	設計或選擇一個架構。擬定軟體架構設計計畫。建立產品線或產品架構。做出設計決策。開展細節、改良設計，做出最終設計。決定模式與戰術，闡明架構的原則與關鍵機制。對系統進行分區。定義組件如何組合與互動。製造雛型。
	評估與分析架構	評估架構（為當前的系統或其他系統），來確認用例和品質屬性劇情的滿足程度。製造雛型。參與設計審查。審查初級工程師設計的組件。審查設計是否符合架構的要求。比較各種軟體架構評估技術。建立備選方案模型。執行優劣分析。
	記錄架構	準備對關係人有幫助的架構文件與介紹。記錄或自動記錄軟體介面文件。制定文件標準或準則。記錄可變性與動態行為。
	使用與改造既有系統	維護與演變既有系統及其架構。計算架構債務。將既有系統遷移至新技術與平台。重構既有架構以降低風險。檢查 bug、事件報告和其他問題，以確定如何修訂既有架構。

廣義職責領域	具體職責領域	職責範例
	執行其他架構製作職責	推銷願景。維持願景的活力。參加產品設計會議。針對架構、設計與開發提供技術建議。為軟體設計活動提供架構指引。領導架構改善活動。參與軟體程序定義與改善它。針對軟體開發活動進行架構性監督。
與架構之外的生命週期活動有關的職責	管理需求	分析功能與品質屬性軟體需求。了解商務、組織與客戶需求，並確保架構需求滿足這些需求。聽取與了解專案的範圍。了解用戶的關鍵設計需求與期望。針對軟體設計選項與需求選項之間的平衡提出建議。
	評估未來技術	分析當前的 IT 環境，並針對不足之處提出解決方案。與供應商一起提出組織的需求，並影響未來的產品。編寫與提出技術白皮書。
	選擇工具與技術	管理新軟體解決方案的引進。對新技術與架構進行技術可行性研究。從架構角度評估商業工具與軟體組件。制定內部技術標準，協助制定外部技術標準。

表 25.2　軟體架構師的非技術職責

廣義職責領域	具體職責領域	職責範例
管理	支援專案管理	針對專案的適當性與難度提供回饋。協助制定預算與規劃。遵循預算限制。管理資源。確定與估計規模。進行遷移規劃與風險評估。注意或監督組態控制。制定開發時間表。用指標來測量結果，並改善個人結果與團隊生產力。確認與安排架構發布。擔任技術團隊與專案經理之間的「橋梁」。
	管理架構師團隊中的人員	建立「可信賴的顧問」關係。協調。激勵。提倡。訓練。監督。分配職責。
與組織和商務有關的職責	支援組織	在組織中培養架構評估能力。審查與促進研究與開發工作。參加團隊的招募流程。協助進行產品行銷。制定經濟且合適的軟體架構設計審查流程。協助開發智慧財產權。
	支援商務	了解與評估商務流程。將商業策略轉換成技術策略。影響商業策略。了解與傳達軟體架構的商業價值。協助組織實現商業目標。了解顧客與市場趨勢。

廣義職責領域	具體職責領域	職責範例
領導與團隊建設	提供技術領導力	成為思想領袖。製作技術趨勢分析或路線圖。指導其他架構師。
	建立團隊	建立開發團隊，並讓他們與架構願景保持一致。指導開發人員與初級架構師。教導團隊如何使用架構。促進團隊成員的職業發展。指導軟體設計團隊規劃、追蹤、完成既定計畫的工作。指導員工使用軟體技術。維持士氣，無論在架構團隊內外。監控與管理團隊的動態。

架構師也經常履行許多其他職責，例如帶領程式復審或參與測試規劃。在許多專案中，架構師會在關鍵領域協助進行實作與測試，雖然那些工作很重要，但嚴格來說，它們不是架構師的職責。

技能

上一節列出廣泛的職責，那麼架構師需具備哪些技能？目前已經有很多文章介紹架構師在專案中的特殊領導角色了，理想的架構師是有效的溝通者、管理者、團隊建設者、有遠見的人，與導師。坊間有一些證書或認證計畫強調非技術性技能。這些認證計畫都強調領導力、組織動態與溝通。

表 25.3 是對架構師最有用的技能。

表 25.3　軟體架構師的技能

廣義技能領域	具體技能領域	技能範例
溝通技能	對外溝通（團隊之外）	能進行口頭與書面交流和介紹。能向不同的聽眾報告與解釋技術資訊。能傳遞知識。能說服別人。能從多個角度了解事情，並用多個角度進行銷售。
	對內溝通（團隊內部）	能聆聽、訪談、諮詢和談判。能了解和表達複雜的主題。
人際交往技能	團隊關係	有團隊合作精神。能與上級、下級、同事和客戶有效合作。能維持建設性的工作關係。能在多元化的團隊環境中工作。能激發創造性合作。能建立共識。有外交手腕且尊重他人。能指導別人。能處理和解決衝突。

廣義技能領域	具體技能領域	技能範例
工作技能	領導力	能做出決定。具主動性和創新能力。能獨立判斷、具影響力，可獲得尊重。
	工作量管理	能在壓力下工作，能規劃、管理時間和進行估計。能支援廣泛的問題，可同時處理多個複雜的工作。能在高壓力的環境中有效地決定工作順序與執行工作。
	在公司環境中表現出色的技能	具有戰略思維能力。能在一般監督和限制之下工作。能組織工作流程。能發現權力在哪裡，以及權力在組織裡如何流動。能盡一切努力完成工作。有創業精神，有主見但不咄咄逼人，能接受建設性批評。
	處理資訊的技能	能夠注重細節，同時保持整體視野和注意力。能看清大局。
	有處理突發事件的能力	能容忍模糊不清的情況。能承擔與管理風險。能解決問題。具適應能力、靈活性、開放性和韌性。
	抽象思考能力	能觀察不同的事物，並發現他們其實只是同一件事的不同案例。這可能是架構師最重要的技能之一。

知識

稱職的架構師對架構知識體系非常熟悉。表 25.4 列出架構師的知識領域。

表 25.4 軟體架構師的知識領域

廣義知識領域	具體知識領域	具體知識範例
計算機科學知識	架構概念知識	架構框架、架構模式、策略、結構與視圖、參考架構、系統和企業架構之間的關係、新興技術、架構評估模型與方法、品質屬性。
	軟體工程知識	軟體開發知識領域，包括需求、設計、建構、維護、組態管理、工程管理、軟體工程流程等知識。系統工程知識。
計算機科學知識	設計知識	關於工具、設計、分析技術的知識。了解如何設計複雜的多產品系統。了解物件導向分析與設計、UML 與 SysML 圖。

廣義知識領域	具體知識領域	具體知識範例
	程式設計知識	了解程式語言和程式語言模型。熟悉資訊安全、即時、安全⋯等屬性的專業程式設計技術。
關於技術與平台的知識	特定技術與平台	了解硬體 / 軟體介面、web app 與 Internet 技術。了解特定軟體 / 作業系統。
	具備技術與平台的一般知識	了解 IT 產業的未來發展方向和基礎設施如何影響 app。
組織背景與管理知識	領域知識	了解最相關的領域與領域特有技術。
	產業知識	了解產業的最佳做法與業界標準。了解如何在在岸 / 離岸團隊環境中工作。
	商業知識	了解公司的商業方法，以及競爭對手的產品、策略和流程。了解商業與技術策略，商業重組原則和流程。了解策略規劃、財務模型與預算編列。
	領導與管理技術	了解如何輔導、指導與訓練軟體團隊成員。具專案管理知識。具專案工程知識。

經驗呢？

Albert Einstein 說：「經驗是知識的唯一來源」，幾乎所有人都認同經驗是最好的老師，我們同意這個看法。然而，經驗不是*唯一*的老師，你也可以從*真正的*老師學到知識。我們很幸運，不需要真的被燙到就可以學會不能摸熱爐。

我們將經驗視為架構師知識庫的附加物，這就是為什麼我們不單獨討論它。隨著事業的發展，你會累積豐富的經驗，並以知識的形式將它儲存起來。

就像一則老笑話說的那樣，在紐約，有一位行人攔住一位路人，問他：「請問怎麼去卡內基音樂廳？」那位路人剛好是一位音樂家，他深深地嘆了一口氣，說道：「練習、練習、不斷練習」。

他說的沒錯。

25.2 軟體架構組織的能力

組織可能透過它們的舉措與結構來協助或阻礙架構師履行其職責。例如，組織為架構師規劃職業途徑可激勵員工成為架構師。如果組織有常設的架構審查委員會，那麼專案架構師將知道如何安排審查，以及找誰安排。如果組織沒有這些做法與結構，那就意味著架構師必須與組織抗爭，或設法在沒有內部指導的情況下進行審查。因此，了解特定的組織有沒有架構能力，以及研發工具來評估組織的架構能力是有意義的。組織的架構能力是本節的主題。我們的定義如下：

> 組織的架構能力就是組織能否發展、使用和維持必要的技能和知識，以便在個人、團隊和組織層面，有效地實踐以架構為中心的方法，用合理的成本來製造架構，讓系統與組織的業務目標保持一致。

與個別的架構師一樣，組織也有架構方面的職責、技能與知識。例如，為架構工作提供充足的資金是組織的職責，有效地使用架構勞動力（藉著適當的團隊合作與其他手段）也是組織的職責。它們之所以是組織的職責，原因在於它們不受單一架構師的控制。組織等級的技能可能是對架構師進行有效的知識管理，或人力資源管理。組織知識的例子包括軟體專案可能採用的「以架構為基礎的生命週期模型」。

以下是組織可以提高架構工作成功率的事情（職責）：

- 個人相關：
  - 聘請有才華的架構師。
  - 為架構師制定職業發展途徑。
  - 透過知名度、獎勵和聲望，讓架構師的地位受到高度重視。
  - 讓架構師加入專業組織。
  - 成立架構師認證計畫。
  - 為架構師擬定輔導計畫。
  - 擬定架構訓練和教育計畫。
  - 衡量架構師的績效。
  - 讓架構師獲得外部的架構師認證。
  - 根據專案的成功或失敗，對架構師進行獎勵或懲罰。

- 程序相關：
  - 建立組織範圍的架構實踐法。
  - 清楚地說明架構師的責任和權利。
  - 為架構師成立論壇，讓他們互相交流，和分享資訊與經驗。
  - 成立架構審查委員會。
  - 在專案計畫中加入架構里程碑。
  - 讓架構師為產品的定義提供意見。
  - 舉辦組織範圍的架構會議。
  - 衡量與追蹤架構的品質。
  - 聘請外部的架構專業顧問。
  - 讓架構師針對開發團隊結構提供建議。
  - 讓架構師在整個專案生命週期發揮影響力。
- 技術相關：
  - 建立與維護一個資料庫，用來儲存可重複使用的架構和架構工件。
  - 建立與維護設計概念資料庫。
  - 提供集中的資源來以架構工具進行分析。

如果你正在面試某個組織的架構師職位，也許你會用一系列的問題來確認你是不是想加入他們。你可以在那些問題裡加入上述清單提到的問題，以確認那個組織的架構能力等級。

25.3 成為更好的架構師

如何變成更好的架構師？較好的架構師如何變成偉大的架構師？在本章的結尾，我們提出一個建議，那就是：接受指導，並指導他人。

接受指導

雖然經驗可能是最好的老師，但多數人一輩子都無法獲得成為偉大架構師的所有第一手經驗，但我們可以獲得間接經驗。找一位你尊敬且熟練的架構師，緊跟著他，看看你的組織裡面有沒有輔導計畫可以加入。你也可以建立非正式的輔導關係，找藉口進行互動、問問題，或提供協助（例如，推薦自己成為審查者）。

你的導師不一定是同事。你也可以加入專業協會，在裡面與其他成員發展師徒關係。你可以找到很多聚會、專業社交網路，不要把自己局限在你的組織裡面。

指導他人

你也要樂於指導他人，以回饋或回報那些豐富了你的職業生涯的善心人士。但指導別人也有自私的理由：我們發現，教導某個概念可以檢驗自己是否深刻理解那個概念，如果你沒辦法教它，很有可能是因為你沒有真正理解它，所以你可以設定這個目標：在專業領域中教導與輔導他人。優秀的教師幾乎都會說「他們從學生學到很多東西」以及「學生提出來的問題和令人驚訝的見解讓他們更深刻地了解那門學問」。

25.4 總結

一提到軟體架構師，人們通常會先想到他們的技術作品，但是，正如架構不僅僅是系統的技術「藍圖」，架構師也不僅僅是架構的設計者。所以我們嘗試以更全面的方式來說明架構師和組織怎麼做才能成功。架構師必須履行職責、磨練技能，並持續學習知識，以獲得成功。

為了成為好的架構師，再成為更好的架構師，你必須不斷學習、指導別人，和接受別人的指導。

25.5 延伸讀物

用來打聽組織能力的問題可在 Technical Note「Models for Evaluating and Improving Architecture Competence」找到，位於 sei.cmu.edu/library/abstracts/reports/08tr006.cfm。

Open Group 有一個認證計畫可以鑑定 IT、商務與企業架構的技能、知識與經驗，它與衡量與確認個別架構師的能力有關。

Information Technology Architecture Body of Knowledge（ITABoK）是「免費的公共檔案，提供 IT 架構的最佳實踐法、技能與知識，內容源自個人與 Iasa 公司成員的經驗，Iasa 是世界最大的 IT 架構專業組織」（https://itabok.iasaglobal.org/itabok/）。

Bredemeyer Consulting（bredemeyer.com）提供了關於 IT、軟體與企業架構及其角色的大量文獻。

Joseph Ingeno 在《*Software Architect's Handbook*》中，用一章來說明「軟體架構師的軟技能」，用另一章來說明「成為更好的軟體架構師」[Ingeno 18]。

25.6 問題研討

1. 本章介紹的哪些技能與知識是你認為自己最缺乏的？如何提升這些不足之處？
2. 你認為哪些職責、技能或知識對架構師個人來說是最重要的，或最物有所值的？解釋你的答案。
3. 提出沒有被列入我們的清單的三個職責、三個技能與三個知識領域。
4. 如何衡量專案中的特定架構職責的價值？如何區分這些職責帶來的價值與其他活動（例如品保或組態管理）帶來的價值？
5. 如何衡量一個人的溝通技能？
6. 本章列出一些能夠設計架構的組織所採取的做法。根據期望收益來排序那份清單，而不是根據期望成本。

7. 假如你負責為公司的重要系統聘請一名架構師，你會怎麼做？你會在面試中問求職者哪些問題？你會不會要求他們做出任何東西？如果會，你會要求他們做出什麼？你會進行某種考試嗎？如果會，考什麼？你會叫公司的誰去面試他們？為什麼？
8. 假如你要應徵架構師，對於你應徵的公司，你會提出哪些關於第 25.2 節列出的領域的問題？試著從職業生涯初期的架構師的角度回答這個問題，然後從經驗豐富且技術高超的架構師的角度回答它。
9. 尋找架構師認證計畫，說明每一項計畫分別針對職責、技能與知識著墨多少。

26

一瞥未來：量子計算

「量子計算機相當於」萊特兄弟在 1903 年於 Kitty Hawk 駕駛的飛機。
雖然當時萊特飛行器飛不高，但它已經預示了一場革命。

—wired.com/2015/12/for-google-quantum-computing-is-like-learning-to-fly/

未來的發展將如何影響軟體架構的實踐法？雖然人類不擅長預測長期的未來，但我們總是不斷嘗試預測，因為這是一件有趣的事情。在本書的最後，我們要關注一個層面：量子計算；它牢牢地扎根於未來，卻似乎已近在咫尺。

量子計算機很有可能在未來的五到十年內實際投入使用。現在仍然有人每天使用 1960 至 1970 年代寫好的程式，如果你正在製作的系統同樣有幾十年的壽命，當量子計算機成為實用的工具時，你可能要修改它們來利用量子計算機的能力。

量子計算機正引起高度興趣，因為它們的計算能力可能遠遠超過功能最強的傳統計算機。Google 在 2019 年宣布，它的量子計算機在 200 秒之內完成了一次複雜的計算。Google 聲稱，同樣的計算，即使是最強大的超級計算機，也需要大約 1 萬年才能完成。這一則訊息並不是說量子計算機只不過具備特別快的計算速度，它的功能與傳統計算機一樣，而是說，它們可以利用量子物理的超凡特性做傳統計算機做不到的事情。

量子計算機解決問題的能力不一定勝過傳統計算機，例如，它們不見得比較擅長處理許多常見的交易導向（transaction-oriented）資料處理任務。它們擅長處理涉及組合學的問題，傳統計算機很難處理那些問題。但是，量子計算機不太可能植入手機、手錶，或是放在你的辦公桌上。

若要了解量子計算機的理論基礎，你必須深入了解物理學，包括量子物理學，這遠遠超出我們的範圍。當傳統計算機在 1940 年代發明出來時也是如此，隨著時間的過去，因為實用的抽象（例如高階程式語言），我們已經不需要了解 CPU 和記憶體如何工作了。同樣的事情也會在量子計算機上發生。在這一章，我們將介紹量子計算的基本概念，但不提及底層的物理學（那是非常難以理解的理論）。

26.1 一個 qubit

量子計算機的基本計算單位是稱為 *qubit*（量子位元）的量子資訊單位（稍後有更多介紹）。量子計算機有一個簡單的定義：可處理 qubit 的處理器。在本書出版時，世上最好的量子計算機有幾百 qubit。

「QPU」可以和傳統的 CPU 互動，其互動方式與 CPU 和 GPU 的互動一樣。換句話說，CPU 會將 QPU 視為一種服務並向它提供一些輸入，而 QPU 會產生一些輸出。CPU 與 QPU 是用傳統位元來溝通的。CPU 不需要知道 QPU 如何處理輸入及產生輸出。

在傳統計算機裡，一個位元的值是 0 或 1，在正常運行的情況下，這些值沒有其他的意思。此外，在傳統計算機裡的位元可被非破壞性讀出，也就是說，測量該值可以得到 0 或 1，而且該位元會維持你開始讀取時的值。

qubit 沒有這兩種特性。一個 qubit 有三個數字，其中有兩個是機率：測量出 1 的機率，以及測量出 0 的機率。第三個數字稱為「相位」，代表 qubit 的旋轉量。當你測量一個 qubit 時，你會得到 0 或 1（機率），並銷毀 qubit 當前的值，將它換成它回傳的值。如果一個 qubit 是 0 與 1 的機率都不是零，我們說它處於疊加狀態（superposition）。

我們用複數來表示機率，並用來管理相位。機率幅（probability amplitude）是用 $|\alpha|^2$ 與 $|\beta|^2$ 來表示的，如果 $|\alpha|^2$ 是 40% 且 $|\beta|^2$ 是 60%，那就代表測量 10 次有 4 次得到 0，有 6 次得到 1。這些機率幅有可能測量錯誤，降低這種錯誤機率是建構量子計算機的工程挑戰之一。

這個定義有兩個結果：

1. $|\alpha|^2 + |\beta|^2 = 1$。因為 $|\alpha|^2$ 與 $|\beta|^2$ 分別是測量到 0 與 1 的機率，而且因為一次測量只會得到其中的一個或另一個，所以機率的總和一定是 1。

2. qubit 不能複製。當你將傳統位元 A 複製到傳統位元 B 時，你會先讀取位元 A，再將那個值存入 B。但是測量（即讀取）qubit A 會銷毀 A，並回傳 0 或 1，因此，qubit B 只儲存 0 或 1，不儲存 A 的機率或相位。

相位值是介於 0 至 2Π 徑度之間的角度。它不影響疊加的機率，但提供另一個操縱 qubit 的槓桿。有些量子演算法藉著操縱 qubits 的相位來標記它們。

操作 qubit

有一些操作單 qubit 的方法類似操作傳統位元，有些操作方法則是 qubit 特有的。大多數的量子操作都有一個特點：它們是可逆的，也就是說，只要你有某次操作的結果，你就可以還原那次操作的輸入。傳統位元操作與 qubit 的另一個差異是可逆性。READ（讀取）操作是可逆性的例外之一：因為測量是破壞性的，所以你不能用 READ 操作的結果來復原 qubit。以下是 qubit 操作的例子：

1. READ 操作接收一個 qubit 作為輸入，並產生一個非 0 即 1 的輸出，其機率是由輸入的 qubit 的機率幅決定的。輸入 qubit 的值會被壓縮成 0 或 1。

2. NOT 操作接收一個疊加狀態的 qubit 並將機率幅對調。也就是說，這項操作產生的 qubit 是 0 的機率就是原本的 qubit 是 1 的機率，反之亦然。

3. Z 操作會將 qubit 的相位加上 Π（模 2Π）。

4. HAD（Hadamard 的縮寫）操作會建立一個相等的疊加，也就是說，qubit 為 0 與 1 的機率幅是相等的。輸入值 0 會產生一個 0 徑度的相位，輸入值 1 會產生一個 Π 徑度的相位。

你可以串接多個操作來產生更複雜的功能單元。

有些運算子可處理多個 qubit。主要的雙 qubit 運算子是 CNOT，即 controlled not，它的第一個 qubit 是控制位元。如果它是 1，該操作將對第二個 qubit 執行 NOT，如果它是 0，第二個 qubit 將維持不變。

糾纏

糾纏是量子計算的關鍵元素之一，它在傳統計算裡沒有對應的事物，但它賦予量子計算一些非常奇怪且神奇的特性，能夠做到傳統計算機做不到的事情。

如果我們在測量兩個 qubit 之後，第二個 qubit 的值與第一個值相符，我們稱這兩個 qubit 是「糾纏」的。無論兩次測量間隔多久，或 qubit 之間的物理距離多遠，糾纏都會發生。這就要談到所謂的量子瞬移了。請繫好安全帶。

26.2 量子瞬移

前面說過，你不能將一個 qubit 直接複製到另一個。因此，如果你想要將一個 qubit 複製到另一個，你就必須使用間接的手段。此外，你必須接受原始 qubit 的狀態會被破壞的事實。接收值的 qubit 的狀態會與原始的、被銷毀的 qubit 一樣。**量子瞬移**就是這種狀態複製動作的名稱。原始 qubit 與接收值的 qubit 不需要有任何物理關係，它們之間的距離也沒有任何限制。因此，已經被製作出來的 qubit 可以遠距離互相傳遞資訊，距離甚至可達數百或數千公里。

qubit 狀態瞬移是糾纏造成的。糾纏意味著測量一個糾纏的 qubit 所得到的值一定會與測量第二個 qubit 所得到的值一樣。瞬移需要使用三個 qubit。你要讓 qubit A 與 B 糾纏，然後讓 qubit ψ 與 qubit A 糾纏。qubit ψ 會瞬移到 qubit B 的位置，它的狀態會變成 qubit B 的狀態。大致上，瞬移是透過以下四個步驟完成的：

1. 讓 qubits A 與 B 糾纏，上一節已說明這代表什麼。A 與 B 的物理位置不需要在同一處。
2. 準備「酬載（payload）」。酬載 qubit 有被傳送的狀態。你要在 A 的位置準備酬載，它是 qubit ψ。
3. 傳播酬載。傳播會將兩個傳統位元傳送到 B 的位置。傳播也會測量 A 與 ψ，進而銷毀這兩個 qubit 的狀態。
4. 在 B 重建 ψ 的狀態。

我們省略許多關鍵的細節，重點在於：量子瞬移是量子通訊的關鍵元素，它需要使用傳統的通訊管道來傳送兩個位元。這個操作本身是安全的，因為竊聽者只能獲得透過傳統管道傳送的兩個位元。由於 A 與 B 是透過糾纏來通訊的，所以它們不是用通訊線路來進行物理傳送的。美國國家標準暨技術研究院（NIST）正考慮用各種不同的量子通訊協定來制定一種稱為 HTTPQ 的傳輸協定，準備用它來取代 HTTPS。因為更換通訊協定需要幾十年的時間，所以 NIST 的目標是在量子計算機可以破解 HTTPS 之前採用 HTTPQ。

26.3 量子計算與加密

量子計算機非常擅長計算函數的逆運算，尤其是 hash（雜湊）函數的逆運算。這種計算在很多情況下都非常好用，特別是在破解密碼時。密碼不太可能被直接儲存，它們會被存成它們的 hash。儲存 hash 背後有一個假設：對 hash 函數進行逆運算很困難，使用傳統計算機需要花費數百年，甚至上千年的時間。但是量子計算機改變了這種情況。

Grover 演算法是計算函數逆運算的機率演算法。它可以用 2^{128} 次迭代來計算 256 位元的 hash 逆運算。這代表它的速度是傳統演算法的二次方。也就是說，量子演算法的計算時間大約是傳統演算法的時間的平方根，使得以密碼保護的、從前被認為很安全的大量資料都變得非常容易被破解。

現代安全加密演算法都是利用「分解兩個大質數的積非常困難」這個事實。令 p 與 q 是兩個不同的質數，它們都大於 128 位元，這兩個質數的積 pq 大約是 256 位元。在知道 p 與 q 的情況下，這個積相對容易計算。但是用傳統計算機來分解 pq 這個積並取回 p 與 q 相當困難：它屬於 *NP*-hard 範疇。

這意味著，如果有一個訊息是用質數 p 與 q 來加密的，當你知道 p 與 q 時，解密這個訊息將相對容易，但如果你不知道它們，你不可能解密它，至少在傳統計算機上如此。然而，量子計算機可以有效率地算出 pq 的因數。Shor 演算法是一種量子演算法，它可以用 log 數量級的執行時間（p 與 q 的位元數量）來分解 pq。

26.4 其他的演算法

量子計算在許多應用領域也有顛覆遊戲規則的潛力。我們先來介紹一個必要，但目前不存在的硬體，QRAM。

QRAM

量子隨機存取記憶體（QRAM）是實作與運用許多量子演算法的關鍵元素。當你需要有效率地存取大量的資料（例如機器學習應用程式所使用的資料）時，你就要使用 QRAM 或類似的東西。目前世上還沒有實際的 QRAM，但有一些研究團隊正在探索如何製作它。

傳統的 RAM 有一個硬體設備，它可以接收一個記憶體位置，並回傳該位置的內容。QRAM 在概念上與它相似：它也接收一個記憶體位置（可能是許多記憶體位置的疊加），並回傳那些記憶體位置的內容的疊加。回傳的記憶體位置是用傳統的方式寫入的，亦即，每一個位元都有一個值，回傳的值是疊加的，而且機率幅是由回傳的記憶體位置的規範決定的。因為原始值是用傳統方式寫入的，所以它們可以用非破壞性的方式複製。

人們提議的 QRAM 有一個問題在於，它需要的物理資源量與讀取出來的位元數量呈線性關係。因此，為了取出極大量的資料而建構 QRAM 應該是不切實際的做法。如同量子計算機的許多話題，QRAM 仍處於理論探討階段，還沒進入工程階段。讓我們拭目以待。

我們接下來討論的演算法都假設有一種機制可以有效地存取演算法操作的資料，例如使用 QRAM。

計算逆矩陣

計算逆矩陣是許多科學問題的基礎。例如，機器學習需要計算大型矩陣的逆矩陣，量子計算機可望加快計算逆矩陣的速度。Harrow、Hassidim 與 Lloyd 提出的 HHL 演算法可以計算線性矩陣的逆矩陣，但有一些限制。我們有一個常見的問題是求解方程式 $Ax = b$，其中 A 是個 $N \times N$ 矩陣，x 是 N 個未知數，b 是 N 個已知數。你曾經在初級代數中學過最簡單的情況（$N = 2$），但是，隨著 N 的增加，計算逆矩陣也成為解開這組方程式的標準技術。

使用量子計算機來處理這個問題有以下的限制：

1. 你必須快速取得 b。這就是 QRAM 企圖解決的問題。

2. 矩陣 A 必須滿足某些條件。如果它是稀疏矩陣，那麼量子計算機應該可以有效地處理它。這個矩陣也必須是良態的，也就是說，矩陣的行列式必須是非零或接近零。在傳統計算機上計算逆矩陣時，小的行列式會造成一些問題，所以不是只有量子有這個問題。

3. HHL 演算法會產生疊加形式的 x 值。因此，你必須設法從疊加中分離出實際值。

實際的演算法非常複雜，我們無法在此說明。但是，有一個值得注意的地方在於，它使用一種基於相位的機率幅放大技術。

26.5 潛在的應用領域

量子計算機可望在廣泛的應用領域發揮影響力。例如，IBM 正專注研究網路安全、藥物研發、金融建模、更好的電池、更乾淨的肥料、交通優化、天氣預報和氣候變遷、人工智慧和機器學習…等。

迄今為止，除了網路安全之外，上述的潛在量子計算應用領域大多停留在想像階段。有一些網路安全演算法已被證實大幅超越傳統演算法，但其他的應用領域至今仍然只是很多人熱衷研究的主題。然而，到目前為此，這些努力都沒有公開的結果。

正如本章的引言所述，目前的量子計算機相當於萊特兄弟時代的飛機，雖然願景宏大，但是將願景化為現實仍然有很多工作要做。

26.6 結語

量子計算機尚處於起步階段。這種計算機的應用領域大多只是推測，尤其是需要大量資料的應用領域，儘管如此，實際的物理 qubit 的數量正在迅速增加。我們應該可以合理地推測，準確預測傳統計算能力的摩爾定律也適用於量子計算機，若是如此，那麼實體的 qubit 數量將隨著時間呈指數級成長。

第 26.2 節討論的 qubit 操作很適合一種程式設計風格：將操作串接起來，以執行有用的功能。量子程式可能追隨傳統計算機的機器語言的演變途徑。機器語言仍然存在，但已經變成少數程式設計師使用的工具了。大多數的程式設計師都使用各式各樣的高階程式語言。量子計算語言設計仍然處於起步階段，我們期待在量子計算機的程式設計方面看到同樣的演變。

程式語言只是冰山一角。本書討論過的其他主題呢？有沒有與量子計算機有關的新品質屬性、新架構模式、額外的架構視圖？答案幾乎是肯定的。

用量子計算機組成的網路會是什麼樣子？量子計算機與傳統計算機的混合網路會不會普及化？這些都是量子計算（最終）幾乎會實現的領域。

在此期間，架構師可以做些什麼？首先，你要留意突破性發展，如果你的系統涉及可能被量子計算影響的領域（或是被它完全顛覆的領域，這種機會更大），你應該把那些部分隔離開來，以便在量子計算最終出現時，將混亂程度降到最低。資安系統是特別需要關注的領域，以了解傳統加密演算法失效時該怎麼做。

但你不一定只能採取守勢來準備，想像一下，如果有一個可以立刻傳遞資訊的通訊網路，無論節點之間距離多遠，你可以做哪些事情？如果你覺得這件事聽起來太夢幻，其實在很久之前，會飛的機器也是如此夢幻。

一如往常，我們熱切地期待未來的到來。

26.7 延伸讀物

概要：

- Eric Johnston、Nic Harrigan 與 Mercedes Gimeno-Segovia 合著的《*Programming Quantum Computers*》在不提及物理學和線性代數的情況下討論量子計算 [Johnston 19]。
- 《*Quantum Computing: Progress and Prospects*》[NASEM 19] 概述量子計算的現況，以及製造真正的量子計算機需要克服的挑戰。
- 與傳統計算機相比，量子計算機不僅能提供更快的解決方案，也可以處理一些只能用量子計算機解決的問題。這一個強而有力的結論出現在 2018 年 5 月：quantamagazine.org/finally-a-problem-that-only-quantum-computers-will-ever-be-able-to-solve-20180621/。

參考文獻

[Abrahamsson 10] P. Abrahamsson, M. A. Babar, and P. Kruchten. "Agility and Architecture: Can They Coexist?" *IEEE Software* 27, no. 2 (March–April 2010): 16–22.

[AdvBuilder 10] Java Adventure Builder Reference Application. https://adventurebuilder.dev.java.net

[Anastasopoulos 00] M. Anastasopoulos and C. Gacek. "Implementing Product Line Variabilities" (IESE-Report no. 089.00/E, V1.0). Kaiserslautern, Germany: Fraunhofer Institut Experimentelles Software Engineering, 2000.

[Anderson 20] Ross Anderson. *Security Engineering: A Guide to Building Dependable Distributed Systems*, 3rd ed. Wiley, 2020.

[Argote 07] L. Argote and G. Todorova. *International Review of Industrial and Organizational Psychology*. John Wiley & Sons, 2007.

[Avižienis 04] Algirdas Avižienis, Jean-Claude Laprie, Brian Randell, and Carl Landwehr. "Basic Concepts and Taxonomy of Dependable and Secure Computing," *IEEE Transactions on Dependable and Secure Computing* 1, no. 1 (January 2004): 11–33.

[Bachmann 00a] Felix Bachmann, Len Bass, Jeromy Carriere, Paul Clements, David Garlan, James Ivers, Robert Nord, and Reed Little. "Software Architecture Documentation in Practice: Documenting Architectural Layers," CMU/SEI-2000-SR-004, 2000.

[Bachmann 00b] F. Bachmann, L. Bass, G. Chastek, P. Donohoe, and F. Peruzzi. "The Architecture-Based Design Method," CMU/SEI-2000-TR-001, 2000.

[Bachmann 05] F. Bachmann and P. Clements. "Variability in Software Product Lines," CMU/SEI-2005-TR-012, 2005.

[Bachmann 07] Felix Bachmann, Len Bass, and Robert Nord. "Modifiability Tactics," CMU/SEI-2007-TR-002, September 2007.

[Bachmann 11] F. Bachmann. "Give the Stakeholders What They Want: Design Peer Reviews the ATAM Style," *Crosstalk* (November/December 2011): 8–10, crosstalkonline.org/storage/issue-archives/2011/201111/201111-Bachmann.pdf.

[Barbacci 03] M. Barbacci, R. Ellison, A. Lattanze, J. Stafford, C. Weinstock, and W. Wood. "Quality Attribute Workshops (QAWs), Third Edition," CMU/SEI-2003-TR-016, sei.cmu.edu/reports/03tr016.pdf.

[Bass 03] L. Bass and B. E. John. "Linking Usability to Software Architecture Patterns through General Scenarios," *Journal of Systems and Software* 66, no. 3 (2003): 187–197.

[Bass 07] Len Bass, Robert Nord, William G. Wood, and David Zubrow. "Risk Themes Discovered through Architecture Evaluations," in *Proceedings of WICSA 07*, 2007.

[Bass 08] Len Bass, Paul Clements, Rick Kazman, and Mark Klein. "Models for Evaluating and Improving Architecture Competence," CMU/SEI-2008-TR-006, March 2008, sei.cmu.edu/library/abstracts/reports/08tr006.cfm.

[Bass 15] Len Bass, Ingo Weber, and Liming Zhu. *DevOps: A Software Architect's Perspective.* Addison-Wesley, 2015.

[Bass 19] Len Bass and John Klein. *Deployment and Operations for Software Engineers.* Amazon, 2019.

[Baudry 03] B. Baudry, Yves Le Traon, Gerson Sunyé, and Jean-Marc Jézéquel. "Measuring and Improving Design Patterns Testability," *Proceedings of the Ninth International Software Metrics Symposium* (METRICS '03), 2003.

[Baudry 05] B. Baudry and Y. Le Traon. "Measuring Design Testability of a UML Class Diagram," *Information & Software Technology* 47, no. 13 (October 2005): 859–879.

[Beck 02] Kent Beck. *Test-Driven Development by Example.* Addison-Wesley, 2002.

[Beck 04] Kent Beck and Cynthia Andres. *Extreme Programming Explained: Embrace Change*, 2nd ed. Addison-Wesley, 2004.

[Beizer 90] B. Beizer. *Software Testing Techniques*, 2nd ed. International Thomson Computer Press, 1990.

[Bellcore 98] Bell Communications Research. GR-1230-CORE, SONET Bidirectional Line-Switched Ring Equipment Generic Criteria. 1998.

[Bellcore 99] Bell Communications Research. GR-1400-CORE, SONET Dual-Fed Unidirectional Path Switched Ring (UPSR) Equipment Generic Criteria. 1999.

[Bellomo 15] S. Bellomo, I. Gorton, and R. Kazman. "Insights from 15 Years of ATAM Data: Towards Agile Architecture," *IEEE Software* 32, no. 5 (September/October 2015): 38–45.

[Benkler 07] Y. Benkler. *The Wealth of Networks: How Social Production Transforms Markets and Freedom.* Yale University Press, 2007.

[Bertolino 96a] Antonia Bertolino and Lorenzo Strigini. "On the Use of Testability Measures for Dependability Assessment," *IEEE Transactions on Software Engineering* 22, no. 2 (February 1996): 97–108.

[Bertolino 96b] A. Bertolino and P. Inverardi. "Architecture-Based Software Testing," in Proceedings of the Second International Software Architecture Workshop (ISAW-2), L. Vidal, A. Finkelstain, G. Spanoudakis, and A. L. Wolf, eds. *Joint Proceedings of the SIGSOFT '96 Workshops*, San Francisco, October 1996. ACM Press.

[Biffl 10] S. Biffl, A. Aurum, B. Boehm, H. Erdogmus, and P. Grunbacher, eds. *Value-Based Software Engineering*. Springer, 2010.

[Binder 94] R. V. Binder. "Design for Testability in Object-Oriented Systems," *CACM* 37, no. 9 (1994): 87–101.

[Binder 00] R. Binder. *Testing Object-Oriented Systems: Models, Patterns, and Tools*. Addison-Wesley, 2000.

[Boehm 78] B. W. Boehm, J. R. Brown, J. R. Kaspar, M. L. Lipow, and G. MacCleod. *Characteristics of Software Quality*. American Elsevier, 1978.

[Boehm 81] B. Boehm. *Software Engineering Economics*. Prentice Hall, 1981.

[Boehm 91] Barry Boehm. "Software Risk Management: Principles and Practices," *IEEE Software* 8, no. 1 (January 1991): 32–41.

[Boehm 04] B. Boehm and R. Turner. *Balancing Agility and Discipline: A Guide for the Perplexed*. Addison-Wesley, 2004.

[Boehm 07] B. Boehm, R. Valerdi, and E. Honour. "The ROI of Systems Engineering: Some Quantitative Results for Software Intensive Systems," *Systems Engineering* 11, no. 3 (2007): 221–234.

[Boehm 10] B. Boehm, J. Lane, S. Koolmanojwong, and R. Turner. "Architected Agile Solutions for Software-Reliant Systems," Technical Report USC-CSSE-2010-516, 2010.

[Bondi 14] A. B. Bondi. *Foundations of Software and System Performance Engineering: Process, Performance Modeling, Requirements, Testing, Scalability, and Practice*. Addison-Wesley, 2014.

[Booch 11] Grady Booch. "An Architectural Oxymoron," podcast available at computer.org/portal/web/computingnow/onarchitecture. Retrieved January 21, 2011.

[Bosch 00] J. Bosch. "Organizing for Software Product Lines," *Proceedings of the 3rd International Workshop on Software Architectures for Product Families (IWSAPF-3)*, pp. 117–134. Las Palmas de Gran Canaria, Spain, March 15–17, 2000. Springer, 2000.

[Bouwers 10] E. Bouwers and A. van Deursen. "A Lightweight Sanity Check for Implemented Architectures," *IEEE Software* 27, no. 4 (July/August 2010): 44–50.

[Bredemeyer 11] D. Bredemeyer and R. Malan. "Architect Competencies: What You Know, What You Do and What You Are," http://www.bredemeyer.com/Architect/ArchitectSkillsLinks.htm.

[Brewer 12] E. Brewer. "CAP Twelve Years Later: How the 'Rules' Have Changed," *IEEE Computer* (February 2012): 23–29.

[Brown 10] N. Brown, R. Nord, and I. Ozkaya. "Enabling Agility through Architecture," *Crosstalk* (November/December 2010): 12–17.

[Brownsword 96] Lisa Brownsword and Paul Clements. "A Case Study in Successful Product Line Development," Technical Report CMU/SEI-96-TR-016, October 1996.

[Brownsword 04] Lisa Brownsword, David Carney, David Fisher, Grace Lewis, Craig Meterys, Edwin Morris, Patrick Place, James Smith, and Lutz Wrage. "Current Perspectives on Interoperability," CMU/SEI-2004-TR-009, sei.cmu.edu/reports/04tr009.pdf.

[Bruntink 06] Magiel Bruntink and Arie van Deursen. "An Empirical Study into Class Testability," *Journal of Systems and Software* 79, no. 9 (2006): 1219–1232.

[Buschmann 96] Frank Buschmann, Regine Meunier, Hans Rohnert, Peter Sommerlad, and Michael Stal. *Pattern-Oriented Software Architecture Volume 1: A System of Patterns.* Wiley, 1996.

[Cai 11] Yuanfang Cai, Daniel Iannuzzi, and Sunny Wong. "Leveraging Design Structure Matrices in Software Design Education," *Conference on Software Engineering Education and Training 2011*, pp. 179–188.

[Cappelli 12] Dawn M. Cappelli, Andrew P. Moore, and Randall F. Trzeciak. *The CERT Guide to Insider Threats: How to Prevent, Detect, and Respond to Information Technology Crimes (Theft, Sabotage, Fraud).* Addison-Wesley, 2012.

[Carriere 10] J. Carriere, R. Kazman, and I. Ozkaya. "A Cost-Benefit Framework for Making Architectural Decisions in a Business Context," *Proceedings of 32nd International Conference on Software Engineering (ICSE 32)*, Capetown, South Africa, May 2010.

[Cataldo 07] M. Cataldo, M. Bass, J. Herbsleb, and L. Bass. "On Coordination Mechanisms in Global Software Development," *Proceedings Second IEEE International Conference on Global Software Development*, 2007.

[Cervantes 13] H. Cervantes, P. Velasco, and R. Kazman. "A Principled Way of Using Frameworks in Architectural Design," *IEEE Software* (March/April 2013): 46–53.

[Cervantes 16] H. Cervantes and R. Kazman. *Designing Software Architectures: A Practical Approach.* Addison-Wesley, 2016.

[Chandran 10] S. Chandran, A. Dimov, and S. Punnekkat. "Modeling Uncertainties in the Estimation of Software Reliability: A Pragmatic Approach," *Fourth IEEE International Conference on Secure Software Integration and Reliability Improvement*, 2010.

[Chang 06] F. Chang, J. Dean, S. Ghemawat, W. Hsieh, et al. "Bigtable: A Distributed Storage System for Structured Data," *Proceedings of Operating Systems Design and Implementation*, 2006, http://research.google.com/archive/ bigtable.html.

[Chen 10] H.-M. Chen, R. Kazman, and O. Perry. "From Software Architecture Analysis to Service Engineering: An Empirical Study of Enterprise SOA Implementation," *IEEE Transactions on Services Computing* 3, no. 2 (April–June 2010): 145–160.

[Chidamber 94] S. Chidamber and C. Kemerer. "A Metrics Suite for Object Oriented Design," *IEEE Transactions on Software Engineering*20, no. 6 (June 1994).

[Chowdury 19] S. Chowdhury, A. Hindle, R. Kazman, T. Shuto, K. Matsui, and Y. Kamei. "GreenBundle: An Empirical Study on the Energy Impact of Bundled Processing," *Proceedings of the International Conference on Software Engineering*, May 2019.

[Clements 01a] P. Clements and L. Northrop. *Software Product Lines.* Addison-Wesley, 2001.

[Clements 01b] P. Clements, R. Kazman, and M. Klein. *Evaluating Software Architectures.* Addison-Wesley, 2001.

[Clements 07] P. Clements, R. Kazman, M. Klein, D. Devesh, S. Reddy, and P. Verma. "The Duties, Skills, and Knowledge of Software Architects," *Proceedings of the Working IEEE/IFIP Conference on Software Architecture*, 2007.

[Clements 10a] Paul Clements, Felix Bachmann, Len Bass, David Garlan, James Ivers, Reed Little, Paulo Merson, Robert Nord, and Judith Stafford. *Documenting Software Architectures: Views and Beyond*, 2nd ed. Addison-Wesley, 2010.

[Clements 10b] Paul Clements and Len Bass. "Relating Business Goals to Architecturally Significant Requirements for Software Systems," CMU/SEI-2010-TN-018, May 2010.

[Clements 10c] P. Clements and L. Bass. "The Business Goals Viewpoint," *IEEE Software* 27, no. 6 (November–December 2010): 38–45.

[Clements 16] Paul Clements and Linda Northrop. *Software Product Lines: Practices and Patterns.* Addison-Wesley, 2016.

[Cockburn 04] Alistair Cockburn. *Crystal Clear: A Human-Powered Methodology for Small Teams.* Addison-Wesley, 2004.

[Cockburn 06] Alistair Cockburn. *Agile Software Development: The Cooperative Game.* Addison-Wesley, 2006.

[Conway 68] Melvin E. Conway. "How Do Committees Invent?" *Datamation* 14, no. 4 (1968): 28–31.

[Coplein 10] J. Coplein and G. Bjornvig. *Lean Architecture for Agile Software Development.* Wiley, 2010.

[Coulin 19] T. Coulin, M. Detante, W. Mouchère, F. Petrillo. et al. "Software Architecture Metrics: A Literature Review," January 25, 2019, https://arxiv.org/abs/1901.09050.

[Cruz 19] L. Cruz and R. Abreu. "Catalog of Energy Patterns for Mobile Applications," *Empirical Software Engineering* 24 (2019): 2209–2235.

[Cunningham 92] W. Cunningham. "The Wycash Portfolio Management System," in Addendum to the *Proceedings of Object-Oriented Programming Systems, Languages, and Applications (OOPSLA)*, pp. 29–30. ACM Press, 1992.

[CWE 12] The Common Weakness Enumeration. http://cwe.mitre.org/.

[Dean 04] Jeffrey Dean and Sanjay Ghemawat. "MapReduce: Simplified Data Processing on Large Clusters," *Proceedings Operating System Design and Implementation*, 1994, http://research.google.com/archive/mapreduce.html.

[Dean 13] Jeffrey Dean and Luiz André Barroso. "The Tail at Scale," *Communications of the ACM* 56, no. 2 (February 2013): 74–80.

[Dijkstra 68] E. W. Dijkstra. "The Structure of the 'THE'-Multiprogramming System," *Communications of the ACM* 11, no. 5 (1968): 341–346.

[Dijkstra 72] Edsger W. Dijkstra, Ole-Johan Dahl, and Tony Hoare, *Structured Programming*. Academic Press, 1972: 175–220.

[Dix 04] Alan Dix, Janet Finlay, Gregory Abowd, and Russell Beale. *Human–Computer Interaction*, 3rd ed. Prentice Hall, 2004.

[Douglass 99] Bruce Douglass. *Real-Time Design Patterns: Robust Scalable Architecture for Real-Time Systems*. Addison-Wesley, 1999.

[Dutton 84] J. M. Dutton and A. Thomas. "Treating Progress Functions as a Managerial Opportunity," *Academy of Management Review* 9 (1984): 235–247.

[Eickelman 96] N. Eickelman and D. Richardson. "What Makes One Software Architecture More Testable Than Another?" in *Proceedings of the Second International Software Architecture Workshop (ISAW-2)*, L. Vidal, A. Finkelstein, G. Spanoudakis, and A. L. Wolf, eds., Joint Proceedings of the SIGSOFT '96 Workshops, San Francisco, October 1996. ACM Press.

[EOSAN 07] "WP 8.1.4—Define Methodology for Validation within OATA: Architecture Tactics Assessment Process," eurocontrol.int/valfor/gallery/content/public/OATA-P2-D8.1.4-01%20DMVO%20Architecture%20Tactics%20Assessment%20Process.pdf.

[FAA 00] "System Safety Handbook," faa.gov/library/manuals/aviation/risk_management/ss_handbook/.

[Fairbanks 10] G. Fairbanks. *Just Enough Software Architecture: A Risk-Driven Approach*. Marshall & Brainerd, 2010.

[Fairbanks 20] George Fairbanks. "Ur-Technical Debt," *IEEE Software* 37, no. 4 (April 2020): 95–98.

[Feiler 06] P. Feiler, R. P. Gabriel, J. Goodenough, R. Linger, T. Longstaff, R. Kazman, M. Klein, L. Northrop, D. Schmidt, K. Sullivan, and K. Wallnau. *Ultra-Large-Scale Systems: The Software Challenge of the Future*. sei.cmu.edu/library/assets/ULS_Book20062.pdf.

[Feng 16] Q. Feng, R. Kazman, Y. Cai, R. Mo, and L. Xiao. "An Architecture-centric Approach to Security Analysis," in *Proceedings of the 13th Working IEEE/IFIP Conference on Software Architecture (WICSA 2016)*, 2016.

[Fiol 85] C. M. Fiol and M. A. Lyles. "Organizational Learning," *Academy of Management Review* 10, no. 4 (1985):. 803.

[Fonseca 19] A. Fonseca, R. Kazman, and P. Lago. "A Manifesto for Energy-Aware Software," *IEEE Software* 36 (November/December 2019): 79–82.

[Fowler 09] Martin Fowler. "TechnicalDebtQuadrant," https://martinfowler.com/bliki/TechnicalDebtQuadrant.html, 2009.

[Fowler 10] Martin Fowler. "Blue Green Deployment," https://martinfowler.com/bliki/BlueGreenDeployment.html, 2010.

[Freeman 09] Steve Freeman and Nat Pryce. *Growing Object-Oriented Software, Guided by Tests.* Addison-Wesley, 2009.

[Gacek 95] Cristina Gacek, Ahmed Abd-Allah, Bradford Clark, and Barry Boehm. "On the Definition of Software System Architecture," USC/CSE-95-TR-500, April 1995.

[Gagliardi 09] M. Gagliardi, W. Wood, J. Klein, and J. Morley. "A Uniform Approach for System of Systems Architecture Evaluation," *Crosstalk* 22, no. 3 (March/April 2009): 12–15.

[Gajjarby 17] Manish J. Gajjarby. *Mobile Sensors and Context-Aware Computing.* Morgan Kaufman, 2017.

[Gamma 94] E. Gamma, R. Helm, R. Johnson, and J. Vlissides. *Design Patterns: Elements of Reusable Object-Oriented Software.* Addison-Wesley, 1994.

[Garlan 93] D. Garlan and M. Shaw. "An Introduction to Software Architecture," in Ambriola and Tortola, eds., *Advances in Software Engineering & Knowledge Engineering, Vol. II.* World Scientific Pub., 1993, pp. 1–39.

[Garlan 95] David Garlan, Robert Allen, and John Ockerbloom. "Architectural Mismatch or Why It's Hard to Build Systems out of Existing Parts," 17th International Conference on Software Engineering, April 1995.

[Gilbert 07] T. Gilbert. *Human Competence: Engineering Worthy Performance.* Pfeiffer, Tribute Edition, 2007.

[Gokhale 05] S. Gokhale, J. Crigler, W. Farr, and D. Wallace. "System Availability Analysis Considering Hardware/Software Failure Severities," *Proceedings of the 29th Annual IEEE/NASA Software Engineering Workshop (SEW '05)*, Greenbelt, MD, April 2005. IEEE, 2005.

[Gorton 10] Ian Gorton. *Essential Software Architecture*, 2nd ed. Springer, 2010.

[Graham 07] T. C. N. Graham, R. Kazman, and C. Walmsley. "Agility and Experimentation: Practical Techniques for Resolving Architectural Tradeoffs," *Proceedings of the 29th International Conference on Software Engineering (ICSE 29)*, Minneapolis, MN, May 2007.

[Gray 93] Jim Gray and Andreas Reuter. *Distributed Transaction Processing: Concepts and Techniques.* Morgan Kaufmann, 1993.

[Grinter 99] Rebecca E. Grinter. "Systems Architecture: Product Designing and Social Engineering," in *Proceedings of the International Joint Conference on Work Activities Coordination and Collaboration (WACC '99)*, Dimitrios Georgakopoulos, Wolfgang Prinz, and Alexander L. Wolf, eds. ACM, 1999, pp. 11–18.

[Hamm 04] "Linus Torvalds' Benevolent Dictatorship," *BusinessWeek*, August 18, 2004, businessweek.com/technology/content/aug2004/tc20040818_1593.htm.

[Hamming 80] R. W. Hamming. *Coding and Information Theory.* Prentice Hall, 1980.

[Hanmer 13] Robert S. Hanmer. *Patterns for Fault Tolerant Software*, Wiley Software Patterns Series, 2013.

[Harms 10] R. Harms and M. Yamartino. "The Economics of the Cloud," http://economics.uchicago.edu/pdf/Harms_110111.pdf.

[Hartman 10] Gregory Hartman. "Attentiveness: Reactivity at Scale," CMU-ISR-10-111, 2010.

[Hiltzik 00] M. Hiltzik. *Dealers of Lightning: Xerox PARC and the Dawn of the Computer Age*. Harper Business, 2000.

[Hoare 85] C. A. R. Hoare. *Communicating Sequential Processes.* Prentice Hall International Series in Computer Science, 1985.

[Hoffman 00] Daniel M. Hoffman and David M. Weiss. *Software Fundamentals: Collected Papers by David L. Parnas.* Addison-Wesley, 2000.

[Hofmeister 00] Christine Hofmeister, Robert Nord, and Dilip Soni. *Applied Software Architecture.* Addison-Wesley, 2000.

[Hofmeister 07] Christine Hofmeister, Philippe Kruchten, Robert L. Nord, Henk Obbink, Alexander Ran, and Pierre America. "A General Model of Software Architecture Design Derived from Five Industrial Approaches," *Journal of Systems and Software* 80, no. 1 (January 2007): 106–126.

[Hohpe 20] Gregor Hohpe. *The Software Architect Elevator: Redefining the Architect's Role in the Digital Enterprise.* O'Reilly, 2020.

[Howard 04] Michael Howard. "Mitigate Security Risks by Minimizing the Code You Expose to Untrusted Users," *MSDN Magazine*, http://msdn.microsoft.com/en-us/magazine/cc163882.aspx.

[Hubbard 14] D. Hubbard. *How to Measure Anything: Finding the Value of Intangibles in Business.* Wiley, 2014.

[Humble 10] Jez Humble and David Farley. *Continuous Delivery: Reliable Software Releases through Build, Test, and Deployment Automation,* Addison-Wesley, 2010.

[IEEE 94] "IEEE Standard for Software Safety Plans," STD-1228-1994, http://standards.ieee.org/findstds/standard/1228-1994.html.

[IEEE 17] "IEEE Guide: Adoption of the Project Management Institute (PMI) Standard: A Guide to the Project Management Body of Knowledge (PMBOK Guide), Sixth Edition," projectsmart.co.uk/pmbok.html.

[IETF 04] Internet Engineering Task Force. "RFC 3746, Forwarding and Control Element Separation (ForCES) Framework," 2004.

[IETF 05] Internet Engineering Task Force. "RFC 4090, Fast Reroute Extensions to RSVP-TE for LSP Tunnels," 2005.

[IETF 06a] Internet Engineering Task Force. "RFC 4443, Internet Control Message Protocol (ICMPv6) for the Internet Protocol Version 6 (IPv6) Specification," 2006.

[IETF 06b] Internet Engineering Task Force. "RFC 4379, Detecting Multi-Protocol Label Switched (MPLS) Data Plane Failures," 2006.

[INCOSE 05] International Council on Systems Engineering. "System Engineering Competency Framework 2010–0205," incose.org/ProductsPubs/products/competenciesframework.aspx.

[INCOSE 19] International Council on Systems Engineering, "Feature-Based Systems and Software Product Line Engineering: A Primer," Technical Product INCOSE-TP-2019-002-03-0404, https://connect.incose.org/Pages/Product-Details.aspx?ProductCode=PLE_Primer_2019.

[Ingeno 18] Joseph Ingeno. *Software Architect's Handbook*. Packt Publishing, 2018.

[ISO 11] International Organization for Standardization. "ISO/IEC 25010: 2011 Systems and Software Engineering—Systems and Software Quality Requirements and Evaluation (SQuaRE)—System and Software Quality Models."

[Jacobson 97] I. Jacobson, M. Griss, and P. Jonsson. *Software Reuse: Architecture, Process, and Organization for Business Success*. Addison-Wesley, 1997.

[Johnston 19] Eric Johnston, Nic Harrigan, and Mercedes Gimeno-Segovia, *Programming Quantum Computers*. O'Reilly, 2019.

[Kanwal 10] F. Kanwal, K. Junaid, and M.A. Fahiem. "A Hybrid Software Architecture Evaluation Method for FDD: An Agile Process Mode," 2010 International Conference on Computational Intelligence and Software Engineering (CiSE), December 2010, pp. 1–5.

[Kaplan 92] R. Kaplan and D. Norton. "The Balanced Scorecard: Measures That Drive Performance," *Harvard Business Review* (January/February 1992): 71–79.

[Karat 94] Claire Marie Karat. "A Business Case Approach to Usability Cost Justification," in *Cost-Justifying Usability*, R. Bias and D. Mayhew, eds. Academic Press, 1994.

[Kazman 94] Rick Kazman, Len Bass, Mike Webb, and Gregory Abowd. "SAAM: A Method for Analyzing the Properties of Software Architectures," in *Proceedings of the 16th International Conference on Software Engineering (ICSE '94)*. Los Alamitos, CA. IEEE Computer Society Press, 1994, pp. 81–90.

[Kazman 99] R. Kazman and S. J. Carriere. "Playing Detective: Reconstructing Software Architecture from Available Evidence," *Automated Software Engineering* 6, no 2 (April 1999): 107–138.

[Kazman 01] R. Kazman, J. Asundi, and M. Klein. "Quantifying the Costs and Benefits of Architectural Decisions," *Proceedings of the 23rd International Conference on Software Engineering (ICSE 23)*, Toronto, Canada, May 2001, pp. 297–306.

[Kazman 02] R. Kazman, L. O'Brien, and C. Verhoef. "Architecture Reconstruction Guidelines, Third Edition," CMU/SEI Technical Report, CMU/SEI-2002-TR-034, 2002.

[Kazman 04] R. Kazman, P. Kruchten, R. Nord, and J. Tomayko. "Integrating Software-Architecture-Centric Methods into the Rational Unified Process," Technical Report CMU/SEI-2004-TR-011, July 2004, sei.cmu.edu/library/abstracts/reports/04tr011.cfm.

[Kazman 05] Rick Kazman and Len Bass. "Categorizing Business Goals for Software Architectures," CMU/SEI-2005-TR-021, December 2005.

[Kazman 09] R. Kazman and H.-M. Chen. "The Metropolis Model: A New Logic for the Development of Crowdsourced Systems," *Communications of the ACM* (July 2009): 76–84.

[Kazman 15] R. Kazman, Y. Cai, R. Mo, Q. Feng, L. Xiao, S. Haziyev, V. Fedak, and A. Shapochka. "A Case Study in Locating the Architectural Roots of Technical Debt," in *Proceedings of the International Conference on Software Engineering (ICSE) 2015*, 2015.

[Kazman 18] R. Kazman, S. Haziyev, A. Yakuba, and D. Tamburri. "Managing Energy Consumption as an Architectural Quality Attribute," *IEEE Software* 35, no. 5 (2018).

[Kazman 20a] R. Kazman, P. Bianco, J. Ivers, and J. Klein. "Integrability," CMU/SEI-2020-TR-001, 2020.

[Kazman 20b] R. Kazman, P. Bianco, J. Ivers, and J. Klein. "Maintainability," CMU/SEI-2020-TR-006, 2020.

[Kircher 03] Michael Kircher and Prashant Jain. *Pattern-Oriented Software Architecture Volume 3: Patterns for Resource Management.* Wiley, 2003.

[Klein 10] J. Klein and M. Gagliardi. "A Workshop on Analysis and Evaluation of Enterprise Architectures," CMU/SEI-2010-TN-023, sei.cmu.edu/reports/10tn023.pdf.

[Klein 93] M. Klein, T. Ralya, B. Pollak, R. Obenza, and M. Gonzalez Harbour. *A Practitioner's Handbook for Real-Time Systems Analysis.* Kluwer Academic, 1993.

[Koopman 10] Phil Koopman. *Better Embedded System Software.* Drumnadrochit Education, 2010.

[Koziolet 10] H. Koziolek. "Performance Evaluation of Component-Based Software Systems: A Survey," *Performance Evaluation* 67, no. 8 (August 2010).

[Kruchten 95] P. B. Kruchten. "The 4+1 View Model of Architecture," *IEEE Software* 12, no. 6 (November 1995): 42–50.

[Kruchten 03] Philippe Kruchten. *The Rational Unified Process: An Introduction*, 3rd ed. Addison-Wesley, 2003.

[Kruchten 04] Philippe Kruchten. "An Ontology of Architectural Design Decisions," in Jan Bosch, ed., *Proceedings of the 2nd Workshop on Software Variability Management*, Groningen, Netherlands, December 3–4, 2004.

[Kruchten 19] P. Kruchten, R. Nord, and I. Ozkaya. *Managing Technical Debt: Reducing Friction in Software Development.* Addison-Wesley, 2019.

[Kumar 10a] K. Kumar and T. V. Prabhakar. "Pattern-Oriented Knowledge Model for Architecture Design," in *Pattern Languages of Programs Conference 2010*, Reno/Tahoe, NV: October 15–18, 2010.

[Kumar 10b] Kiran Kumar and T. V. Prabhakar. "Design Decision Topology Model for Pattern Relationship Analysis," *Asian Conference on Pattern Languages of Programs 2010*, Tokyo, Japan, March 15–17, 2010.

[Ladas 09] Corey Ladas. *Scrumban: Essays on Kanban Systems for Lean Software Development*. Modus Cooperandi Press, 2009.

[Lamport 98] Leslie Lamport. "The Part-Time Parliament," *ACM Transactions on Computer Systems* 16, no. 2 (May 1998): 133–169.

[Lampson 11] Butler Lampson, "Hints and Principles for Computer System Design," https://arxiv.org/pdf/2011.02455.pdf.

[Lattanze 08] Tony Lattanze. *Architecting Software Intensive Systems: A Practitioner's Guide*. Auerbach Publications, 2008.

[Le Traon 97] Y. Le Traon and C. Robach. "Testability Measurements for Data Flow Designs," *Proceedings of the 4th International Symposium on Software Metrics (METRICS '97)*. Washington, DC: November 1997, pp. 91–98.

[Leveson 04] Nancy G. Leveson. "The Role of Software in Spacecraft Accidents," *Journal of Spacecraft and Rockets* 41, no. 4 (July 2004): 564–575.

[Leveson 11] Nancy G. Leveson. *Engineering a Safer World: Systems Thinking Applied to Safety*. MIT Press, 2011.

[Levitt 88] B. Levitt and J. March. "Organizational Learning," *Annual Review of Sociology* 14 (1988): 319–340.

[Lewis 14] J. Lewis and M. Fowler. "Microservices," https://martinfowler.com/articles/microservices.html, 2014.

[Liu 00] Jane Liu. *Real-Time Systems*. Prentice Hall, 2000.

[Liu 09] Henry Liu. *Software Performance and Scalability: A Quantitative Approach*. Wiley, 2009.

[Luftman 00] J. Luftman. "Assessing Business Alignment Maturity," *Communications of AIS* 4, no. 14 (2000).

[Lyons 62] R. E. Lyons and W. Vanderkulk. "The Use of Triple-Modular Redundancy to Improve Computer Reliability," *IBM Journal of Research and Development* 6, no. 2 (April 1962): 200–209.

[MacCormack 06] A. MacCormack, J. Rusnak, and C. Baldwin. "Exploring the Structure of Complex Software Designs: An Empirical Study of Open Source and Proprietary Code," *Management Science* 52, no 7 (July 2006): 1015–1030.

[MacCormack 10] A. MacCormack, C. Baldwin, and J. Rusnak. "The Architecture of Complex Systems: Do Core-Periphery Structures Dominate?" MIT Sloan Research Paper no. 4770-10, hbs.edu/research/pdf/10-059.pdf.

[Malan 00] Ruth Malan and Dana Bredemeyer. "Creating an Architectural Vision: Collecting Input," July 25, 2000, bredemeyer.com/pdf_files/vision_input.pdf.

[Maranzano 05] Joseph F. Maranzano, Sandra A. Rozsypal, Gus H. Zimmerman, Guy W. Warnken, Patricia E. Wirth, and David M. Weiss. "Architecture Reviews: Practice and Experience," *IEEE Software* (March/April 2005): 34–43.

[Martin 17] Robert C. Martin. *Clean Architecture: A Craftsman's Guide to Software Structure and Design*. Pearson, 2017.

[Mavis 02] D. G. Mavis. "Soft Error Rate Mitigation Techniques for Modern Microcircuits," in *40th Annual Reliability Physics Symposium Proceedings*, April 2002, Dallas, TX. IEEE, 2002.

[McCall 77] J. A. McCall, P. K. Richards, and G. F. Walters. *Factors in Software Quality*. Griffiths Air Force Base, NY: Rome Air Development Center Air Force Systems Command.

[McConnell 07] Steve McConnell. "Technical Debt," construx.com/10x_Software_Development/Technical_Debt/, 2007.

[McGregor 11] John D. McGregor, J. Yates Monteith, and Jie Zhang. "Quantifying Value in Software Product Line Design," in *Proceedings of the 15th International Software Product Line Conference, Volume 2 (SPLC '11)*, Ina Schaefer, Isabel John, and Klaus Schmid, eds.

[Mettler 91] R. Mettler. "Frederick C. Lindvall," in *Memorial Tributes: National Academy of Engineering, Volume 4*. National Academy of Engineering, 1991, pp. 213–216.

[Mo 15] R. Mo, Y. Cai, R. Kazman, and L. Xiao. "Hotspot Patterns: The Formal Definition and Automatic Detection of Architecture Smells," in *Proceedings of the 12th Working IEEE/IFIP Conference on Software Architecture (WICSA 2015)*, 2015.

[Mo 16] R. Mo, Y. Cai, R. Kazman, L. Xiao, and Q. Feng. "Decoupling Level: A New Metric for Architectural Maintenance Complexity," *Proceedings of the International Conference on Software Engineering (ICSE) 2016*, Austin, TX, May 2016.

[Mo 18] R. Mo, W. Snipes, Y. Cai, S. Ramaswamy, R. Kazman, and M. Naedele. "Experiences Applying Automated Architecture Analysis Tool Suites," in *Proceedings of Automated Software Engineering (ASE) 2018*, 2018.

[Moore 03] M. Moore, R. Kazman, M. Klein, and J. Asundi. "Quantifying the Value of Architecture Design Decisions: Lessons from the Field," *Proceedings of the 25th International Conference on Software Engineering (ICSE 25)*, Portland, OR, May 2003, pp. 557–562.

[Morelos-Zaragoza 06] R. H. Morelos-Zaragoza. *The Art of Error Correcting Coding*, 2nd ed. Wiley, 2006.

[Muccini 03] H. Muccini, A. Bertolino, and P. Inverardi. "Using Software Architecture for Code Testing," *IEEE Transactions on Software Engineering* 30, no. 3 (2003): 160–171.

[Muccini 07] H. Muccini. "What Makes Software Architecture-Based Testing Distinguishable," in *Proceedings of the Sixth Working IEEE/IFIP Conference on Software Architecture, WICSA 2007*, Mumbai, India, January 2007.

[Murphy 01] G. Murphy, D. Notkin, and K. Sullivan. "Software Reflexion Models: Bridging the Gap between Design and Implementation," *IEEE Transactions on Software Engineering* 27 (2001): 364–380.

[NASEM 19] National Academies of Sciences, Engineering, and Medicine. *Quantum Computing: Progress and Prospects*. National Academies Press, 2019. https://doi.org/10.17226/25196.

[Newman 15] Sam Newman. *Building Microservices: Designing Fine-Grained Systems*. O'Reilly, 2015.

[Nielsen 08] Jakob Nielsen. "Usability ROI Declining, But Still Strong," useit.com/alertbox/roi.html.

[NIST 02] National Institute of Standards and Technology. "Security Requirements for Cryptographic Modules," FIPS Pub. 140-2, http://csrc.nist.gov/publications/fips/fips140-2/fips1402.pdf.

[NIST 04] National Institute of Standards and Technology. "Standards for Security Categorization of Federal Information Systems," FIPS Pub. 199, http://csrc.nist.gov/publications/fips/fips199/FIPS-PUB-199-final.pdf.

[NIST 06] National Institute of Standards and Technology. "Minimum Security Requirements for Federal Information and Information Systems," FIPS Pub. 200, http://csrc.nist.gov/publications/fips/fips200/FIPS-200-final-march.pdf.

[NIST 09] National Institute of Standards and Technology. "800-53 v3 Recommended Security Controls for Federal Information Systems and Organizations," August 2009, http://csrc.nist.gov/publications/nistpubs/800-53-Rev3/sp800-53-rev3-final.pdf.

[Nord 04] R. Nord, J. Tomayko, and R. Wojcik. "Integrating Software Architecture-Centric Methods into Extreme Programming (XP)," CMU/SEI-2004-TN-036. Software Engineering Institute, Carnegie Mellon University, 2004.

[Nygard 18] Michael T. Nygard. *Release It!: Design and Deploy Production-Ready Software*, 2nd ed. Pragmatic Programmers, 2018.

[Obbink 02] H. Obbink, P. Kruchten, W. Kozaczynski, H. Postema, A. Ran, L. Dominic, R. Kazman, R. Hilliard, W. Tracz, and E. Kahane. "Software Architecture Review and Assessment (SARA) Report, Version 1.0," 2002, http://pkruchten.wordpress.com/architecture/SARAv1.pdf/.

[O'Brien 03] L. O'Brien and C. Stoermer. "Architecture Reconstruction Case Study," CMU/SEI Technical Note, CMU/SEI-2003-TN-008, 2003.

[ODUSD 08] Office of the Deputy Under Secretary of Defense for Acquisition and Technology. "Systems Engineering Guide for Systems of Systems, Version 1.0," 2008, acq.osd.mil/se/docs/SE-Guide-for-SoS.pdf.

[Oki 88] Brian Oki and Barbara Liskov. "Viewstamped Replication: A New Primary Copy Method to Support Highly-Available Distributed Systems," *PODC '88: Proceedings of the Seventh Annual ACM Symposium on Principles of Distributed Computing*, January 1988, pp. 8–17, https://doi.org/10.1145/62546.62549.

[Palmer 02] Stephen Palmer and John Felsing. *A Practical Guide to Feature-Driven Development*. Prentice Hall, 2002.

[Pang 16] C. Pang, A. Hindle, B. Adams, and A. Hassan. "What Do Programmers Know about Software Energy Consumption?," *IEEE Software* 33, no. 3 (2016): 83–89.

[Paradis 21] C. Paradis, R. Kazman, and D. Tamburri. "Architectural Tactics for Energy Efficiency: Review of the Literature and Research Roadmap," *Proceedings of the Hawaii International Conference on System Sciences (HICSS)* 54 (2021).

[Parnas 72] D. L. Parnas. "On the Criteria to Be Used in Decomposing Systems into Modules," *Communications of the ACM* 15, no. 12 (December 1972).

[Parnas 74] D. Parnas. "On a 'Buzzword': Hierarchical Structure," in *Proceedings of IFIP Congress 74*, pp. 336–339. North Holland Publishing Company, 1974.

[Parnas 76] D. L. Parnas. "On the Design and Development of Program Families," *IEEE Transactions on Software Engineering*, SE-2, 1 (March 1976): 1–9.

[Parnas 79] D. Parnas. "Designing Software for Ease of Extension and Contraction," *IEEE Transactions on Software Engineering*, SE-5, 2 (1979): 128–137.

[Parnas 95] David Parnas and Jan Madey. "Functional Documents for Computer Systems," in *Science of Computer Programming*. Elsevier, 1995.

[Paulish 02] Daniel J. Paulish. *Architecture-Centric Software Project Management: A Practical Guide*. Addison-Wesley, 2002.

[Pena 87] William Pena. *Problem Seeking: An Architectural Programming Primer*. AIA Press, 1987.

[Perry 92] Dewayne E. Perry and Alexander L. Wolf. "Foundations for the Study of Software Architecture," *SIGSOFT Software Engineering Notes* 17, no. 4 (October 1992): 40–52.

[Pettichord 02] B. Pettichord. "Design for Testability," Pacific Northwest Software Quality Conference, Portland, Oregon, October 2002.

[Procaccianti 14] G. Procaccianti, P. Lago, and G. Lewis. "A Catalogue of Green Architectural Tactics for the Cloud," in *IEEE 8th International Symposium on the Maintenance and Evolution of Service-Oriented and Cloud-Based Systems*, 2014, pp. 29–36.

[Powel Douglass 99] B. Powel Douglass. *Doing Hard Time: Developing Real-Time Systems with UML, Objects, Frameworks, and Patterns*. Addison-Wesley, 1999.

[Raiffa 00] H. Raiffa & R. Schlaifer. *Applied Statistical Decision Theory*. Wiley, 2000.

[SAE 96] SAE International, "ARP-4761: Guidelines and Methods for Conducting the Safety Assessment Process on Civil Airborne Systems and Equipment," December 1, 1996, sae.org/standards/content/arp4761/.

[Sangwan 08] Raghvinder Sangwan, Colin Neill, Matthew Bass, and Zakaria El Houda. "Integrating a Software Architecture-Centric Method into Object-Oriented Analysis and Design," *Journal of Systems and Software* 81, no. 5 (May 2008): 727–746.

[Sato 14] D. Sato. "Canary Deployment," https://martinfowler.com/bliki/CanaryRelease.html, 2014.

[Schaarschmidt 20] M. Schaarschmidt, M. Uelschen, E. Pulvermuellerm, and C. Westerkamp. "Framework of Software Design Patterns for Energy-Aware Embedded Systems," *Proceedings of the 15th International Conference on Evaluation of Novel Approaches to Software Engineering (ENASE 2020)*, 2020.

[Schmerl 06] B. Schmerl, J. Aldrich, D. Garlan, R. Kazman, and H. Yan. "Discovering Architectures from Running Systems," *IEEE Transactions on Software Engineering* 32, no. 7 (July 2006): 454–466.

[Schmidt 00] Douglas Schmidt, M. Stal, H. Rohnert, and F. Buschmann. *Pattern-Oriented Software Architecture: Patterns for Concurrent and Networked Objects*. Wiley, 2000.

[Schmidt 10] Klaus Schmidt. *High Availability and Disaster Recovery: Concepts, Design, Implementation*. Springer, 2010.

[Schneier 96] B. Schneier. *Applied Cryptography*. Wiley, 1996.

[Schneier 08] Bruce Schneier. *Schneier on Security*. Wiley, 2008.

[Schwaber 04] Ken Schwaber. *Agile Project Management with Scrum*. Microsoft Press, 2004.

[Scott 09] James Scott and Rick Kazman. "Realizing and Refining Architectural Tactics: Availability," Technical Report CMU/SEI-2009-TR-006, August 2009.

[Seacord 13] Robert Seacord. *Secure Coding in C and C++*. Addison-Wesley, 2013.

[SEI 12] Software Engineering Institute. "A Framework for Software Product Line Practice, Version 5.0," sei.cmu.edu/productlines/frame_report/ PL.essential.act.htm.

[Shaw 94] Mary Shaw. "Procedure Calls Are the Assembly Language of Software Interconnections: Connectors Deserve First-Class Status," Carnegie Mellon University Technical Report, 1994, http://repository.cmu.edu/cgi/viewcontent.cgi?article=1234&context=sei.

[Shaw 95] Mary Shaw. "Beyond Objects: A Software Design Paradigm Based on Process Control," *ACM Software Engineering Notes* 20, no. 1 (January 1995): 27–38.

[Smith 01] Connie U. Smith and Lloyd G. Williams. *Performance Solutions: A Practical Guide to Creating Responsive, Scalable Software*. Addison-Wesley, 2001.

[Soni 95] Dilip Soni, Robert L. Nord, and Christine Hofmeister. "Software Architecture in Industrial Applications," International Conference on Software Engineering 1995, April 1995, pp. 196–207.

[Stonebraker 09] M. Stonebraker. "The 'NoSQL' Discussion Has Nothing to Do with SQL," http://cacm.acm.org/blogs/blog-cacm/50678-the-nosql-discussion-has-nothing-to-do-with-sql/fulltext.

[Stonebraker 10a] M. Stonebraker. "SQL Databases v. NoSQL Databases," *Communications of the ACM* 53, no 4 (2010): 10.

[Stonebraker 10b] M. Stonebraker, D. Abadi, D. J. Dewitt, S. Madden, E. Paulson, A. Pavlo, and A. Rasin. "MapReduce and Parallel DBMSs," *Communications of the ACM* 53 (2010): 6.

[Stonebraker 11] M. Stonebraker. "Stonebraker on NoSQL and Enterprises," *Communications of the ACM* 54, no. 8 (2011): 10.

[Storey 97] M.-A. Storey, K. Wong, and H. Müller. "Rigi: A Visualization Environment for Reverse Engineering (Research Demonstration Summary)," 19th International Conference on Software Engineering (ICSE 97), May 1997, pp. 606–607. IEEE Computer Society Press.

[Svahnberg 00] M. Svahnberg and J. Bosch. "Issues Concerning Variability in Software Product Lines," in *Proceedings of the Third International Workshop on Software Architectures for Product Families*, Las Palmas de Gran Canaria, Spain, March 15–17, 2000, pp. 50–60. Springer, 2000.

[Taylor 09] R. Taylor, N. Medvidovic, and E. Dashofy. *Software Architecture: Foundations, Theory, and Practice*. Wiley, 2009.

[Telcordia 00] Telcordia. "GR-253-CORE, Synchronous Optical Network (SONET) Transport Systems: Common Generic Criteria." 2000.

[Urdangarin 08] R. Urdangarin, P. Fernandes, A. Avritzer, and D. Paulish. "Experiences with Agile Practices in the Global Studio Project," *Proceedings of the IEEE International Conference on Global Software Engineering*, 2008.

[USDOD 12] U.S. Department of Defense, "Standard Practice: System Safety, MIL-STD-882E," May 11, 2012, dau.edu/cop/armyesoh/DAU%20Sponsored%20Documents/MIL-STD-882E.pdf.

[Utas 05] G. Utas. *Robust Communications Software: Extreme Availability, Reliability, and Scalability for Carrier-Grade Systems*. Wiley, 2005.

[van der Linden 07] F. van der Linden, K. Schmid, and E. Rommes. *Software Product Lines in Action*. Springer, 2007.

[van Deursen 04] A. van Deursen, C. Hofmeister, R. Koschke, L. Moonen, and C. Riva. "Symphony: View-Driven Software Architecture Reconstruction," *Proceedings of the 4th Working IEEE/IFIP Conference on Software Architecture (WICSA 2004)*, June 2004, Oslo, Norway. IEEE Computer Society.

[van Vliet 05] H. van Vliet. "The GRIFFIN Project: A GRId For inFormatIoN about Architectural Knowledge," http://griffin.cs.vu.nl/, Vrije Universiteit, Amsterdam, April 16, 2005.

[Verizon 12] "Verizon 2012 Data Breach Investigations Report," verizonbusiness.com/resources/reports/rp_data-breach-investigations-report-2012_en_xg.pdf.

[Vesely 81] W.E. Vesely, F. F. Goldberg, N. H. Roberts, and D. F. Haasl. "Fault Tree Handbook," nrc.gov/reading-rm/doc-collections/nuregs/staff/sr0492/sr0492.pdf.

[Vesely 02] William Vesely, Michael Stamatelatos, Joanne Dugan, Joseph Fragola, Joseph Minarick III, and Jan Railsback. "Fault Tree Handbook with Aerospace Applications," hq.nasa.gov/office/codeq/doctree/fthb.pdf.

[Viega 01] John Viega and Gary McGraw. *Building Secure Software: How to Avoid Security Problems the Right Way*. Addison-Wesley, 2001.

[Voas 95] Jeffrey M. Voas and Keith W. Miller. "Software Testability: the New Verification," *IEEE Software* 12, no. 3 (May 1995): 17–28.

[Von Neumann 56] J. Von Neumann. "Probabilistic Logics and the Synthesis of Reliable Organisms from Unreliable Components," in *Automata Studies*, C. E. Shannon and J. McCarthy, eds. Princeton University Press, 1956.

[Wojcik 06] R. Wojcik, F. Bachmann, L. Bass, P. Clements, P. Merson, R. Nord, and W. Wood. "Attribute-Driven Design (ADD), Version 2.0," Technical Report CMU/SEI-2006-TR-023, November 2006, sei.cmu.edu/library/abstracts/reports/06tr023.cfm.

[Wood 07] W. Wood. "A Practical Example of Applying Attribute-Driven Design (ADD), Version 2.0," Technical Report CMU/SEI-2007-TR-005, February 2007, sei.cmu.edu/library/abstracts/reports/07tr005.cfm.

[Woods 11] E. Woods and N. Rozanski. *Software Systems Architecture: Working with Stakeholders Using Viewpoints and Perspectives*, 2nd ed. Addison-Wesley, 2011.

[Wozniak 07] J. Wozniak, V. Baggiolini, D. Garcia Quintas, and J. Wenninger. "Software Interlocks System," *Proceedings of ICALEPCS07*, http://ics-web4.sns.ornl.gov/icalepcs07/WPPB03/WPPB03.PDF.

[Wu 04] W. Wu and T. Kelly, "Safety Tactics for Software Architecture Design," *Proceedings of the 28th Annual International Computer Software and Applications Conference (COMPSAC)*, 2004.

[Wu 06] W. Wu and T. Kelly. "Deriving Safety Requirements as Part of System Architecture Definition," in *Proceedings of 24th International System Safety Conference*. Albuquerque, NM: System Safety Society, August 2006.

[Xiao 14] L. Xiao, Y. Cai, and R. Kazman. "Titan: A Toolset That Connects Software Architecture with Quality Analysis," *Proceedings of the 22nd ACM SIGSOFT International Symposium on the Foundations of Software Engineering (FSE 2014)*, 2014.

[Xiao 16] L. Xiao, Y. Cai, R. Kazman, R. Mo, and Q. Feng. "Identifying and Quantifying Architectural Debts," *Proceedings of the International Conference on Software Engineering (ICSE) 2016*, 2016.

[Yacoub 02] S. Yacoub and H. Ammar. "A Methodology for Architecture-Level Reliability Risk Analysis," *IEEE Transactions on Software Engineering* 28, no. 6 (June 2002).

[Yin 94] James Bieman and Hwei Yin. "Designing for Software Testability Using Automated Oracles," *Proceedings International Test Conference*, September 1992, pp. 900–907.

作者簡介

Len Bass 是一位獲獎作家，曾經在世界各地演講。他探討軟體架構的著作已經成為經典了。除了關於軟體架構的書籍之外，Len 也寫過關於用戶介面軟體與 DevOps 的書籍。Len 有 50 年的軟體開發經驗，其中的 25 年在卡內基美隆大學的軟體工程研究所。他也在澳洲的 NICTA 工作了三年，目前是卡內基美隆大學的兼職教師，在那裡教授 DevOps。

Paul Clements 博士是 BigLever 軟體公司的顧客成功部門副總，在那裡推廣系統與軟體產品線工程。在此之前，他是卡內基美隆大學軟體工程研究所的高級技術員，在那裡工作了 17 年，領導或共同領導軟體產品線工程專案，與軟體架構設計、記錄與分析。在加入 SEI 之前，他是華盛頓特區美國海軍研究實驗室的計算機科學家，工作是在即時嵌入式系統中運用先進的軟體工程原則。

除了這本書之外，Clements 也共同著作了兩本實踐導向的軟體架構書藉：《*Documenting Software Architectures: Views and Beyond*》與《*Evaluating Software Architectures: Methods and Case Studies*》。他也共同著作了《*Software Product Lines: Practices and Patterns*》，也是《*Constructing Superior Software*》的共同作者與編輯。此外，Clements 也撰寫了大約一百篇關於軟體工程的論文，反映出他對設計和規範有挑戰性的軟體系統具有長期的興趣。

Rick Kazman 是夏威夷大學的教授與卡內基美隆大學軟體工程學院的客座研究員。他的主要研究興趣是軟體架構、設計和分析工具、軟體視覺化，以及軟體工程經濟學。Kazman 參與了幾項非常有影響力的架構分析方法和工具的創作，包括 ATAM（Architecture Tradeoff Analysis Method）、CBAM（Cost-Benefit Analysis Method）與 Dali 與 Titan 工具。除了這本書之外，他也發表了 200 篇文章，共同發表三項專利，共同著作八本書，包括《*Technical Debt: How to Find It and Fix It*》、《*Designing Software Architectures: A Practical Approach*》、《*Evaluating Software Architectures: Methods and Case Studies*》與《*Ultra-Large-Scale Systems: The Software Challenge of the Future*》。他目前是 IEEE TAC（Technical Activities Committee）的主席、*IEEE Transactions on Software Engineering* 的副編輯，以及 ICSE Steering Committee 的成員。

索引

※ 提醒您：由於翻譯書排版的關係，部份索引名詞的對應頁碼會和實際頁碼有一頁之差。

A

A/B testing（A/B 測試）, 91
Abort tactic（中止戰術）, 168
Abstract common services（抽出共同的服務）, 112
Abstract data sources for testability（可測試性，將資料源抽象化）, 197
Abstraction, architecture as（抽象，架構）, 3
ACID（atomic, consistent, isolated, and durable）屬性 , 65
Acronym lists in documentation（文件中的縮寫表）, 361
Active redundancy（主動備援）, 69
Activity diagrams for traces（軌跡的活動圖）, 342–343
Actors（行為者）
  attack（攻擊）, 182
  elements（元素）, 225
Actuators（執行器）
  mobile systems（行動系統）, 273, 277-278
  safety concerns（安全問題）, 151–152
Adapt tactic for integrability（可整合性的配合戰術）, 112-113, 116
ADD 方法 . 見 Attribute-Driven Design（ADD）方法
ADLs（架構描述語言）, 345
Aggregation for usability（易用性的集合）, 209
Agile development（敏捷開發）, 370–373
Agile Manifesto, 371–372
Air France flight 447（法航 447）, 160
Allocated-to relation（Allocated-to 關係）
  allocation views（配置視圖）, 351
  deployment structure（部署結構）, 17
Allocation structures（分配結構）, 11
Allocation views（配置視圖）
  documentation（文件）, 348–350
  overview（概要）, 337–338
Allowed-to-use relationship（允許使用關係）, 128–129
Alternative requests in long tail latency（長尾延遲中的替代請求）, 260
Amazon 服務級別協議 , 57
Analysis（分析）
  ADD 方法 , 307
  ATAM, 334
  automated（自動化）, 363–364
Analysts（分析師）
  documentation（文件）, 365
  software interface documentation for（軟體介面文件）, 237
Analytic redundancy tactic（分析性備援戰術）
  availability（妥善性）, 62
  safety（安全性）, 168
Apache Camel 專案 , 356–359
Apache Cassandra 資料庫 , 360–361
Applications for quantum computing（量子計算應用領域）, 396–397
Approaches（方法）
  ATAM, 329-332, 334
  CIA, 177
  Lightweight Architecture Evaluation（輕量架構評估法）, 338
Architects（架構師）
  communication with（溝通）, 31
  competence（稱職）, 379–385
  duties（職責）, 379–383
  evaluation by（評估）, 323
  knowledge（知識）, 384–385
  mentoring（輔導）, 387–388
  mobile system concerns（行動系統問題）, 264–273
  role（角色）. 見 Role of architects
  skills（技能）, 383–384
Architectural debt（架構債務）
  automation（自動化）, 363–364

determining（確認）, 356–358
example（範例）, 362–363
hotspots（熱點）, 358–362
introduction（簡介）, 355–356
quantifying（量化）, 380
summary（總結）, 381
Architectural structures（架構性結構）, 7–10
allocation（配置）, 15–16
C&C, 14–16
limiting（限制）, 20
module（模組）, 10–14
relating to each other（結構之間的關係）, 15–18
selecting（選擇）, 20
table of（表）, 19
views（視圖）, 5–6
Architecturally significant requirements（ASRs）（深刻影響架構的需求）
ADD 方法, 289–290
from business goals（從商業目標）, 282–284
change（改變）, 296
introduction（簡介）, 277–278
from requirements documents（來自需求文件）, 278–279
stakeholder interviews（關係人訪談）, 279–282
summary（總結）, 286–287
utility trees for, 284–286
Architecture（架構）
changes（修改）, 29
cloud（雲端）. 見 Cloud and distributed computing
competence.（稱職）見 Competence
debt（債務）. 見 Architectural debt
design（設計）. 見 Design and design strategy
documentation（文件）. 見 Documentation
evaluating（評估）. 見 Evaluating architecture
integrability（可整合性）, 102–103
modifiability（可修改性）. 見 Modifiability
patterns（模式）. 見 Patterns
performance（性能）. 見 Performance
QAW 驅動因素, 291
QAW plan presentation（QAW 計畫介紹）, 290
quality attributes（品質屬性）. 見 Quality attributes
requirements（需求）. 見 Architecturally significant requirements（ASRs）; Requirements
security（資訊安全性）. 見 Security
structures（結構）. 見 Architectural structures
tactics（戰術）. 見 Tactics
testability（可測試性）. 見 Testability
usability（易用性）. 見 Usability
Architecture description languages（ADLs）（架構描述語言）, 345
Architecture Tradeoff Analysis Method（ATAM）（架構權衡分析法）, 325
approaches（方法）, 329-332, 334
example exercise（實例演練）, 321–324
outputs（輸出）, 314–315
participants（參與者）, 313–314
phases（相位）, 315–316
presentation（介紹）, 316–317
results（結果）, 334
scenarios（劇情）, 330
steps（步驟）, 316–321
Ariane 5 爆炸事件, 159
Artifacts（工件）
ADD 方法, 302
availability（妥善性）, 57
continuous deployment（持續部署）, 78
deployability（易部署性）, 80
energy efficiency（能源效率）, 95
in evaluation（評估）, 324
integrability（可整合性）, 108
modifiability（可修改性）, 120–121
performance（性能）, 142
quality attributes expressions（品質屬性表述）, 43–44
safety（安全性）, 162
security（資訊安全性）, 179
testability（可測試性）, 194
usability（易用性）, 206
Aspects for testability（可測試性的各種層面）, 198
ASRs. 見 Architecturally significant requirements（ASRs）
Assertions for system state（系統狀態斷言）, 198
Assurance levels in design（設計保證級別）, 173

Asynchronous electronic communication（非同步電子通訊）, 392
ATAM. 見 Architecture Tradeoff Analysis Method (ATAM)
Atomic, consistent, isolated, and durable (ACID) properties（原子性、一致性、隔離性、持久性）, 65
Attachment relation for C&C structures（C&C 結構的附著關係）, 14–16
Attachments in C&C views（在 C&C 視圖中的附著）, 349
Attribute-Driven Design (ADD) method（屬性驅動設計方法）
  analysis（分析）, 307, 316-317
  design concepts（設計概念）, 295–298
  design decisions（設計決定）, 306
  documentation（文件）, 301–303
  drivers（驅動因素）, 292–294
  element choice（元素選擇）, 293–294
  element instantiation（元素實例化）, 299–300
  inputs（輸入）, 304
  overview（概要）, 289–291
  prototypes（雛型）, 297–298
  responsibilities（職責）, 299–300
  steps（步驟）, 292–295
  structures（結構）, 298–301
  summary（總結）, 318
  views（視圖）, 306
Attributes（屬性）. 見 Quality attributes
Audiences for documentation（文件的讀者）, 330–331
Audits（數據軌跡）, 184
Authenticate actors tactic（驗證行為者身分戰術）, 182
Authorize actors tactic（授權行為者戰術）, 182
Automation（自動化）, 363–364
Autoscaling in distributed computing（分散計算的自動擴展）, 258–261
Availability（妥善性）
  CIA 法, 177
  cloud（雲端）, 253–261
  detect faults tactic（檢測錯誤戰術）, 56–59
  general scenario（一般劇情）, 53–55
  introduction（簡介）, 51–52
  patterns（模式）, 66–69
  prevent faults tactic（防止錯誤戰術）, 61–62
  questionnaires（問卷）, 62–65
  recover from faults tactics（從錯誤中恢復戰術）, 59–61
  tactics overview（戰術概要）, 55–56
Availability of resources tactic（資源戰術的妥善性）, 145
Availability quality attribute（妥善性品質屬性）, 295
Availability zones（可用區）, 256

B

Backlogs in ADD method（ADD 方法的 backlog）, 316
Bandwidth in mobile systems（行動系統的頻寬）, 277
Bare-metal hypervisors（裸機管理程序）, 243
Barrier tactic（屏障戰術）, 168-169, 171
Battery management systems (BMSs)（電池管理系統）, 274
BDUF (Big Design Up Front)（大設計優先）, 370–371
Behavior（行為）
  documenting（記錄）, 340–345
  in software architecture（軟體架構）, 4
Behavioral semantic distance in architecture integrability（架構可整合性中的行為語義距離）, 107
Bell, Alexander Graham, 263–264
Best practices in design concepts（設計概念的最佳做法）, 308
Big Design Up Front (BDUF)（大設計優先）, 370–371
Binding（繫結）
  dynamic discovery services（動態發現服務）, 118
  integrability（可整合性）, 113
  modifiability（可修改性）, 126, 128-129
Blocked time performance effects（堵塞時間性能效應）, 138–139
Blue/green deployment pattern（藍綠部署模式）, 87

BMSs (battery management systems)(電池管理系統), 274
Bound execution times tactic(限制執行時間戰術), 147
Bound queue sizes tactic(限制隊伍大小戰術), 148
Box-and-line drawings in C&C views(C&C 視圖中的框線圖), 350
Brainstorming(腦力激盪)
ATAM, 333
Lightweight Architecture Evaluation(輕量架構評估法), 338
QAW, 291
scenarios(劇情), 291, 333
Bridges pattern(橋接模式), 116
Bugs, 371, 372, 379
Buildability architecture category(可建構性架構類別), 216
Business goals(商業目標)
ASRs from, 282–284
ATAM, 326, 328-329
categorization(分類), 283–284
evaluation process(評估程序), 324
views for(視圖), 346
Business/mission presentation in QAW(QAW 的商業 / 任務介紹), 290
Business support, architect duties for(業務支援，架構師的職責), 400

C

C&C structures(C&C 結構). 見 Component-and-connector (C&C) patterns and structures
Caching(快取)
performance(性能), 148
REST, 232
Camel project(Camel 專案), 356–359
Canary testing pattern(金絲雀測試模式), 90
Cancel command(取消命令), 208
Capturing ASRs in utility trees(用 utility tree 來取得 ASR), 284–286
Car stereo systems(汽車音響系統), 359
Cassandra database(Cassandra 資料庫), 360–361
Categorization of business goals(商業目標分類), 283–284
Central processor unit (CPU) in virtualization(虛擬化中的中央處理單元), 242
Change(改變)
ASRs, 296
modifiability(可修改性). 見 Modifiability
reasoning and managing(理由與管理), 29
Change credential settings tactic(改變憑證設定戰術), 183
Chaos Monkey, 184–185
Chaucer, Geoffrey, 397
Chimero, Frank, 205
CIA(機密性、一致性和易用性)方法, 177
Circuit breaker tactic(斷路器戰術), 67–68
Classes(類別)
energy efficiency(能源效率), 93–94
patches(補丁), 64
structure(結構), 14
testability(可測試性), 199
Client/server constraints in REST(REST 的用戶端 / 伺服器限制), 232
Client-server pattern(用戶端 / 伺服器模式), 126–127
Cliques(小圈子), 361–362
Cloud and distributed computing(雲端與分散計算)
autoscaling(自動擴展), 258–261
basics(基礎), 248–250
data coordination(資料協調), 266
failures(故障), 251–253
introduction(簡介), 255
load balancers(負載平衡器), 253–256
long tail latency(長尾延遲), 252–253
mobile systems(行動系統), 280
performance(性能), 253–261
state management(狀態管理), 256–257
summary(總結), 269
time coordination(時間協調), 265
timeouts(逾時), 251–252
CNOT operations for qubits(qubit 的 CNOT 操作), 411
Co-locate communicating resources tactic(將通訊資源放在一起戰術), 140–141
Code, mapping to(程式碼，對應), 348

Code on demand in REST（ REST 的按需求提供程式碼）, 233
Cohesion（內聚）
in modifiability（可修改性）, 122–123
in testability（可測試性）, 199
Cold spare tactic（冷備援戰術）, 69
Combining views（結合視圖）, 339–340
Commission issues in safety（安全性的 commission 問題）, 161
Common services in integrability（可整合性的共同服務）, 112
Communication（通訊）
architect role in（架構師的角色）, 386
architect skills（架構師技能）, 401
distributed development（分散開發）, 392
documentation for（文件）, 344
stakeholder（關係人）, 28–30
Communication diagrams for traces（軌跡的通訊圖）, 356
Communication path restrictions（限制通訊路徑）, 111
Communications views（通訊視圖）, 352
Comparison tactic for safety（安全性的比較法戰術）, 167
Compatibility（相容性）
C&C views（C&C 視圖）, 349
quality attributes（品質屬性）, 219
Competence（稱職）
architects（架構師）, 379–385
introduction（簡介）, 397
mentoring（輔導）, 387–388
program state sets（程式狀態組）, 66
software architecture organizations（軟體架構組織）, 386–387
summary（總結）, 406
Complex numbers in quantum computing（量子計算中的複數）, 410
Complexity（複雜性）
quality attributes（品質屬性）, 45–46
in testability（可測試性）, 190–191
Component-and-connector（C&C）patterns and structures（組件和連結模式與結構）, 7–8
incremental architecture（遞增架構）, 387
types（類型）, 14–16
views, combining（視圖，結合）, 339–340
views, documentation（文件，視圖）, 348–350
views, notations（視圖，標記法）, 336–339
views, overview（視圖概要）, 335–337
Components（組件）, 4
independently developed（獨立開發）, 34–35
replacing for testability（為可測試性而替換）, 198
Comprehensive models for behavior documentation（全面行為模型）, 355
Comprehensive notations for state machine diagrams（狀態機圖的全面標記法）, 343–344
Computer science knowledge of architects（架構師的計算機科學知識）, 384–385
Conceptual integrity of architecture（架構的概念一致性）, 216
Concrete quality attribute scenarios（具體品質屬性劇情）, 43–44
Concurrency（並行）
C&C views（C&C 視圖）, 16, 350
handling（處理）, 141
resource management（資源管理）, 147
Condition monitoring tactic（狀態監視戰術）
availability（妥善性）, 61
safety（安全性）, 167
Confidentiality, integrity, and availability（CIA）approach（機密性、一致性和易用性方法）, 177
Configurability quality attribute（可設置性品質屬性）, 295
Configuring behavior for integrability（可整合性的設置行為）, 113
Conformity Monkey, 192
Connectivity in mobile systems（行動系統連線）, 273, 276-277
Connectors in C&C views（C&C 視圖的連結）, 335–337
Consistency（一致性）
mobile system data（行動系統資料）, 282
software interface design（軟體介面設計）, 230
Consolidation in QAW（QAW 的整合）, 291
Constraints（限制）
allocation views（配置視圖）, 351
C&C views（C&C 視圖）, 350

on implementation（實作）, 31–32
modular views（模組視圖）, 347
Contacts in distributed development（分散開發的接觸）, 392
Containers（容器）
autoscaling（自動擴展）, 260–261
virtual machines（虛擬機器）, 239–242
Containment tactics（遏制戰制）, 158–159, 161–162
Contention for resources tactic（爭奪資源戰術）, 138–139
Context diagrams（環境圖）, 345–346
Contextual factors in evaluation（在進行評估時的環境因素）, 312–313
Continuous deployment（持續部署）, 72–75
Control information in documentation（文件中的控制資訊）, 361
Control resource demand tactic（控制資源需求戰術）, 145-147, 152
Control tactics for testability（可測試性的控制戰術）, 196-198, 200
Controllable deployments（可控制部署）, 80
Converting data for mobile system sensors（為行動系統感測器轉換資料）, 278
Conway, Damian, 343
Conway's law（Conway 定律）, 39
Coordinate tactic in integrability（可整合性的協調戰術）, 113-114, 116
Copying qubits（複製 qubit）, 412
Costs（成本）
architect role in（架構師的角色）, 386
of change（改變的）, 122
distributed development（分散開發）, 392
estimates（估計）, 33–34
independently developed elements for（獨立開發的元素）, 37
mobile systems（行動系統）, 280
Coupling（耦合）
exchanged data representation（交換資料的表示法）, 234
in modifiability（可修改性）, 122–126
in testability（可測試性）, 190–191
Cousins, Norman, 105
CPU（central processor unit）in virtualization（虛擬化中的 CPU）, 242
Criticality in mobile systems（行動系統中的重要性）, 280
Crossing anti-patterns（交叉點反模式）, 377
CRUD operations in REST（REST 的 CRUD 操作）, 233
Customers, communication with（與顧客溝通）, 30
Customization of user interface（訂製用戶介面）, 209
Cybersecurity, quantum computing for（量子計算的網路安全）, 396–397
Cycle time in continuous deployment（持續開發的週期時間）, 73–74
Cyclic dependency（環狀依賴關係）, 377, 379

D

DAL（Design Assurance Level）（設計保證級別）, 173
Darwin, Charles, 121
Data coordination in distributed computing（在分散計算中的資料協調）, 266
Data model category（資料模型類別）, 13–14
Data replication（資料複製）, 148
Data semantic distance in architecture integrability（架構可整合性的資料語義距離）, 107
de Saint-Exupéry, Antoine, 301
Deadline monotonic prioritization strategy（單調時限順位安排策略）, 149
Debt（債務）. 見 Architectural debt
Decision makers on ATAM teams（ATAM 團隊的決策者）, 325
Decisions（決定）
documenting（記錄）, 362
mapping to quality requirements（對應至品質需求）, 327
quality design（品質設計）, 48–49
Decomposition（分解）
module（模組）, 11, 18
views（視圖）, 18, 20, 354
Defer binding tactic（延遲繫結戰術）, 124–126
Degradation tactic（降級戰術）
availability（妥善性）, 64

safety（安全性）, 168
Demand reduction for energy efficiency（為了能源效率而減少需求）, 99, 100
Demilitarized zones（DMZs）（非軍事區）, 182
Denial-of-service attacks（阻斷服務攻擊）, 55
Dependencies（依賴關係）
anti-patterns（反模式）, 377
architectural debt（架構債務）, 372
architecture integrability（架構可整合性）, 106
on computations（計算）, 145
deployment（部署）, 83
limiting（限制）, 110-111, 116
modifiability（可修改性）, 123, 128
Dependency injection pattern（依賴注入模式）, 201
Depends-on relation for modules（模組的 depends-on 關係）, 347
Deployability（易部署性）, 75
continuous deployment（持續部署）, 72–75
general scenarios（一般劇情）, 76–77
overview（概要）, 75–76
patterns（模式）, 81–86
questionnaires（問卷）, 80–81
tactics（戰術）, 78–80
Deployment pipelines（部署管道）, 76, 83-84
Deployment structure（部署結構）, 17
Deployment views（部署視圖）
combining（結合）, 354
purpose（目的）, 346
Deprecation of software interfaces（廢棄軟體介面）, 228
Design and design strategy（設計與設計策略）, 301
ADD. 見 Attribute-Driven Design（ADD）方法
assurance levels（保證級別）, 173
early decisions（早期決策）, 33
quality attributes（品質屬性）, 222
software interfaces（軟體介面）, 222–228
Design Assurance Level（DAL）（設計保證級別）, 173
Design structure matrices（DSMs）（設計結構矩陣）, 356–358
Designers, documentation for（設計師，文件）, 364
Detect attacks tactics（偵測攻擊戰術）, 180-182, 185
Detect faults tactic（檢測錯誤戰術）, 60-63, 67
Detect intrusion tactic（偵測入侵戰術）, 180
Detect message deliveries anomalies tactic（偵測訊息異常傳遞戰術）, 182
Detect service denial tactic（偵測服務拒絕戰術）, 180
Developers, documentation for（開發者，文件）, 237, 363
Development, incremental（開發，遞增）, 35
Development distributability attribute（開發可分散性）, 208–209
Development environments（開發環境）, 76
Deviation, failure from（違背，故障）, 55
Devices in mobile systems（行動系統的設備）, 282
DevOps, 74–75
Discovery（發現）
energy efficiency（能源效率）, 98
integrability（可整合性）, 108–109
Disk storage in virtualization（虛擬化中的磁碟儲存體）, 242
Displaying information in mobile systems（在行動系統中顯示資訊）, 270–271
Distances（距離）
architecture integrability（架構可整合性）, 102–103
mobile system connectivity（行動系統連線）, 276
Distributed computing（分散計算）. 見 Cloud and distributed computing
Distributed development（分散開發）, 373–375
DMZs（demilitarized zones）（非軍事區）, 182
DO-178C 文件, 173
Doctor Monkey, 193
Documentation（文件）
ADD 決策, 306
ADD 方法, 301–303
architect duties（架構師職責）, 399
behavior（行為）, 340–345
contents（內容）, 345–346
distributed development（分散開發）, 392
introduction（簡介）, 343
notations（標記法）, 331–332

practical considerations（實際的考慮因素）, 350–353
rationale（基本理由）, 346–347
software interfaces（軟體介面）, 228–229
stakeholders（關係人）, 347–350
summary（總結）, 368
traceability（可追溯性）, 352–353
uses and audiences for（使用與讀者）, 330–331
views（視圖）. 見 Views

Domain knowledge of architects（架構師的領域知識）, 402
Don't repeat yourself principle（不要重複原則）, 230
Drivers（驅動因素）
ADD 方法, 292–294
QAW, 291
Duties（職責）, 379–383
Dynamic allocation views（動態配置視圖）, 352
Dynamic classification in energy efficiency（能源效率的動態分類）, 98
Dynamic discovery pattern（動態發現模式）, 118
Dynamic environments, documenting（動態環境，記錄）, 367
Dynamic priority scheduling strategies（動態順位調度策略）, 143–144

E

E-scribes（電子記錄員）, 326
Earliest-deadline-first scheduling strategy（最早截止期限優先調度策略）, 149
Early design decisions（早期的設計決策）, 33
EC2 cloud service（EC2 雲端服務）, 57, 192
ECUs（electronic control units）in mobile systems（行動系統的電子控制單元）, 269–270
Edge cases in mobile systems（行動系統的邊緣情況）, 281
Education, documentation as（教育，文件）, 344
Efficiency, energy（能源效率）. 見 Energy efficiency
Efficient deployments（高效部署）, 80
Einstein, Albert, 402
Electric power for cloud centers（雲端中心的電力）, 256
Electronic control units（ECUs）in mobile systems（行動系統的電子控制單元）, 269–270
Elements（元素）
ADD 方法, 293–294, 299–300
allocation views（配置視圖）, 351
C&C 視圖, 350
defined（定義）, 4
modular views（模組視圖）, 347
software interfaces（軟體介面）, 217–218
Emergent approach（自然浮現法）, 370–371
Emulators for virtual machines（虛擬機器 emulator）, 244
Enabling quality attributes（實現品質屬性）, 28
Encapsulation in integrability（可整合性的封裝）, 110
Encrypt data tactic（加密資料戰術）, 183
Encryption in quantum computing（量子計算的加密）, 394–395
End users, documentation for（最終用戶，文件）, 349–350
Energy efficiency（能源效率）, 89–90
general scenario（一般劇情）, 90–91
patterns（模式）, 97–98
questionnaire（問卷）, 95–97
tactics（戰術）, 92–95
Energy for mobile systems（行動系統的能源）, 263–265
Entanglement in quantum computing（量子計算的糾纏）, 393–394
Enterprise architecture vs. system architecture（企業架構 vs. 系統架構）, 4–5
Environment（環境）
allocation views（配置視圖）, 337–338
availability（妥善性）, 58
continuous deployment（持續開發）, 76
deployability（易部署性）, 80
energy efficiency（能源效率）, 95
integrability（可整合性）, 108
modifiability（可修改性）, 120–121
performance（性能）, 142
quality attributes expressions（品質屬性表述）, 43–44
safety（安全性）, 162
security（資訊安全性）, 179

- software interfaces（軟體介面）, 225
- testability（可測試性）, 194
- usability（易用性）, 206
- virtualization effects（虛擬化的影響）, 77

Environmental concerns with mobile systems（行動系統的環境問題）, 279

Errors（錯誤）
- description（描述）, 55
- error-handling views（錯誤處理視圖）, 353
- software interface handling of（軟體介面處理）, 227–228
- in usability（易用性）, 205

Escalating restart tactic（升級重啟）, 60–61

Estimates, cost and schedule（估計，成本與進度）, 33–34

Evaluating architecture（評估架構）
- architect duties（架構師的職責）, 323, 399
- ATAM. 見 Architecture Tradeoff Analysis Method（ATAM）
- contextual factors（環境因素）, 312–313
- key activities（關鍵活動）, 310–311
- Lightweight Architecture Evaluation（輕量架構評估法）, 324–325
- outsider analysis（外人分析）, 324
- peer review（同儕審查）, 311–312
- questionnaires（問卷）, 340
- risk reduction（減少風險）, 309–310
- summary（總結）, 326–327

Events（事件）
- performance（性能）, 139
- software interfaces（軟體介面）, 219–220

Evolution of software interfaces（軟體介面的演進）, 220–221

Evolutionary dependencies in architectural debt（架構債務中的演進依賴關係）, 372

Exception detection tactic（異常檢測戰術）, 58–59

Exception handling tactic（異常處理戰術）, 63

Exception prevention tactic（異常預防戰術）, 66

Exception views（異常視圖）, 353

Exchanged data in software interfaces（在軟體介面中交換資料）, 225–227

Executable assertions for system state（用可執行斷言來處理系統狀態）, 198

Experience in design（設計經驗）, 308

Expressiveness concern for exchanged data representation（交換資料表示法的表達力問題）, 233

Extendability in mobile systems（行動系統的可擴展性）, 283

EXtensible Markup Language（XML）（可延伸標記式語言）, 234

Extensions for software interfaces（軟體介面的擴展）, 228

External interfaces（外部介面）, 300–301

Externalizing change（將改變外部化）, 129

F

Failures（故障）
- availability（妥善性）. 見 Availability
- cloud（雲端）, 251–253
- description（描述）, 55

Fault tree analysis（FTA）（故障樹分析）, 161

Faults（錯誤）
- description（描述）, 51–52
- detection（檢測）, 59
- prevention（預防）, 61–62
- recovery from（恢復）, 59–61

Feature toggle in deployment（部署功能開關）, 84

FIFO（first-in/first-out）queues（先入先出佇列）, 149

Firewall tactic（防火牆戰術）, 168

First-in/first-out（FIFO）queues（先入先出佇列）, 149

First principles from tactics（戰術的第一原則）, 49

Fixed-priority scheduling（固定順位調度）, 149

Flexibility（彈性）
- defer binding tactic（延遲繫結戰術）, 128
- independently developed elements for（獨立開發的元素）, 37

Follow-up phase in ATAM（ATAM 的跟進階段）, 328

Forensics, documentation for（查證，文件）, 344

Formal documentation notations（正式文件標記法）, 345

Forward error recovery pattern（ 前進式錯誤恢復模式）, 71

Foster, William A., 41

FTA（fault tree analysis）（故障樹分析）, 161

Fuller, R. Buckminster, 1
Function patches（函式補丁）, 63
Function testing in mobile systems（行動系統的功能測試）, 282
Functional redundancy（功能性備援）
availability（妥善性）, 62
containment（遏制）, 168
Functional requirements（功能需求）, 40–41
Functional suitability of quality attributes（品質屬性的功能適合性）, 219
Functionality（功能）
C&C 視圖 , 350
description（描述）, 42
Fusion of mobile system sensors（行動系統感測器融合）, 278
Future computing（未來的計算）. 見 Quantum computing

G

Gateway elements in software interfaces（軟體介面的閘道元素）, 231
Gehry, Frank, 385
General Data Protection Regulation（GDPR）（一般資料保護規範）
cloud（雲端）, 256
privacy concerns（隱私問題）, 178
Generalization structure（抽象化結構）, 14
Get method for system state（系統狀態的 get 方法）, 196
Gibran, Kahlil, 177
Glossaries in documentation（文件中的術語表）, 361
Goals.（目標）見 Business goals
Good architecture（好架構）, 19–20
Graceful degradation（優雅降級）, 64
Granular deployments（細緻度部署）, 79
Granularity of gateway resources（閘道資源的細緻度）, 231
Grover 演算法 , 413

H

HAD operations for qubits（qubit 的 HAD 操作）, 411
Hardware in mobile systems（行動系統的硬體）, 281
Harrow, Aram W., 414
Hashes in quantum computing（量子計算的雜湊）, 413
Hassidim, Avinatan, 414
Hawking, Stephen, 93
Health checks for load balancers（對負載平衡器進行健康檢查）, 255–256
Heartbeats for fault detection（檢測錯誤的心跳）, 61, 330
Hedged requests in long tail latency（長尾延遲的避險請求）, 260
HHL 演算法 , 414
Hiatus stage in ATAM（ATAM 的暫停階段）, 333
High availability（高妥善性）. 見 Availability
Highway systems（高速公路系統）, 150
Hosted hypervisors（主機管理程序）, 235–236
Hot spare tactic（熱備援戰術）, 69
Hotspots（熱點）
architectural debt（架構債務）, 358–362
identifying（確認）, 362–363
Hotz, Robert Lee, 225
HTTP commands for REST（REST 的 HTTP 命令）, 233
Hubs for mobile system sensors（行動系統感測器的集線器）, 277
Human body structure（人體結構）, 5–6
Human resource management, architect role for（人力資源管理，架構師角色）, 386
Hybrid clouds（混合雲端）, 256
Hypertext for documentation（文件的超文本）, 366
Hypervisors for virtual machines（虛擬機器的管理程序）, 235–237
Hyrum 定律 , 237

I

Identify actors tactic（識別行為者戰術）, 182
IEEE standards for mobile system connectivity（行動系統連線的 IEEE 標準）, 276
Ignore faulty behavior tactic（忽略有錯誤的行為戰術）, 64

Images for virtual machines（虛擬機器的映像）, 246, 268
Implementation（實作）
constraints（限制）, 31–32
modules（模組）, 348
structure（結構）, 17
Implicit coupling（隱性耦合）, 234
In-service software upgrade（ISSU）（服務期軟體升級）, 64
Increase cohesion tactic（增加內聚性戰術）, 129
Increase competence set tactic（增加能力集合戰術）, 66
Increase efficiency tactic（增加效率戰術）, 150
Increase efficiency of resource usage tactic（增加資源使用效率戰術）, 147
Increase resources tactic（增加資源戰術）, 147, 150
Increase semantic coherence tactic（增加語義內聚戰術）, 122–123
Incremental architecture（遞增架構）, 369–370
Incremental development（遞增開發）, 35
Inform actors tactic（通知行為者戰術）, 184
Informal contacts in distributed development（分散開發的非正式接觸）, 392
Informal notations for documentation（非式文件標記法）, 345
Infrastructure support personnel, documentation for（基礎設施支援人員，文件）, 365
Inheritance anti-pattern（繼承反模式）, 377
Inherits-from 關係 , 14
Inhibiting quality attributes（抑制品質屬性）, 28
Inputs in ADD method（ADD 方法的輸入）, 304
Instances in cloud（在雲端的實例）, 253–261
Integrability（可整合性）
architecture（架構）, 102–103
general scenario（一般劇情）, 104–105
introduction（簡介）, 101–102
patterns（模式）, 112–114
questionnaires（問卷）, 110–112
tactics（戰術）, 105–110
Integration environments（整合環境）, 76
Integration management, architect role in（整合環境，架構師的角色）, 386
Integrators, documentation for（整合者，文件）, 364
Integrity in CIA approach（CIA 方法中的一致性）, 177
Intercepting filter pattern（攔截過濾器模式）, 202
Intercepting validator pattern（攔截驗證器模式）, 187
Interfaces（介面）
ADD 方法 , 300–301
anti-patterns（反模式）, 377
mismatch in deployability（易部署性的不匹配）, 90
mobile system connectivity（行動系統連線）, 276
software（軟體）. 見 Software interfaces
Interlock tactic（互鎖戰術）, 169
Intermediaries in integrability（可整合性的中間人）, 111
Intermediate states in failures（故障的中間狀態）, 55
Intermittent mobile system connectivity（行動系統的間歇性連結）, 277
Internal interfaces（內部介面）, 313
Internet Protocol（IP）addresses（IP 位址）
cloud（雲端）, 268
virtualization（虛擬化）, 242
Interoperability in exchanged data representation（交換資料表示法的互操作性）, 233
Interpersonal skills（人際交往技能）, 401
Interviewing stakeholders（訪談關係人）, 279–282
Introduce concurrency tactic（使用並行戰術）, 147
Intrusion prevention system（IPS）pattern（入侵預防系統模式）, 179–180
Iowability（歸屬感）, 220
IP（Internet Protocol）位址
cloud（雲端）, 268
virtualization（虛擬化）, 242
Is-a 關係 , 347
Is-a-submodule-of 關係 , 11
Is-an-instance-of 關係 , 14
Is-part-of 關係 , 347
ISO 25010 標準 , 42, 217–220
ISSU（in-service software upgrade）（服務期軟體升級）, 64
Issue information in architectural debt（架構債務的問題資訊）, 372

Iterations（迭代）
ADD 方法, 307, 316
agile development（敏捷開發）, 370–371

J

Janitor Monkey, 193
Jarre, Jean-Michel, 55
JavaScript Object Notation（JSON）, 226–227

K

Kanban boards, 304–305
Kill abnormal tasks pattern（移除異常任務模式）, 97–98
Knowledge（知識）
architects（架構師）, 379–381, 384–385
design concepts（設計概念）, 308

L

Labor availability and costs in distributed development（分散開發的勞力與成本）, 392
LAE（Lightweight Architecture Evaluation）method（輕量架構評估法）, 324–325
LAMP 堆疊, 248
Lamport, Leslie, 255, 266
Latency in cloud（雲端的延遲）, 252–253
Latency Monkey, 192
Lawrence Livermore National Laboratory, 47
Layer structures（階層結構）, 11–12
Layered views（階層視圖）, 346
Layers pattern（階層模式）, 128–129
Leaders on ATAM teams（ATAM 團隊的領導人）, 326
Learning issues in usability（易用性的學習問題）, 205
Least-slack-first scheduling strategy（最不寬裕優先策略）, 149
Levels, restart（等級，重啟）, 60–61
Life cycle in mobile systems（行動系統的生命週期）, 273, 280-283
Lightweight Architecture Evaluation（LAE）method（輕量架構評估法）, 324–325
Likelihood of change（改變的可能性）, 121
Limit access tactic（限制接觸戰術）, 182
Limit complexity tactic（限制複雜度戰術）, 190 192
Limit consequences tactic（限制後果戰術）, 168, 171
Limit dependencies tactic（限制依賴關係戰術）, 110-111, 116
Limit event response tactic（限制事件回應戰術）, 146
Limit exposure tactic（限制曝露戰術）, 183
Limit nondeterminism tactic（限制不確定性戰術）, 199
Limit structural complexity tactic（限制結構複雜度戰術）, 190–191
Lloyd, Seth, 414
Load balancer pattern for performance（性能的負載平衡器模式）, 153
Load balancers（負載平衡器）
description（描述）, 147
distributed computing（分散計算）, 253–256
Local changes（本地改變）, 29
Localize state storage for testability（可測試性，將狀態獨立存放）, 197
Location factors in mobile systems（行動系統的位置因素）, 280
Location independence in modifiability（可修改性的位置獨立性）, 123
Locks in data coordination（在資料協調中的鎖）, 266
Logical threads in concurrency（並行的邏輯執行緒）, 16
Logs for mobile systems（行動系統的記錄）, 283
Long tail latency in cloud（雲端的長尾延遲）, 252–253
Longfellow, Henry Wadsworth, 27
Loss of mobile system power（行動系統停電）, 275

M

Macros for testability（可測試性的巨集）, 198
Maintain multiple copies tactic（維護多個計算複本戰術）, 150
Maintain multiple copies of computations tactic（維護多個計算複本戰術）, 147

Maintain multiple copies of data tactic（維複多個資料複本戰術）, 148
Maintain system model tactic（維護系統模型戰術）, 209
Maintain task model tactic（維護任務模型戰術）, 209
Maintain user model tactic（維護用戶模型戰術）, 209
Maintainability quality attribute（可維護性品質屬性）, 219, 295
Maintainers, documentation for（維護者，文件）, 237, 364
Manage deployed system tactic（管理已部署的系統戰術）, 79–80
Manage event rate tactic（管理事件速率戰術）, 150
Manage resources tactic（管理資源戰術）, 141–142, 145–146
Manage sampling rate tactic（管理抽樣率）
  performance（性能）, 139–140
  quality attributes（品質屬性）, 49
Manage service interactions tactic（管理服務的互動戰術）, 83
Manage work requests tactic（管理工作請求戰術）, 139–140
Management information in modules（在模組中管理資訊）, 348
Managers, communication with（經理，與他溝通）, 31
map 函式, 148–149
Map-reduce 模式, 148–149
Mapping（對應）
  to requirements（至需求）, 327
  to source code units（原始碼單元）, 348
  between views（視圖之間）, 359
Market knowledge in distributed development（分散開發的市場知識）, 392
Marketability category for quality（品質的適銷性類別）, 216
"Mars Probe Lost Due to Simple Math Error," , 225
Masking tactic（掩蓋戰術）, 168
Matrix inversion in quantum computing（量子計算的逆矩陣）, 414
MCAS 軟體, 152–153
Mean time between failures（MTBF）（平均每隔多久故障一次）, 56
Mean time to repair（MTTR）（平均修復時間）, 56
Mediators pattern（仲介模式）, 117
Meetings in distributed development（分散開發的會議）, 392
Memento 模式, 213
Memory（記憶體）
  quantum computing（量子計算）, 395–396
  virtualization（虛擬化）, 242
Mentoring and architects（輔導與架構師）, 387–388
Metering in energy efficiency（能源效率的計量）, 97
Microkernel pattern（微核心模式）, 127–128
Microservice architecture pattern（微服務架構模式）, 81–82
Migrates-to 關係, 17
Missile launch incident（飛彈發射事件）, 160
Mixed initiative in usability（易用性的混合發動）, 205
Mobile systems（行動系統）
  energy usage（能源使用）, 263–265
  introduction（簡介）, 263–264
  life cycle（生命週期）, 270–273
  network connectivity（網路連線）, 266–267
  resources（資源）, 268–270
  sensors and actuators（感測器與致動器）, 267–268
  summary（總結）, 273–274
Model-View-Controller（MVC）模式, 203–204
Modeling tools, documentation for（建模工具，文件）, 366
Models（模型）
  quality attributes（品質屬性）, 213–214
  transferable and reusable（可轉移、可重複使用）, 36
Modifiability（可修改性）
  general scenario（一般劇情）, 120–121
  introduction（簡介）, 117–119
  managing（管理）, 29
  mobile system connectivity（行動系統連線）, 276

patterns（模式）, 126–130
questionnaires（問卷）, 125–126
tactics（戰術）, 121–126
in usability（易用性）, 209
Modularity violations（違反模組化原則）, 377
Modules and module patterns（模組與模組模式）, 7, 10
coupling（耦合）, 126
description（描述）, 2–3
documentation（文件）, 348–350
incremental architecture（遞增架構）, 387
types（類型）, 10–14
views（視圖）, 333–334
Monitor-actuator pattern（監視器 / 致動器模式）, 172
Monitor tactic（監視器戰術）, 56–57
Monitoring mobile system power（監控行動系統電力）, 264–265
MTBF（mean time between failures）（平均每隔多久故障一次）, 56
MTTR（mean time to repair）（平均修復時間）, 56
Multiple instances in cloud（雲端的多實例）, 253–261
Multiple software interfaces（多軟體介面）, 226
Multitasking（多工）, 141
MVC（Model-View-Controller）模式, 203–204

N

Names for modules（模組的名稱）, 348
Nash, Ogden, 371
National Institute of Standards and Technology（NIST）（國家標準暨技術研究院）
PII, 178
quantum computing（量子計算）, 412
Near Field Communication（NFC）（近距離通訊）, 276
Netflix
map-reduce, 155
Simian Army, 184–185
Network connectivity（網路連線）
mobile systems（行動系統）, 273, 276-277
virtualization（虛擬化）, 242
Network Time Protocol（NTP）for time coordination（用來協調時間的網路時間協定（NTP））, 265
Network transitions in mobile systems（行動系統的網路轉換）, 281
Networked services（網路服務）, 37
NFC（Near Field Communication）（近距離通訊）, 276
NIST（National Institute of Standards and Technology）（國家標準暨技術研究院）
PII, 178
quantum computing（量子計算）, 412
Nondeterminism in testability（可測試性的不確定性）, 199
Nonlocal changes（非局部改變）, 29
Nonrepudiation tactic（不可否認戰術）, 184
Nonrisks in ATAM（ATAM 的非風險）, 314–315
Nonstop forwarding tactic（不間斷轉發戰術）, 65
NOT operations for qubits（qubit 的 NOT 操作）, 411
Notations（標記法）
C&C 視圖, 336–339
documentation（文件）, 331–332
Notifications for failures（通知故障）, 55
NTP（Network Time Protocol）for time coordination（用來協調時間的網路時間協定（NTP））, 265

O

Object-oriented systems in testability（可測試性中的物件導向系統）, 198
Objects in sequence diagrams（順序圖的物件）, 355
Observability of failures（故障的可觀察性）, 56
Observe system state tactics（觀察系統狀態戰術）, 196-198, 200
Observer pattern（觀察者模式）, 212
Off-the-shelf components（現成組件）, 37
Omissions as safety factor（omission 安全因素）, 161
Open system software（開放系統軟體）, 37
Operating systems with containers（使用容器的作業系統）, 241–242

Operations in software interfaces（軟體介面中的操作）, 219–220
Orchestrate tactic（編配戰術）, 109–110
Organizations, architecture influence on（組織，架構影響）, 34
Out of sequence events as safety factor（失序事件，安全因素）, 161
Outages（停電）. 見 Availability
Outputs in ATAM（ATAM 的輸出）, 314–315
Outsider evaluation（外人評估）, 324
Overlay views（重疊視圖）, 353

P

Package cycles anti-pattern（程式包循環反模式）, 377
Package dependencies in deployment（在部署時包裝依賴項目）, 83
PALM method（PALM 方法）, 293
Parameter fence tactic（參數圍欄戰術）, 62
Parameter typing tactic（參數定型戰術）, 62
Parity, environment（均等性，環境）, 77
Partial replacement of services patterns（部分替換服務的模式）, 85–86
Partial system deployment in mobile systems（行動系統的部署部分系統）, 283
Partnership and preparation phase in ATAM（ATAM 的合作關係與準備階段）, 327
Passive redundancy（被動備援）, 69
Patches（補丁）, 59–60
Patterns（模式）
  ADD 方法 , 311
  architectural（架構）, 20
  availability（妥善性）, 66–69
  C&C. 見 Component-and-connector（C&C）patterns and structures
  deployability（易部署性）, 81–86
  documenting（記錄）, 359
  energy efficiency（能源效率）, 97–98
  integrability（可整合性）, 112–114
  modifiability（可修改性）, 126–130
  partial replacement of services（部分替換服務的模式）, 85–86
  performance（性能）, 146–149
  quality attributes tactics（品質屬性戰術）, 46–47
  safety（安全性）, 163–164
  security（資訊安全性）, 179–180
  testability（可測試性）, 192–194
  usability（易用性）, 203–205
Pause/resume command（暫停 / 恢復命令）, 209
Peer review（同儕審查）, 311–312
People management, architect duties for（人員管理，架構師的職責）, 400
Performance（性能）
  C&C 視圖 , 349
  cloud（雲端）, 253–261
  control resource demand tactics（控制資源需求戰術）, 139–141
  efficiency（效率）, 219
  exchanged data representation（交換資料表示法）, 233
  general scenario（一般劇情）, 134–137
  introduction（簡介）, 133–134
  manage resources tactics（管理資源戰術）, 141–142
  patterns（模式）, 146–149
  quality attribute（品質屬性）, 49, 219, 295
  questionnaires（問卷）, 145–146
  tactics overview（戰術概要）, 137–139
  views（視圖）, 353
  virtual machines（虛擬機器）, 245
Periodic cleaning tactic（定期清理戰術）, 147
Personally identifiable information（PII）（個人識別資訊）, 178
Personnel-related competence（個人相關能力）, 404
Petrov, Stanislav Yevgrafovich, 160
Phases（相位）
  ATAM, 315–316
  quantum computing（量子計算）, 392–393
PII（personally identifiable information）（個人識別資訊）, 178
Ping/echo tactic（Ping/echo 戰術）, 61
Pipelines, deployment（部署管道）, 76, 83-84
Platforms, architect knowledge about（平台，架構師的知識）, 402
Plug-in pattern（外掛模式）, 127–128

PMBOK（Project Management Body of Knowledge）, 386
Pods in virtualization（虛擬化的 pod）, 242–243
Pointers, smart（智慧指標）, 66
Policies, scheduling（調度策略）, 143–144
Portability（可移植性）
containers（容器）, 250
modifiability（可修改性）, 123
quality attributes（品質屬性）, 44, 219
Power for mobile systems（行動系統的電力）, 264–265
Power monitor pattern（電力監控模式）, 101
Power station catastrophe（發電站災難）, 159
Predicting system qualities（預測系統品質）, 30
Predictive model tactic（預測模型戰術）
availability（妥善性）, 66
safety（安全性）, 166
Preemptible processes（可搶占程序）, 149
Preparation-and-repair tactic（準備與修復戰術）, 59–60
Preprocessor macros（前置處理巨集）, 198
Presentation（介紹）
ATAM, 314–317
Lightweight Architecture Evaluation（輕量架構評估法）, 338
QAW, 290
Prevent faults（防止錯誤）
questionnaire（問卷）, 68
tactics（戰術）, 61–62
Principle of least surprise（最少意外原則）, 230
Principles, design fragments from（原則，部分設計）, 49
Prioritize events tactic（安排事件順位戰術）, 146, 150
Prioritizing（排序）
ATAM 劇情, 333
Lightweight Architecture Evaluation scenarios（輕量架構評估法劇情）, 338
QAW, 291
schedules（時間表）, 143–144
Privacy issues（隱私問題）, 178
Private clouds（私有雲端）, 256
Probabilities in quantum computing（量子計算的機率）, 392–393
Process pairs pattern（程序對模式）, 71
Process recommendations（程序建議）, 21
Process-related competence（與程序有關的能力）, 405
Processing time in performance（性能的處理時間）, 144
Procurement management, architect role in（採購管理，架構師的角色）, 386
Production environments（生產環境）, 76
Programming knowledge of architects（架構師的程式設計知識）, 402
Project management, architect duties for（專案管理，架構師的職責）, 400
Project Management Body of Knowledge（PMBOK）, 386
Project managers（專案經理）
documentation for（文件）, 347–348
working with（使用）, 367–368
Project roles（專案角色）. 見 Role of architects
Properties（屬性）
ADD 方法, 312
software interfaces（軟體介面）, 219–220
Protocol Buffer 技術, 235
Protocols for mobile system connectivity（行動系統連結協定）, 276
Prototypes in ADD method（ADD 方法中的雛型）, 297–298
Public clouds（公共雲端）, 256
Publicly available apps（公開的 app）, 37
Publish-subscribe connectors（發布訂閱連結）, 349
Publish-subscribe pattern（發布訂閱模式）, 129–130
Publisher role（發布者角色）, 349

Q

QAW（Quality Attribute Workshop）, 280–281
QPUs, 392–393
QRAM（quantum random access memory）（量子隨機存取記憶體）, 395–396
Quality Attribute Workshop（QAW）, 280–281
Quality attributes（品質屬性）, 215
architecture（架構）, 216
ASRs, 280–281

ATAM, 317–318
capture scenarios（收集劇情）, 221
considerations（考慮因素）, 41–42
design approaches（設計方法）, 222
development distributability（開發可分散性）, 208–209
inhibiting and enabling（抑制與實現）, 28
introduction（簡介）, 41
Lightweight Architecture Evaluation（輕量架構評估法）, 338
models（模型）, 213–214
quality design decisions（品質設計屬性）, 48–49
requirements（需求）, 42–45
standard lists（標準清單）, 209–212
summary（總結）, 52
system（系統）, 217
tactics（戰術）, 45–46
X-ability（X 性）, 212–214
Quality design decisions（品質設計屬性）, 48–49
Quality management, architect role for（品質管理，架構師角色）, 386
Quality of products as business goal（產品品質，商業目標）, 293
Quality requirements, mapping decisions to（品質需求，對應決策）, 327
Quality views（品質視圖）, 338–339
Quantifying architectural debt（量化架構債務）, 380
Quantum computing（量子計算）
algorithms（演算法）, 395–396
applications（應用領域）, 396–397
encryption（加密）, 394–395
future of（未來）, 415
introduction（簡介）, 391–392
matrix inversion（逆矩陣）, 414
qubits, 392–393
teleportation（瞬移）, 412
Quantum random access memory（QRAM）（量子隨機存取記憶體）, 395–396
Qubits
description（描述）, 392–393
teleportation（瞬移）, 412
Questioners on ATAM teams（ATAM 團隊的提問者）, 326
Questionnaires（問卷）
architecture evaluation（架構評估）, 340
availability（妥善性）, 62–65
deployability（易部署性）, 80–81
energy efficiency（能源效率）, 95–97
integrability（可整合性）, 110–112
modifiability（可修改性）, 125–126
performance（性能）, 145–146
quality attributes（品質屬性）, 48–49
safety（安全性）, 160–162
security（資訊安全性）, 176–178
testability（可測試性）, 200
usability（易用性）, 202–203
Bound queue sizes tactic（限制隊伍大小戰術）, 148

R

Race conditions（競爭條件）, 141
Rate monotonic prioritization strategy（單調速率順位安排策略）, 149
Rationale（基本理由）
documentation（文件）, 346–347
views（視圖）, 361
Raw data with mobile system sensors（行動系統感測器的原始資料）, 278
React to attacks tactics（回應攻擊戰術）, 186
READ operations for qubits（qubit 的 READ 操作）, 411
Reconfiguration tactic（重新配置戰術）, 64
Record/playback method for system state（記錄 / 重播系統狀態的方法）, 197
Recover from attacks tactics（從攻擊中恢復戰術）, 184, 186
Recover from faults tactics（從錯誤中恢復戰術）, 59–61, 64–65
Recovery tactic（恢復戰術）, 169, 171
Redistribute responsibilities tactic（重新分配職責戰術）, 122–123
Reduce computational overhead tactic（降低計算負擔戰術）, 146, 150
Reduce coupling tactic（降低耦合戰術）, 123–126

Reduce function in performance（性能的 reduce 函式）, 148–149
Reduce indirection tactic（減少間接性戰術）, 146
Redundancy tactics（備援戰術）
availability（妥善性）, 58–59, 66–67
safety（安全性）, 158–159, 161–162
Redundant sensors pattern（備援感測器模式）, 172
Reference architectures in ADD method（ADD 方法的參考架構）, 311
Refined scenarios in QAW（QAW 的精製劇情）, 291
Refinement in ADD method（ADD 方法的精製）, 305
Regions in cloud（雲端區域）, 256
Reintroduction tactics（重新投入戰術）, 60–61
Rejuvenation 戰術 , 65
Relations（關係）
ADD 元素 , 306, 312
allocation views（配置視圖）, 351
architectural structures（架構性結構）, 16–18
C&C 視圖 , 350
modular views（模組視圖）, 347
Release strategy, documenting（發布策略，記錄）, 366
Reliability（可靠性）
C&C 視圖 , 349
independently developed elements for（獨立開發的元素）, 37
quality attributes（品質屬性）, 219
quality views（品質視圖）, 353
Remote Procedure Call（RPC）（遠端程序呼叫）, 232
Removal from service tactic（撤銷服務戰術）, 65
Repair tactic（修復戰術）, 169
Repeatability in continuous deployment（持續部署的可重複性）, 78
Replacement of services patterns（服務模式的替換）, 82–85
Replication tactic（複製品戰術）
availability（妥善性）, 62
safety（安全性）, 168
Report method for system state（系統狀態的回報方法）, 196
Representation and structure of exchanged data（交換資料的表示法與結構）, 225–227
Representation of architecture（架構的表示法）, 3
Representational State Transfer（REST）protocol（表現層狀態轉換協定）, 221 225
Requirements（需求）
architect duties（架構師職責）, 400
ASRs. 見 Architecturally significant requirements（ASRs）
functional（功能）, 40–41
mapping to（對應）, 327
quality attributes（品質屬性）, 42–45
system availability（系統妥善性）, 57
Reset method for system state（系統狀態的重設方法）, 196
Resist attacks tactics（抵禦攻擊戰術）, 174–175, 177–178
Resource distance in architecture integrability（架構可整合性的資源距離）, 107
Resources（資源）
C&C 視圖 , 349
contention for（爭奪）, 144
integrability management of（可整合性管理）, 114
mobile systems（行動系統）, 273, 278-281
monitoring in energy efficiency（監視能源效率）, 93–96
in performance（性能）, 144
sandboxing（沙箱）, 197
software interfaces（軟體介面）, 225, 227
virtualization（虛擬化）, 242
Response（回應）
availability（妥善性）, 58
deployability（易部署性）, 80
energy efficiency（能源效率）, 95
integrability（可整合性）, 108
modifiability（可修改性）, 120–121
performance（性能）, 142
quality attribute expressions（品質屬性表述）, 43–44
safety（安全性）, 162
security（資訊安全性）, 179
testability（可測試性）, 194
usability（易用性）, 207

Response measure（回應數據）
availability（妥善性）, 58
deployability（易部署性）, 81
energy efficiency（能源效率）, 95
integrability（可整合性）, 108
modifiability（可修改性）, 120–121
performance（性能）, 143
quality attribute expressions（品質屬性表述）, 43–44
safety（安全性）, 164
security（資訊安全性）, 179
testability（可測試性）, 195
usability（易用性）, 207
Responsibilities（職責）
ADD 方法, 312
modules（模組）, 348
REST（Representational State Transfer）protocol（表現層狀態轉換協定）, 224–225
Restart tactic（重啟戰術）, 60–61
Restrict dependencies tactic（限制依賴關係戰術）, 128
Restrict login tactic（限制登入戰術）, 175–176
Restrictions on vocabulary（限制詞彙）, 35–36
Results（結果）
ATAM, 334
evaluation（評估）, 324
Lightweight Architecture Evaluation（輕量架構評估法）, 338
Retry tactic（重試戰術）, 64
Reusable models（可重複使用的模型）, 36
Reviews, peer（同儕審查）, 311–312
Revision history（修訂歷史）
architectural debt（架構債務）, 372
modules（模組）, 348
Revoke access tactic（撤銷訪問權戰術）, 183
Risk（風險）
architect role in managing（架構師的管理角色）, 386
ATAM, 314–315
evaluation process（評估程序）, 309–310
Role of architects（架構師的角色）, 385
agile development（敏捷開發）, 370–373
distributed development（分散開發）, 373–375
incremental architecture（遞增架構）, 369–370
project manager interaction（專案經理互動）, 367–368
summary（總結）, 394
Rollback tactic（還原戰術）
deployment（部署）, 83
fault recovery（修復錯誤）, 63
safety（安全性）, 169
Rolling upgrade deployment pattern（滾動式升級模式）, 83–84
Round-robin scheduling strategy（循環制調度策略）, 149
Rounds in ADD method（ADD 方法的回合）, 302
RPC（Remote Procedure Call）（遠端程序呼叫）, 232
Runtime engines in containers（在容器內的執行期引擎）, 247
Runtime extensibility in C&C views（在 C&C 視圖內的執行期可擴展性）, 350
Rutan, Burt, 191

S

SAFe（Scaled Agile Framework）, 391
Safety（安全性）
general scenario（一般劇情）, 154–155
introduction（簡介）, 151–153
mobile systems（行動系統）, 279
patterns（模式）, 163–164
questionnaires（問卷）, 160–162
tactics（戰術）, 156–160
Sampling rate tactic（抽樣率戰術）, 139–140
Sandbox tactic（沙箱戰術）, 197
Sanity checking tactic（健全性檢測戰術）
availability（妥善性）, 61
safety（安全性）, 167
Satisfaction in usability（易使用性的滿意度）, 205
Scalability in modifiability（可修改性中的擴展性）, 123
Scale rollouts（控制發行規模）, 83
Scaled Agile Framework（SAFe）, 391
Scaling in distributed computing（分散計算中的擴展）, 258–261
Scenario scribes（劇情記錄員）, 326

Scenarios（劇情）
ATAM, 318–320
availability（妥善性）, 53–55
deployability（易部署性）, 76–77
energy efficiency（能源效率）, 90–91
integrability（可整合性）, 104–105
Lightweight Architecture Evaluation（輕量架構評估法）, 338
modifiability（可修改性）, 120–121
performance（性能）, 134–137
QAW, 291
quality attributes（品質屬性）, 44-47, 221
safety（安全性）, 154–155
security（資訊安全性）, 170–172
testability（可測試性）, 186–187
usability（易用性）, 198–199
Schedule resources tactic（調度資源戰術）
performance（性能）, 148
quality attributes（品質屬性）, 49
Scheduled downtimes（預定的停機時間）, 56
Schedules（時間表）
estimates（估計）, 33–34
policies（策略）, 143–144
of resources for energy efficiency（能源效率的資源）, 98
Scope（範圍）
architect management role in（架構師管理角色）, 386
software interfaces（軟體介面）, 231
Script deployment commands（部署命令腳本）, 83
Security（資訊安全）
C&C 視圖 , 350
general scenario（一般劇情）, 170–172
introduction（簡介）, 177
mobile system connectivity（行動系統連結）, 277
patterns（模式）, 179–180
privacy issues（隱私問題）, 178
quality attributes（品質屬性）, 219
questionnaires（問卷）, 176–178
tactics（戰術）, 172–176
views（視圖）, 352
Security Monkey, 193
Security quality attribute（資訊安全品質屬性）, 295
Selection（選擇）
design concepts（設計概念）, 296–297
tools and technology（工具與技術）, 400
Self-test tactic（自我測試戰術）, 63
Semantic importance strategy（語義重要性策略）, 149
Semantics, resource（語義，資源）, 227
Semiformal documentation notations（半正式文件標記法）, 345
Sensitivity points in ATAM（ATAM 的敏感點）, 327
Sensor fusion pattern（感測器融合模式）, 100
Sensors in mobile systems（行動系統的感測器）, 273, 277-278
Separate entities tactic（分離實體戰術）, 183
Separated safety pattern（劃分安全性）, 163–164
Separation of concerns（分離關注點）
testability（可測試性）, 199
virtual machines（虛擬機器）, 246
Sequence diagrams for traces（軌跡的順序圖）, 341–342
Sequence omission and commission as safety factor（安全因素的系列事件的 omission 與 commisssion）, 161
Serverless architecture in virtualization（虛擬化的無伺服器架構）, 243–244
Service impact of faults（錯誤對服務的影響）, 56
Service-level agreements（SLAs）（服務級別協定）
Amazon, 57
availability in（妥善性）, 52–53
Service mesh pattern（服務網模式）, 146–147
Service-oriented architecture（SOA）pattern（服務導向架構模式）, 113–114
Service structure（服務結構）, 16
Set method for system state（系統狀態的 set 方法）, 196
737 MAX 空難 , 160–161
Shadow tactic（盯梢戰術）, 64
Shared resources in virtualization（虛擬化的共享資源）, 242
Shushenskaya 水電站 , 159
Simian Army, 184–185

Size（大小）
modules（模組）, 126
queue（佇列）, 148
Skeletal 系統 , 35
Sketches in ADD method（ADD 方法的草圖）, 301–302
Skills（技能）
architects（架構師）, 379–381, 383–384
distributed development（分散開發）, 392
SLA（服務級別協定）
Amazon, 57
availability in（妥善性）, 52–53
Small interfaces principle（小介面原則）, 230
Smart pointers（智慧指標）, 66
Smoothing data for mobile system sensors（將行動系統感測器的資料平滑化）, 278
SOA（service-oriented architecture）pattern（服務導向架構模式）, 113–114
Software architecture importance（軟體架構重要性）, 25–26
change management（變動管理）, 29
constraints（限制）, 31–32
cost and schedule estimates（估計成本與時間表）, 33–34
design decisions（設計決策）, 33
incremental development（遞增開發）, 35
independently developed elements（獨立開發的元素）, 34–35
organizational structure（組織結構）, 34
quality attributes（品質屬性）, 28
stakeholder communication（關係人溝通）, 28–30
summary（總結）, 36–37
system qualities prediction（系統品質預測）, 30
training basis（訓練基礎）, 38
transferable, reusable models（可轉移、可重複使用的模型）, 36
vocabulary restrictions（詞彙限制）, 35–36
Software architecture overview（軟體架構概要）, 1. 亦見 Architecture
as abstraction（抽象）, 3
behavior in（行為）, 4
competence（稱職）, 386–387
definitions（定義）, 2
good and bad（好與不好）, 19–20
patterns（模式）, 20
as set of software structures（一組軟體結構）, 2–3
structures and views（結構與視圖）, 5–18
summary（總結）, 23
system architecture vs. enterprise（系統架構 vs. 企業）, 4–5
Software Engineering Body of Knowledge（SWEBOK）, 288
Software for mobile systems（行動系統軟體）, 282
Software interfaces（軟體介面）
designing（設計）, 222–228
documentation（文件）, 228–229
error handling（錯誤處理）, 227–228
evolution（演進）, 220–221
introduction（簡介）, 217–218
multiple（多個）, 226
operations, events, and properties（操作、事件與屬性）, 219–220
representation and structure of exchanged data（交換資料的表示法與結構）, 225–227
resources（資源）, 227
scope（範圍）, 231
styles（風格）, 224–225
summary（總結）, 238
Software rejuvenation 戰術 , 65
Software upgrade tactic（軟體升級戰術）, 59–60
Source（來源）
architectural debt（架構債務）, 372
deployability（易部署性）, 80
energy efficiency（能源效率）, 95
integrability（可整合性）, 108
modifiability（可修改性）, 120–121
performance（性能）, 142
safety（安全性）, 162
security（資訊安全性）, 178
testability（可測試性）, 194
usability（易用性）, 206
Source code, mapping to（原始碼，對應至）, 348
Spare tactic（備援戰術）, 69
Specialized interfaces tactic（專門的介面戰術）, 188–189

Spikes in agile development（敏捷開發的 spike）, 388
Split module tactic（拆開模組戰術）, 126
Staging environments（預備環境）, 76
Stakeholders（關係人）
  on ATAM teams（ATAM 團隊）, 313–314
  communication among（溝通）, 344
  documentation（文件）, 347–350
  evaluation process（評估程序）, 324
  incremental architecture（遞增架構）, 369–370
  interviewing（訪談）, 279–282
Standards in integrability（可整合性標準）, 107–108
State, system（狀態，系統）, 200
State machine diagrams（狀態機圖）, 343–345
State management in distributed computing（分散計算的狀態管理）, 256–257
State resynchronization tactic（狀態再同步戰術）, 64
Stateless interactions in REST（REST 的無狀態互動）, 232
Static allocation views（靜態配置視圖）, 352
Static classification for energy efficiency（能源效率的靜態分類）, 93–94
Static scheduling（靜態調度）, 150
Stein, Gertrude, 150
Stimulus（觸發事件）
  availability（妥善性）, 57
  deployability（易部署性）, 80
  energy efficiency（能源效率）, 95
  integrability（可整合性）, 108
  modifiability（可修改性）, 120–121
  performance（性能）, 142
  quality attributes expressions（品質屬性表述）, 42–44
  safety（安全性）, 162
  security（資訊安全性）, 179
  testability（可測試性）, 194
  usability（易用性）, 206
Storage（儲存體）
  for testability（可測試性）, 197
  virtualization（虛擬化）, 242
Strategy pattern for testability（可測試性的策略模式）, 193–194
Stroustrup, Bjarne, 287
Structural complexity in testability（可測試性的結構複雜度）, 190–191
Structures in ADD method（ADD 方法中的結構）, 298–301
Stuxnet virus, 159
Styles for software interfaces（軟體介面的風格）, 224–225
Submodules（子模組）, 348
Subscriber role（訂閱者角色）, 349
Substitution tactic（替代品）, 156–157
Subsystems（子系統）, 6
Super-tactics（超級戰術）, 49
Superposition in quantum computing（量子計算的疊加）, 410
Support system initiative tactic（支援系統發動戰術）, 201–203
SWEBOK (Software Engineering Body of Knowledge), 288
Syntactic distance in architecture integrability（架構 integrability 的句法距離）, 102–103
Syntax for resources（資源的語法）, 227
System analysis and construction, documentation for（系統分析與建構，文件）, 344
System architecture vs. enterprise architecture（系統架構 vs. 企業架構）, 4–5
System availability requirements（系統妥善性需求）, 57
System efficiency in usability（可用性的系統效率）, 205
System exceptions tactic（系統異常戰術）, 62
System initiative in usability（易用性的系統發動）, 205
System qualities, predicting（系統品質，預測）, 30
System quality attributes（系統品質屬性）, 217
System values as safety factor（系統值，安全因素）, 161
Systems integrators and testers, software interface documentation for（系統整合者，軟體介面文件）, 237

T

Tactics（戰術）
  ADD 方法, 299–300

architecture evaluation（架構評估）, 340
availability（妥善性）, 55–65
deployability（易部署性）, 78–81
energy efficiency（能源效率）, 92–97
integrability（可整合性）, 105–112
modifiability（可修改性）, 121–125
performance（性能）, 137–146
quality attributes（品質屬性）, 45–46, 48–49
safety（安全性）, 156–162
security（資訊安全性）, 172–178
testability（可測試性）, 187–192
usability（易用性）, 200–203
Tailor interface tactic（定製介面戰術）, 113
Team building skills（團隊建立技能）, 401
Teams in ATAM（ATAM 的團隊）, 313–314
Technical debt（技術債務）. 見 Architecture debt
Technology knowledge of architects（架構師的技術知識）, 402
Technology-related competence（技術相關能力）, 405
Teleportation in quantum computing（量子計算中的瞬移）, 412
Temporal distance in architecture integrability（架構可整合性的時間距離）, 107
Temporal inconsistency in deployability（易部署性的時間距離）, 90
10-18 Monkey, 193
Test harnesses（測試載入器）, 192
Testability（可測試性）
general scenario（一般劇情）, 186–187
introduction（簡介）, 183–185
patterns（模式）, 192–194
questionnaires（問卷）, 200
tactics（戰術）, 187–191
Testable requirements（可測試需求）, 288
Testers, documentation for（測試員，文件）, 364
Tests and testing（測試）
continuous deployment（持續部署）, 72–73
mobile systems（行動系統）, 271–272
modules（模組）, 348
Therac 25 輻射過量 , 27, 159
Therapeutic reboot 戰術 , 65
Thermal limits in mobile systems（行動系統的熱限制）, 279
Threads（執行緒）
concurrency（並行）, 141
virtualization（虛擬化）, 242
Throttling mobile system power（節約行動系統電力）, 275
Throttling pattern for performance（性能的節約模式）, 155
Throughput of systems（系統的產出量）, 143
Tiered system architectures in REST（REST 的分層系統架構）, 233
Time and time management（時間與時間管理）
architect role（架構師角色）, 386
performance（性能）, 139
Time coordination in distributed computing（分散計算的時間協調）, 265
Time to market, independently developed elements for（上市時間，獨立開發元素）, 37
Timeout tactic（逾時戰術）
availability（妥善性）, 58–59
safety（安全性）, 157–158
Timeouts in cloud（雲端的逾時）, 251–252
Timestamp tactic（時戳戰術）
availability（妥善性）, 61
safety（安全性）, 167
Timing as safety factor（時間，安全因素）, 161
TMR (triple modular redundancy)（三重模組備援）, 70
Traceability（可追溯性）
continuous deployment（持續部署）, 78
documentation（文件）, 352–353
Traces for behavior documentation（行為文件的軌跡）, 341–342
Tradeoffs in ATAM（ATAM 的取捨）, 327
Traffic systems（交通系統）, 150
Training, architecture for（訓練，架構）, 38
Transactions in availability（妥善性中的交易）, 65
Transducers in mobile systems（行動系統的轉換器）, 277
Transferable models（可轉移模型）, 36
Transforming existing systems（轉換既有系統）, 399
Transparency in exchanged data representation（交換資料表示法的透明度）, 234

Triple modular redundancy（TMR）（三重模組備援）, 70
Two-phase commits（二階段提交）, 65
Type 1 hypervisors, 1, 243
Type 2 hypervisors, 2, 243

U

UML. 見 Unified Modeling Language（UML）
Unambiguous requirements（明確的需求）, 288
Undo 命令 , 200–201
Unified Modeling Language（UML）
  activity diagrams（活動圖）, 342–343
  C&C 視圖 , 336–337
  communication diagrams（通訊圖）, 356
  sequence diagrams（順序圖）, 341–342
  state machine diagrams（狀態機圖）, 343–345
Uniform access principle（統一訪問原則）, 230
Uniform interface in REST（REST 的統一介面）, 232
Unity of purpose in modules（模組的目的一致性）, 126
Unsafe state avoidance tactic（避免不安全狀態戰術）, 170
Unsafe state detection tactic（檢測不安全狀態戰術）, 170
Unstable interfaces anti-pattern（不穩定介面反模式）, 377
Updates for mobile systems（行動系統的更新）, 272–273
Usability（易用性）
  general scenario（一般劇情）, 198–199
  introduction（簡介）, 197–198
  patterns（模式）, 203–205
  quality attributes（品質屬性）, 219
  questionnaires（問卷）, 202–203
  tactics（戰術）, 200–202
Usability quality attribute（易用性品質屬性）, 295
Usage（使用）
  allocation views（配置視圖）, 351
  C&C 視圖 , 350
  modular views（模組視圖）, 347
  reducing in energy efficiency（能源效率，減少）, 98
Use an intermediary tactic（使用中間人戰術）, 49
Use cases for traces（軌跡的用例）, 355
User initiative in usability（易用性的用戶發動）, 205
User interface customization（訂製用戶介面）, 209
User needs in usability（易用性的用戶需求）, 205
Users, communication with（用戶，溝通）, 30
uses（使用）
  for documentation（文件）, 330–331
  views for（視圖）, 346
Uses structure in decomposition（在分解時使用結構）, 10–12
Utility trees
  ASRs, 284–286
  ATAM, 333
  Lightweight Architecture Evaluation（輕量架構評估法）, 338

V

Validate input tactic（驗證輸入戰術）, 183
Variability guides for views（視圖的可變性指南）, 361
Variability in modifiability（可修改性的可變性）, 123
Vector clocks for time coordination（時間協調的向量時鐘）, 265
Verify message integrity tactic（驗證訊息一致性戰術）, 182
Versioning in software interfaces（軟體介面的版本控制）, 228
Views（視圖）, 332–333
  ADD 方法 , 306, 313-314
  allocation（配置）, 337–338
  architectural structures（架構性結構）, 5–6
  C&C 概要 , 335–337
  combining（結合）, 339–340
  documentation（文件）, 348–350
  mapping between（對應）, 359
  module（模組）, 333–334
  notations（標記法）, 336–339
  quality（品質）, 338–339
Virtualization and virtual machines（虛擬化與虛擬機器）

autoscaling（自動擴展）, 259–260
cloud（雲端）, 249–250
containers（容器）, 239–242
environment effects from（環境影響）, 77
images（映像）, 246
introduction（簡介）, 241
layers as（階層）, 12
Pods, 242–243
in sandboxing（沙箱）, 197
serverless architecture（無伺服器架構）, 243–244
shared resources（共享資源）, 242
summary（總結）, 253
virtual machine overview（虛擬機器概要）, 235–238
Vocabulary（詞彙）
quality attributes（品質屬性）, 44
restrictions（限制）, 35–36
Voting tactic（投票戰術）, 57–58
Vulnerabilities in security views（資訊安全性視圖中的漏洞）, 352

W

Warm spare tactic（暖備援戰術）, 69
Watchdogs（看門狗）, 61
Waterfall model（瀑流模型）, 388
Web-based system events（web 系統事件）, 139
West, Mae, 139
Wikis for documentation（用維基來記錄）, 366
WiMAX 標準 , 276
Work assignment structures（工作分配結構）, 15–16
Work-breakdown structures（工作分解結構）, 34
Work skills of architect（架構師的工作技能）, 402
Wrappers pattern（包裝模式）, 116
Wright, Frank Lloyd, 321

X

X-ability（X 性）, 212–214
XML（EXtensible Markup Language）（可延伸標記式語言）, 234

Z

Z operations for qubits（qubit 的 Z 操作）, 411

卡內基美隆大學軟體工程研究所特別允許轉載以下作品的部分內容，這些作品的版權歸卡內基美隆大學所有：

Felix Bachmann, Len Bass, Paul Clements, David Garlan, James Ivers, Reed Little, Robert Nord, and Judith A. Stafford. "Software Architecture Documentation in Practice: Documenting Architectural Layers," CMU/SEI-2000-SR-004, March 2000.

Felix Bachmann, Len Bass, Paul Clements, David Garlan, James Ivers, Reed Little, Robert Nord, and Judith A. Stafford. "Documenting Software Architectures: Organization of Documentation Package," CMU/SEI-2001-TN-010, August 2001.

Felix Bachmann, Len Bass, Paul Clements, David Garlan, James Ivers, Reed Little, Robert Nord, and Judith A. Stafford. "Documenting Software Architecture: Documenting Behavior," CMU/SEI-2002-TN-001, January 2002.

Felix Bachmann, Len Bass, Paul Clements, David Garlan, James Ivers, Reed Little, Robert Nord, and Judith A. Stafford. "Documenting Software Architecture: Documenting Interfaces," CMU/SEI-2002-TN-015, June 2002.

Felix Bachmann and Paul Clements. "Variability in Product Lines," CMU/SEI-2005-TR-012, September 2005.

Felix Bachmann, Len Bass, and Robert Nord. "Modifiability Tactics," CMU/SEI-2007-TR-002, September 2007.

Mario R. Barbacci, Robert Ellison, Anthony J. Lattanze, Judith A. Stafford, Charles B. Weinstock, and William G. Wood. "Quality Attribute Workshops (QAWs), Third Edition," CMU/SEI-2003-TR-016, August 2003.

Len Bass, Paul Clements, Rick Kazman, and Mark Klein. "Models for Evaluating and Improving Architecture Competence," CMU/SEI-2008-TR-006, March 2008.

Len Bass, Paul Clements, Rick Kazman, John Klein, Mark Klein, and Jeannine Siviy. "A Workshop on Architecture Competence," CMU/SEI-2009-TN-005, April 2009.

Lisa Brownsword, David Carney, David Fisher, Grace Lewis, Craig Meyers, Edwin Morris, Patrick Place, James Smith, and Lutz Wrage. "Current Perspectives on Interoperability," CMU/SEI-2004-TR-009, March 2004.

Paul Clements and Len Bass. "Relating Business Goals to Architecturally Significant Requirements for Software Systems," CMU/SEI-2010-TN-018, May 2010.

Rick Kazman and Jeromy Carriere, "Playing Detective: Reconstructing Software Architecture from Available Evidence," CMU/SEI-97-TR-010, October 1997.

Rick Kazman, Mark Klein, and Paul Clements. “ATAM: Method for Architecture Evaluation,” CMU/SEI-2000-TR-004, August 2000.

Rick Kazman, Jai Asundi, and Mark Klein, “Making Architecture Design Decisions, An Economic Approach,” CMU/SEI-2002-TR-035, September 2002.

Rick Kazman, Liam O’Brien, and Chris Verhoef, “Architecture Reconstruction Guidelines, Third Edition,” CMU/SEI-2002-TR-034, November 2003.

Robert L. Nord, Paul C. Clements, David Emery, and Rich Hilliard. “A Structured Approach for Reviewing Architecture Documentation,” CMU/SEI-2009-TN-030, December 2009.

James Scott and Rick Kazman. “Realizing and Refining Architectural Tactics: Availability,” CMU/SEI-2009-TR-006 and ESC-TR-2009-006, August 2009.

Much of the material in Chapter 5 is adapted from Deployment and Operations for Software Engineers by Len Bass and John Klein [Bass 19] and from R. Kazman, P. Bianco, J. Ivers, J. Klein, “Maintainability”, CMU/SEI-2020-TR-006, 2020.

Much of the material for Chapter 7 was inspired by and drawn from R. Kazman, P. Bianco, J. Ivers, J. Klein, "Integrability", CMU/SEI-2020-TR-001, 2020.

Software Architecture in Practice 中文版 第四版

作　　者：Len Bass, Paul Clements, Rick Kazman
譯　　者：賴屹民
企劃編輯：蔡彤孟
文字編輯：王雅雯
設計裝幀：張寶莉
發 行 人：廖文良

發 行 所：碁峰資訊股份有限公司
地　　址：台北市南港區三重路 66 號 7 樓之 6
電　　話：(02)2788-2408
傳　　真：(02)8192-4433
網　　站：www.gotop.com.tw
書　　號：ACL063600
版　　次：2022 年 04 月初版
建議售價：NT$780

國家圖書館出版品預行編目資料

Software Architecture in Practice 中文版 / Len Bass, Paul Clements, Rick Kazman 原著；賴屹民譯. -- 初版. -- 臺北市：碁峰資訊, 2022.04
面；　公分
譯自：Software Architecture in Practice, 4th Edition
ISBN 978-626-324-140-4(平裝)
1.CST：電腦軟體　2.CST：系統架構　3.CST：系統設計
312.12　　111004469

讀者服務

- 感謝您購買碁峰圖書，如果您對本書的內容或表達上有不清楚的地方或其他建議，請至碁峰網站：「聯絡我們」\「圖書問題」留下您所購買之書籍及問題。（請註明購買書籍之書號及書名，以及問題頁數，以便能儘快為您處理）
http://www.gotop.com.tw
- 售後服務僅限書籍本身內容，若是軟、硬體問題，請您直接與軟體廠商聯絡。
- 若於購買書籍後發現有破損、缺頁、裝訂錯誤之問題，請直接將書寄回更換，並註明您的姓名、連絡電話及地址，將有專人與您連絡補寄商品。